民用飞机维修工程系列教材

飞机结构腐蚀与控制

主 编 谭 娜
副主编 郝 鹏 董 学 陈 聪

科学出版社
北 京

内 容 简 介

本书结合航空类高等院校飞机维修类专业学生及相关专业技术人员对飞机结构腐蚀方面知识的需求,介绍了飞机结构腐蚀机理和各种常见腐蚀类型,分析了各种航空材料的腐蚀特性和腐蚀损伤的检测方法,从结构设计角度提出了各种防腐蚀控制措施,结合课题组一些科研成果对腐蚀的演化过程和铝合金发生腐蚀后疲劳寿命的评估进行了阐述。本书各章节内容丰富、全面,重点突出,注重理论与工程实践应用的相统一。

本书适合作为航空类院校飞行器设计、飞行器制造和飞机维修相关专业的本科生教材,也可作为航空制造与维修企业的上岗培训教材,还可供从事飞行器设计、制造、运行管理与维修等工作的技术人员作为参考。

图书在版编目(CIP)数据

飞机结构腐蚀与控制 / 谭娜主编. -- 北京 : 科学出版社, 2024. 11. -- (民用飞机维修工程系列教材).
ISBN 978-7-03-079594-6

Ⅰ. V267

中国国家版本馆 CIP 数据核字第 2024098UV1 号

责任编辑:徐杨峰 / 责任校对:谭宏宇
责任印制:黄晓鸣 / 封面设计:殷 靓

科学出版社 出版

北京东黄城根北街 16 号
邮政编码:100717
http://www.sciencep.com

南京展望文化发展有限公司排版
苏州市越洋印刷有限公司印刷
科学出版社发行 各地新华书店经销

*

2024 年 11 月第 一 版 开本:787×1092 1/16
2024 年 11 月第一次印刷 印张:17 1/4
字数:398 000

定价:80.00 元
(如有印装质量问题,我社负责调换)

民用飞机维修工程系列教材
专家委员会

主 任 委 员 孙毅刚

副主任委员 徐建新　梁　波　李顶河

委　　　员（按姓名笔画排序）

王　凯　王兴波　王俞波　方习高　卢　翔
田海玲　曲春刚　刘　欣　刘艳红　许志香
孙毅刚　李书明　李顶河　杨晓军　连发明
张铁纯　赵　健　赵洪利　郝　莲　胡　静
俞金海　徐东光　徐建新　卿光辉　高玉洁
黄少麟　曹惠玲　章　骏　梁　波　梁恩泉
彭志广　彭鸿博　董大勇　窦连财　谭　娜
瞿红春

丛书序

20世纪50年代，随着波音和麦道系列喷气客机开始进入民航运输市场，全球民航业蓬勃兴起，民机制造业逐步形成波音一家独大的局面，此时中国民航主要引进苏式伊尔和安系列飞机，并由空军管理。1987年，空客A320首飞，全球民航快速发展，波音和空客成为航空制造业两大巨头，中国民航购置波音和空客等先进机型，系统地引进欧美规章和标准，实施企业化管理，2005年航空运输周转量升至世界第二。2010年以来，全球民航载客量持续快速增长，但全球市场受世界经济格局影响，旅客增长率下降，但亚太地区增长强劲，同时，ARJ21进入商业运营，C919首飞成功并启动适航取证工作，国产民机制造业开始崭露头角。今后，世界民航安全水平、管理水平、技术水平将全面提升，尤其在信息化和智能化方面，通用航空快速发展，民航成为旅客长途旅行首选交通工具，全球民机制造业将形成三足鼎立的格局，ARJ21、C919和CR929将逐步成为我国民航市场的主力运输工具，后发优势将突显，航空运输总周转量将超越美国成为世界第一，全面实现民航强国战略目标。

新型国产民机的研制完全遵循国际行业标准，中国航空维修业能够利用自身多年保障欧美飞机运行的丰富经验，为国产民机相关领域提供宝贵经验，为国产民机的设计、制造和运行提供全面支持。然而，我国民航运输工具长期处于波音和空客两强格局下发展，使中国航空维修业严重依赖欧美，尤其是关键核心技术遭到了长期封锁。因此，在贸易战的背景下，中国航空维修业必须快速适应三足鼎立格局，构建独立自主的民机运维支持和设计改进体系，这是推动我国民航产业完全自主发展的迫切需求。

在自主的民机运维支持和设计改进体系中，最为紧迫的工作是高级工程技术人才的培养。一方面，以国产民机设计与制造业为基础，形成具有运维思维的民机设计高级工程人才培养体系，面向民机的设计改进，提升国产民机的安全性和市场竞争力；另一方面，以国产民机维修业为基础，形成具有设计视角的高级维护工程师培养体系，扎根民机运维支持与持续改进，保障国产民机安全、可靠、高效运行。

民航强国现已上升为国家战略，民航业成为促进我国经济创新驱动与转型升级、构建现代化经济体系的重要引擎。为加快建设创新型民航行业，进一步发挥高等院校对人才培养的支撑作用，民航局提出直属院校要发挥民航专业人才培养的主渠道作用，立足特色优势，拓展新兴领域，坚持内涵发展，夯实学科专业基础。针对新的培养要求和目标，直属院校把"双一流"建设和特色发展引导相结合,实施民航特色学科核心课程体系建设工程,加强以航空器维修工程为主的民航特有专业群建设。

  为了不断提高民航专业教学质量,推动民航特色学科核心课程体系和特有专业群建设工程,培养具有扎实理论基础的专业技术人才,引导技术创新,形成一套完善的民用航空运维知识培养体系,为民航事业不断发展奠定坚实基础,并结合中国民航大学飞机维修工程人才培养观念的更新,中国民航大学航空工程学院于2019年上半年提出了集中出版"民用飞机维修工程系列教材"的计划,该系列教材包括:飞机系统基础教材、飞机结构基础教材、发动机基础教材、发动机专业教材、飞机与发动机共用教材,基本覆盖我校飞行器动力工程和飞行器制造工程两个专业所涉及的主要课程。

  同时,为了完善国产民机的运营维修人才的培养体系,助力国产民机市场拓展,系列教材的飞机系统与结构方面的编写工作与中国商用飞机有限责任公司携手合作,共同出资编写,实现国产民用飞机入教材、进课堂,为培养国产飞机维修高级技术人才打下坚实基础。

  在此,对在民用飞机运维行业默默奉献的从业者和开拓者表示敬意,对为此系列教材的出版奉献时间和汗水的专家、学者表示谢意。

孙毅刚
2021年秋于中国民航大学

前　言

　　结构腐蚀是飞机大修中最常见的损伤形式之一，它不仅对飞机结构材料的力学性能有重要影响，而且对飞机结构完整性的危害也极大，它是航空业中不可避免同时又会危及飞行安全的重大问题。从维修角度来看，飞机的机体结构与各系统机载设备不同，它不能在使用中更换，因此结构上出现的腐蚀无论损伤程度大小均会影响到飞机的寿命，同时也影响机队的出勤率。飞机结构的耐腐蚀性能由飞机自身材料和结构的耐蚀性特点以及飞机的使用环境所决定，随着飞机使用寿命的增加，腐蚀问题变得越来越严重。飞机结构材料选材不合理、构造复杂、内部空间不通畅、通风不良易积聚水分都会引起腐蚀。另外，从飞机使用的环境来看，飞行环境的改变以及飞机本身防腐保护措施的破坏也会促进腐蚀的发生和发展。航空技术发展到今天，人们已经充分认识到，飞机结构腐蚀在一定意义上比纯粹的机械疲劳更为严重，防止飞机的结构腐蚀对于保证飞行安全和设计使用寿命有着极其重要的意义。

　　为适应我国航空工业飞速发展的需求，根据学校"十四五"规划与学科专业发展目标，培养机务类维修和管理人才需要有一定的飞机结构腐蚀基础知识和防腐控制方面的工程技术能力。本书是课程组成员经过多年的教学实践，强化理论基础，突出工程应用，为满足高等航空类院校飞行器工程相关本科生教学需求而编写。本书第1章宏观上介绍了飞机结构腐蚀的概念、特点、危害、根源、分区和控制等内容；第2章从化学角度阐述了金属腐蚀的机理，并结合大量示意图和实物照片介绍了飞机结构上发生的各种腐蚀类型，包括各种腐蚀类型的腐蚀原理、发生条件和控制措施等内容；第3章介绍了各种航空材料以及腐蚀特性，并对飞机的腐蚀环境进行了分析；第4章介绍飞机结构腐蚀易发生部位和各种腐蚀损伤检测方法，以便确定腐蚀损伤的存在和腐蚀程度，便于及时采取针对性措施；第5章为腐蚀预防与控制大纲；第6章介绍从结构设计和表面保护层角度如何提高飞机结构的耐腐蚀性；第7章为飞机航线防腐维护措施；第8章介绍飞机结构腐蚀损伤的修复工艺；第9章介绍铝合金腐蚀损伤的演化过程和对疲劳寿命的评估，这对确定飞机的维修检查间隔具有重要的指导意义。

　　本书内容全面、系统，既有基础理论知识，又有结合实际的工程应用实例，可以帮助读者了解飞机结构腐蚀的原因和类型、腐蚀对飞机的危害、飞机腐蚀的检测、评估以及腐蚀维修等知识，可以满足从事飞机制造、飞机设计、运行管理与维修技术人员对飞机腐蚀控制知识的需要，具有一定指导作用。一些研究成果可以为新研飞机的防腐蚀设计做参考，为现役飞机防腐蚀改进设计提供依据，从而满足飞机在恶劣环境条件下服役的安全性、可靠性和环境适应性设计要求，提高飞机的耐久性。同时，也可为飞机外场防腐蚀维护工作提供指导，如明确防腐蚀维护的重点部位，优化工作内容和维护周期等，最大限度地降低腐蚀导致的维修费用，保证飞行安全，具有十分重要的经济价值。

本书由谭娜作为主编，负责编写（第1章、第2章、第6章和第9章）和统稿，参加编写人员还包括郝鹏（第3章、第8章）、董学（第5章、第7章）和陈聪（第4章），另外刘兵飞和刘雪峰参与了第9章的编写。本书可作为航空类院校飞行器设计、飞行器制造和飞机维修相关专业的本科生教材，也可作为航空制造与维修企业的培训教材，还可供从事飞行器设计、制造、修理等工作的技术人员作为参考。在大飞机工程如火如荼发展的今天，希望通过此书让读者真真切切感受到腐蚀的存在和危害，从而激发提高防腐控制的意识和工作热情，为飞行器的安全保驾护航，为实现伟大的中国梦而努力奋斗。

本书在撰写过程中得到了上海飞机客户服务有限公司技术出版物部孙世磊的大力协助。另外，本书编写得到了学院领导和同行们的大力支持和帮助，为内容修改提出了许多宝贵意见，编者在此深表谢意！编写过程中参考了大量国内外论文、著作以及各类手册，在此对这些作者和单位一并表示感谢！

飞机结构腐蚀和腐蚀控制研究是一个涉及化学、材料、机械等多学科的交叉领域，在理论上和技术上均有一定的深度及广度，由于作者业务水平和工作经验所限，书中疏漏和不妥之处在所难免，敬请广大读者、同行给予批评指正。

编　者
2024年7月

目 录

第1章 飞机结构腐蚀及腐蚀控制概述 · 001
　1.1 飞机结构腐蚀概念 · 001
　1.2 飞机结构腐蚀特点 · 001
　1.3 飞机结构腐蚀危害 · 002
　1.4 飞机结构腐蚀根源 · 004
　1.5 飞机结构腐蚀分区 · 006
　1.6 飞机结构腐蚀控制 · 008
　习题和思考题 · 009

第2章 飞机结构腐蚀机理及类型 · 010
　2.1 腐蚀机理 · 010
　2.2 腐蚀类型 · 016
　习题和思考题 · 044

第3章 航空材料腐蚀特性及飞机腐蚀环境分析 · 045
　3.1 航空材料 · 045
　3.2 航空材料的腐蚀特性 · 066
　3.3 航空材料在飞机结构上的限用要求 · 078
　3.4 飞机的腐蚀环境分析 · 086
　习题和思考题 · 090

第4章 飞机结构腐蚀损伤的检测 · 091
　4.1 腐蚀损伤的重点检查部位 · 091
　4.2 腐蚀损伤的目视检查 · 095
　4.3 腐蚀损伤的无损检测 · 100
　习题和思考题 · 130

第 5 章 腐蚀预防与控制大纲 ... 131
- 5.1 腐蚀产物的清除 ... 131
- 5.2 腐蚀损伤评定 ... 138
- 5.3 设计批准持有人制定的腐蚀预防与控制基本大纲 ... 145
- 5.4 航空运营人腐蚀预防与控制大纲的制定与调整 ... 149
- 5.5 波音 737-300/400/500 型飞机整体结构检查大纲 ... 153
- 习题和思考题 ... 155

第 6 章 飞机结构防腐措施 ... 156
- 6.1 飞机的密封 ... 156
- 6.2 结构设计 ... 163
- 6.3 表面保护层 ... 172
- 6.4 紧固件的湿安装 ... 178
- 6.5 涂防腐剂 ... 179
- 6.6 表面强化工艺 ... 186
- 习题和思考题 ... 187

第 7 章 飞机航线防腐维护 ... 188
- 7.1 飞机的清洗维护 ... 188
- 7.2 腐蚀性货物的航空运输 ... 192
- 7.3 强腐蚀剂的清除 ... 195
- 7.4 飞机着火后的处理 ... 197
- 7.5 飞机的航线防腐措施 ... 198
- 7.6 飞机表面轻微腐蚀的防腐维护 ... 201
- 习题和思考题 ... 202

第 8 章 飞机结构防腐技术 ... 203
- 8.1 飞机腐蚀损伤修复 ... 203
- 8.2 表面清洁 ... 210
- 8.3 表面处理 ... 220
- 8.4 施加涂层的方法与技术 ... 236
- 习题和思考题 ... 244

第 9 章 铝合金腐蚀损伤演化和评估 ... 245
- 9.1 腐蚀坑引起结构失效过程 ... 245
- 9.2 铝合金腐蚀疲劳损伤试验分析 ... 249
- 9.3 铝合金腐蚀损伤及疲劳寿命的有限元分析 ... 256
- 习题和思考题 ... 263

参考文献 ... 264

第1章
飞机结构腐蚀及腐蚀控制概述

目前飞机的服役期一般都要在20年以上,飞机结构腐蚀始终分布在飞机结构中,而且从飞机整体情况来看结构腐蚀在一定意义上是比纯粹的机械疲劳更为严重的飞机结构损伤。随着飞机服役期的增加,腐蚀会不断扩散并加重,结构氧化腐蚀的危害越来越突出,其对飞机结构和飞机安全性的影响也越来越严重,直接影响到飞机的寿命和机群的出勤率。根据美国空军后勤安全研究中心(Air Logistics Center,ALC)对多种波音飞机的安全性调查报告结果表明:由于金属材料的腐蚀问题导致的波音飞行事故发生占飞机事故总数的20%左右。在此背景下,深入开展飞机结构腐蚀研究,积极摸索应对腐蚀的有效措施,加强对飞机结构的检查、维护,及时修理腐蚀部位,对于确保飞行安全意义重大。

1.1 飞机结构腐蚀概念

飞机结构腐蚀是指飞机使用过程中,其结构在周围环境因素的作用下,构件的材料发生变质或破坏,使构件无法满足原有的设计要求。对于金属构件来说,腐蚀可具体定义为金属与周围环境(介质)之间发生化学和电化学反应而引起的破坏或变质。在大气、水溶液和许多腐蚀介质中,绝大多数金属及其合金在热力学上是不稳定的,有自发腐蚀的倾向,腐蚀的结果是金属原子从金属晶体点阵中转变为离子状态,从而改变原有金属的物理、化学、机械等性能。

飞机结构腐蚀实质上是结构元件在使用环境下,通过化学或电化学作用所发生的积累性化学损伤和破坏。飞机腐蚀的严重程度与使用年限密切相关,并随着使用年限的增长迅速加快。飞机结构在制造过程中均已采取了一定的表面防腐措施。但是,当飞机使用一定年限后,特别是在沿海、沿湖、多雨、潮湿、高温地区使用的飞机,其构件表面防腐涂层会逐渐变质,失去与基体表面的结合力而脱落,于是构件就发生腐蚀。构件的局部位置一旦发生腐蚀,由于腐蚀产物的体积效应,腐蚀介质更易吸附,进入基体而难以排除,从而加速构件腐蚀。如不及时地实施有效的腐蚀修理与控制,已腐蚀部位将加剧腐蚀,原来没发生腐蚀的部位,也可能出现新的腐蚀。

1.2 飞机结构腐蚀特点

飞机结构腐蚀一般具有以下特点。
(1)腐蚀具有普遍性。各种类型的飞机,包括世界各国的飞机都普遍发生过不同程度的腐蚀,出现过种种腐蚀故障,许多故障还发生过灾难性事故。

（2）腐蚀具有随机性。不同地域、不同机型、不同批次、不同部位和不同构件的腐蚀程度均不相同。

（3）腐蚀具有集中性。腐蚀往往集中在设计不当或密封不好或施工不妥而导致的易于积水、易于凝露,而又不易排除的地方,这些地方或部位若选材不当或涂层不佳或涂层破损则腐蚀更为严重。

（4）沿海使用的飞机腐蚀比内地的严重,离海岸越近的地区越严重;南方沿海的飞机腐蚀比其他沿海地区严重;大气污染越严重的地区飞机腐蚀越严重。

（5）在多雨水、多盐雾或湿度大、气温高的地区的飞机腐蚀更严重。

（6）水上飞机比陆上飞机腐蚀普遍更严重。

（7）机身腐蚀比机翼、尾翼更严重。

（8）表面防护层差的结构腐蚀普遍较为严重。

（9）服役年限越长,飞机的腐蚀越严重。

（10）连续停放时间越长,飞机的腐蚀越严重。

1.3　飞机结构腐蚀危害

氧化腐蚀属于环境损伤,它和飞机使用的客观环境有着密切联系。潮湿、盐雾、工业污染等都决定了腐蚀的"不可预测性"。就腐蚀本身而言,其成因与现象都比较复杂。飞机有些部位腐蚀的隐蔽性,增加了飞机结构安全的隐患。腐蚀不仅给飞机安全带来严重威胁,而且也会给航空公司造成巨大经济损失。在航空史上,因腐蚀问题造成的飞行事故也是屡屡发生。

1981年8月,一架波音737飞机因机身下部蒙皮、壁板结构大面积腐蚀穿孔导致腐蚀疲劳裂纹,飞机在内部增压载荷作用下在空中解体,造成机毁人亡的惨重事故。

1982年9月,一架DC-8客机满载旅客在上海降落时冲出跑道造成事故,其直接原因是飞机的紧急刹车高压气瓶内壁产生应力腐蚀所致。

1985年8月12日,一架波音747客机因增压隔框腐蚀疲劳断裂而坠毁,死亡人数达500余人。而英国彗星式客机和美国F-3战斗机坠毁事件,则是国际上著名的应力腐蚀典型事故。

1988年4月28日,美国阿罗哈航空公司的一架已飞行35 496 h的波音737-200型飞机在夏威夷机场起飞后不久,其前部机身一整段长度约18 ft* 的蒙皮突然撕裂并脱落,一名乘务员被吸出机外,另有一名乘务员和七名乘客受重伤,造成了一次严重的飞行事故。图1.1是事故发生后的阿罗哈航班。在随后的美国国家安全运输委员会(National Transportation Safety Board, NTSB)和美国联邦航空管理局(Federal Aviation Administration, FAA)的事故调查中发现,撕裂的机身蒙皮在其搭接处的多个铆钉部位同时存在细小裂纹,其尺寸及密度的大小在机身增压和外界气动力的作用下,足以使机身蒙皮撕裂并脱落,最终

---

* 1 ft = 3.048×10^{-1} m。

导致了此次严重飞行事故。同时，机龄也是此事件的关键因素，当时客机已使用了19年，同时已经进行了89 090次飞行，超过了设计时预计的75 000次飞行。

图 1.1 失去天花板的阿罗哈243号航班

"阿罗哈事件"引起了人们对老龄飞机安全问题的极大关注。各飞机型号许可证持有人、适航管理部门以及各航空公司，对飞机结构腐蚀防护与控制等老龄飞机维护要求展开了广泛、深入的研究。中国民用航空总局于2005年8月10日颁发了《航空器结构持续完整性大纲》(AC-121-65)，明确要求各航空公司制定有效的腐蚀防护与控制方案，防止结构腐蚀危及飞机持续适航性。

飞机结构腐蚀所造成的损伤不仅是因为通过减少飞机结构零件表面的金属材料导致飞机结构及其原有的基本设计结构形状和强度发生了破坏，而且还可能会直接使飞机结构的流体力学等物理性能发生变化，因此飞机腐蚀所造成的损伤可能会严重影响到飞机的结构及其原有的设计形状、强度等的设计性能指标，并显著地降低了飞机结构的安全和性能。当飞机结构腐蚀的损伤达到一定的程度后，可能会对飞机造成严重的飞行安全事故，极大地危害乘客和飞机安全。

另外，飞机结构腐蚀不仅直接影响到飞机的飞行安全，还给飞机机务维修工作带来很大负担，同时还带来高额的维修费用以及降低飞机的服役期限。如果民用飞机交付使用后的索赔期内发生严重腐蚀损伤，飞机制造厂家要向航空公司赔偿维修费用。因此，对于民用飞机制造厂家来说，飞机的保险索赔费用是一笔巨额开支。飞机在使用寿命期内，用于维修结构腐蚀损伤的费用是相当高的。根据国际航空运输协会的近期统计，由于飞机结构腐蚀给航空公司带来巨大的经济损失——平均一架飞机每一个飞行小时需要30~40美元的维修费用，其中由于腐蚀导致飞机的定期维修和结构件更换费用每小时为10~20美元。美国空军每年用于与腐蚀有关的检查及修理费用达十多亿美元，约占其总维修费用的1/4。而一家英国航空公司，老龄波音飞机防腐费用已占整个结构维修费用的一半。在飞机结构维修中，据工业界估计，飞机结构维修费用的95%用于与腐蚀损伤有关的结构维修。当飞机结构产生非常严重的腐蚀损伤时，往往需要付出相当高的维修费用。

例如，B-2121号MD-82型飞机送法国进行2D检，因机身腐蚀损伤严重，更换5张机身蒙皮，承修费用达300万美元。

美国是全球航空运输业最发达、拥有最多老龄飞机的国家。它每年用于腐蚀损伤的维修费用是相当高的。据1996年的统计，美国民用飞机行业与腐蚀有关的成本费用每年高达22.25亿美元，其中设计和制造中所占成本为2.25亿美元，维护成本占17亿美元，因腐蚀检查和维护造成飞机停飞所造成的经济损失占3亿美元。

我国虽然没有做过详细的统计，但其费用也是相当可观的。2002年中国国际航空公司机队的波音767飞机因设计的原因和对防腐的措施不到位，导致前后货舱门槛内缘条及周边框架、长桁大面积严重腐蚀，更换缘条的工作最终由波音飞机停场(aircraft on ground, AOG)国际抢修小组完成，飞机停场时间共计25天，总付给AOG的修理费用达106万美元之多。从维修的角度来看，飞机的机体结构与各系统的机载设备不同，它不能在使用中更换。结构上出现的腐蚀无论损伤程度大小，均会影响到飞机的总寿命，同时也影响机群的出勤率，所以有效地预防与控制飞机的腐蚀，不仅可以降低维修成本，减少经济损失，还可以防止飞机因腐蚀而出现的事故，延长飞机的使用寿命。

国内外飞机设计和飞机服役经验表明，腐蚀损伤和疲劳损伤、意外损伤一起构成了飞机三大主要损伤源。腐蚀损伤的产生一方面使得飞机结构过早产生原始疲劳缺陷，降低结构的原始疲劳质量，另一方面腐蚀损伤对疲劳损伤产生影响，促进疲劳损伤演化快速增长，同时，由于腐蚀产生的不确定性分布也大大降低了飞机结构的可靠性水平。

因此腐蚀问题从如下两个方面对飞机特别是民用飞机产生重要影响。

一方面由于腐蚀损伤的产生直接对现有的耐久性损伤容限设计原则产生了影响，使得建立在耐久性损伤容限设计原则基础上的飞机结构检测和维护计划的有效性受到威胁，特别是随着飞机使用年限的增长，腐蚀源扩散分布，某些内部隐藏的腐蚀损伤不易发现，严重威胁民用飞机的结构完整性，危及飞机的适航性条件，从而危及飞机的飞行安全。

另一方面，正是由于民用飞机是关系国计民生的重要资产，其结构完整性和结构安全不容威胁，这使得必须进行更严格的检查和维护程序来发现和修理腐蚀损伤结构，以防它危及结构完整性。当前处理腐蚀问题的基本原则还是"发现即处理"，非计划性的腐蚀检查和维护造成大量维护成本，同时由于飞机非计划性的停飞也间接造成难以忍受的经济损失。由此带来的经济负担是腐蚀问题对民用飞机生存性产生的重要影响之一。因此进行民用飞机腐蚀防护和控制研究具有重要意义。

1.4 飞机结构腐蚀根源

1.4.1 设计和制造原因

从飞机设计和制造来看，飞机设计师尽量采用重量轻、强度大的高效材料，如高强度铝合金、钛合金、复合材料、超高强度合金钢等材料。其中，高强度铝合金本身由多种金属熔炼而成，不同金属元素之间存在较高的电位差，如遇到电解质溶液，极易发生电化学腐蚀。不同的金属相接时，造成不同金属之间的电位差和导电通路。而各个部件组装在一起时,缝隙会存水和脏物形成电解质。有些结构处于高应力状态形成应力腐蚀的根源。在制造过程中,由于生产工艺不当、操作失误等原因,保护性涂层质量不高,缺乏腐蚀控制措施等原因,都可能造成腐蚀。另外,飞机的各个零部件组装在一起时,由于没有密封或密封失效,结构缝隙中会残留水和污垢而形成电解质溶液,容易产生电化学腐蚀。高拉应力构件容易形成应力腐蚀。

1.4.2 环境原因

在飞机营运过程中,由于环境恶劣,如雨、雪、雾、沙尘天气较多,空气潮湿、盐雾、工业大气等原因,容易造成飞机表面涂层损坏,进而发生化学腐蚀、电化学腐蚀、应力腐蚀。

当大气中的相对湿度大于65%时,物体表面会附着一层0.001 μm厚的水膜,相对湿度越大,水膜越厚。当相对湿度为100%时,物体表面会产生冷凝水。这些导电的水溶液便是引起结构件腐蚀的最主要、最普遍的环境介质。

1. 湿空气与地理环境的关系

暖季节时比世界上同纬度的国家和地区的温度高,相对湿度和降雨量大,是造成飞机结构腐蚀的重要因素之一。

2. 海洋大气腐蚀环境分析

海洋大气的特点:一是湿度高;二是含盐量高。

3. 工业大气腐蚀环境分析

工业大气中含有大量的腐蚀性气体,如SO_2、SO_3、H_2S、NH_3、Cl_2、HCl、CO_2、CO、NO_2等,对金属腐蚀最大的是SO_2气体。如果大气中含有超过1%的SO_2,腐蚀会急剧加快。

4. 机上腐蚀环境分析

(1) 地面气温高、湿度大时,机内空气在地面处于水饱和状态。另外,乘员的呼吸和出汗也会排出水分。随飞行高度上升,机舱内温度逐渐下降,潮气就凝结成水分,停留在隔声层和蒙皮之间。

(2) 运输活牲畜、活海鲜可能会导致飞机的严重腐蚀。一是牲畜的粪便具有较强的腐蚀性;二是牲畜比人产生的热量多,湿度增大;三是运输活海鲜时,容易引起海水的泄漏,腐蚀性极强。

(3) 厕所地板密封不严,污水会流到飞机结构上;厨房中食品和饮料发生意外泼溅,也可能会流淌到飞机结构上;前、后登机门和服务门区域经常受到雨水和污物的影响,地板梁也容易受到腐蚀。

(4) 飞机短程飞行时,油箱内燃油量较少,含有大量的潮湿空气,容易产生微生物腐蚀。

(5) 非金属材料挥发出来的有害气体,有可能使一些金属以及镀锌、镀镉层产生腐蚀。

(6) 飞机在砂石或草坪跑道上起降,会使飞机蒙皮,特别是起落架舱蒙皮光洁度降低,积存腐蚀介质,引起腐蚀。

1.4.3 装载原因

野蛮装卸会造成货舱地板、侧壁板、顶板的损伤,由于渗漏或冷凝水,加上结构缝隙中残留的污垢,容易形成腐蚀液或电解质溶液而产生腐蚀。

1.4.4 维护原因

由于维护不当,没有实施正确的腐蚀防护,也会造成腐蚀。如用飞机清洗剂清洁飞机不够彻底,或飞机燃油和润滑油溢出,飞机装载海洋性物质后存在遗留物,飞机厕所清洁剂清洁不彻底等,都会使飞机产生腐蚀。

1.5 飞机结构腐蚀分区

飞机机身结构防腐蚀设计时,首先需要对机身内部区域进行腐蚀分区,便于对不同的腐蚀区域采取合适的防腐蚀措施。

1.5.1 腐蚀分区的步骤

腐蚀分区的第一步是对参考机型在役飞机的腐蚀情况进行统计,根据统计结果对机身内部区域进行腐蚀分区。参考机型主要是波音、空客等的主流机型;腐蚀数据主要来源于维修基地定检时的腐蚀维修记录,以及航线常规性例行检查中发现的腐蚀记录。以计数的方法统计腐蚀区域的腐蚀频率,确定易腐蚀区、较易腐蚀区和一般腐蚀区。

腐蚀分区的第二步是基于腐蚀影响因素进行环境分区。飞机金属结构部件的腐蚀风险取决于该部件所处的环境条件。一般根据区域内水及各种液体积聚的概率、区域的可接近性和损伤风险,将环境条件分为以下三类:

A类:接触空气,通常为干区且易接近的区域;

B类:接触燃油的区域;

C类:易接触液压油、厕所或厨房液体、润滑剂污染的区域;容易生成或聚集冷凝水、液体的区域;难以接近,以及具有很高的意外损伤风险区域。

C类区域可进一步细分为:

(1) C1类:接触水、湿气,偶然接触其他液体的区域,且具有很高的意外损伤风险区域;

(2) C2-1类:接触水、湿气,经常接触其他液体的区域;

(3) C2-2类:接触水、湿气,其他液体易积存且难以接近的区域。

环境类别仅适用于飞机的内部部件,这些部件在飞行过程中从外部看不到,包括整流罩覆盖的区域。典型民机机身内部区域环境类别划分如图1.2所示。

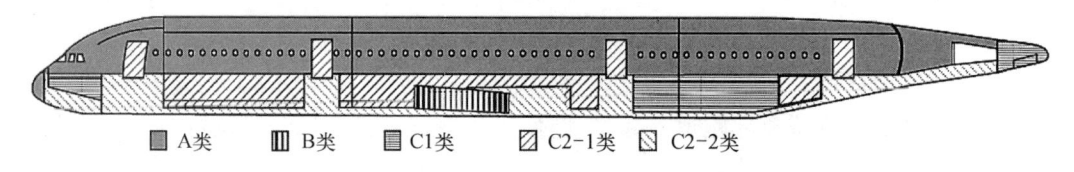

图1.2 典型民机机身内部区域环境类别

腐蚀分区的第三步是基于结构重要性进行区域分区,分成重要、较重要、一般部件三个等级。对安全性有重要影响的部件,需提高腐蚀分区等级,加强防护措施。对于机身一些重要结构部件,一旦腐蚀,将导致产品不能完成主要任务,危及人身安全等危险,需定义为重度腐蚀区,比如龙骨梁结构。

1.5.2 机身的腐蚀分区

综合上述民机腐蚀分区的三步法,可按照表 1.1 的分析步骤,将全机分为轻度腐蚀区、中度腐蚀区以及重度腐蚀区。由于机身内冷凝水线以下区域,机身内壁形成液膜的概率较大,因此冷凝水线以下的区域被定义为中度及重度腐蚀区。冷凝水线的位置可能因为机型不同而不同,典型民机机身内部壁板腐蚀分区示意如图 1.3 所示,典型民机机身内部框截面腐蚀分区示意如图 1.4 所示。

表 1.1 腐蚀分区过程表

机群统计结论	影响因素分析结论	结构重要性分析结论	腐蚀分区结果
一般腐蚀	A/B/C1 类	一般	轻度腐蚀区
较易腐蚀	B/C2-1	较重要	中度腐蚀区
一般腐蚀	C2-1/C2-2	较重要	中度腐蚀区
一般腐蚀	B	重要	重度腐蚀区
较易腐蚀	C2-2	重要	重度腐蚀区
易腐蚀	C2-1/C2-2	重要/较重要	重度腐蚀区

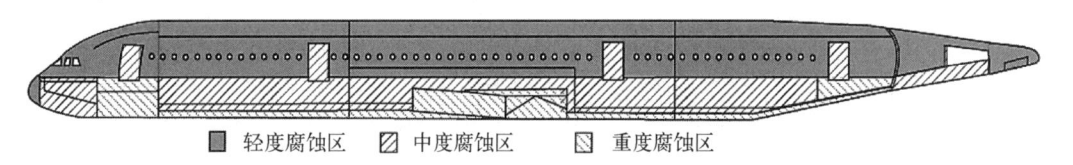

图 1.3 典型民机机身内部壁板腐蚀分区示意图

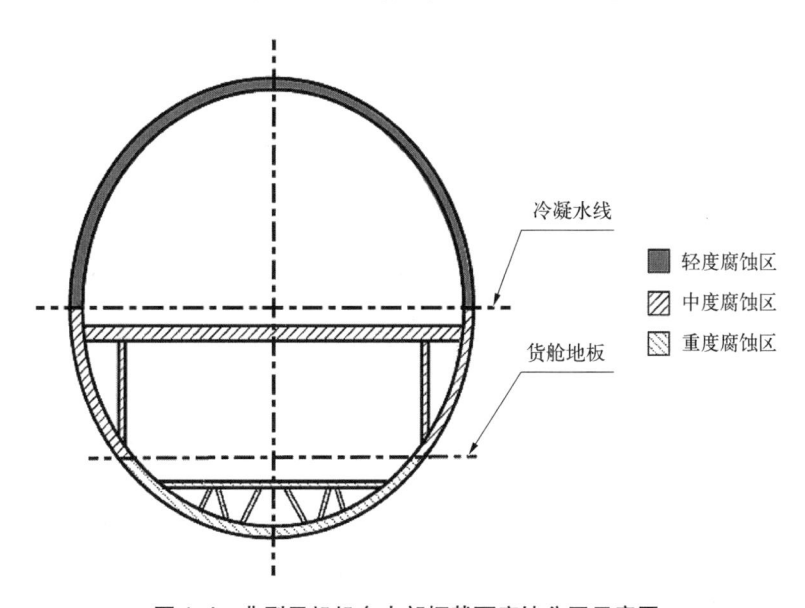

图 1.4 典型民机机身内部框截面腐蚀分区示意图

1.6 飞机结构腐蚀控制

飞机的腐蚀问题严重影响飞机的安全性、使用寿命和维修成本。因此,飞机结构在设计、制造和修理阶段应采取严格控制腐蚀的措施,以确保飞机结构具有良好的耐腐蚀性。

1.6.1 结构设计

飞机在设计和修理时飞机结构都应具有良好的防水和排水装置,在飞机的窗、门、舱口的边缘都应具有良好的密封装置,如果损坏必须及时进行修理。飞机机腹最低位置应设有排水孔,以便积水排出。飞机在修理过程中如有需要,则一定要确保修理件设有排水孔,并不要盖住或堵住原有的排水通路。在结构修理时一定要避免不同电极电位的结构件接触,如果一定要接触,要采取非常好的密封措施,从而避免产生电化学腐蚀。飞机结构件的制作过程中一定避免产生残余应力使结构件在腐蚀环境中发生应力腐蚀。

1.6.2 表面保护层

因为导致飞机结构腐蚀的直接原因是构件没有适当的保护层或保护层遭到破坏,所以对飞机结构施加表面保护层是飞机结构最有效的防腐措施。通常铝合金表面形成一层很薄的氧化膜(氧化铝),这层膜很致密,可以阻止腐蚀物质与金属机体接触,从而防止腐蚀。涂层是防止飞机结构腐蚀的第一道防线,也是非常有效的措施,在飞机修理过程中一定要对结构件涂底漆和面漆。

1.6.3 湿装配

在结构件装配时一定要对结构件的接触面和紧固件与结构件的接触面施加密封剂,密封剂可以阻止腐蚀介质进入接触面,从而防止腐蚀。

1.6.4 涂防腐剂

可以起到防腐作用,并可以防止腐蚀进一步蔓延,能在涂层表面和积水层间起到防水膜的作用。不能完全抑制腐蚀,但可减缓腐蚀,只是一种临时性防腐措施。在飞机航线维护过程中,如果发现紧固件的涂层破裂,或形成黑圈、尾迹等,为防止或减缓紧固件或紧固件孔的腐蚀,应及时涂防腐剂。如发现轻微腐蚀,当时不具备防腐处理条件,应涂防腐剂以减缓腐蚀速度。如发现漆层龟裂或脱落,也可以涂防腐剂作为临时性的维护措施。

1.6.5 清洗飞机

飞机外表保持清洁,不仅是外观和气动力的要求,更重要的是飞机防腐蚀的要求。一段时间内清洗一次飞机能够去除飞机外表沉积的灰尘、污物及其他的大气中沉积的腐蚀介质。根据维护经验,不同的大气环境要求的飞机清洗周期不同。客、货舱在每天航后维护中必须彻底清洁,特别是客舱厨房和厕所位置以及货舱门槛位置。更应值得注意的是由于货舱运输海鲜产品和小动物,而给货舱带来污物,必须在航后及时彻底清理。否则,由于污物吸湿性很强,并含有大量氯离子等,很容易导致飞机腐蚀。

1.6.6 腐蚀剂清除

飞机在飞行和维护过程中,如果有酸性或碱性的化学试剂及水银等强腐蚀剂泄漏或泼溅出来,会严重腐蚀飞机结构,危及飞行安全,必须将腐蚀剂及时彻底清除。例如:飞机在飞行或维护过程中溢出电瓶的电解液、液压系统中的液压油、运输海鲜的渗漏等,都必须在航后及时清除掉,否则将严重腐蚀飞机。

1.6.7 疏通排水孔

要定期检查飞机排水孔是否堵塞,并及时疏通,避免在飞机内积水,造成腐蚀。

1.6.8 制定防腐方案

在飞机的使用和维护过程中,改善或消除飞机的腐蚀环境是飞机腐蚀预防与控制的关键,也是降低飞机维修费用的重要方面。因此,根据飞机制造厂家的腐蚀预防与控制大纲(corrosion prevention and control program,CPCP),以及每个公司的实际情况及所处的地理位置,制定相应的防腐大纲(CPCP)及日常的防腐维护方案是非常必要的。加强对维护人员的防腐教育和培训,高度重视并自觉做好防腐工作。

总之,腐蚀是飞机不可避免的一个问题,它会影响飞机寿命,给航空公司造成重大的经济损失,因此它一直是航空领域中人们关注的焦点问题。随着飞机的老龄化以及运行环境的变化,腐蚀问题必须提到每个航空公司的日程上来,因腐蚀而造成的飞机结构修理和停场是制约航空公司发展的重要因素。腐蚀是一个自然现象,最好的办法是采取完善的腐蚀防护与控制措施,将腐蚀破坏的速率降低到最小,使飞机实际寿命达到或超过设计寿命,确保飞机安全和经济运行。飞机制造厂家、权威管理机构和航空公司正在努力研究腐蚀问题,收集了大量的有关飞机腐蚀的信息,以完善目前的飞机腐蚀控制方法,将飞机腐蚀给航空公司带来的损失降到最低。

习题和思考题

1.1 什么是飞机结构腐蚀,飞机结构腐蚀的本质是什么?
1.2 飞机结构腐蚀有哪些特点?
1.3 飞机结构发生腐蚀的危害有哪些?
1.4 飞机发生结构腐蚀的根源有哪些?
1.5 飞机机身腐蚀是如何分区的?
1.6 可以采取哪些措施有效地控制飞机结构腐蚀问题?

第 2 章
飞机结构腐蚀机理及类型

飞机的结构腐蚀损伤是飞机最严重的损伤形式之一,它危及飞机的飞行安全。例如,1981年8月一架波音737飞机因机身结构产生严重晶间腐蚀,导致飞机在空中解体,造成一等事故。另外,在使用寿命期内,用于维修结构腐蚀损伤的费用也是相当高的。因此,为保证飞机的飞行安全,降低维修费用,机务维修人员必须及时发现飞机的腐蚀损伤,并采取相应的维修措施。为提高飞机维修放行人员对腐蚀损伤的识别能力和维修技术水平,本章将主要介绍金属材料的腐蚀机理、腐蚀类型等方面的基本知识。

2.1 腐蚀机理

2.1.1 金属腐蚀

金属及其制品在生产和使用过程中,在周围环境因素的作用下,发生破坏变质,改变了原有的化学、物理、机械等特性,称为金属腐蚀。金属腐蚀的内在原因在于热力学不稳定性。在环境介质的作用下,金属有从零价态的原子自发地变为正价态离子的倾向,这个过程正是冶金的逆过程。自然界中的金属(除少数惰性金属,如金)大都以正价态的离子存在于矿石中,这是金属的热力学稳定状态。金属受腐蚀后会蜕变为与其矿石有相似构成的氧化物、氢氧化物或相应的盐类。

化学变化中,元素价态升高的过程称为氧化,在电化学中称为阳极氧化;由高价态变为低价态的过程称为还原,在电化学中称为阴极还原。在腐蚀反应中,金属发生氧化反应,腐蚀剂发生还原反应。

根据金属腐蚀反应机理,可以把腐蚀分为化学腐蚀和电化学腐蚀两大类。化学腐蚀是指金属跟接触到的物质(如 O_2、Cl_2、SO_2 等)直接发生化学反应而引起的腐蚀。它的特点是化学作用过程中没有腐蚀电流产生,最重要的化学腐蚀形式是金属的气体腐蚀。飞机结构中的许多重要零件由于气体腐蚀而遭到严重的破坏,例如飞机喷气发动机的燃烧室、导向叶片、涡轮叶片等。电化学腐蚀是不纯的金属(或合金)跟电解质溶液接触时发生原电池反应,比较活泼的金属失去电子而被氧化,这种腐蚀称为电化学腐蚀,其特点是在腐蚀过程中有腐蚀电流产生。大气腐蚀、海水腐蚀、土壤腐蚀等都属于电化学腐蚀。

飞机上所发生的腐蚀大多数属于电化学腐蚀。因此,在这一节中着重介绍电化学腐蚀的机理。

2.1.2 双电层与电极电位

为深入研究电化学腐蚀的发生过程,先讨论金属在电解质溶液中的行为,引入双电层的概念。

金属原子由带正电的原子核和绕核旋转的负电子层组成,正负电荷相等,原子呈中性。在一定条件下,核外的部分电子会脱离原子而去,金属原子变成正离子。某一金属,例如锌(Zn),浸入电解质溶液中,其表面的 Zn 原子由于受到溶液中极性水分子的静电吸引,失掉 2 个电子,变成正离子 Zn^{2+},脱离锌表面进入溶液。溶液中每多 1 个 Zn^{2+},在金属锌上就多 2 个电子。由于正负电荷的相互吸引,锌片上多余的正离子,都相对集中于界面的两侧,形成了自由电子层和正离子层所组成的双电层,如图 2.1(a)所示。把锌片浸入硫酸锌溶液中就会出现这种情况。

锌片上的锌并不会无限制地溶解,锌片上的过剩电子和溶液中过剩 Zn^{2+} 越来越多,正负电荷间的吸引力越来越大,即双电层之间的电位差越来越大,溶液一边的 Zn^{2+} 有可能与锌片上的多余电子重新结合为锌原子,而沉积到金属上去。因此,当溶液中 Zn^{2+} 积累到一定程度时,在单位时间内,锌原子失去电子变为锌离子 Zn^{2+} 的数目与锌离子 Zn^{2+} 结合电子变为锌原子的数目相等,达到动态平衡。此时,尽管锌原子的沉积和溶解的反应还在进行,但溶液中 Zn^{2+} 的数目和锌片上电子的数目都不再增加。它们分别排在金属-溶液界面两侧,犹如一个电容器的两块极板。

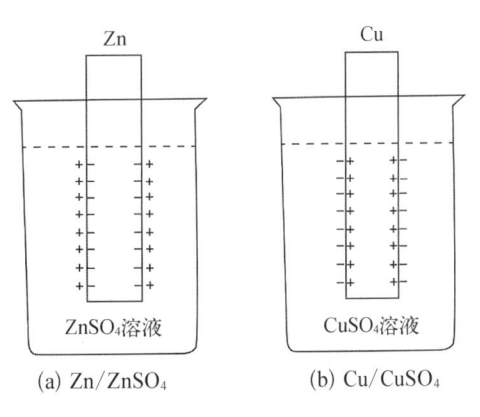

图 2.1 双电层示意图

(a) Zn/ZnSO₄ (b) Cu/CuSO₄

不同金属在溶液中形成双电层的情况不同。活泼金属形成的双电层,金属一侧是多余电子,溶液一侧是多余正离子;但是,不活泼金属(如铜、银)与此相反,当极性水分子对金属离子的吸力不足以克服金属中电子对离子的吸引力,金属表面反而从溶液中吸引一部分正离子,使双电层金属一侧带正电荷,溶液一侧因为有过剩负离子带有负电荷,如图 2.1(b)所示。把铜片浸入硫酸铜溶液就会出现这种情况。

双电层结构中金属极板和溶液间产生电位差(电势差),这种电位差称为金属在此溶液中的电位或电极电位。电极电位值不但与双电层两侧电荷符号有关,而且与电荷密度有关,它的大小取决于金属的化学性质、晶体结构、表面状态,也取决于介质的性质、浓度、温度和酸度等。金属的电极电位是衡量金属活性的重要参数,但金属的电极电位绝对值无法测量,通常测其相对值。人为规定,在特定条件下的标准氢电极电位为零,把它作为基准电极,将标准氢电极与被研究的某金属电极连接成一原电池,用电位计测量其电动势,此电动势的测量值就等于该金属的标准电极电位。把金属(包括氢)按照它们的标准电极电位代数值的增大顺序排列起来的顺序表称作电化序(表2.1)。

表2.1 标准电极电位的电化序表(25℃)

电对(氧化/还原态)	电极反应(氧化态+ne^-⟶还原态)	电极电位/V
K^+/K	$K^+ + e^- \longrightarrow K$	−2.924
Ca^{2+}/Ca	$Ca^{2+} + 2e^- \longrightarrow Ca$	−2.870
Na^+/Na	$Na^+ + e^- \longrightarrow Na$	−2.714
Mg^{2+}/Mg	$Mg^{2+} + 2e^- \longrightarrow Mg$	−2.375
Al^{3+}/Al	$Al^{3+} + 3e^- \longrightarrow Al$	−1.666
Mn^{2+}/Mn	$Mn^{2+} + 2e^- \longrightarrow Mn$	−1.189
Zn^{2+}/Zn	$Zn^{2+} + 2e^- \longrightarrow Zn$	−0.762
Fe^{2+}/Fe	$Fe^{2+} + 2e^- \longrightarrow Fe$	−0.440
Cd^{2+}/Cd	$Cd^{2+} + 2e^- \longrightarrow Cd$	−0.402
Co^{2+}/Co	$Co^{2+} + 2e^- \longrightarrow Co$	−0.280
Ni^{2+}/Ni	$Ni^{2+} + 2e^- \longrightarrow Ni$	−0.230
Sn^{2+}/Sn	$Sn^{2+} + 2e^- \longrightarrow Sn$	−0.136
Pb^{2+}/Pb	$Pb^{2+} + 2e^- \longrightarrow Pb$	−0.126
H^+/H_2	$H^+ + e^- \longrightarrow \frac{1}{2}H_2$	0
Sn^{4+}/Sn^{2+}	$Sn^{4+} + 2e^- \longrightarrow Sn^{2+}$	+0.150
Cu^{2+}/Cu	$Cu^{2+} + 2e^- \longrightarrow Cu$	+0.340
Cu^+/Cu	$Cu^+ + e^- \longrightarrow Cu$	+0.522
Fe^{3+}/Fe^{2+}	$Fe^{3+} + e^- \longrightarrow Fe^{2+}$	+0.770
Ag^+/Ag	$Ag^+ + e^- \longrightarrow Ag$	+0.799
Hg^{2+}/Hg	$Hg^{2+} + 2e^- \longrightarrow Hg$	+0.854

2.1.3 原电池

凡能将化学能转变为电能的装置称作原电池。它是由两个电极(阴极和阳极)和相应电解质溶液组成。现以锌铜原电池为例说明它的工作原理,如图2.2所示。

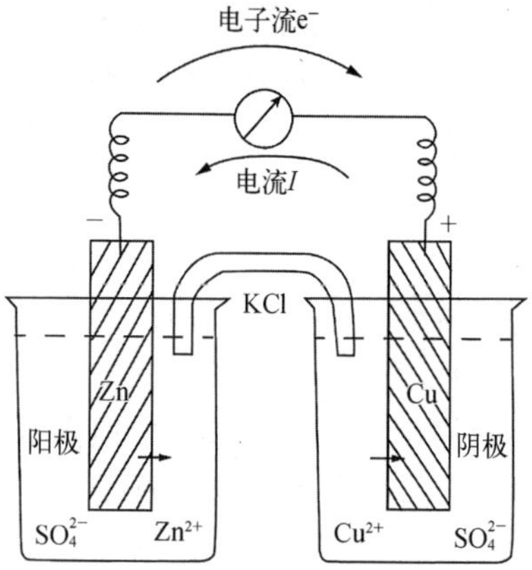

锌铜两种金属在各自的盐溶液中成为两个不同电极电位的电极。锌电极电位低,铜电极电位高。如果用导线将两电极连接形成电路,因为有电位差,就会产生电流。在锌电极上发生氧化反应,锌受到腐蚀:

$$Zn - 2e^- \longrightarrow Zn^{2+} \quad (阳极反应)$$

$$Cu^{2+} + 2e^- \longrightarrow Cu \quad (阴极反应)$$

图2.2 锌铜原电池

整个电池的总反应是

$$Zn+Cu^{2+} \longrightarrow Zn^{2+}+Cu$$

阴极反应和阳极反应是原电池中的两个分反应,虽然不在同一处发生,却同时进行且速度相等。在两个电极发生反应时,自由电子从锌极流出,经导线到达铜极。所以,电化学腐蚀最显著的特征是电化学腐蚀过程中有自由电子流动,产生电流。应该注意到,电流方向则是由高电位铜极流向低电位锌极,与电子流的方向相反。线路中有了电流,化学能转变成了电能,形成原电池。

KCl 盐桥的作用是供溶液内部离子电荷转移。它接通内外电路,构成闭路循环,使电流不断产生。

总之,整个原电池的电化学过程是由阳极的氧化过程、阴极的还原过程以及电子、离子的流动过程所组成。电子和离子的流动回路构成了电回路,电回路的驱动力是两个电极的电位差,即原电池的电动势。

2.1.4 电化学腐蚀与腐蚀电池

讨论了原电池的工作原理,电化学腐蚀机理就迎刃而解。电化学腐蚀就是在金属上产生若干原电池(实际上是短路原电池,即腐蚀电池),金属成为阳极,遭到溶解而产生腐蚀。

现在以飞机结构常用铝合金的电化学腐蚀为例进行讨论,如图 2.3 所示。

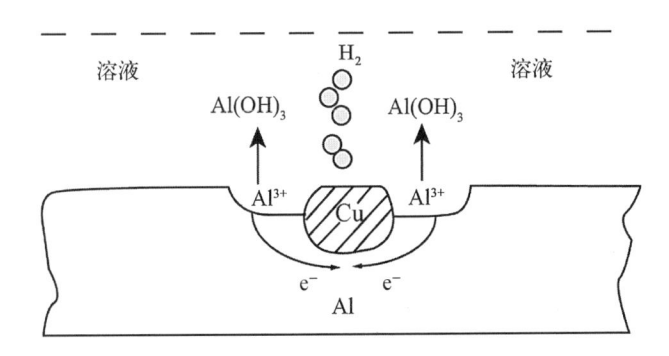

图 2.3 电化学腐蚀示意图

如果含有铜的铝合金构件处在潮湿的大气中,则在其表面不可避免地形成了一层电解质溶液薄膜,这就具备了产生腐蚀电池的条件。该腐蚀电池的阳极为电位较低的基体铝(-1.666 V),阴极为电位较高的添加元素铜(+0.337 V)。它们之间不断地进行着电化学反应,阳极反应:

$$Al \longrightarrow Al^{3+}+3e^-$$

电子由铝流向铜,铝遭到溶解,变成离子 Al^{3+} 进入溶液。

阴极反应:由于金属-溶液体系比较复杂,可能同时存在 1 个或 2 个以上的阴极反应。

析氢反应：

$$2H^+ + 2e^- \longrightarrow H_2 \uparrow$$

吸氧反应：

$$\begin{cases} O_2 + 4H^+ + 4e^- \longrightarrow 2H_2O, 在酸性溶液中 \\ O_2 + 2H_2O + 4e^- \longrightarrow 4OH^-, 在中性或碱性溶液中 \end{cases}$$

溶液中的 H^+、O_2 在阴极吸收电子分别生成 H_2 和 OH^-。由于析氢和吸氧两个反应，腐蚀区的电解质溶液酸度降低，碱度升高。溶解到溶液中的 Al^{3+} 与 OH^- 结合，生成白色沉淀物 $Al(OH)_3$，即

$$Al^{3+} + 3OH^- \longrightarrow Al(OH)_3 \downarrow （白）$$

这就是发生电化学腐蚀的典型过程。

根据组成腐蚀电池的电极尺寸大小，可以把腐蚀电池分为宏观腐蚀电池（宏电池）和微观腐蚀电池（微电池）两类。

1. 宏观腐蚀电池

凡用目视可分辨出阴、阳极的腐蚀电池，称为宏电池。

1）腐蚀电偶电池（电偶腐蚀）

两种或两种以上金属相接处，在电解质溶液中构成的腐蚀电池，如图 2.4 所示。

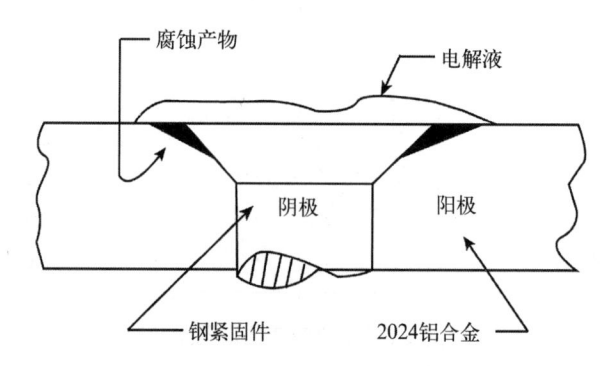

图 2.4 电偶腐蚀电池

2）浓差电池

由能斯特方程：

$$E = E^0 + \frac{RT}{nF} \ln C$$

可知，金属材料的电极电位与介质中金属离子的浓度 C 有关。当金属与含不同浓度的该金属离子的溶液接触时，浓度稀处金属的电位较负，浓度高处金属的电位较正，从而形成金属离子浓差腐蚀电池。

在实际中,最常见的一种危害极大的浓差腐蚀电池是氧浓差电池,是由金属与含氧量不同的腐蚀介质接触形成的腐蚀电池。例如:在发生水线腐蚀、缝隙腐蚀、孔腐蚀、沉积物腐蚀、盐滴腐蚀和丝状腐蚀等情况下,在氧不易到达的地方氧含量低,造成该处金属的电位低于高含氧处金属的电位,成为阳极而遭受腐蚀。

3) 温差电池

由能斯特方程可知,金属材料的电位与介质温度有关。浸入腐蚀介质中的金属各部分,常由于所处环境温度不同形成温差腐蚀电池。如碳钢制造的热交换器,由于高温部位碳钢电位低,因此高温部位比低温部位腐蚀严重。

2. 微观腐蚀电池

凡不能用目视分辨出阴极和阳极的腐蚀电池,称为微电池。

造成金属表面电位不同,形成微电池的原因很多,常见的有以下几种。

(1) 金属表面化学组成不均匀,夹杂有杂质。这些杂质的电位往往高于金属本身,是微电池的阴极,促使金属发生微电池腐蚀。

(2) 金属表面组织不均。金属的晶体结构由无数晶粒构成,晶粒与晶界的电位往往不同,晶界与晶间电位也往往不同。例如:Al-Cu 系铝合金,晶界电位最低,是微电池的阳极,易被腐蚀;Al-Zn-Mg-Cu 系铝合金,晶间电位最低,是微电池的阳极,易被腐蚀。

(3) 金属表面生成氧化膜不均匀,表面膜电位往往高于金属本身。如果表面膜遭到破坏,则暴露出来的金属电位低,成为阳极,首先被腐蚀。

(4) 金属表面物理状态不均匀。金属在机械加工过程中,受到拉、压、剪切作用,或由于热处理不均匀,造成不同部位表面的内应力和变形不同。通常,变形大、内应力高的地方为阳极,易受到腐蚀。

宏电池与微电池是相对而言的,难以截然分开。

2.1.5 金属的腐蚀电位与电偶序

在实际生产中,所遇到的大多数金属都含有杂质,或者是合金。对其测定不能得到单一的金属电极电位,只能得到几个电极电位的混合值,这个混合电位值称作这种金属材料在该种溶液中的腐蚀电位或混合电位。腐蚀电位受金属材料成分、金属结构、表面状态、溶液的成分、浓度、温度和酸度等因素的影响,它可用试验方法测量。在同一种介质中,金属材料腐蚀电位越低,这种材料越容易被介质中氧化性物质(如 H^+、O_2、CrO_4^{2-}、NO_3^- 等)所腐蚀。反之,腐蚀电位越高,材料越不易腐蚀。因此,金属腐蚀电位是研究金属耐腐蚀性及腐蚀行为的重要参数。

为了比较各种金属材料在同种腐蚀介质中的耐腐蚀性能和互相接触时的腐蚀行为,把各种金属在某种腐蚀介质中所测得的腐蚀电位由低到高排列起来,得到一个电位顺序,称为金属腐蚀电位序或电偶序。此顺序表对于了解金属的耐腐蚀性很有实际意义。当然,电偶序会因腐蚀介质的不同而改变。表 2.2 为一些金属材料的电偶序。

表 2.2　一些金属材料的电偶序

金属材料	电位
镁和镁合金	电位较低(阳极性) ↑
锌	
7079 铝合金	
7075 铝合金	
6061 铝合金	
包铝 2024	
3003 铝合金	
6061 - T6 铝合金	
7075 - T6 铝合金	
镉	
2017 - T4 铝合金	
2024 - T4 铝合金	
2014 - T6 铝合金	
钢或铁	
铸铁	
铅	
锡	
黄铜	
铜	
青铜	
钛	
蒙乃尔高强度耐蚀镍铜合金	
镍(纯态)	
铬镍铁合金	
不锈钢	
银	
石墨	
金	
铂	↓ 电位较高(阴极性)

2.2　腐蚀类型

结构腐蚀是结构材料在飞机的使用环境作用下产生的变质和破坏,呈现出不同的腐蚀类型。金属的腐蚀形态一般可分为两大类:全面腐蚀和局部腐蚀。而局部腐蚀又分为点腐蚀、电偶腐蚀、缝隙腐蚀、晶间腐蚀、磨损腐蚀、应力腐蚀开裂和腐蚀疲劳等。腐蚀类型及分类方法见表 2.3,部分腐蚀形态如图 2.5 所示。

表 2.3　腐蚀类型及分类方法

分类方法	腐蚀类型
腐蚀机理	化学腐蚀
	电化学腐蚀

续 表

分类方法	腐 蚀 类 型
腐蚀环境	自然环境腐蚀： 大气腐蚀、土壤腐蚀、微生物腐蚀、天然水(海水、湖水、河水)腐蚀
	工业环境腐蚀： 酸溶液腐蚀、碱溶液腐蚀、盐溶液腐蚀、工业水腐蚀、燃气腐蚀、辐照腐蚀
腐蚀形态	全面腐蚀
	局部腐蚀： 电偶腐蚀(异种金属腐蚀)、点蚀(孔蚀)、晶间腐蚀、穿晶腐蚀、剥蚀、丝状腐蚀、成分选择性腐蚀(如黄铜脱锌、灰口铸铁石墨化腐蚀)、应力腐蚀、腐蚀疲劳、氢损伤、磨耗腐蚀(含微动腐蚀、冲刷腐蚀、空泡腐蚀)

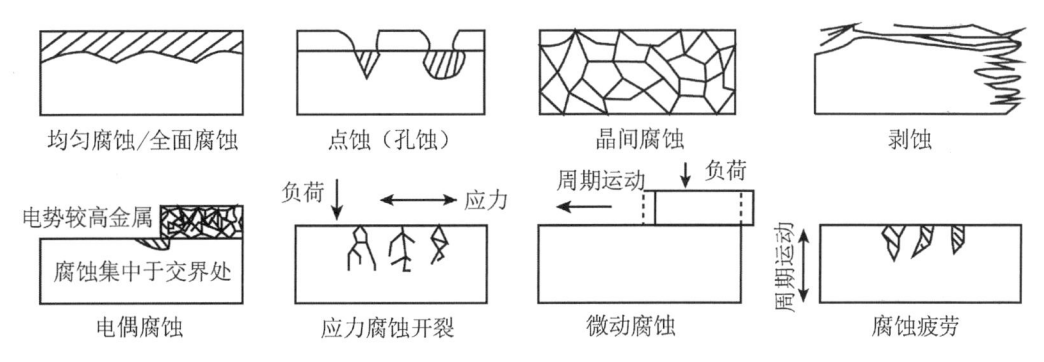

图 2.5　部分腐蚀形态示意图

本节将重点介绍各类腐蚀的产生原因和特征。飞机的金属材料到底以哪种形式发生腐蚀破坏，取决于材料的成分和组织、构件的形式以及外部的环境条件等因素。各种腐蚀破坏形式有其自己的特征和腐蚀破坏机理，但它们之间总是有着或多或少的联系。应当指出，飞机的腐蚀是各种类型腐蚀同时发生或相继发生的，有时很难判断具体的腐蚀是属于哪一类型的腐蚀，往往同一金属构件上同时发生几种类型的腐蚀破坏。

2.2.1　均匀腐蚀

均匀腐蚀，也称全面腐蚀，是最常见的腐蚀形态，是指接触腐蚀介质的金属表面全部产生腐蚀的现象，其特征是腐蚀分布于金属的整个表面，使金属整体减薄。发生均匀腐蚀的条件是：腐蚀介质能够均匀地抵达金属表面的各部位，而且金属的成分和组织比较均匀。发生均匀腐蚀的金属在化学成分、显微组织和受力状况方面在宏观尺度上是均匀的。均匀腐蚀的电化学特点是腐蚀原电池的阴极、阳极面积非常小，甚至用微观方法也无法辨认，而且微阳极和微阴极的位置随机变化。整个金属表面在溶液中处于活化状态，只是各点随时间(或地点)有能量起伏，能量高时呈阳极，能量低时呈阴极，从而使整个金属表面遭受腐蚀。表 2.4 对均匀腐蚀和局部腐蚀在电化学行为和腐蚀产物等方面的差异进行了全面比较。

表 2.4 均匀腐蚀与局部腐蚀比较

比较项目	均 匀 腐 蚀	局 部 腐 蚀
腐蚀形貌	腐蚀分布在整个金属表面	腐蚀主要集中在一定的区域,其他部分不腐蚀
腐蚀电池	阴极、阳极在表面上随机变化,且不可辨别	阴极、阳极在宏观上可分辨
电极面积	阳极面积=阴极面积	阳极面积≤阴极面积
电位	阳极电位=阴极电位=腐蚀(混合)电位	阳极电位<阴极电位
腐蚀产物	可能对金属具有保护作用	无保护作用

金属构件在大气中的腐蚀以及在酸、碱等电解质溶液中的腐蚀,往往表现为均匀腐蚀破坏。金属的氧化也多表现为均匀腐蚀。如果飞机零件或部件表面没有涂层或不合理地施用保护性涂层和密封层或保护性涂层由于机械磨损而破坏,都会导致均匀腐蚀的发生。

当表面没有保护的金属(如飞机蒙皮、进气道前缘)暴露在含有腐蚀介质的大气中时,将会发生均匀腐蚀,在光滑的金属表面上,这种腐蚀首先使表面失去光泽,如果腐蚀继续下去,金属表面就变得粗糙不平,如图2.6所示。飞机蒙皮是一个典型的例子,由于机身蒙皮每时每刻都暴露在大气环境中,它最容易发生均匀腐蚀。在某飞机维修公司承接的大部分做大修的飞机中,当机身褪漆完毕后总能发现某些区域的蒙皮失去了光泽,表面粗糙,尤其在飞机的48段区域,腐蚀区域往往呈大面积分布,但它们都是比较均匀而且轻微的腐蚀。对待此类腐蚀,通常采用喷砂的方法进行去除。这种方法只会将蒙皮表层的微量腐蚀产物清除,而不会损伤蒙皮。在飞机内部,厨房和厕所的溢出物常使邻近区域发生均匀腐蚀,均匀腐蚀也常出现在地板结构区域。

图 2.6 发动机进气道前缘均匀腐蚀

均匀腐蚀往往造成金属的大量损失,但从技术角度来看这类腐蚀并不可怕,一般不会造成突然事故。但如未及时将其去除,腐蚀将进一步发展而导致点状腐蚀和晶间腐蚀,这类腐蚀会导致飞机结构件强度大大减弱。因此,根据腐蚀程度的大小,需要进行修理或更换部件。

通常,采用合适的材料及合适的保护性覆盖层、使用缓蚀剂、注意及时冲掉腐蚀产物和恢复保护性涂层,就会抑制腐蚀速度。

2.2.2 电偶腐蚀

电偶腐蚀又称接触腐蚀或异金属腐蚀。在电解质溶液中,两种或两种以上的具不同电位的金属相接触时,电位较负的金属腐蚀被加速,而电位较正的金属受到保护,这种现象就称为电偶腐蚀,它是一种典型的电化学腐蚀,电偶腐蚀原理如图2.7所示。

腐蚀主要发生在两种不同金属或金属与非金属导体相互接触的边缘附近,如图2.8所示,而在远离边缘的区域其腐蚀程度要轻得多。但当在两种金属的接触面上同时存在缝隙时,而缝隙中又存留有电解液,这时构件可能受到电偶腐蚀与缝隙腐蚀的联合作用,其腐蚀程度更加严重。

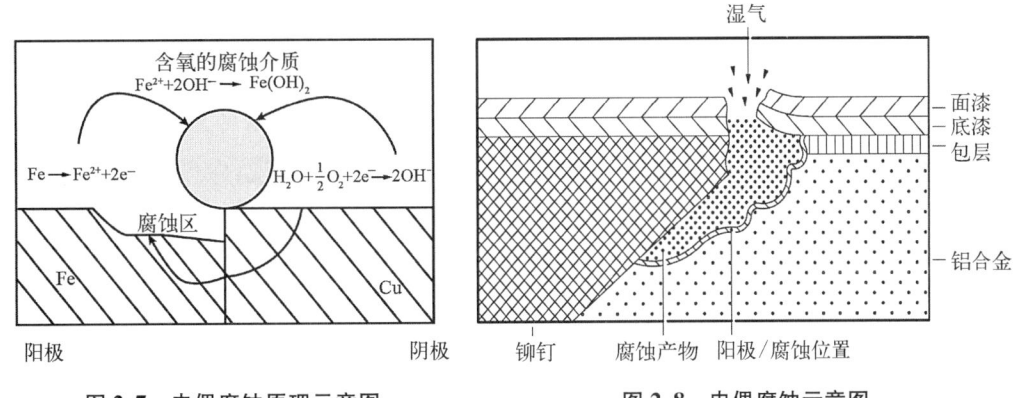

图 2.7 电偶腐蚀原理示意图

图 2.8 电偶腐蚀示意图

电偶腐蚀的发生必须同时满足以下条件:同时存在两种不同电位的金属或非金属导体;有电解质溶液存在;两种金属通过导线连接或直接接触。

当两种不同电位的金属相接触时,如果接触面处在腐蚀环境中,就形成了宏电池。较活泼的电位较低的金属在电化学过程中成为阳极遭到腐蚀,而电位较高的惰性较强的金属作为阴极而不被腐蚀。利用标准电化序可以判断某种金属在标准条件下的腐蚀倾向。在飞机结构维修中,我们可按各种金属或合金在规定的电解液中所排定的电偶序来判断处于该状态下的金属和合金的腐蚀倾向。但应注意:这种判断仅是对腐蚀的倾向性而言,而不能确定腐蚀速度,因为影响不同金属接触腐蚀的因素比较复杂。

在特定状态的金属电偶序表中,金属腐蚀电位越低,阳极性则越突出,它的耐腐蚀性能就越差。当两种腐蚀电位不同的金属接触时,两种金属之间的电位差值越大,则越易形成电偶,其中呈阳极性的金属在电偶腐蚀中被腐蚀的程度越严重。飞机是由许多部件、构件组装而成的,不同金属构件之间的接触极为普遍,因此飞机发生电偶腐蚀的可能性非常大。当两种不同的金属在导电环境中直接接触时,它们就像被导电体或导电介质连接起来一样。作为阳极的金属被腐蚀,而另一种金属(即阴极金属)上的腐蚀就减慢或停止下来。图2.9是座椅导轨定位孔处的电偶腐蚀,图2.10中地板轨道和安装夹片之间为不同材料,如果中间不放置隔离层,便会很容易发生电偶腐蚀。

影响电偶腐蚀的因素除两种金属之间的电位差值外,还有阳极-阴极面积比、溶液电阻、介质条件等。这里只简单介绍阳极-阴极面积比的影响。

阳极-阴极的面积比和它们被保护层保护的程度决定了阳极金属是否产生腐蚀以及腐蚀的严重程度。当保护层受到损伤后,阳极-阴极的面积比越小,阳极金属被腐蚀的速

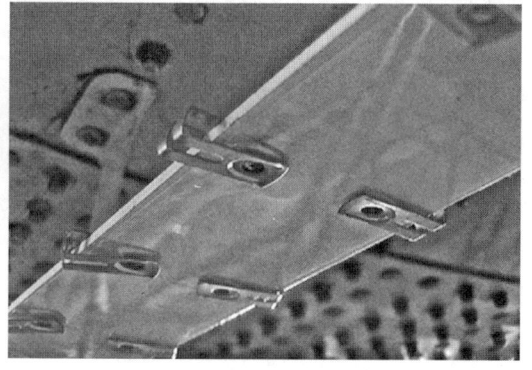

图 2.9　座椅导轨定位孔处的电偶腐蚀　　图 2.10　地板轨道和安装夹片之间的电偶腐蚀

度越快,如图 2.11 所示。相对于腐蚀电池中一定量的腐蚀电流来说,电极面积越小,则腐蚀电流密度越大,而腐蚀电流密度越大则表示腐蚀速度越快。小阳极大阴极易使阳极被腐蚀。例如,如果钢板上铆铝铆钉,可使铝铆钉受腐蚀。钢板是大阴极,铝铆钉是小阳极,铝铆钉腐蚀很快。但是,如果在铝合金板上铆钢铆钉,则形成大阳极小阴极,铝合金板不会发生严重腐蚀。

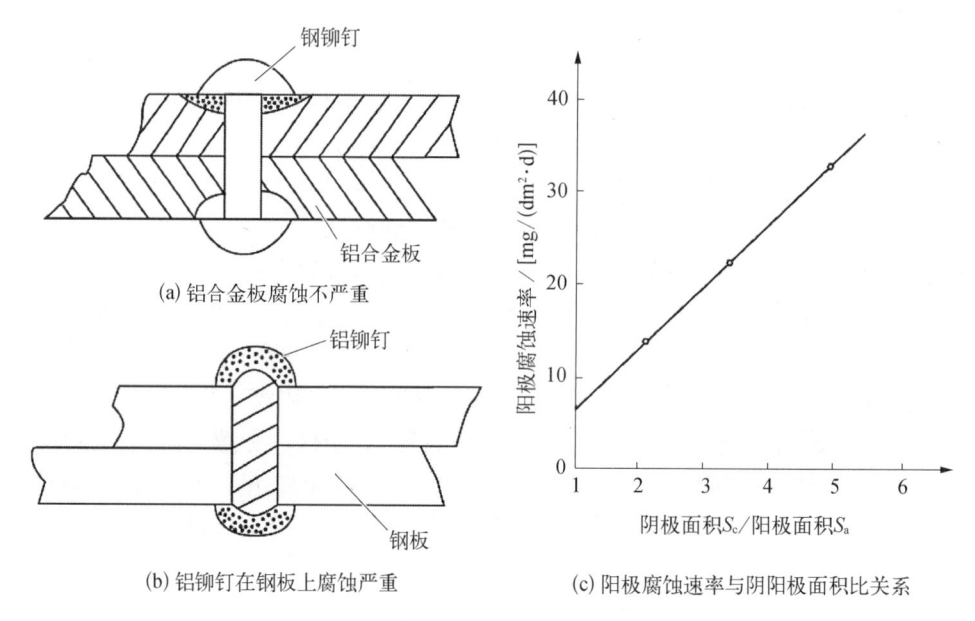

(a) 铝合金板腐蚀不严重

(b) 铝铆钉在钢板上腐蚀严重

(c) 阳极腐蚀速率与阴阳极面积比关系

图 2.11　电极面积比对阳极腐蚀速度的影响

有多种方法可以防止或减轻电偶腐蚀。设计时,在选材方面尽量避免由异种材料或合金相互接触,若不可避免尽量选用电偶序相近的材料;避免大阴极、小阳极面积比的组合;在不同的金属之间采取绝缘措施,例如:加入绝缘垫片以及用涂层或密封剂加以隔离;采用合适的油漆层或金属镀层进行保护;在封闭系统中可以加入缓蚀剂,以减轻介质的侵蚀性等。当采用油漆层时,应将漆层涂敷在阴极表面上而不应涂敷在阳极表面上,因为若阳极表面上的漆层发生局部脱落,则会形成大阴极小阳极的局面。

根据电偶腐蚀的机理,在制定结构修理方案时就必须按照以下原则:

(1) 修理材料尽量与原材料保持一致,以防止不同材料接触而造成电位差,这是指导结构修理的结构修理手册(structural repair manual,SRM)的一个重要原则之一;

(2) 修理材料与原材料不一致时,应做好两种材料的隔绝工作,例如,使用钢件修理铝件时,必须在钢件上涂至少两遍的底漆,并在两种材料的结合面涂封严胶。

2.2.3 牺牲性腐蚀

为了保护基体金属,避免基体金属腐蚀,经常采用的较为有效的防护措施是通过滚压、电镀或喷涂等方法,在基体金属上形成一层金属保护薄膜层(如镀锌层、镀镉层)。这层金属保护薄膜能起到隔离腐蚀介质的作用。同时,这层金属保护薄膜的电位较低,一旦保护性薄膜被局部磨损或侵蚀,基体金属将暴露出来与其形成宏观腐蚀性原电池。比较活泼的金属保护层遭到腐蚀,基体金属得到了保护。一般来说,镀层越厚,保护作用越强。

例如,在铝合金(2024铝合金)上包覆纯铝(1230)层,则这层包铝层相对于2024铝合金就是阳极。又如,在合金钢上镀锌或镀镉,镀层就是阳极。由于润滑性能好,镀镉层常用于航空、航天、航海以及无线电和电子产品。镉镀层对钢铁基体起着机械和化学的双重保护作用,因此其防腐蚀性能大大优于锌镀层。但是镀镉的成本高(约为镀锌的5倍),对环境污染严重,所以不推荐使用,正常用镀锌来代替。

2.2.4 缝隙腐蚀

金属与金属或金属与非金属之间,由于存在0.025~0.1 mm的狭小缝隙,限制了与腐蚀有关物质(如溶解氧等)的扩散,从而形成以缝隙为阳极的(氧)浓差电池,使缝隙内的金属发生强烈的局部腐蚀,这种腐蚀称为缝隙腐蚀。图2.12为蒙皮内表面与长桁之间的缝隙腐蚀,图2.13为飞机机身起落架舱门加强角材与内蒙皮之间的缝隙腐蚀。

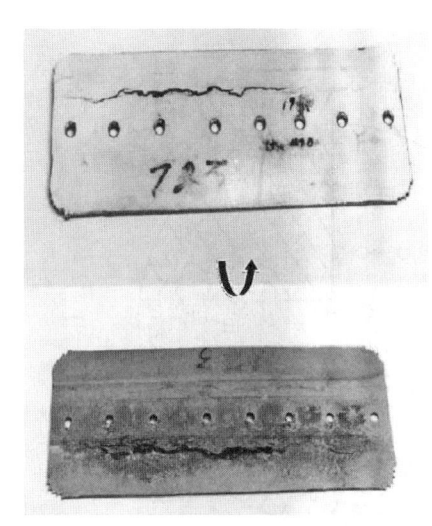

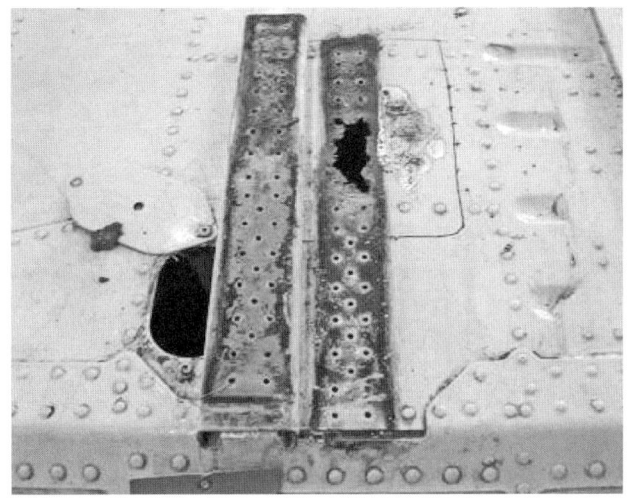

图2.12 蒙皮内表面与长桁的缝隙腐蚀　　图2.13 机身起落架舱门加强角材与内蒙皮之间缝隙腐蚀

经验表明,缝隙腐蚀通常与在搭接处、垫片底面、螺帽底面、铆钉头周围的缝隙处存在有少量不易流动的积液有关。机翼蒙皮搭接处、机身搭接连接处、翼梁的腹板与缘条间的缝隙处、焊区的空穴、垫片(或铆钉、螺帽)下的缝隙处,经常发生缝隙腐蚀。一般出现在登机门门槛和货舱门槛处。因为它通常发生在缝隙内,不易发现。持续地腐蚀可使金属表面产生蚀坑、蚀孔或使表面变粗糙。缝隙腐蚀是铝合金结构中最常见的一种腐蚀形式。对于胶接铝合金结构,如果产生脱胶损伤形成缝隙,就必然产生缝隙腐蚀。由于缝隙腐蚀发生在缝内,在腐蚀初期很难检测出来。

产生缝隙腐蚀的主要条件如下:

(1) 不同结构件之间的连接,如金属与金属之间的铆接、焊接、螺纹连接,以及各种法兰盘之间的衬垫等金属和非金属之间的接触;

(2) 金属表面存在有适当宽度的缝隙,既能让介质流入,又必须窄到能维持缝内介质静滞的状态。缝隙腐蚀通常发生在宽度为 0.025~0.100 mm 的缝隙内,很少发生在宽度大于 0.3 mm 的缝内;

(3) 缝隙处有腐蚀介质的存在,尤其是含氯离子的介质。

一般地,学界所接受的缝隙腐蚀机理是氧浓差电池作用,缝隙腐蚀的发生可分为初期阶段和后期阶段。图 2.14 为金属铆接结构的缝隙在氯化钠溶液中发生腐蚀的示意图。溶液进入缝隙后,初始期的腐蚀为一般均匀电化腐蚀,如图 2.14(a) 所示。

阳极反应:

$$M \longrightarrow M^{n+} + ne^-$$

阴极还原反应:

$$O_2 + 2H_2O + 4e^- \longrightarrow 4OH^-$$

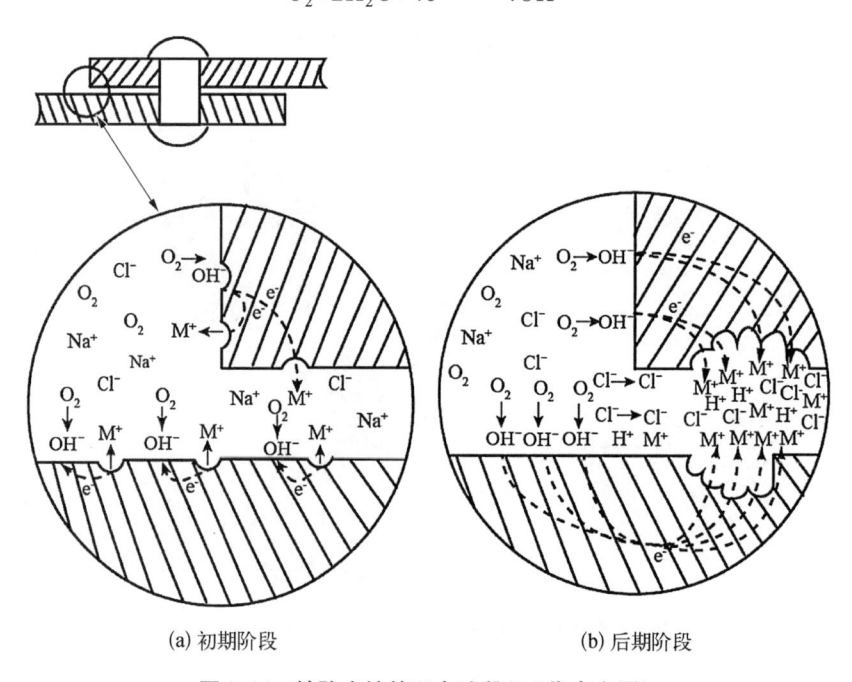

(a) 初期阶段　　(b) 后期阶段

图 2.14　缝隙腐蚀的两个阶段(M 代表金属)

在经过一段时间后,氧很快消耗完,氧的还原反应不再进行。

腐蚀后期,由于缝隙内对流不畅,氧的扩散受阻,缝内氧的还原反应就停止了。缝外金属表面积比缝内大,有溶解氧补充,故可继续氧的还原反应。但是,缝内金属的阳极反应仍继续进行,产生过多的正电荷。这样,缝外的氯离子将被吸入缝内以保持电中性。于是,缝内金属氯化物浓度增大。某些易水解的金属氯化物,在水中水解导致缝内酸化,水解产物使缝内溶液 pH 下降,从而加速了缝内金属的腐蚀。腐蚀后带正电荷的金属离子浓度增加,又促使氯离子向缝内迁移,缝内溶液进一步酸化而加速腐蚀。如此恶性循环,使缝内腐蚀得以迅速发展。

由以上分析可见,缝隙腐蚀前期以微电池的电化腐蚀为主导,呈均匀腐蚀型;而到后期形成宏电池腐蚀。缝内介质流动不畅和腐蚀产物的水解催化作用成了加快腐蚀速度的主要因素。缝隙腐蚀实际上是由于渗进缝隙中的氧的含量不同而产生的浓差电池腐蚀,同一种金属在腐蚀性介质中暴露的深度不同,也会产生腐蚀电池的阳极和阴极。当金属上有泥沙等沉积物时,在沉积物与金属之间存在缝隙,也会同上述过程一样发生缝隙腐蚀。

大气中,特别是海洋大气中含有氯化钠,它们会沉降在飞机结构上,对飞机结构形成缝隙腐蚀环境。另外,厨房和厕所中渗漏的溶液中也含有氯化物,对飞机结构形成缝隙腐蚀环境。

因为缝隙腐蚀早期仅出现在隐蔽区域,因此很难发现。有效的控制缝隙腐蚀方法是:及时排除狭缝结构;排除液体滞留区的沉积物;采用含有缓蚀剂的密封剂进行密封;填补缝隙,避免潮气进入。另一种有效阻止或减缓缝隙腐蚀的方法是采用一种驱水防腐剂。

2.2.5 丝状腐蚀

丝状腐蚀是表面喷有漆层的铝合金表面腐蚀,腐蚀产物将漆膜拱起,外观像丝状或网状,是一种特殊形式的缝隙腐蚀,因为发生在漆膜下面,又称膜下腐蚀或漆膜下腐蚀,如图 2.15 所示。

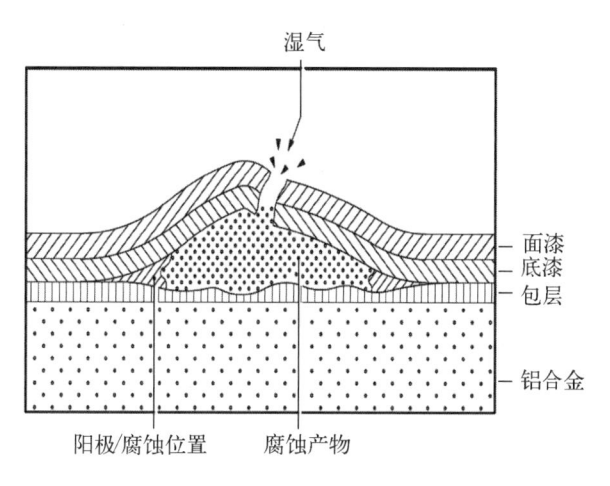

图 2.15 丝状腐蚀示意图

其腐蚀产物形似线状细丝构成的网络，往往将漆膜拱起使表层起泡或破裂。它在某些金属保护层下以难以预知的方向扩展。这种腐蚀经常发生在蒙皮接缝处、蒙皮上紧固件头部周围和因过分潮湿而引起的涂层破裂的地方，图 2.16 为紧固件孔周围铝合金板发生的丝状腐蚀。出现丝状腐蚀的主要部位是机身后部的下蒙皮。

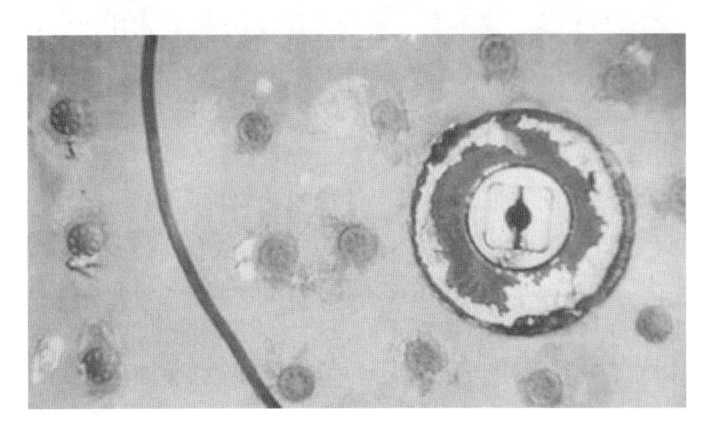

图 2.16　紧固件孔周围铝合金板的丝状腐蚀

丝状腐蚀可看成是缝隙腐蚀的一种特殊形式。腐蚀初期，在紧固件孔附近，表面漆膜已破损的区域出现小的鼓泡，泡内由于腐蚀介质的作用而开始电化学腐蚀。腐蚀产物的增加使得漆膜和金属之间出现间隙，而间隙处的贫氧形成氧浓差电池，致使腐蚀不断向前扩展。显然，漆膜破损并存在氯类的活化剂就会促生丝状腐蚀。

影响丝状腐蚀的最主要因素是大气的相对湿度和海洋大气环境。当相对湿度小于65%时，不发生丝状腐蚀；当相对湿度大于65%时，丝状物开始形成，随湿度增加，丝状物增多，丝状腐蚀线条变宽；相对湿度大于90%，腐蚀主要表现为鼓泡，形成疱状物。

丝状腐蚀是一种轻微的表面腐蚀，主要是影响外观。但是，如果不及时维修，腐蚀会加重，甚至会使紧固件孔周围发展成晶间腐蚀。

根据丝状腐蚀机理和影响因素，可采用以下措施防止丝状腐蚀的发生：
(1) 降低环境中的相对湿度；
(2) 合理选择涂层，采用透水率低的涂料，保证涂层的完整性；
(3) 含铬酸盐的底漆层可以限制丝状腐蚀。

2.2.6　点蚀

点蚀又称孔蚀，是一种腐蚀集中于金属表面的很小范围内，并深入到金属内部的腐蚀形态(图 2.17)。也就是说，点蚀是金属的大部分表面不发生腐蚀或腐蚀很轻微，但在局部地方出现腐蚀小孔并向纵深处发展的一种极为隐蔽的局部腐蚀形态。结构修理中常将点腐蚀称为"麻坑"，如图 2.18 所示。

点蚀的形貌种类多样，随材料与腐蚀介质的不同而异。常见的点蚀形貌如图 2.19 所示。

图 2.17 点蚀示意图

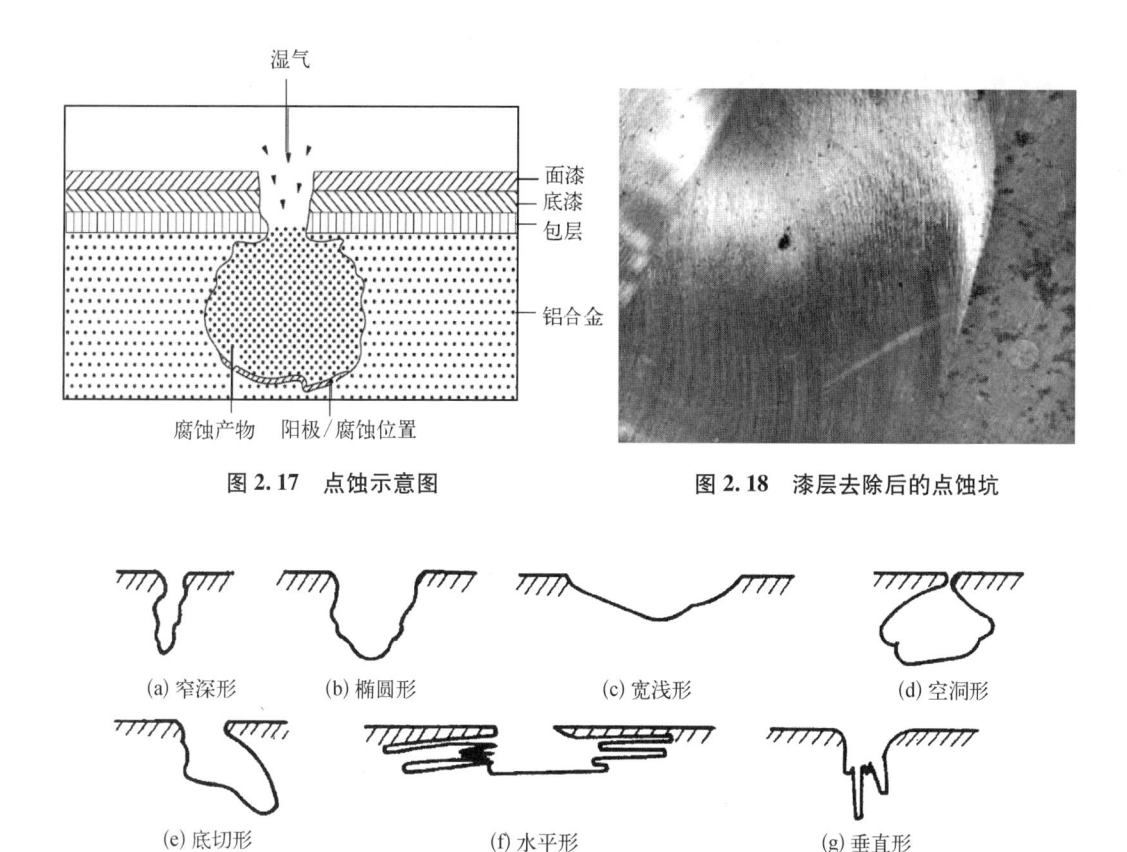

图 2.18 漆层去除后的点蚀坑

(a) 窄深形　(b) 椭圆形　(c) 宽浅形　(d) 空洞形

(e) 底切形　(f) 水平形　(g) 垂直形

图 2.19 各种点蚀的形貌

点蚀孔的直径有大有小,深度有深有浅。有的蚀孔孤立存在,有的蚀孔密布于金属表面,使金属表面变得粗糙。点蚀孔通常沿重力方向扩展。多数点蚀孔从板平面向下扩展,少数点蚀孔在垂直的板面上发生,只有极少的点蚀孔是从板的下表面向上扩展的。

点蚀是破坏性和隐患性最大的腐蚀形态之一,它以腐蚀向材料厚度方向迅速扩展为特征,这给清除腐蚀产物和修复工作带来极大困难。结构上因点蚀的打磨超过构件可允许损伤范围而报废的情况是常见的,有些点蚀甚至穿透金属板,点蚀还可能导致萌生疲劳裂纹。点蚀导致金属的失重非常小,但由于阳极面积很小腐蚀很快,常使管壁穿孔,导致突发性的恶性事故。另外,点蚀的检查比较困难,用常规的无损检测手段也难以检测,而且蚀孔的孔口经常被腐蚀产物遮盖,确认点蚀的方法是沿蚀孔深度方向制备金相磨片。

通常,受点腐蚀破坏的金属是易于钝化的金属和合金,如钛、铝、镍、镁及其合金和不锈钢等,特别是表面上存在有钝化膜或氧化膜的金属或合金。金属发生点腐蚀的环境是有某种氧化剂(包括空气中的氧)和活性离子(如 Cl^-、Br^-、I^- 等离子)存在的溶液。在含氯离子的海洋性大气环境中,飞机结构中使用的多种金属都可能发生小孔腐蚀。

与缝隙腐蚀的情况类似,下面以铝在溶解有空气的氯化钠溶液中为例,来说明孔蚀的生成和发展过程。在铝氧化膜最初受到破坏的地方,金属呈现活化状态成为阳极,而未遭破坏的地方保持钝态成为阴极,于是造成了大阴极小阳极的局面,很快就被腐蚀成蚀孔,而周围受到阴极保护继续维持着钝态。随着孔内溶解,周围表面发生氧的还原,在孔内出现高浓度的 $AlCl_3$,水解的结果又促进金属的溶解,整个过程随时间而加速,直到金属腐蚀穿孔为止。上述过程可用图 2.20 表示。

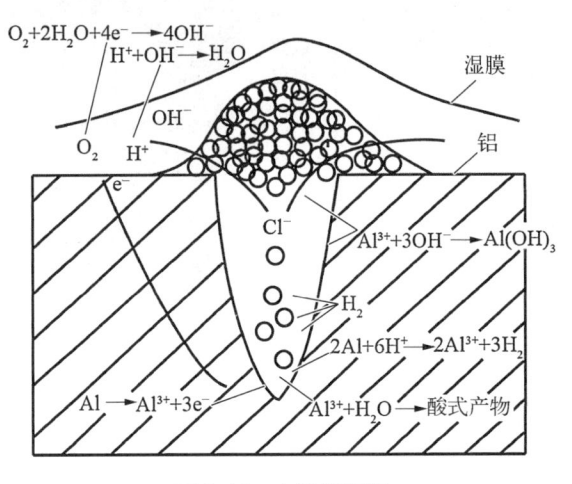

图 2.20　点蚀机理图

有关点腐蚀机理的研究表明,点腐蚀常常产生在金属表面的保护膜不完整或破损处。当保护膜损伤后,这种腐蚀最易发生在晶粒边界、夹杂物或缺陷处,这些地方很容易形成腐蚀源,诱发构件腐蚀开裂。常见于结构螺栓上的腐蚀,腐蚀使螺栓的光杆部分形成密麻麻的坑点,这些坑点又极容易成为疲劳源,使螺栓迅速疲劳断裂。如波音 737 飞机起落架梁的内侧接点连接螺栓,在 D 检时大部分都出现坑点腐蚀,约 30% 出现裂纹或断裂。另外,点腐蚀也是一种特殊形式的缝隙腐蚀,它只不过是在坑底具有较高的腐蚀速度而已。

通常,点腐蚀与其他形式腐蚀同时存在。例如,在微生物腐蚀处,往往会有点腐蚀。飞机油箱内由于微生物腐蚀常出现孔蚀,地板梁上、机翼蒙皮等处也是发生孔蚀的常见部位。必须彻底去除金属表面的腐蚀产物,才能发现小孔腐蚀,但要彻底清除是很困难的。对于严重的孔蚀,完全清除所有的蚀坑会导致结构件强度的严重减弱,需要重点修理或换件。

2.2.7　晶间或晶界腐蚀

晶间腐蚀是金属材料在特定的腐蚀介质中沿着材料的晶粒边界或晶界附近发生腐蚀,使晶粒之间丧失结合力的一种局部破坏的选择性腐蚀现象,或称晶界腐蚀。晶界是高能区,具有更强的化学活性。当晶界活泼性达到某一程度,就会产生晶间或晶界腐蚀,如图 2.21 所示。

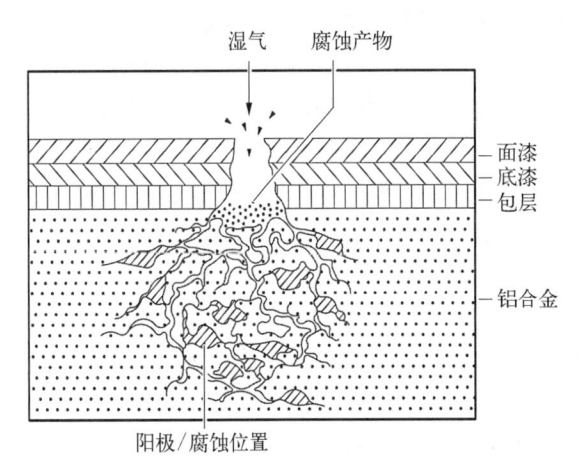

图 2.21　晶间腐蚀示意图

晶间或晶界腐蚀通常从构件边界或紧固件孔处产生并扩展。晶间腐蚀也是飞机常见的一种腐蚀形式，发生晶间腐蚀后金属晶粒间的结合力大大削弱，严重时可使机械强度完全丧失，轻微敲击可以听到它已失去金属声，而金属外观没有发生明显变化。确认晶间腐蚀的方法是金相检验，抛光后无须侵蚀即可看到因腐蚀变粗变黑的晶界（图2.22）。

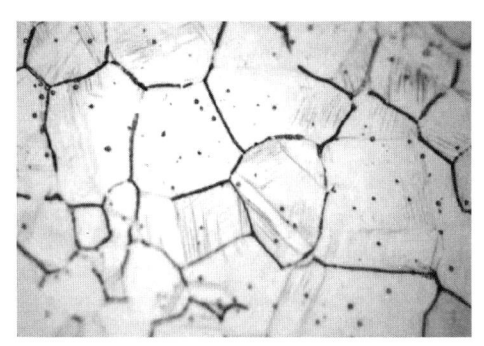

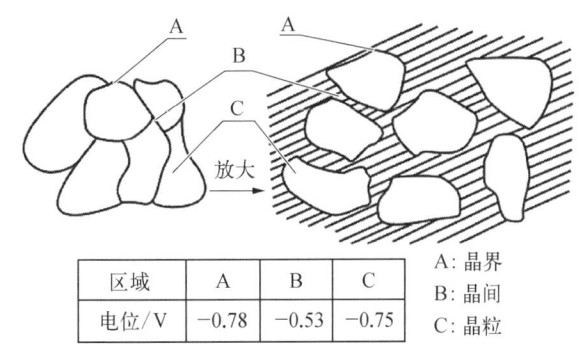

区域	A	B	C
电位/V	−0.78	−0.53	−0.75

A：晶界
B：晶间
C：晶粒

图 2.22 不锈钢内部典型的晶间腐蚀　　图 2.23 Al‑Cu 系铝合金晶界腐蚀示意图

Al‑Cu 系铝合金（如 LY12、2024 铝合金）在时效硬化处理时，在晶间会沉淀出 $CuAl_2$（图 2.23 中的 B），在晶粒边界形成贫铜区（图 2.23 中的 A），电位最低。所以，腐蚀沿着晶界贫铜区（A 区）进行，产生晶界腐蚀。

Al‑Zn‑Mg‑Cu 系铝合金（如 LC4、7075 铝合金）固溶热处理淬火时，其组织是均匀的固溶体。在具有晶间腐蚀和剥蚀倾向的人工时效处理后，晶界会析出 $MgZn_2$（图 2.24 中的 B），成为贫 $MgZn_2$ 区（图 2.24 中的 A），而晶粒本身（图 2.24 中的 C）是固溶体。显然，晶间的沉积物 $MgZn_2$ 的电位最低。因此，腐蚀沿晶间进行。

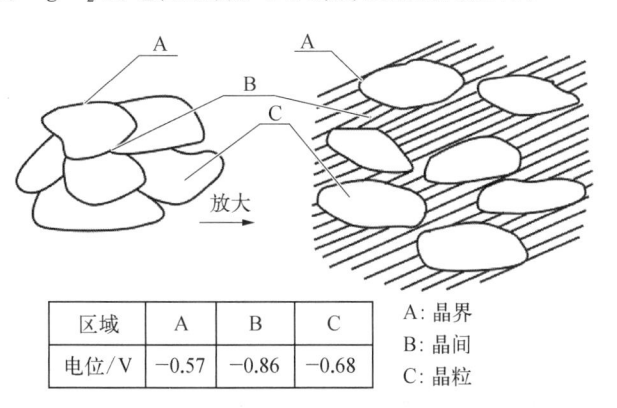

区域	A	B	C
电位/V	−0.57	−0.86	−0.68

A：晶界
B：晶间
C：晶粒

图 2.24　Al‑Zn‑Mg‑Cu 系铝合金晶间腐蚀示意图

发生晶间腐蚀的原因常常是在金属的热经历中曾经在某一温度段停留过一定时间，在此期间合金成分或杂质元素在晶界上富化或贫化，或者出现晶界析出物，使得晶界或晶界附近相对于晶内为阳极优先腐蚀，晶内为阴极，这种热经历称为敏化。敏化造成晶界、晶界附近和晶粒之间出现很大的电化学不均匀性。这种电化学不均匀性引起金属晶界和晶粒本体的不等速溶解，引起晶间腐蚀。消除敏化的措施是进行稳定化处理，让晶界析出物重新溶解。可能发生晶间腐蚀的金属有不锈钢、镍合金、铝合金和铜合金。一般来说，含有常规碳含量(>0.04%)且不含碳化物稳定元素钛、铌的不锈钢对晶间腐蚀敏感,把碳含量降低至0.03%以下,或添加一定量的钛、铌,则可降低敏感性。

金属发生晶间或晶界腐蚀之后,其外观可能没有明显变化,但原有的物理、机械性能几乎完全丧失,甚至一击即碎。由于晶间或晶界腐蚀不易检查,常常造成结构件突发性的腐蚀破坏;另外,晶间或晶界腐蚀有时会诱发应力腐蚀裂纹或疲劳裂纹,所以危害性很大。例如,1981年8月一架波音737飞机因机身结构产生严重晶界腐蚀造成飞机空中解体。

2.2.8 剥层腐蚀

剥层腐蚀是指腐蚀沿平行于表面的平面(一般在晶界)萌生,逐步发展,形成腐蚀产物,使金属剥落基体,呈现层状形貌(图2.25)。剥层腐蚀是变形铝合金一种特殊形式的晶间腐蚀,其表现形式呈鼓泡并如同云母一般可层层剥落,也称分层腐蚀。

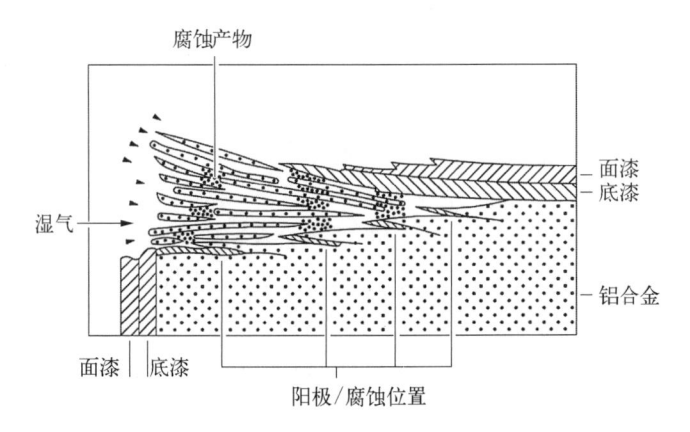

图2.25 剥层腐蚀示意图

这种腐蚀多见于挤压材料或者经过严重的冷加工,具有拉长的、扁平的晶粒组织,以Al-Cu-Mg系合金发生最多,其他如Al-Zn-Mg-Cu、Al-Mg、Al-Mg-Si、Al-Zn-Mg等铝合金也有发生。一些高强铝合金在受力状况下对晶间腐蚀特别敏感,严重的剥蚀可使材料使用寿命降低40%以上。机身下部桁条及蒙皮、地板梁经常发现严重的剥层腐蚀,使蒙皮外表局部隆起,机翼下蒙皮也曾发生过这种腐蚀,如图2.26所示。

具有晶界腐蚀倾向的铝合金经过轧制、锻造、挤压、滚压或冲压后,晶粒变成宽长而扁平的形状,大量的晶界相互平行,并平行于材料的长度方向。当晶间腐蚀沿着长度方向进行时,材料被一层一层地分离。

晶间腐蚀是在这种具有高度方向性的组织中发展的,且沿晶裂纹也主要在发生

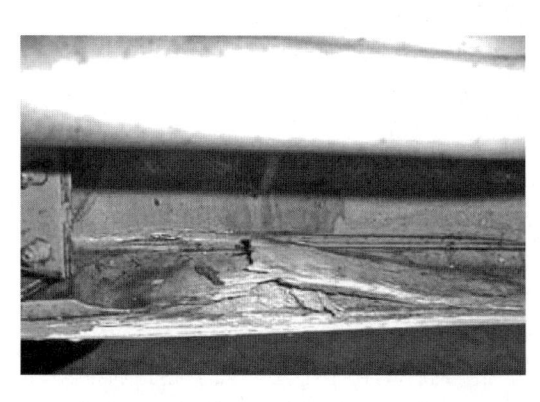

图2.26 波音747飞机机翼后缘下蒙皮上表面的剥层腐蚀

晶间腐蚀的区域向平行于铝合金表面的方向扩展,腐蚀破坏了晶粒之间的结合力。当腐蚀发展到一定程度后,由于腐蚀产物的体积大于所消耗的金属体积(通常腐蚀产物体积近10倍于原金属体积),从而产生"楔入效应",形成一种张应力,加速了裂纹的萌生与扩展,使已破坏了结合力的晶粒向上撬起,撑开了上面尚未腐蚀的金属层,造成了金属表层的开裂和剥落,而且沿着晶间一层一层地剥离下去,最后使金属表面具有层状剥落的外观(图2.27)。剥蚀的发展过程:先由点蚀发展成晶间腐蚀,然后开裂,形成剥蚀。金属的分层、鼓起、紧固件松脱、断裂等是剥蚀的多种表面迹象。飞机蒙皮表面的鼓起、翼梁的抬起、地板结构金属的分层和剥落,都是发生剥蚀的征候。

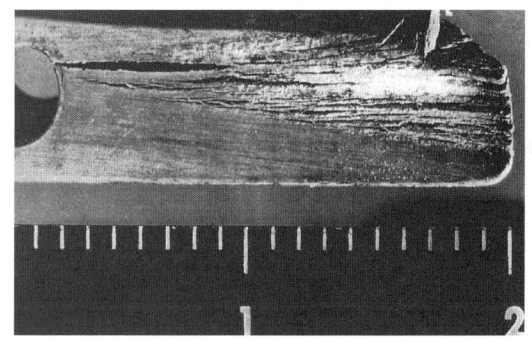

图 2.27 剥层腐蚀形貌　　　　　图 2.28 典型腐蚀部位断口照片

铝合金产生剥蚀的条件有:① 合金具有晶间腐蚀倾向;② 合金具有一定的层状结构,晶粒尺寸的长度、宽度远大于其厚度;③ 要有适当的腐蚀介质,沿海潮湿地区腐蚀严重。

剥层腐蚀多见于挤压型材、滚压板材和锻件,以 Al-Cu-Mg 系合金发生剥层腐蚀最多。这种腐蚀通常起始于保护层薄弱或有损伤处,或者起始于晶粒流线被切断的地方。剥层腐蚀发生后,有时可用肉眼发现,因为结构件表面有肿胀凸起迹象。如果紧固件头偏斜,头部拔出或破坏,可能是由于发生了剥层腐蚀。当剥层腐蚀较轻时,可用手指沿表面移动触摸,如果手感表面有鼓起现象,则构件可能产生剥层腐蚀。对剥蚀的确认方法仍然是金相检验,如图 2.28 为典型的腐蚀部位断口照片。

防止剥蚀可采用以下措施:① 在生产与使用条件许可的情况下,改用没有层蚀的合金;② 使用热处理的方法,使金属结构不具备产生晶间腐蚀的倾向,如果用过时效的方法,把 LY2 模锻叶片从原有的 170℃、加热 16 h 的时效规范改为 190℃、加热 24 h,可减小或消除晶间腐蚀倾向性,从而有效地防止产生剥蚀。可是过时效处理会使铝合金耐均匀腐蚀和点蚀的能力有所降低,因此必须加强表面保护措施;③ 采用表面保护措施,通常可采用涂漆层或喷镀金属等表面保护层,一旦保护层破坏,其剥蚀发生的危险性仍然不小。

当发现剥层腐蚀时,往往损伤程度已超过可允许损伤范围。因此,发现剥层腐蚀后,通常要对结构进行加强修理或更换损伤件。

2.2.9 微生物腐蚀

霉菌繁殖所产生的分泌物对构件的腐蚀称为微生物腐蚀,如图 2.29 所示。

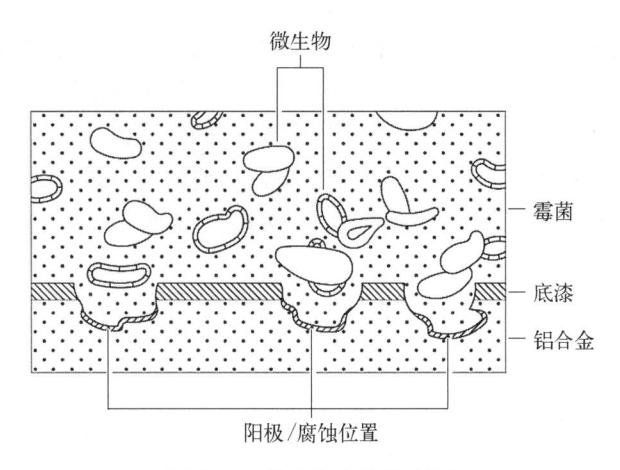

图 2.29 微生物腐蚀示意图

对于飞机结构而言,微生物腐蚀主要发生在结构油箱内,其他的金属容器,如盛放含有微生物的溶液时,也可能发生这类腐蚀。

微生物腐蚀并非它本身对金属的侵蚀作用,而是微生物生命活动的结果间接地对金属腐蚀的电化学过程产生影响,主要以下述四种方式影响腐蚀过程。

(1) 新陈代谢产物的腐蚀作用。细菌能产生某些具有腐蚀性的代谢产物,如硫酸、有机酸、硫化物和氨等,恶化金属腐蚀的环境。

(2) 生命活动影响电极反应的动力学过程。如硫酸盐还原菌的存在,其活动过程对腐蚀的阴极去极化过程起促进作用。

(3) 改变金属所处环境的状况。如氧浓度、盐浓度、pH 等,使金属表面形成氧浓差等局部腐蚀电池。

(4) 破坏金属表面有保护性的非金属覆盖层或缓蚀剂的稳定性。

影响结构油箱微生物繁殖的主要因素是霉菌孢子、燃油、水和温度。霉菌孢子存在于燃油和水的界面上,燃油是霉菌的培养物,水是霉菌存在必不可少的条件,而温度则是霉菌繁殖的必要条件(最理想的繁殖温度是 25~35℃)。在这几个因素同时存在的条件下,微生物在油箱内便会大量繁殖。霉菌在水和燃油的交界面上繁殖,呈长丝形,相互交织在一起形成网状物或球状物,看上去很黏,呈褐色或黑色。

这种霉菌分泌物能破坏和穿透油箱铝合金结构保护层和密封胶,从而腐蚀铝合金结构。随着油箱底部含微生物沉淀水滞留时间的增长,这种沉淀液的腐蚀性也相应增强。随着时间的推移,油箱会产生大面积腐蚀(图 2.30),并使燃油管路、接头、活门座以及油滤等遭受严重破坏,还可能阻塞管路。微生物腐蚀常呈点腐蚀形式,它能穿透油箱壁板,导致燃油渗漏。

图 2.30 机翼油箱底部的微生物腐蚀产物

油箱内是否发生微生物污染,可通过

检查分析从油箱中排出的燃油油样和目视检查油箱内部两种方法确定。

(1) 油样检查分析法。当目视检查油样时，任何颜色、气味的异常均是燃油出现微生物污染的征兆，尤其是油样中出现浑浊、悬浮物、沉淀物和强烈的硫磺气味时。为了得到准确的结果，也可将油样送到检验室进行专业分析，测定每毫升油样中的菌落数确定污染等级。

(2) 油箱目视检查法。每次进入油箱进行维护都是检查油箱内是否出现微生物腐蚀的机会。检查时应仔细检查容易出现污染的油箱底部区域，若发现存在固形物，无论是何种颜色，均意味着油箱已发生微生物污染。

在结构油箱排除腐蚀产物的处理过程中需要打开油箱的盖板，刮掉油箱的密封层，然后进行目视检查；除腐处理后还需要重新封严，因此大大地增加了维修工作量。

2.2.10 水银腐蚀

水银泼溅以后，会迅速地、严重地腐蚀飞机结构。由于水银易与未加保护层的铝产生汞齐化，而汞齐化的铝电位较高，可作为阴极，因此它对铝及铝合金制件会带来严重的腐蚀。水或潮湿空气会加速汞齐化过程。汞在室温下能与固体状态下的金属粉末经调和后形成合金，这种合金化的过程称为汞齐化，产生汞齐合金，这种合金会使铝和氧气一直接触，继续腐蚀新鲜的铝。

这种腐蚀是在铝合金表面出现灰白色粉状物或绒毛状腐蚀产物，如图2.31所示。室温下，如果铝合金表面的保护层损坏的话，水银与铝合金会迅速地汞齐化。水银在汞齐化过程中并没有消耗掉。铝的氧化物会从汞齐化物中分解出来，而水银则继续侵蚀铝合金。受力的铝合金构件汞齐化后，会迅速地萌生裂纹，其形状如同应力腐蚀裂纹。所以一般规定，飞机上不准运输水银。一旦发生水银的外溢，应立即清除掉。如果铝合金表面有油脂、漆层等，则可推迟汞齐化的过程。

日常维护中可以采取以下措施：① 用硬纸片折成漏斗，铲起可见的汞滴；② 用胶布粘起小的汞滴，也可用泡沫塑料垫；③ 用医用滴管吸起小汞滴；④ 用专用设备，如除汞装置（图2.32）和水银拾起刷（镀镍碳纤维刷、水银金属棉刷和细铜丝刷）。

图 2.31 水银导致的铝合金板腐蚀　　图 2.32 除汞装置

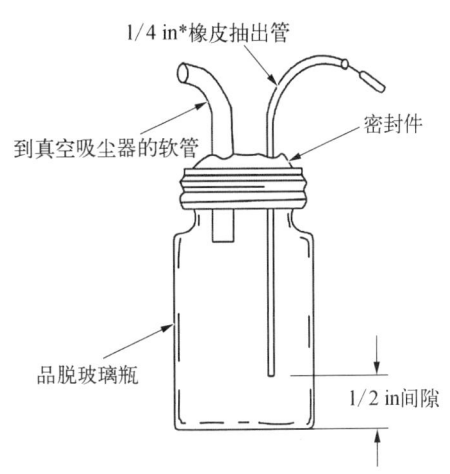

* 1 in = 2.54 cm。

2.2.11 化学剂腐蚀

当飞机构件直接接触侵蚀性化学剂或受到这种化学剂蒸气的作用时,都会产生化学剂腐蚀。通常,飞机在以下几种情况可能发生化学剂腐蚀。

(1)飞机电瓶舱内的电瓶在充电或维护时可能溢出强碱电解液或酸性电解液。这些电解液如果不能及时地彻底中和或冲洗,将会使相应结构产生严重的化学剂腐蚀。铝合金构件与强碱化学剂发生化学反应所产生的腐蚀产物是白色的粉状沉淀物。

(2)在飞机上,不正确地使用维护液,如消毒剂、除臭剂、清洗液或涂层清除剂等,会使飞机产生化学剂腐蚀。这是因为这些维护液中含有碱性或酸性物质。如果阿洛丁进入缝隙内,不能清除,也会造成化学腐蚀。

(3)在货舱中,如果酸性或碱性化学剂泼溅出来,又没有及时彻底中和或清洗,就会对货舱结构产生严重的化学剂腐蚀,图2.33是货舱底部缘条和长桁上的严重腐蚀情况。

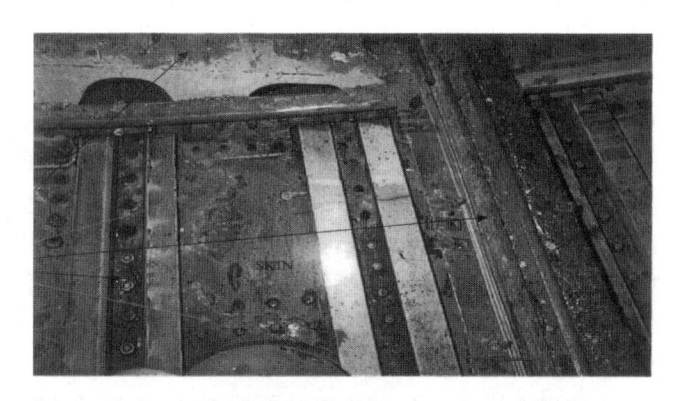

图 2.33 飞机货舱底部缘条和长桁上的严重腐蚀

(4)液压系统中的液压油如果泄露或泼溅到飞机结构或附件上,会破坏涂层,使涂层起泡。如果液压油泄露或泼溅到高温钛合金构件上,会使液压油产生酸性物质,从而使钛合金构件产生严重的化学剂腐蚀。

(5)有时为清除跑道和滑行道上的冰雪,使用除冰雪化学剂。这些化学剂对飞机是非常有害的,特别是对起落架和起落架舱,会引起严重的化学剂腐蚀。

(6)如果厕所冲水活门没有正确关闭和封严,则飞行中在座舱压力作用下,脏物会产生泄漏,流向机身外部,吹到飞机结构上,使结构产生腐蚀。已经发现过多次因这种脏物泄漏所产生的窗框和口框腐蚀。

(7)灭火剂也会对飞机产生化学剂腐蚀。如果这些化学剂进入结构夹层和缝隙中,会给飞机结构造成潜在危害。

2.2.12 气氛腐蚀

金属及其镀层在特殊的气氛环境中,特别是在微量有机酸或无机酸物质的加速作用下,产生的腐蚀称为气氛腐蚀。对锌、镉镀层的气氛腐蚀也称为锌、镉镀层长"白霜"。机载设备、仪表内元件的腐蚀多为气氛腐蚀。

金属零件在高湿、高温和不通风的存放或安装条件下,易遭受有机材料的微量挥发物导致的气氛腐蚀。国内外对这些现象的研究认为:当有机材料制品或辅料与金属、镀层处于同一密闭空间时,由于有机物的挥发作用使该空间气体的腐蚀环境变得更为恶劣。高的相对湿度、适当的温度和特定的有机物气体能大大加快腐蚀速度。常见的有机物腐蚀气氛有甲酸、乙酸、醛类、硫化氢、氯化氢、酚、氨等。

飞机结构中某些密闭或半密闭的空间,如客舱的厨房、厕所及货舱地板的下方,有可能滞留有机气体,同时又有其他介质存在。它们在高相对湿度和适当的温度下导致金属及其镀层的腐蚀,则为综合性腐蚀的结果。

2.2.13 应力腐蚀开裂(SCC)

1. 应力腐蚀开裂

应力腐蚀开裂(stress corrosion cracking, SCC)是金属或合金在特定腐蚀介质环境和拉应力的协同作用下发生的脆性断裂现象(图2.34)。这里要特别强调拉伸应力与腐蚀介质的共同作用,这是因为缺少其中一个因素,即使应力增加或者介质的腐蚀性增强,应力腐蚀开裂也不会发生。当构件在特定的腐蚀环境中工作时,即使恒定拉应力低于材料的强度极限,经过一段时间后,构件也可能发生突然的脆断。应力腐蚀破坏对高强度和超高强度材料的影响尤为突出,成为飞机结构断裂事故的重要原因之一。

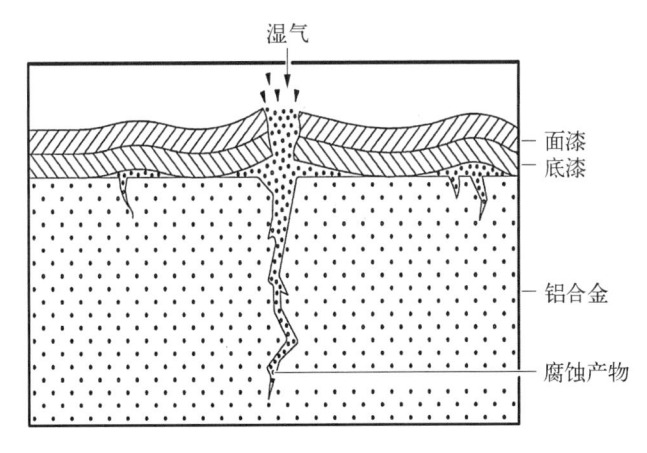

图 2.34 应力腐蚀开裂示意图

应力腐蚀经常发生在飞机的主要承力结构件上,在结构大修中,经常发现龙骨梁(图2.35)、货舱门槛出现这种腐蚀。1982年9月17日,一架DC-8喷气客机在上海虹桥机场着陆时,突然冲出跑道,对飞机和旅客造成了极大伤害。事故原因是飞机刹车系统的高压气瓶晶间应力腐蚀爆炸导致刹车失灵。图2.36为紧固件孔周围的应力腐蚀开裂。

容易发生应力腐蚀开裂的区域有:① 厨房和厕所下面的区域,湿气在地板梁的上缘条上聚集,使得容易出现这种腐蚀;② 机身顶部,由于冷凝水在机身上部结构聚集,加上受到拉伸应力的作用,更容易产生应力腐蚀断裂;③ 机身下半部,机身下半部结构中在门入口、厨房和货舱门附近区域特别容易出现腐蚀;④ 框架、桁条、止裂带也时常出现;⑤ 粘

图 2.35　波音 747 飞机龙骨梁下缘条水平和垂直边上的应力腐蚀

图 2.36　紧固件孔周围的应力腐蚀开裂

接的结构——机身蒙皮在应力和湿气存在的情况下有分层的趋势；蒙皮的鼓包、变形或丢失的紧固件头部容易出现蒙皮裂纹；⑥ 压力隔框，通常在隔框上位置最低的地方，特别是排水设备不够或没被维护过的地方；⑦ 大翼和安定面梁；⑧ 大翼中段、主起落架上面的承压舱板、大翼中段的上表面以及冲压空气整流腔的下蒙皮的下表面很容易出现这种腐蚀。

光滑试件在恒定拉应力和腐蚀介质联合作用下发生应力腐蚀破坏的过程，裂纹萌生、扩展过程如图 2.37 所示。

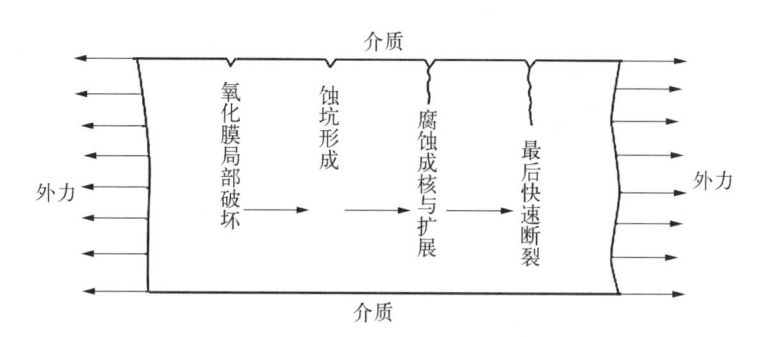

图 2.37　应力腐蚀开裂过程示意图

首先在试件某些部位发生氧化膜的局部破坏；破坏处的金属表面与腐蚀介质接触，形成蚀坑；蚀坑进一步发展，使应力腐蚀开裂成核，形成裂纹并扩展；当裂纹扩展到一定长度，到达临界状态时，试件就发生快速断裂。试件的延迟断裂时间就是上述各个阶段所需时间的总和。

应力腐蚀开裂是个电化学腐蚀现象。当构件上形成裂纹或类裂纹的应力集中源时，这种通道在特定的腐蚀环境下相对于周围组织为阳极。在足够大的且基本上是垂直于通道的拉应力作用下，金属就会产生应力腐蚀开裂。腐蚀时，裂纹的最初形成起着主要作用。一旦破裂开始，由于裂缝尖端的半径很小，因而应力集中很大，合金被机械作用撕开，使没有保护膜的裸金属基体暴露在腐蚀介质中，因而加速了阳极溶解。裂纹沿着沟纹尖端扩展、延伸，发展很快。

SCC 还有如下特征：

(1) SCC 是一种典型的滞后破坏，即材料在应力和腐蚀介质共同作用下，需要经过一定时间使裂纹形核、裂纹亚临界扩展，并最终达到临界尺寸，发生失稳断裂；

(2) SCC 的裂纹分为晶间型、穿晶型和混合型三种，应力腐蚀裂纹的主要特点是：裂纹起源于表面；裂纹的长宽不成比例，相差几个数量级；裂纹扩展方向一般垂直于主拉伸应力的方向；裂纹一般呈树枝状；

(3) SCC 裂纹扩展速度一般为 $10^{-6} \sim 10^{-3}$ mm/min，比均匀腐蚀快约 10^6 倍，但仅为纯机械断裂速度的 10^{-10}；

(4) SCC 开裂是一种低应力的脆性断裂，断裂前没有明显的宏观塑性变形，即使塑性很高的材料也无颈缩、无杯锥状现象，大多数条件下是脆性断口——解理、准解理或沿晶。

2. 应力腐蚀的三要素

一般说来，敏感材料、拉伸应力和特定腐蚀介质是产生应力腐蚀的三要素。

1) 敏感材料

通常，只有在合金中才能发现应力腐蚀裂纹。这种腐蚀形式在很多金属和合金中都已观察到，尤其是高强钢、铝合金、钛合金、铜合金和镁合金等金属系列。铝合金的应力腐蚀断裂是飞机结构中最经常出现的破坏形式，也是腐蚀损伤的主要形式。应力腐蚀破坏经常出现在 7079-T6 和 7075-T6 等铝锌合金构件上，因为铝锌合金对应力腐蚀较为敏感。但是，在 2014-T6 和 2024-T3 等铝铜合金构件上也遇到过应力腐蚀裂纹。此外，还与晶粒尺寸、晶粒方向、沉淀相的成分和分布以及合金的微观组织结构有关。由滚压、挤压或锻造而成的金属制件易产生应力腐蚀开裂。

2) 拉伸应力

应力腐蚀是拉应力与特定介质联合作用的结果。只有拉应力能引起应力腐蚀，因此，合金构件表面上的拉应力是应力腐蚀的必要条件。压应力能够抑制应力腐蚀开裂。在腐蚀介质中，引起应力腐蚀的拉应力可以是外加应力、残余应力和装配应力，甚至拉应力完全可能是由腐蚀产物的体积效应造成的楔入作用引起。通常，残余应力是构件在成形、热处理、加工和安装过程中在材料内部形成的热应力、形变应力等。残余应力的大小可由试验测定，也可以根据构件形状和热处理制度估算。在实际使用中，应力腐蚀断裂主要是由残余应力和装配应力引起的，当然也会由不变的外加拉应力引起，但这种情况较少。

应力腐蚀开裂与单纯的机械疲劳断裂不同，一般而言，当应力的大小达到屈服强度的 70%~90% 时，就可使材料产生应力腐蚀开裂，甚至还可在极低的负荷应力（如低至屈服强度的 5%~10% 或更低的应力水平）条件下产生，但这些数值是随环境与合金成分和组织结构而改变的。金属在特定的腐蚀介质条件下都有一个使其产生应力腐蚀开裂的最低应力强度值，称其为应力强度门槛值。7079 铝合金的应力门槛值约为最大拉力强度设计值的 10%，因此，在老式飞机上采用这种铝合金经锻造或挤压成形的许多大、小制件最容易遭受应力腐蚀开裂。

3) 特定腐蚀介质

合金只有在特定腐蚀介质中才能产生应力腐蚀开裂，因为各种材料只有在特定的介质中才具有应力腐蚀开裂的敏感性。表 2.5 列出了一些金属和合金容易发生应力腐蚀开裂的腐蚀性介质。铝合金的应力腐蚀断裂是飞机结构中最经常出现的破坏形式,铝合金的应力腐蚀开裂是由于受到水、水蒸气和含水溶液(如 NaCl 水溶液)等介质的侵蚀而产生的。显然,在其他环境下,例如盐和酸的烟雾也对铝合金的应力腐蚀有影响。但在多数情况下,水是铝合金的主要腐蚀介质,因此潮湿空气就是铝合金产生应力腐蚀的环境条件。铝合金甚至在相对湿度为 1% 的空气中,也能发生应力腐蚀。这样一来,飞机结构中的铝合金材料所处的实际环境就是一种比较严重的腐蚀环境。含有 Cl^-、Br^- 和 I^- 的环境会加速开裂,这些离子是铝合金的点腐蚀剂,可产生应力集中,对裂纹扩展起着强烈的作用。例如,7075 - T651 合金在 NaCl 添加剂中是在水中的应力腐蚀裂纹扩展速率的 3 倍,而 7079 - T651 在 NaCl 添加剂中的裂纹扩展速率比在水中的高 100 倍以上。

表 2.5　一些金属和合金发生 SCC 的特定介质

金属材料	腐 蚀 介 质
铝合金	含氧化剂的 NaCl 水溶液,含空气的水蒸气
铜合金	氨水及胺类蒸气,含空气的水蒸气
铬镍铁合金	NaOH 水溶液
镁合金	含氧化剂的 NaCl 水溶液(高温),蒸馏水
镍	熔融 NaOH、NaOH 水溶液(沸腾状态)
碳素钢	$NaOH+Na_2SiO_3$ 水溶液(沸腾状态),$Ca(NO_3)_2+NH_4NO_3+NaNO_3$ 水溶液(沸腾状态)
低合金钢	混合酸,海水
奥氏体不锈钢	海水,浓的强碱溶液(高温)
铁素体不锈钢	H_2S 水溶液(酸性),$NaOH+H_2S$ 水溶液
钛	红色发烟硝酸

3. 应力腐蚀裂纹特征

1) 宏观特征

应力腐蚀裂纹通常都很小,宽度较窄,不易引起人们的注意,又因常被腐蚀产物覆盖,所以很难发现,有时需要采用无损检测技术进行检查。构件发生应力腐蚀断裂时,常常是在事先没有明显预兆的情况下突然发生,因此对飞行安全危害较大。

从宏观角度来看,应力腐蚀断裂是一种典型的脆性断裂,在断裂之前无明显的塑性变形,也没有其他明显迹象。应力腐蚀断口的裂纹源及裂纹缓慢扩展区因介质的腐蚀作用而呈黑色或灰黑色。由于 SCC 的发生需要腐蚀介质的参与,因此 SCC 裂纹多萌生于材料表面,裂纹源一般为局部腐蚀(如点蚀或缝隙腐蚀)的蚀坑或其他类型的裂纹(如焊接和热处理裂纹)。微观上裂尖塑性变形很小,裂尖尖锐,导致很大的应力集中。许多 SCC 裂纹在宏观上分叉,裂纹平面与主应力基本垂直。应力腐蚀裂纹具有较多的二次裂纹,呈树枝状,这种现象在铝合金、镁合金、高强度钢及钛合金中都可看到。由于

SCC断口常常由于腐蚀或介质污染而变色,这为区分SCC与疲劳提供了一条途径。图2.38为飞机不锈钢液压管中分叉的SCC裂纹。

一般说来,腐蚀坑洞是应力腐蚀裂纹的主要萌生源。通常情况下,存在应力腐蚀裂纹构件的表面,常有程度不同的腐蚀痕迹。当然,由交变应力引起的疲劳裂纹以及焊接裂纹、热处理裂纹也可能转化为应力腐蚀裂纹。

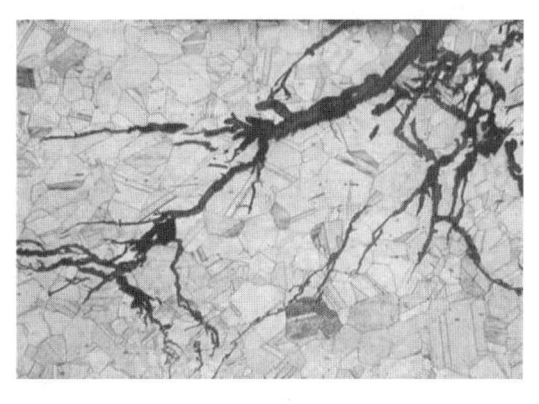

图2.38 飞机不锈钢液压管中分叉的SCC裂纹

2) 微观特征

铝合金的应力腐蚀开裂途径几乎总是沿着晶界的(图2.39所示为B94铝合金沿晶界应力腐蚀裂纹)。这是因为铝合金沿晶间存在晶间析出物,从而晶界(或晶间)与晶粒基体有很大的电位差,使晶界(或晶间)成为铝合金应力腐蚀敏感的区域。铝合金应力腐蚀断口上还可看到一种泥纹状花样,这实际是腐蚀产物干燥后的龟裂,如图2.40所示。一般对于高强度钢来说,应力腐蚀开裂常发生在晶界,不锈钢的应力腐蚀裂纹一般呈穿晶、沿晶或二者混合形式。

图2.39 B94铝合金沿晶界应力腐蚀裂纹

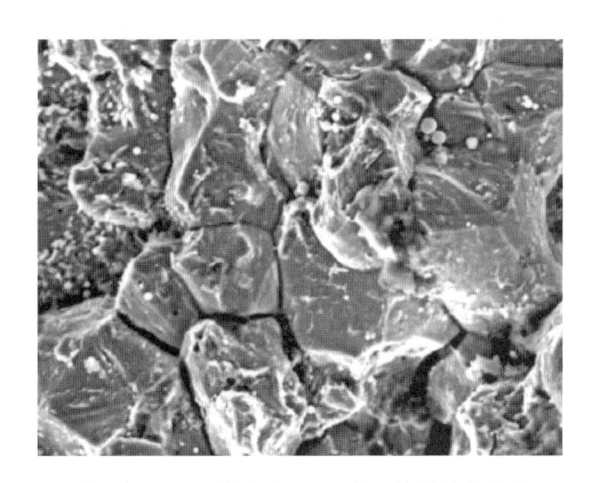

图2.40 2024铝合金SCC断口的泥纹状花样

4. 应力腐蚀开裂的机理

总的来说可以把应力腐蚀开裂看作是电化学腐蚀和应力的机械破坏作用互相促进的结果。不同腐蚀体系SCC机理不同,甚至同一腐蚀体系中的腐蚀机制也不同,因此对于应力腐蚀断裂的机理尚未有完整、统一的理论来解释,目前主要的机理有电化学阳极溶解理论、氢脆理论、膜破裂理论、化学脆化-机械破裂两阶段理论、腐蚀产物楔入理论以及应力吸附破裂理论等。

1) 阳极溶解理论

认为裂纹尖端的应力集中使晶界、滑移带、相界面等处产生变形,或者将裂纹拉开,使之成为新的活性阳极,形成裂纹尖端大阴极小阳极的闭塞腐蚀电池,由于闭塞电池的自催化作用使裂纹前沿具有非常大的溶解速度。

2)膜破裂理论

认为腐蚀产物膜在应力作用下引起破坏,裸露出活性金属基体,与膜未破裂处构成大阴极小阳极的腐蚀电池。图2.41为应力腐蚀开裂膜破裂理论简图。

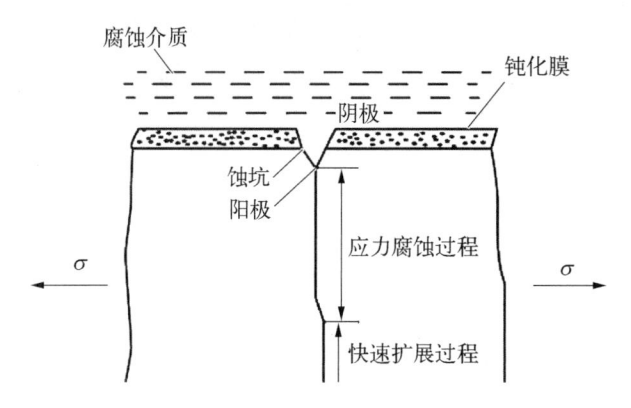

图 2.41 应力腐蚀开裂膜破裂理论简图

3)氢脆理论

强调氢在应力腐蚀中起着重要的作用,裂纹尖端溶液酸化,氢离子浓度提高,在裂纹尖端微阴极上被还原后,变成吸附氢原子向金属内部扩散,使裂尖区脆化,张应力使裂尖区脆断,促进裂纹扩张等。

5. 应力腐蚀开裂的控制途径

1)尽量减小材料承受的拉伸应力及应力集中

从以下几方面采取措施消除应力:改进结构设计,减小应力集中和避免腐蚀介质的积存;在部件的加工、制造和装配过程中尽量避免产生较大的残余应力;结构设计应避免缝隙和可能造成腐蚀液残留的死角,防止有害物质的聚集(如 Cl^-、OH^-);可通过热处理、表面喷丸等方法减小残余应力,或将残余拉应力变为残余压应力,以提高材料的抗应力腐蚀开裂能力。

2)涂层

使用有机涂层可将材料表面与环境分开,或使用对环境不敏感的金属作为敏感材料的镀层,都可减少材料 SCC 敏感性。

3)改善介质环境

在腐蚀介质中加入缓蚀剂,通过改变电位、促进成膜、阻止氢或有害物质的吸附等,影响电化学反应动力学而起到缓蚀作用,改变环境的敏感性质。

4)正确选材

合理的设计和正确选材是防止应力腐蚀开裂的重要环节。选材的原则是尽量避免"材料-环境组合体系中易造成开裂的材料"。铝合金在水环境中的抗应力腐蚀性能见表2.6。

表 2.6 铝合金在水环境中的抗应力腐蚀能力

抗应力腐蚀能力	合　金	时　效
变形铝合金(美国牌号)		
很高	1000	全部
	3003　3004　3005	全部
	5000　5050　5052　5154　5454　6063	全部
	5086	0、H32、H34
	6061　6262	0、T6
	包覆的 2014　2219　6061　7075	全部
较高	2219	T6、T8
	5086	H36
	5083　5456	控制的状态
	6061	T4
	6161　5351	全部
	6066　6070　6071	T6
	2021	T8
	7049　7050　7075	T73
中等	2024　2124	T8
	7075　7175	T736
	7049　7075　7178	T6
较差	2024　2219	T3、T4
	2014　7075　7079　7178	T6
	5083　5086　5456	敏化的状态
	7005　7039	T5、T6
铸造铝合金		
很高	514　518　535　A712	铸态
	356　A357　359　B358	
较高	319　333　380	铸态
	355　C355　354	
中等	520	T4
	295　B295　707	T6
	D712	铸态

2.2.14 腐蚀疲劳

1. 腐蚀疲劳的特点

金属材料在交变应力和腐蚀环境联合作用下发生的脆性断裂称为腐蚀疲劳。交变应力与腐蚀环境共同作用所造成的破坏要比单纯的交变应力造成的破坏(即疲劳)或单纯腐蚀作用造成的破坏要严重得多。严格来说,除真空中的疲劳是真正的机械疲劳外,其他任何环境(包括大气)中的疲劳都是腐蚀疲劳,但人们常把大气中的疲劳排除在腐蚀疲劳之外。腐蚀疲劳具有以下特点:

(1) 任何金属在交变应力和腐蚀介质的共同作用下都会发生腐蚀疲劳,换句话说,腐

蚀疲劳不像SCC那样需要材料与环境的特定组合,腐蚀疲劳没有选择性,只要存在腐蚀介质纯金属也发生腐蚀疲劳;

(2)腐蚀疲劳的应力-循环次数($S-N$)曲线无水平段,即没有疲劳极限,把人为规定的循环次数(10^7)所对应的应力称为条件疲劳极限,在相同条件下腐蚀疲劳$S-N$曲线总是位于机械疲劳$S-N$曲线下方(图2.42);

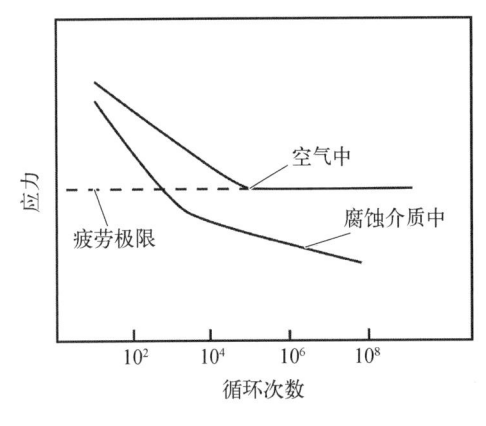

图2.42 钢的腐蚀疲劳曲线图　　图2.43 加载频率对金属腐蚀疲劳扩展速率的影响

(3)交变应力变化频率对机械疲劳影响不大,但对腐蚀疲劳影响极大,如果循环次数一定,频率越低,腐蚀介质与金属作用的时间就越长,腐蚀疲劳就越严重(图2.43);

(4)在海水中金属的腐蚀疲劳强度与其抗拉强度之间没有明显的关系,或者说提高材料的强度水平并不能提高它的腐蚀疲劳强度,但在空气中却有明显的关系;

(5)腐蚀疲劳对应力集中不及大气中的疲劳敏感,尺寸因素对腐蚀疲劳的影响则与大气中的疲劳相反;

(6)腐蚀疲劳裂纹多萌生于表面腐蚀坑或表面缺陷,往往为多裂纹,并沿垂直于拉应力的方向扩展。

2. 腐蚀疲劳断口的特征

由于机理上的关联性,腐蚀疲劳断口与机械疲劳、SCC和氢脆断口有相似之处,应注意区分。在起源和扩展的不同阶段,可能发生腐蚀疲劳与其他断裂机理之间的转变,或者多种机理同时起作用。腐蚀疲劳裂纹起始于表面腐蚀坑或表面缺陷处,往往成群出现。腐蚀疲劳和机械疲劳都可能有多个起始点并扩展汇合成一条单一裂纹,但有时可区分二者:腐蚀疲劳经常有多条裂纹形成并同时平行扩展(图2.44);机械疲劳可能在工件的一个区域中的几个点上萌生出多条裂纹,但常是一条裂纹成为主裂纹,其他裂纹没扩展多远就汇入这条裂纹中。

图2.44 铝合金板上多条平行扩展的腐蚀疲劳裂纹

与机械疲劳相似,腐蚀疲劳断口呈贝

壳状,裂纹通常只有主干,很少分叉。裂纹平面垂直于主应力,多是穿晶扩展,但也有可能出现沿晶的或混合的。断口上既有腐蚀的特点,如腐蚀坑、腐蚀产物和二次裂纹等,又有疲劳的特点,如疲劳条带,但由于腐蚀的作用而比较模糊,有时由于腐蚀太严重以致断口上没有细节。要注意区分腐蚀是在开裂之后发生的还是与开裂同时发生的。如果断口局部区域有腐蚀,而四周无腐蚀,并且存在截然分明的边界,则应是开裂之后发生的腐蚀。

3. 防止腐蚀疲劳的措施

(1) 合理选材,一般抗点蚀能力高的材料其抗腐蚀疲劳性能也较高;

(2) 降低材料表面粗糙度,特别是施加保护性涂镀层,可显著改善材料的腐蚀疲劳性能;

(3) 通过气渗、喷丸和高频淬火等表面硬化处理,在材料表面形成压应力层;

(4) 使用缓蚀剂改变腐蚀环境等。

2.2.15 摩振腐蚀

这是指在加有载荷的两块相互接触材料之间,由于摩擦、振动以及腐蚀介质的联合作用而产生的腐蚀,有时也称它为微动腐蚀、摩擦氧化或磨损氧化。图 2.45 为摩振腐蚀示意图。

这种腐蚀在机构及连接件中可能发生,一般使零件表面出现麻坑、波纹或沟槽,并且周围往往有氧化物或腐蚀产物。在电化学腐蚀和机械磨损的共同作用下,磨损腐蚀的速度比单纯腐蚀快。结构大修中最常见的磨损腐蚀多发生在有相对运动的主要结构的结合面,如起落架的轮轴和操纵系统活动面的连接轴上经常发生摩振腐蚀。图 2.46 和图 2.47 为摩振腐蚀的实物照片。

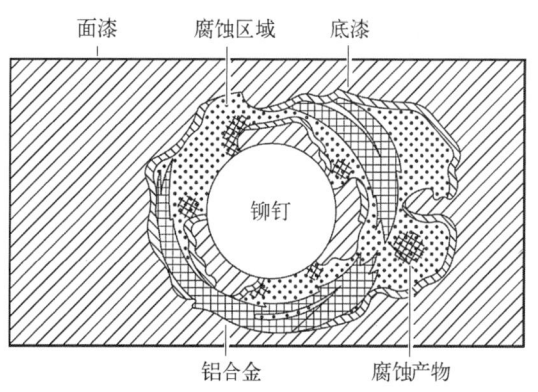

图 2.45 摩振腐蚀示意图

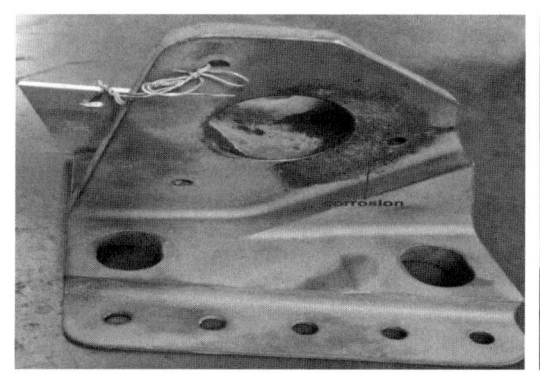

图 2.46 摩振腐蚀

图 2.47 孔内裸露金属因磨损而产生的腐蚀

腐蚀破坏金属零件，产生的氧化锈泥往往引起黏结，同时也破坏了部件接触面所容许的公差，紧配合松动了，进而可能发生松脱造成事故。

有一些措施可以减少或防止磨蚀：
(1) 使用垫片或尼龙防磨带，以减缓振动；
(2) 使用低黏度、高韧性的润滑脂润滑；
(3) 采用表面热处理或离子注入技术等表面强化技术以提高金属的耐磨性。

2.2.16 氢脆

氢原子渗入金属内部，导致金属晶格应变更大，使金属的韧性和抗拉强度下降而脆化的现象，称为氢脆。发生氢脆的金属材料，在外力作用下可引起破裂。

氢脆是一种延迟性破坏，即使在低于材料屈服强度的应力作用下，经过一段时间后仍会发生零件的突然破断。由于这种破断常常是在零件通过正常检验合格后发生的突然破坏，所以它是一种十分危险的零件失效模式。

高强度钢中金属晶格高度变形，氢原子进入金属后，使晶格应变更大，因而降低韧性及延展性，引起脆化。含氢钢在未破裂前无永久性损害，如进行适当的热处理，使氢逸出，金属可恢复原性能。因此，氢脆是一种可逆过程。进入金属的氢常产生于电镀、焊接、酸洗、阴极保护等操作中。在应力腐蚀过程中，可能同时发生氢脆，因为同时发生了腐蚀破裂，所以与单纯氢脆不同，不能逆转。

氢脆裂纹和应力腐蚀裂纹在金相磨片上有不同的特征。应力腐蚀裂纹呈树枝状，如图2.39所示。而氢脆裂纹是单一方向的，而且呈不连续状，如图2.48所示。氢脆裂纹可以是穿晶的，也可以是沿晶的。所以，穿晶与沿晶不是判别氢脆的依据。

氢脆特点：时间上属于延迟断裂；对含氢量敏感；对缺口敏感；室温下最敏感；发生在低应变速率下；裂纹扩展的不连续性；裂纹源一般不在表面，裂纹较少有分支现象。

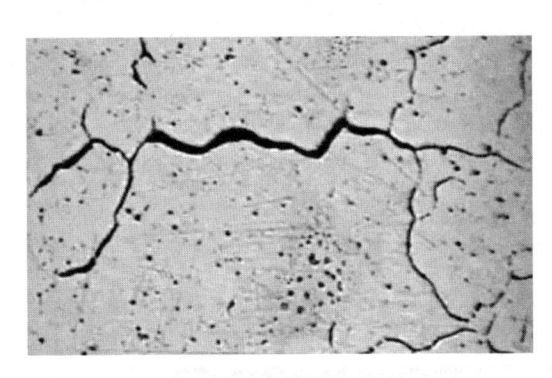

图 2.48 氢脆损伤裂纹

一般来说，合金的强度越高，对氢脆的敏感性也越大。例如，一般中强度钢在常温下氢含量在 3~5 ppm* 可能发生氢脆，而对高强度钢，氢含量大于 1 ppm 就可能引起氢脆。它的机理还不十分清楚，有各种理论，例如：氢分子聚积造成巨大内压；吸附氢后使表面能降低，或影响了原子键结合力，促进了位错运动等。

氢脆只在一定的温度范围内(-100~150℃)出现，其中在室温附近最敏感。

在飞机维修中，预防氢脆的措施有以下几种。

(1) 选择正确的表面预处理和热处理工艺，严格控制酸洗和电镀工艺：飞机零件发

---

* 1 ppm = 10^{-6}。

生氢脆的实例表明,氢大都是在酸洗和电镀过程中渗入的。这一现象对如何预防飞机零件氢脆有很重要的实际意义。在酸洗过程中,基体金属腐蚀产生大量氢,所以常常引起金属氢脆。如小心地加入缓蚀剂,酸洗时基体金属的腐蚀会大大减轻,因而吸收的氢就会减少。电镀中吸收的氢可以通过选择合适的镀液和小心地控制电流来减轻。如果电镀是在析氢条件下进行的,那么就会使镀层质量低劣并引起氢脆。高强度钢推荐镀镉-钛、离子镀和真空镀等。

(2)烘烤:如前所述,氢脆是一种几乎可逆的过程,尤其在钢中更是如此。这就是说,材料经脱氢处理以后,机械性能与不含氢的钢仅有微小的差别。因此,电镀完毕的构件,应在适当的温度下进行一定时间的烘烤处理。常用的钢脱氢方法是在较低温度(200~300℉ *)下烘烤。

(3)选择合适的焊接工艺:如果氢脆成为问题时,必须指定用低氢型焊条,并应规定在干燥的条件下进行焊接,因为水和水汽是氢的主要来源。

2.2.17 镉脆

镉镀层柔软,对钢具有较高的保护能力,且电镀过程中对基体金属产生的氢脆性比镀锌小。因此,镉镀层广泛地用于紧固件、弹性零件和重要承力件的防护。但是镀镉的钢零件在使用温度高时,如所承受的载荷达到一定数值易产生脆断。

镉元素熔点很低,只有312℃。镉元素沿金属晶间的扩散能力很强,它在熔化温度以下的一个温度范围内,能引起零件的脆化(固体镉脆),如美国某航空公司在安装发动机时,用镀镉的锤子敲打了某零件,导致了该零件的脆性破坏。

镉与钛合金或高强度合金钢直接接触是产生镉脆的重要条件。脆化效应能在镀镉的钢上发生,也能在与镉镀层相接触的钢或钛合金上发生。某机导风罩隔热板连接螺栓由30CrMnSiA、ϕ16mm电渣钢棒材制成,经淬火、回火后表面镀锌,头部涂漆保护。螺母表面镀镉钝化处理。由于镉是一种低熔点金属,并且沿金属晶界扩散能力很强,所以螺母表面的镉元素渗入螺栓金属的晶界导致螺栓镉脆断裂。经电镜和能谱分析,测得断口面上含镉量达1.37%~47.26%。镉脆断裂是一种延迟断裂,当裂纹发生并扩展到一定程度,基体材料承受不了外加载荷时发生破裂。当只有温度而无应力(包括残余应力)时,不会产生镉脆。

低合金钢和高碳钢对镉脆都很敏感,其敏感程度是随合金成分、强度极限和热处理状态不同而异的。强度极限越高,产生镉脆的临界温度越低。也就是说,产生镉脆裂纹的敏感性随钢的强度增高而增强。普通碳钢和奥氏体不锈钢对镉的敏感程度不像高碳钢那样高。退火状态的钢对镉脆不敏感。

钛合金对镉脆比高强度钢更敏感。20世纪70年代初期在飞机上广泛采用钛合金后,发生过多起钛合金镉脆断裂事故。因此在有关资料中规定钛合金不仅不允许镀镉,也不允许与镀镉的钢零件相接触,甚至禁止使用镀镉的钢制工具装配钛合金零件。

---

* $t℉ = \dfrac{5}{9}(t-32)℃$

应力腐蚀、氢脆、镉脆都可以使钢铁零件发生早期脆性断裂。判断镉脆的依据如下：

（1）零件有镀镉层、表面有镉的污染物、与镀镉零件相接触，并同时承受一定的温度和应力作用；

（2）断口起源于钢、钛合金与镉接触的部位；

（3）用扫描电镜观察断口的微观形貌，脆断区为岩石形貌的沿晶断裂，在岩石形貌的晶粒上或在二次裂纹中、直至裂纹尖端都有镉元素存在，镉元素存在于断口中是镉脆的独特特征。

随着对镉脆研究的深入，在生产上提出的控制措施也日趋严格与合理。例如美国联邦标准QQ-P-416a中规定"镉镀层的使用温度不得超过450°F等，并且不能与达到这个温度的钢零件相接触"。我国过去沿用苏联标准，规定为200~300℃温度下使用，后来我国航标（HB 5033-77）规定不超过230℃。

钢与镉直接接触才具备镉原子渗入钢基体而产生镉脆的条件。在钢表面先镀一层其他金属后再镀镉，使钢与镉不能直接接触，可防止镉脆。但是所选择的阻挡层必须是对钢基体没有危害的金属。如以铜或镍作为阻挡层，就可以阻止镉渗入钢基体。同时镍、铜对钢都没有什么有害作用。因此，可以选择铜或镍作为防止钢产生镉脆的阻挡层。

习题和思考题

2.1 什么是金属腐蚀？金属腐蚀的内在原因是什么？

2.2 论述铝合金发生电化学腐蚀的典型过程。

2.3 什么是电偶腐蚀？电偶腐蚀的发生条件和影响因素有哪些？

2.4 从结构腐蚀性角度分析，下列两种结构中哪种结构的铆钉连接方式更耐腐蚀？并说明原因。

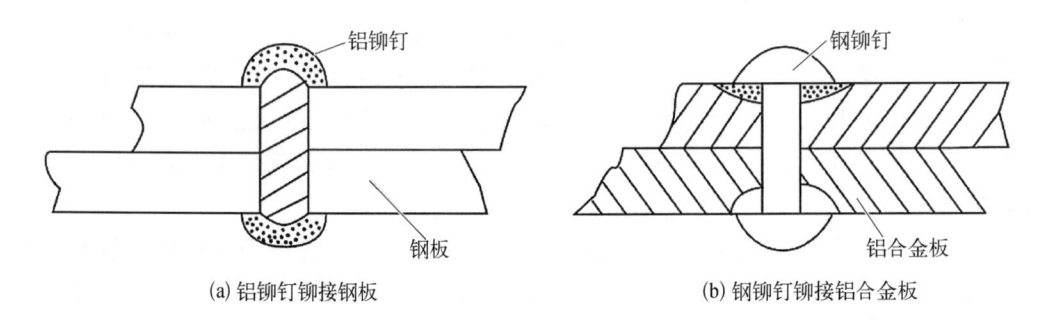

(a) 铝铆钉铆接钢板　　(b) 钢铆钉铆接铝合金板

2.5 什么是缝隙腐蚀？缝隙腐蚀的影响因素和控制措施有哪些？

2.6 以铝溶解在有空气的氯化钠溶液中为例说明孔蚀机理。

2.7 以金属铆接结构的缝隙在氯化钠溶液中发生的腐蚀为例说明缝隙腐蚀机理。

2.8 什么是应力腐蚀开裂？产生应力腐蚀开裂三要素是什么？应力腐蚀裂纹有哪些特征？

2.9 如何从微观形貌上区别应力腐蚀开裂裂纹和腐蚀疲劳裂纹？

第3章
航空材料腐蚀特性及飞机腐蚀环境分析

影响飞机结构腐蚀的因素是多方面的,大致可分为两类:一是材质因素(内在因素);二是环境因素(外界因素)。可以辩证地认为,材质因素是产生腐蚀的依据,环境因素是产生腐蚀的条件,环境因素通过材质因素起作用。

3.1 航 空 材 料

3.1.1 铝合金

纯铝的强度、硬度很低,而且不能通过热处理强化。它主要用作铝合金的包铝层,起防腐作用。为了提高铝的强度和硬度,使其能作为受力结构材料使用,在铝中加入一定量的合金元素使其合金化,这样就得到了一系列性能各异的铝合金。飞机上70%左右的机体结构是铝合金结构。

1. 铝合金的分类

铝合金按其加工方法可分为变形铝合金和铸造铝合金两大类(图3.1)。变形铝合金塑性较高,适用于压力加工。铸造铝合金难以进行压力加工,但铸造性好,适于铸造。

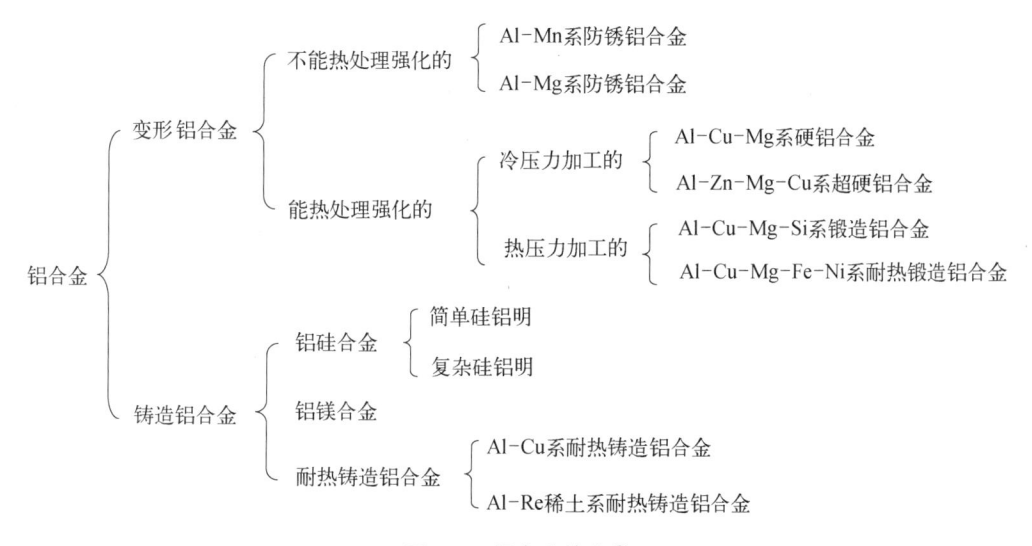

```
           ┌ 变形铝合金 ┌ 不能热处理强化的 ┌ Al-Mn系防锈铝合金
           │            │                  └ Al-Mg系防锈铝合金
           │            │                  ┌ 冷压力加工的 ┌ Al-Cu-Mg系硬铝合金
           │            │                  │              └ Al-Zn-Mg-Cu系超硬铝合金
           │            └ 能热处理强化的   │
           │                               └ 热压力加工的 ┌ Al-Cu-Mg-Si系锻造铝合金
铝合金 ┤                                                  └ Al-Cu-Mg-Fe-Ni系耐热锻造铝合金
           │            ┌ 铝硅合金 ┌ 简单硅铝明
           │            │          └ 复杂硅铝明
           └ 铸造铝合金 ┤ 铝镁合金
                        │
                        └ 耐热铸造铝合金 ┌ Al-Cu系耐热铸造铝合金
                                          └ Al-Re稀土系耐热铸造铝合金
```

图 3.1 铝合金的分类

飞机结构上常用铝合金主要是变形铝合金,这里重点介绍变形铝合金。变形铝合金又可分为可热处理强化的变形铝合金和不能热处理强化的变形铝合金。

1) 不能热处理强化的变形铝合金

不能热处理强化的铝合金分为 Al－Mn 系防锈铝合金和 Al－Mg 系防锈铝合金。这些铝合金耐蚀性能好,具有良好的塑性和焊接性。它们的时效强化效果不明显,所以不能进行热处理强化。但是,可采用冷作硬化来提高强度和硬度。

Al－Mn 系防锈铝合金含有少量的锰元素。它们的强度很低,不能用作飞机结构件,仅限于用作非结构件,例如小的整流罩等。

Al－Mg 系防锈铝合金含有少量的镁和铬合金元素。经过冷作硬化,强度可达到 280 MPa 左右。它们不用于飞机结构件,可用作油箱或液压管等的材料。

2) 可热处理强化的变形铝合金

a. Al－Cu－Mg 系硬铝合金

这种硬铝材料结构件表面要进行阳极化处理或涂阿洛丁,使表面形成一层致密的氧化膜,起防腐作用。对硬铝板材通常采用表面包纯铝的方法提高防腐能力。这种包铝可以采用以下工艺实现:将工业纯铝板放在硬铝铸锭的上下两侧,进行热轧。这样,纯铝层就焊合在硬铝板材的表面上。

硬铝合金具有较高的强度极限,抗疲劳性能和断裂韧性较好,裂纹扩展速率也较低。因此,在飞机结构上疲劳问题比较突出的结构部位(例如机翼下翼面的蒙皮和桁条、水平尾翼上翼面的蒙皮和桁条、机身蒙皮等)都采用硬铝合金。

2A12 是硬铝的最典型代表,其性能随状态而有明显区别,T3、T4 状态具有高韧性,T6、T8 状态则有较好的强度、抗腐蚀性能。

冰箱铆钉:使用前应经固溶处理,淬火后放在冰箱内冷冻保存(延迟时效硬化),使用时从冰箱中取出,如 2A12－T4、2A11(2017)－T4,具有高剪切强度,用在受力大的部位。2A12－T4 铆钉在铆后 11 h 只达到一半的剪切强度,约 4 天后达到最高。

外场铆钉 2117－T3,即时可用,具有较高的剪切强度和良好的耐腐蚀性。

2A12 是我国飞机上应用最广的材料之一,$\sigma_b \approx 460$ MPa,是这类合金中强度最高的,比强度与高强度钢相近,缺点是晶间腐蚀倾向大,用于制造蒙皮、翼肋、隔框等受力构件。

从图 3.2 中看出,近代飞机上大量采用了硬铝或超硬铝的改进型材料,实现了耐腐蚀性、抗疲劳性能、断裂韧性、裂纹扩展特性以及静强度的最佳平衡。例如采用改进型材料 2224、2324 和 2524 代替 2024,可以降低裂纹扩展速率,提高屈服强度和断裂韧性。采用 7075 的改进型 7150 和 7050 可以提高材料的耐腐蚀能力。

b. Al－Zn－Mg 系超硬铝合金

这类超硬铝合金经热处理强化后,拉伸强度和压缩屈服强度均超过一般硬铝合金。例如,0.063 in 的 7075－T6 包铝板材沿纵向的拉伸强度为 73 klbf/in^2*,压缩屈服强度为 64 klbf/in^2,而同样厚度的 2024－T3 包铝板材沿纵向的拉伸强度为 62 klbf/in^2,压缩屈服强度为 37 klbf/in^2。另外,超硬铝合金的挤压强度也比硬铝合金高。例如,0.063 in 的

---

* 1 lbf/in^2 = 6.894 76×10^3 Pa。

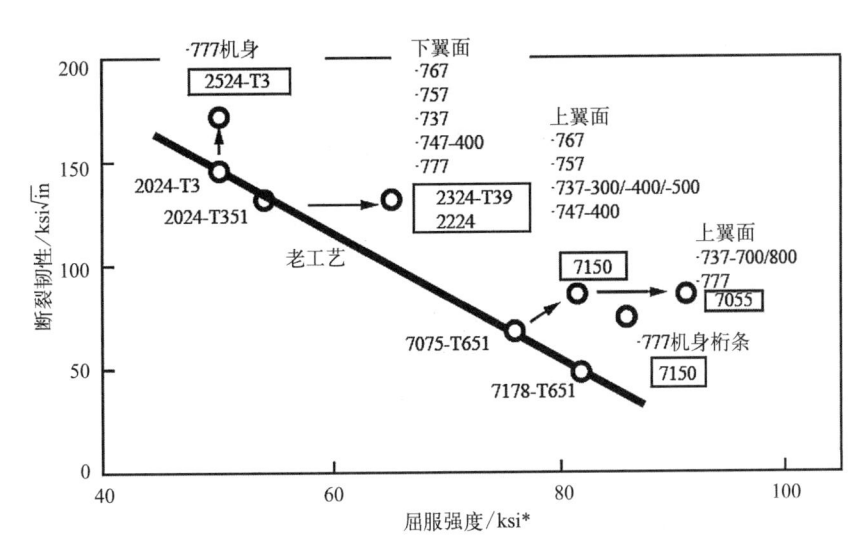

图 3.2 铝合金机械性能的比较

7075-T6 包铝板材的挤压强度在 $e/D = 1.5$（e 为边距，D 为紧固件直径）时为 101 klbf/in^2，而同厚度包铝 2024-T3 板材的挤压强度为 91 klbf/in^2。总之，超硬铝合金的静强度要比硬铝合金高。

但是，超硬铝合金的疲劳强度较低，易产生疲劳裂纹，对应力腐蚀也比较敏感。图 3.2 给出了超硬铝合金（7×××系）和硬铝合金（2×××系）断裂韧性与屈服强度之间的关系。从图上可明显看出，7×××系超硬铝合金的屈服强度比 2×××系硬铝合金高，但断裂韧性却下降很多（例如，7075-T651 的断裂韧性只有 2024-T3 的 1/2 左右）。

由于超硬铝合金的断裂韧性比硬铝合金的断裂韧性低，所以在相同几何尺寸下，超硬铝合金构件的临界裂纹尺寸比硬铝合金构件的短。图 3.3 给出了相同几何尺寸和应力水平下，7075-T6 和 2024-T3 的相对临界裂纹尺寸。从图中可以看出，2024-T3 的临界裂纹长度大约是 7075-T6 的 3 倍。

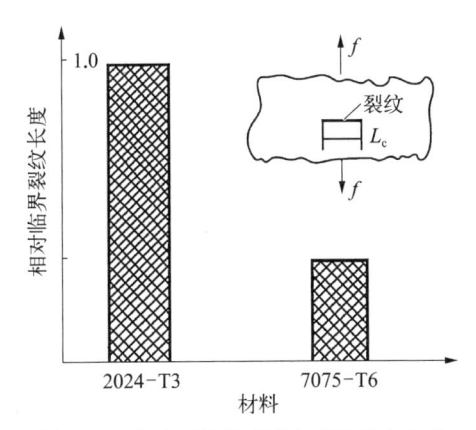

图 3.3 2024-T3 和 7075-T6 铝合金的相对临界裂纹长度

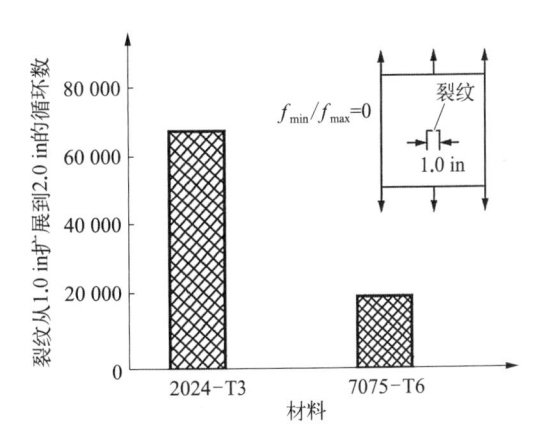

图 3.4 2024-T3 和 7075-T6 铝合金裂纹扩展寿命对比

* 1 ksi = 1 000 psi = 1 klbf/in^2 = 6.894 76×10^6 Pa。

超硬铝合金的裂纹扩展速率比硬铝合金的裂纹扩展速率快。图3.4给出了图示板材中裂纹由1.0 in扩展到2.0 in时,2024-T3硬铝合金和7075-T6超硬铝合金的脉动载荷循环数。从图中可以看出,2024-T3硬铝合金的载荷循环数是7075-T6超硬铝合金的3倍左右。

根据超硬铝合金特性,在飞机结构上承受交变压应力或疲劳问题不突出的结构件,例如机翼蒙皮和桁条、机身隔框和桁条、机翼翼肋、水平尾翼下翼面的蒙皮和桁条、垂直尾翼等,通常采用这种超硬铝合金(图3.2)。

硬铝合金(2014和2219铝合金除外)和超硬铝合金是不允许焊接的。这是因为焊接时会改变这些铝合金的金相结构,降低材料的机械性能。有些结构部位采用了点焊连接,但在关键受力部位,例如梁缘条与腹板的连接,不允许使用点焊连接。

c. Al-Cu-Mg-Si系锻造铝合金

这类铝合金的主要特征是热塑性好,适合锻造,故称为锻造铝合金,简称锻铝。这种锻铝的强度极限稍低于硬铝合金的强度极限。它主要用于制作飞机结构受载很大、形状复杂的锻件。有些锻铝合金,例如6061锻铝合金可进行焊接,焊后不要求消除应力的处理。这是因为消除应力处理的加热会影响材料的拉伸强度,并降低防腐性能。

2. 铝合金的热处理

热处理就是将金属以一定的加热速率加热到远低于熔点的某预定温度,并在此温度下保温一定时间,再以预定的冷却速率进行冷却的综合工艺过程。所以,热处理过程一般都要经过加热→保温→冷却这三个阶段。热处理并不改变金属构件的形状和大小。热处理的目的是通过改变金属的内部组织,改变金属的性能,提高金属材料的使用价值,满足各种使用要求。改变热处理中的工艺参数,就可以得到不同的组织,从而得到不同的金属性能。飞机结构件几乎全部都要经过热处理。可以说热处理是改善飞机结构件机械性能,延长使用寿命的关键之一。

铝合金的热处理主要指可热处理强化铝合金的热处理。铝合金的热处理包括退火、淬火和时效处理。

1) 铝合金的退火处理

铝合金的退火处理是把铝合金加热到规定温度,保温规定时间再缓慢冷却的热处理工艺。可热处理强化变形铝合金的退火分为完全退火和不完全退火两种。表3.1给出了国产可热处理强化变形铝合金的这两种退火的退火工艺。完全退火的目的是获得最大的成型性,以便随后进行变形量较大的成型工艺。不完全退火的目的是部分消除加工

表3.1 可热处理强化变形铝合金的退火工艺

材料	完全退火			不完全退火		
	加热温度/℃	保温时间/min	冷却方法	加热温度/℃	保温时间/h	冷却方法
LY	390~450	30~90	≤30℃/h至260℃后,空冷	350~380	1~3	空冷
LD	—	—	—	350~380	1~3	空冷
LC	390~430	30~90		290~320	2~4	空冷

硬化效应,以便随后进行变形量较小的成型工艺。进行这种退火可以在提高塑性的同时,部分地保留变形所获得的强化效果。

变形铝合金在退火状态进行加工成型过程中,由于加工硬化,塑性降低,强度提高,难以继续成型。为了恢复塑性,以便继续成型,可以进行再退火处理(称为中间退火)。对于形状复杂的构件,一次成型困难,可进行多次中间退火。

钣金件在退火状态下制成后,对于可热处理强化的铝合金,必须在安装前进行固溶热处理。对于包铝构件,加温过程应迅速。否则,长时间处于热处理状态下,基体材料中的某些成分会向纯铝层扩散渗透,降低耐蚀性。

2) 铝合金的淬火(固溶热处理)

将铝合金加热到规定温度(800~900°F,不同铝合金采用不同温度值),并在这一规定温度下保温规定时间,以便让金属化合物全部溶入固溶体中,然后将铝合金在冷却剂(对于变形铝合金采用冷水作冷却剂)中快速冷却,使金属化合物来不及析出,从而得到过饱和的、不稳定的固溶体。上述工艺过程称为淬火处理。

应当指出,把金属从炉中取出到淬火的时间间隔不能超过规定时间(一般为10~15 s)。否则,金属冷却,部分金属化合物析出。这种析出的金属化合物积聚在晶界处,降低了铝合金耐晶间腐蚀的能力。为了达到骤然冷却的目的,淬火箱内的水温应保持在10~40℃。构件入水后,水温不超过50℃。当冷却形状复杂的大构件时,淬火过程中水温不超过60℃。

对于大的锻件,可以在热水中淬火,以降低热应力,减少产生裂纹的可能性。但是硬铝合金(例如2024铝合金)不能采用热水淬火。因为这会减慢冷却速度,降低材料的抗腐蚀性能。薄的铝合金板材在淬火后往往会产生翘曲变形,可在淬火后马上矫直,这是因为可热处理强化的铝合金在刚刚淬火后,它是比较软的。但是,随时间的增长它会变硬。

3) 铝合金的时效

铝合金淬火后得到的过饱和固溶体是不稳定的,总是趋于将过饱和的合金元素以一定形式析出。在一定温度下,随着时间的增加,由于析出过程的发生,可使铝合金的强度、硬度得到明显的提高,这种现象称为铝合金的时效。图3.5给出了国产LY11铝合金在淬火后于不同温度下强度极限(σ_b)随时间的变化规律。

铝合金淬火处理后,在室温下自发强化的过程称为自然时效。自然时效时,在开始阶段(淬火后几个小时内),强度和硬度基本上不变或升高极少,这段时间称为"孕育期"。铝合金在孕育期内,强度低,塑性好,易于进行各种冷加工,例如弯边、拉伸和矫直等。当超过孕育期后,强度和硬度急剧升高,经过4~5天,强度达到最高值。

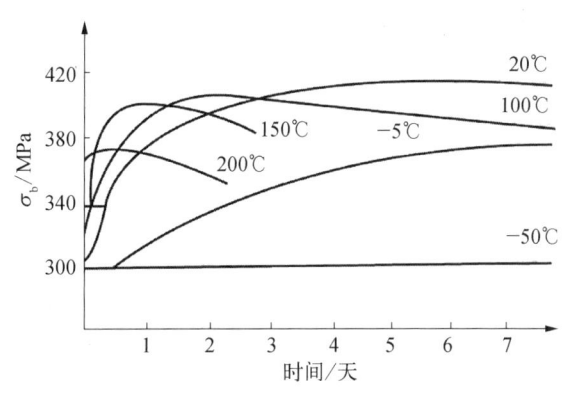

图3.5 国产LY11铝合金在不同温度下的时效曲线

有些铝合金(例如7075铝合金),淬火后必须在烘箱内加热到一定温度(250~

350 ℉),并保温一定时间,才能获得理想的强度,这称为人工时效。从图 3.5 可以看出,LY11 铝合金在较高温度(例如 200 ℃)下时效时,在开始的较短时间里,强度随时间增加迅速上升,而后又随时间增加而降低,出现强度峰值。但是,这个强度峰值并不高。通常将时效温度过高,或在一定温度下时效时间过长而不能得到最高强度和硬度的时效,称为过时效。当在很低温度(例如 -50 ℃)下时效时,强度和硬度随时间的增加极为缓慢,几乎不变。也就是说,铝合金在淬火后,在冰箱内保持,可以延缓时效硬化。在飞机结构制造和修理中,有时要利用这一特性。

3. 常用国产铝合金的牌号、热处理状态表示法

1) 铝合金的牌号

对于变形铝合金,用"LF"表示防锈铝合金,用"LY"表示硬铝合金,用"LC"表示超硬铝合金,用"LD"表示锻铝合金。它们后面的数字为顺序号。对于铸造铝合金,则用"ZL"表示。后面跟着三位数字,第一位数字代表合金系列:1——Al‑Si 系;2——Al‑Cu 系;3——Al‑Mg 系;4——稀土元素的合金。

2) 铝合金热处理状态表示法

表 3.2 是国产变形铝合金热处理状态(产品状态)表示方法。

表 3.2 国产变形铝合金热处理状态表示法

热 处 理 状 态	代　号	热 处 理 状 态	代　号
退火	M	优质表面(淬火)	CO
淬火	C	包铝	J
淬火+自然时效	CZ	不包铝	B
淬火+人工时效	CS	不包铝(热轧)	BR
冷硬、3/4 硬、1/2 硬、1/3 硬、1/4 硬	Y、Y_1、Y_2、Y_3、Y_4	不包铝(退火)	BM
特冷硬	T	不包铝(淬火,加工硬化)	BCY
热轧、热挤	R	不包铝(淬火,加工硬化,优质表面)	BCYO
优质表面	O	不包铝(淬火,优质表面)	BCO
优质表面(退火)	MO	淬火,自然时效,加工硬化,优质表面	CZYO

4. 美国常用铝合金的牌号、热处理状态表示法

1) 铝合金的牌号

美国铝或铝合金的牌号用四位数字表示。第一位数字表示铝或铝合金的类型:

1×××系——含铝 99% 以上的纯铝,例如 1100 纯铝,它的耐蚀性、导电性、导热性均好,但是强度非常低;

2×××系——Al‑Cu‑Mg 系硬铝合金,例如 2024、2017、2117、2224、2324、2524 等硬铝合金;

3×××系——Al‑Mn 系防锈铝合金,例如 3003 防锈铝合金;

4×××系——Al‑Si 系铝合金,焊接性好;

5×××系——Al‑Mg 系防锈铝合金,例如 5052 铝合金;

6×××系——Al-Cu-Mg-Si 系锻铝合金,例如 6061 锻铝合金;

7×××系——Al-Zn-Mg-Cu 系超硬铝合金,例如 7075、7178 等铝合金,其中 7075 铝合金是常用铝合金;

1×××系、3×××系、5×××等系列铝或铝合金为不可热处理强化的铝合金;2×××系、6×××系、7×××等系列铝合金为可热处理强化的铝合金。

2) 铝合金热处理状态表示法

在美国铝合金状态识别中,字母"O"表示可热处理和不可热处理强化铝合金的退火状态;"F"表示铝合金处在制造状态(对热处理未加控制),对于铸造铝合金表示材料处于铸造状态。"T"和后面的一个或几个数字表示可热处理强化铝合金的热处理状态。

T2:退火,仅用于铸造构件。

T3:固溶热处理,然后冷作硬化和自然时效。适用于那些在现行技术条件下,具有拉伸矫平或矫正效应的材料,只有供货厂提供的材料可有这种状态。在完全自然时效后室温下铆接的铆钉除外。

T4:固溶热处理和自然时效到基本稳定状态,应用于固溶热处理后不需要冷作硬化的构件,也应用于供货方和波音公司固溶热处理的材料。2014、2024 以及只有通过机械热处理(变形后立即淬火)获得优良特性的 6061 厚板和挤压型材除外。

T42:由用户进行固溶热处理和自然时效到基本稳定状态,适用于 2024-O 和 6061-O 铝合金。

T5:仅人工时效,应用于高温下迅速冷却的加工工艺之后才进行人工时效的构件。

T6:固溶热处理并随后人工时效,冷作硬化所产生的影响不大。对于大多数材料,把 T4 状态进行人工时效到 T6 状态。

T62:由用户固溶热处理和随后人工时效。应用于由用户热处理和时效过的 6061、7075 和 2024 合金。该状态获得的机械性能不同于 T6 状态的机械性能。

T7:固溶热处理并随后稳定处理。用于稳定处理后使硬度降到最大硬度值以下的构件,以便能够控制内应力。

T73:固溶热处理和过时效。这种热处理适用于 7×××系铝合金。它可提高合金的抗应力腐蚀能力和抗剥层腐蚀能力。对于 7075 和 7175 铝合金,采用 T73 热处理状态与 T6 状态相比,拉伸强度极限降低大约 13%,但耐应力腐蚀能力大大提高。

T8:固溶热处理,冷作硬化,并随后人工时效。应用于冷作硬化提高强度的构件,或者应用于那些通过矫平和矫直达到冷作硬化效应并在飞行技术条件中得到认可的构件。

T9:固溶热处理,人工时效,然后冷作硬化。应用于通过冷作硬化来提高强度的构件。

T10:人工时效并随后冷作硬化。应用于从高温迅速冷却再人工时效,然后冷作硬化提高强度的构件。

应当指出,航空公司可进行的热处理只有 T42、T62、T73 状态。

3.1.2 钛合金

1. 钛合金的主要特性

钛合金具有以下几方面的优点:

（1）钛合金具有比各种合金都高的比强度,这正是钛合金适于作航空材料的主要原因;

（2）由于钛合金的熔点高,再结晶温度也高,因而钛合金具有较高的热强度,钛合金可在500℃下长期工作;

（3）由于钛合金表面能形成一层致密、牢固的由氧化物和氮化物组成的保护膜,所以它具有很好的耐蚀性能,它的耐蚀性超过不锈钢的耐蚀性,在高温下它仍具有良好的耐蚀性能,钛合金不需要保护层,但它与铝合金或镁合金接触时,必须采取绝缘隔离措施。

钛合金具有以下几方面的缺点,使其应用受到一定限制,并在维护中引起重视:

（1）由于钛合金的导热性差（只为铁的1/5,铝的1/13）,摩擦系数大,切削时易升温,也容易粘刀,因此,钛合金的切削加工性差;

（2）钛合金被加热到600℃以上时,极易吸收氢、氧等气体而变脆,因此给铸造、锻压、焊接和热处理等都带来一定的困难,所以热加工工艺过程只能在真空或保护气氛（惰性气体）中进行;另外,钛合金在室温下与酸接触,或在550℉以上温度下处在水汽、滑油或其他含氢物质中,也会使氢浸入钛合金,向高应力区聚集引起氢脆,钛合金的去氢处理方法是在真空中进行烘烤;

（3）钛合金的屈服强度高,弹性模量较低,所以冷压加工成型时回弹较大,冷压加工成型困难,一般需要采用热压加工成型;

（4）耐磨性差,不宜用来制造承受磨损的零构件;

（5）钛合金在冷加工或矫直过程中,拉伸屈服应力会明显下降,并产生残余拉应力,因此钛合金构件冷加工或矫直后,应进行消除应力处理（975℉下放置6 h）;

（6）钛合金磨光时易产生微小裂纹,并且表面产生拉应力,也容易产生疲劳裂纹,因此,应按相应规程磨光钛合金。

2. 钛合金的类型

以钛为基础,加入一种或几种其他元素构成的合金,称为钛合金。加入钛中的合金元素（Al、V、Sn、Mo等）起固溶强化作用,溶入α-Ti形成α固溶体,溶入β-Ti形成β固溶体。

钛合金按其使用状态的组织分为α钛合金、β钛合金和（α+β）钛合金三类。国产钛合金的牌号分别用TA、TB和TC表示。

（1）α钛合金:如TA4(Ti-3Al)、TA7(Ti-5Al-2.5Sn)。α钛合金不能热处理强化,室温下的强度稍低;在高温下组织稳定,抗氧化性和热强度较好,焊接性能和切削性能也较好。但是,它的塑性差,冲压性能差。主要添加合金元素是铝,一般含4%~5%。它可用作隔热板。

（2）β钛合金:如TB1(Ti-3Al-8Mo-11Cr)、TB2(Ti-5Mo-5V-8Cr-3Al)。β钛合金能热处理强化,具有优良的冲压性能,焊接性能和压力加工性能也较好。在高温下,它的强度不如α钛合金。β钛合金的生产工艺复杂,目前不常使用。

（3）（α+β）钛合金,如TC4(Ti-6Al-4V)、TC10(Ti-6Al-6V-2Sn)。（α+β）钛合金具有α及β两类钛合金的优点,热强度和塑性也较好,并可热处理强化。它的锻造、冲压性能均较好,可切削加工。

3. 钛合金的热处理

钛合金的热处理有以下几种。

1) 消除内应力的热处理

钛合金板件在成型过程中会产生残余内应力。为消除内应力,可对成型构件加温,一般在975°F下保温6 h,然后采用空气冷却。

经消除内应力处理后,金属表面往往会起皮或色泽发暗。为此,可把构件浸在酸性溶液中进行酸洗,消除这些缺陷。酸洗液以含10%~20%硝酸和1%~3%氢氟酸较适宜,温度为室温或稍高。

2) 完全退火

完全退火的工艺是:将构件加热到1 200~1 650°F;保温16 min至数小时,这要根据构件厚度和冷加工量来确定具体保温时间;然后采用空气冷却。

完全退火后,构件表面往往出现起皮现象,可以进行碱性清洗。

钛合金完全退火后,韧性和延展性提高,改善了机械加工性能。

3) 表面淬硬

由于钛的化学活性高,在相当低温条件下就能迅速吸收氧、氮和碳。所以,应对钛合金表面采用渗氮、渗碳处理,这样可形成0.000 1~0.000 2 in厚的耐磨表面层。

3.1.3 合金钢

飞机上12%~16%的基体结构是合金钢和不锈钢制造的。例如,起落架、发动机架接头、襟翼滑轨等常用合金钢制成。

1. 合金钢的合金元素

飞机结构使用的钢材大部分是在电炉中炼成的。采用电炉容易准确地控制合金元素的含量。

1) 碳(C)

碳是钢中最重要的元素。它与铁生成碳化铁,也称渗碳铁。碳使得钢可以热处理强化。含碳量越高,可热处理性能越好,并且拉伸强度极限和硬度越高。但是,随着含碳量增加,钢的延伸性和可焊接性下降。

高碳钢(含碳量0.5%~1.05%)具有非常高的硬度,适于制造切割工具和弹簧。低碳钢(含碳量0.1%~0.3%)韧性好,适于制造成型量大而强度要求较低的零构件。低碳钢易于焊接和加工,但热处理效果不佳。通常用低碳钢制作保险丝。中碳钢(含碳量为0.3%~0.5%)可热处理强化,用于制造强度要求高,又具有较好延伸性和成型性的构件。

2) 硫(S)

硫是钢中最不希望有的成分,它会使钢在滚压和锻压时脆裂。因此,在冶炼过程中应尽可能消除硫的成分。通过在冶炼过程中加入锰元素,使锰生成硫化锰,它对钢是无害的,从而消除硫的有害作用。

3) 锰(Mn)

锰是钢中的合金元素,用来消除钢中某些氧化物和硫。它可以使钢变柔韧,改善锻造性能,减少脆裂。

4)磷(P)

这种合金元素可以提高钢的屈服强度,并可提高钢耐大气腐蚀的能力。通常,钢的含磷量不超过0.05%,因为随着含磷量增加,钢在低温时会变脆。

5)镍(Ni)

这种合金元素用来提高钢的强度和硬度,也能提高钢的屈服强度。在对钢进行热处理时,它可以使钢产生细的晶粒结构。镍也可减小钢在热处理时产生变形和起氧化皮的倾向。

6)铬(Cr)

这种硬的高熔点合金元素加入钢中后,可以提高钢的强度和耐磨性,也能提高钢的耐腐蚀能力。

7)钼(Mo)

飞机结构钢最广泛使用的合金元素是钼。它能减小钢的晶粒尺寸,提高钢的抗冲击强度和弹性极限。钼具有最好的耐磨性和抗疲劳强度。

8)钒(V)

这种合金元素能使钢达到极高的强度,并使它具有韧性和良好的延伸性。大部分扳手等工具是用铬-钒钢制造的。

9)钨(W)

钨具有极高的熔点。加入钢后,使钢也具有类似的特性。钨钢可用作切割工具。钨钢在红热状态,仍能保持硬度。

2. 合金钢的热处理

钢的热处理是钢在固体状态范围内,通过加温、保温和冷却,改变钢的内部组织,从而改善钢性能的一种工艺。根据热处理的目的不同,加热和冷却方法也就不同,从而内部组织和性能也不同。

1)钢在加热和冷却过程中的组织转变

在常温下,钢内的碳元素以碳化铁结晶形式混杂分布于分子晶格中,称为铁素体。这是一种物理性混合。当钢被加热到某一临界温度时,碳化物就会溶到铁晶格内,形成称为奥氏体的固溶体。碳化物能够溶到奥氏体之内的这种特征,为钢的热处理工艺打下了基础。

当钢的温度下降到临界温度以下时,碳化物微粒从固溶体中离析出来。如果钢的冷却缓慢,碳化物晶粒就少而粗大,如此,钢就会变软。如果钢迅速冷却(例如用油或水淬火时),碳化物晶粒就相当细,使钢变硬。

钢加热的临界温度和所能达到的极限强度取决于合金元素的种类和含量,最重要的是含碳量。低碳钢因含碳低而不能取得满意的热处理效果。随着含碳量的增加,钢就获得了通过热处理强化和硬化的能力。当含碳量超过某一含量(0.85%)后,硬度就不会随着含碳量增加而提高。但是,耐磨性随着含碳量的继续增加而提高。

2)退火处理

将钢件加热到稍高于临界温度;保温直到碳化物进入钢分子晶格内成为固溶体,保温时间与钢件厚度有关;然后在炉内以极慢速率降温冷却。这样,离析出来的碳化物晶粒就逐渐长大,不能将铁晶粒紧紧地结合在一起,从而使钢材变软而有延伸性,易于成型和加工。

加热温度和冷却速率取决于合金元素的种类和含量。对于钢的退火,通常加温到 1 600 °F 以上。当完成保温过程后,关闭热源,使钢件与加热炉共同冷却到 900 °F(或更低一些)。然后从炉内取出钢件,置于静止空气中冷却,或者将高温的钢件埋在木炭灰、热砂内,让其缓慢散热。

3)正火处理

正火处理的工艺过程是:先将钢件加热到略高于临界温度;保温直到整个钢件温度均匀;然后把钢件从炉内取出,使其在静止空气中冷却。由于空气冷却要比放在炉内逐渐降温快得多,所以离析出来的碳化物晶粒不像退火时那么大。因此,正火处理的钢件比退火处理的钢件更硬一些。

钢件经过锻压、焊接或成型加工和机械加工后,往往会产生残余内应力。这些内应力的存在会降低钢件的静强度和疲劳强度。因此,为消除钢件的内应力,飞机结构的钢件通常都采用正火处理,极少采用退火处理。

焊接往往会使钢件产生应变。因此,所有经焊接而成的构件必须经过正火处理。这一方面是为了消除内应力,另一方面也使金属晶粒致密匀称。

4)淬火处理

对于大多数钢材,淬火处理的工艺过程是:将钢材加热到稍高于临界温度;保温一段时间,使碳化物均匀地溶到铁分子晶格内,形成固溶体;然后将钢件置于水、油或盐水中迅速冷却。这样,碳化物离析出来形成极细微的晶粒,从而提高了钢的强度和硬度,也降低了延伸率。

淬火冷却速率是由淬火介质确定的。油的淬火冷却速率最慢,盐水的淬火冷却速率最快。对于合金钢的淬火处理,可适当选用冷却速率较慢的淬火介质。

钢材淬火的目的,一般是为了获得马氏体组织。有了这种组织以后,就可以利用回火来调整它的强度、硬度与塑性、韧性之间的矛盾,达到所需要的性能。

5)回火处理

钢材经过淬火处理后,会变得太硬、太脆,还会存在高的残余内应力。因此,钢材淬火后,必须在完全冷却之前,进行回火处理。从而消除残余应力,降低材料脆性,使钢材得到适当软化。

回火处理的工艺过程是:把钢材加热到临界温度以下,保温使钢件温度均匀,然后在室温静止空气中冷却。由于回火温度以下的冷却速率已不再影响金属的内部组织,所以,钢材回火处理一般是把钢材从炉中取出,放在静止空气中自然冷却。

3. 合金钢表面渗硬处理

为了提高钢件表面硬度和耐磨性,提高钢件的抗疲劳性能,往往需要对钢件进行表面渗硬处理。这种表面渗硬处理能使表面变硬,并产生有利的压应力,而内部仍保持原有的硬度和韧性。表面渗硬就是在金属表层的金属组织中强制增加相当数量的碳化物或氮化物,改变表面成分含量,使钢材表面变硬。由于表面渗硬处理后,钢件表面层形成一些较硬的、体积较大的金相组织,从而使表面层产生残余压应力,有利于提高钢件的疲劳强度。低碳钢和低合金钢最适合于采用表面渗硬处理。含碳量高的钢材经过表面渗硬处理后,往往渗硬效果达到内部,使材料变脆。

1) 渗碳处理

渗碳处理是表面渗硬处理的一种,它就是对低碳钢的表面层增加碳的含量。因此,这种钢件如果再经过热处理,表面层硬度就会提高而内部仍保持原来的强度和柔韧性。

可采用三种方法增加低碳钢表面的含碳量。常用的渗碳方法是固体渗碳法,这种渗碳法所采用的固体渗碳剂通常是 85%~90% 木炭和 10%~15% 碳酸盐的混合料,碳酸盐起加速渗碳过程的作用。将均匀混合后的固体渗碳剂与钢件放入耐火砖密封箱内,然后加热到 900~950℃,并保持恒温数小时。保持恒温时间视所需渗碳层厚度而定。由于箱内温度高,固体渗碳剂产生大量一氧化碳气体。在高温下,一氧化碳气体很不稳定,分解出活性碳原子($2CO \longrightarrow CO_2 + [C]$),进入处于奥氏体状态的钢件表面层,从而形成表面渗碳层。

另一种渗碳方式是气体渗碳法,这种渗碳方法是将钢件放入密封的加热炉中,通入气体渗碳剂进行渗碳的一种方法。常用的气体渗碳剂产生大量的一氧化碳气体,分解出活性碳原子进入钢材表面,形成表面渗碳层。气体渗碳加热温度与固体渗碳相同,但是,气体渗碳的保温时间要短一些。

第三种渗碳方式是液体渗碳法,这种渗碳方法将钢件放在盐水槽内进行表面渗碳。由于盐水中掺有能生成富碳化学物质,也能获得与上述两种方法相当的效果。采用这种渗碳方法可以获得高含碳量的表面层。

2) 渗氮处理

渗氮处理与渗碳处理不同,它是在钢件热处理之后进行。一般说来,绝大多数钢材品种都能渗氮。

渗氮处理的工艺过程是:将钢件置于专用氮化炉内,加温到 1 000 ℉左右;在此温度下,输入氨气。由于高温,大部分氨气分解为氮气和氢气。氮气与铁原子化合成氮化铁,并以微粒形式分布于钢件表面,并向内部渗透。渗透的深度与作用时间长短有关。通常要经过长达 72 h 的时间,才能获得一定厚度的氮化层。

4. 合金钢的分类、牌号

1) 合金钢的分类

合金钢按以下三种分类方法分类:

(1) 按合金钢中主要合金元素的种类可分为:锰钢、硅锰钢、铬钢、铬锰钢等;

(2) 按合金钢中合金元素总含量分类可分为:低合金钢(合金元素总含量<3.5%)、中合金钢(3.5%<合金元素总含量<10%)、高合金钢(合金元素总含量>10%);

(3) 按合金钢的用途分类可分为:合金结构钢、合金工具钢及特殊用途钢(例如耐磨钢)。

按合金结构钢的性能和用途,又分为四类,如表 3.3 所示。

表 3.3　合金结构钢的类型

类型	零件性能要求特点	含碳量范围/%	热处理特点
渗碳钢	表面高硬度耐磨,中心有足够的强度和高的韧性	<0.25	渗碳+淬火+低温回火
调质钢	高的强度和足够的韧性	0.25~0.5	淬火+高温回火
弹簧钢	高的屈服强度	0.5~0.8	淬火+中温回火
滚珠钢	高的硬度和耐磨性	0.95~1.1	淬火+低温回火

2）合金钢的牌号

在国内,合金钢是根据含碳量和合金元素及其含量编排牌号的。

合金结构钢的牌号是在牌号前用两位数字表示平均含碳量(单位为0.01%),所含合金元素用化学符号或汉字表示,其后的数字为合金元素的平均含量(单位为1%)。当合金元素含量为1%,或虽不到1%但作用较大,则元素符号后面的数字一律略去。若是高级优质钢,则在牌号末加字母"A"。

例如：

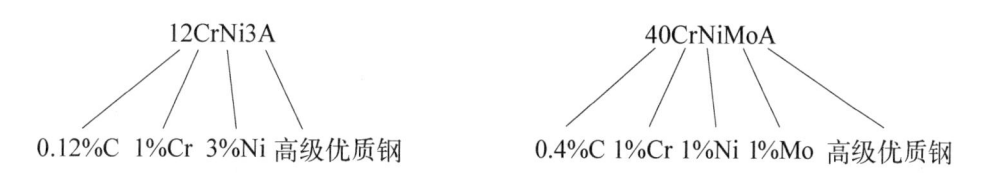

12CrNi3A　　　　　　　　　　　40CrNiMoA

0.12%C　1%Cr　3%Ni　高级优质钢　　　0.4%C　1%Cr　1%Ni　1%Mo　高级优质钢

工具钢与特殊钢的编号与结构钢大同小异,一般合金工具钢,如含碳量≥1%,则表示含碳量的数字略去;<1%的工具钢和一些特殊钢,标出含碳量,单位为0.1%。专用钢在牌号前用汉语拼音字母表示。

例如：

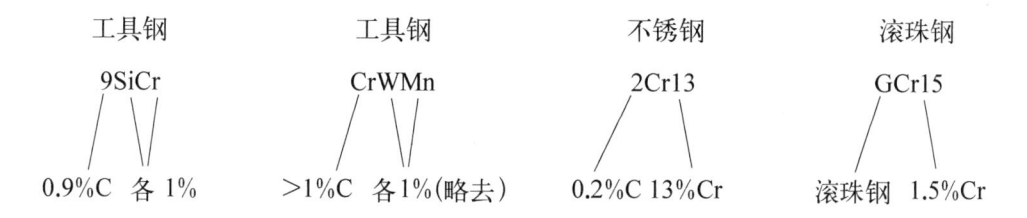

　　工具钢　　　　　工具钢　　　　　不锈钢　　　　　滚珠钢
　　9SiCr　　　　　CrWMn　　　　　2Cr13　　　　　　GCr15

0.9%C　各1%　　>1%C　各1%(略去)　　0.2%C　13%Cr　　滚珠钢　1.5%Cr

美国汽车工程师协会(Society of Automotive Engineers, SAE)把合金钢一般按四位(或五位)数字系统分类。第一位数字表示钢中的主要合金添加元素,第二位数字表示这种合金元素的百分比,最后两位(或三位)数字表示钢中含碳量的万分之几。例如：

1×××——普通碳钢；

41××——钼铬合金钢；

43××——钼镍铬合金钢,例如4340钢就是含碳量为0.4%的钼镍铬合金钢；

521××——含碳量1%的铬合金钢；

93××——镍铬钼合金钢（这种合金钢中元素含量比不同于43××）。

3.1.4 不锈钢

不锈钢是指能抵抗大气腐蚀或酸、碱化学介质腐蚀的合金钢。不锈钢具有抗腐蚀性能，主要是因为这种钢中含有铬。铬在氧化性介质中能形成一层氧化膜（Cr_2O_3），保护钢的表面不被外界介质进一步氧化和腐蚀；另一方面，当含铬量达到12%时，钢的电位跃增，从而有效地提高了钢的抗电化腐蚀性能。所以，不锈钢中含铬量不少于12%。含铬量越高，钢的耐腐蚀性越好。

根据金相组织的不同，可把不锈钢分为铁素体不锈钢、马氏体不锈钢和奥氏体不锈钢三类。铁素体不锈钢含碳量低、强度低，飞机上很少应用。

1）马氏体不锈钢

这种不锈钢含碳量稍高，是一种只含合金元素铬的不锈钢。它的淬透性好，油淬或空冷均能得到马氏体组织。它具有较高强度、硬度和耐磨性，是不锈钢中机械性能最好的一种。这种不锈钢主要用于制造机械性能要求较高，而耐蚀性要求较低的零构件。由于这种不锈钢含碳量较高，碳化物和基体金属形成的微电池数目增多，耐蚀性能下降；另外，它的可焊性差。

2）奥氏体不锈钢

它是一种典型的铬镍不锈钢。当钢中含铬量达18%左右，含镍量达8%～10%时，钢在常温下，便可获得单一的奥氏体组织。著名的18-8型铬镍不锈钢是不锈钢中抗蚀性最好的钢。奥氏体不锈钢无磁性，它具有良好的塑性、韧性，冷变形和焊接性也好，但是它的切削性能较差。这类钢主要用于制造耐蚀性要求较高，需要冷变形和焊接的低负荷零件。

奥氏体不锈钢组织中若有碳化物存在，则耐蚀性低。未获得单相奥氏体组织，可进行固溶处理（淬火）。把奥氏体不锈钢件加热到1 000℃左右，使碳化物溶解于基体，然后在水中快冷，碳化物来不及析出，从而获得单相奥氏体。为减少薄壁件的淬火变形，往往加热后采用空冷。

固溶处理不能使奥氏体不锈钢强化。但是，这类不锈钢的加工硬化倾向较大。所以，为了提高强度，可对奥氏体不锈钢进行冷变形处理。

因为冷压成型时，它的强度急剧上升，塑性迅速下降。因此，为了继续冷变形，就需要中间热处理（固溶处理），以消除加工硬化，重新获得良好的塑性。

3.1.5 陶瓷

陶瓷是一种既古老而又年轻的工程材料，在材料大家族中，远比金属和塑料古老。陶瓷材料发展很快，化学组成上由单一的氧化物陶瓷发展到了氮化物等多种陶瓷；品种上由传统的烧结体发展到了单晶、薄膜、纤维等。由于陶瓷材料耐高温、耐腐蚀、硬度高，甚至还具有特殊的电、磁、热、光的功能效应，不仅能用作结构材料，而且能用作性能优异的功能材料，在现代生活及空间技术、海洋技术、电子、医疗卫生、无损检测、广播电视等领域得到重要应用,是现代工程材料(金属、聚合物、陶瓷)的三大支柱之一。

1. 陶瓷的分类和组成

根据陶瓷材料的原料,可分为传统陶瓷与现代陶瓷两大类。传统意义上的陶瓷主要指陶器和瓷器,也包括玻璃、搪瓷、耐火材料、砖瓦等,其主要成分为硅酸盐类物质,所以也称为硅酸盐陶瓷或硅酸盐材料,也称普通陶瓷。现今意义上的陶瓷材料已有了巨大变化,许多新型陶瓷已经远远超出了硅酸盐的范畴,不仅在性能上有了重大突破,在应用上也已渗透到各个工程领域。这些陶瓷是以高纯度的人工化合物,如硅化物、氧化物、硼化物、氮化物等为原料制成,所以被称为现代陶瓷或特种陶瓷。其形态也趋多样化,还有超微粉体、单晶和非晶材料,以及纤维、晶须、薄膜、复合材料等,各有独特的性能及用途。现代陶瓷按应用又可分为结构陶瓷材料与功能陶瓷材料。

大多数陶瓷材料均含有一种或一种以上的晶体(或晶相)、一定数量的玻璃相及少量的气相(或称气孔),为一种多相固体材料,如图3.6所示。

1) 晶相(crystal phase)

陶瓷中的晶相是陶瓷中量大而主要的部分,其种类、大小、分布、数量对陶瓷的性能起决定作用,主要有硅酸盐、氧化物及非氧化物三种。晶体相是陶瓷的主要组成相,对陶瓷的性能起决定性作用。大多数陶瓷的晶体相常常不止一个,而是多相多晶体,其物理、化学和力学性能主要是由主晶体相决定的。陶瓷晶相中有些化合物也会发生同素异构转变,而且实际陶瓷结构中也存在着晶体缺陷。

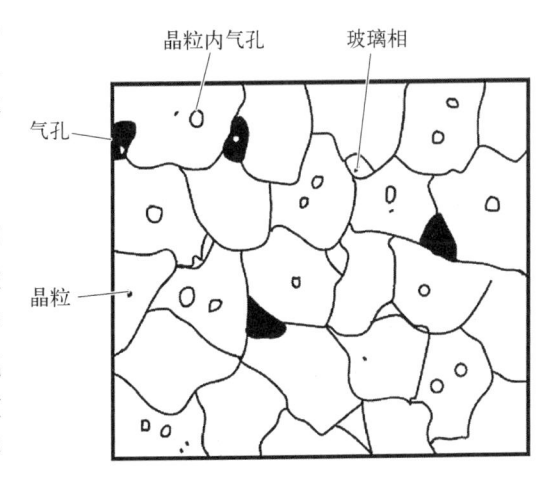

图3.6 陶瓷材料三种不同的相

2) 玻璃相(glass phase)

玻璃相是以长石熔融的液相为主体构成的低熔点非晶态物质,常富含氧化硅、碱金属氧化物及杂质,可充填晶粒间隙而提高致密性,降低烧结温度和抑制晶粒长大,黏结分散的晶粒有一定强度。但玻璃相的硬度高、耐热性差,过多则会降低陶瓷的性能。玻璃相是一种非晶态低熔点固体相,是陶瓷材料中不可缺少的组成相,它将分散的晶体相黏结在一起,填充了晶体相间的空隙,使陶瓷材料获得一定程度的玻璃特性。玻璃相熔点低、热稳定性差,令陶瓷在高温下发生蠕变,并因其中杂质的存在而使陶瓷的绝缘性降低。因此,工业陶瓷中玻璃相的含量控制在20%~40%。

3) 气相(gas phase)

气相来自烧结过程,各组分发生物理、化学作用而生成的空隙及压制不致密而残存的空隙。气孔使应力集中增加,有效断面下降,导致强度下降;同时,还使电绝缘性及透明性下降。一般陶瓷的气孔体积百分比达5%~10%,甚至更高。气孔使陶瓷组织致密性下降,密度减小,能够吸收振动,但同时也产生应力集中,导致陶瓷强度降低,介电损耗增大,电击穿强度及绝缘性下降。特种陶瓷的气孔率应在5%以下。

2. 陶瓷的性能

由于陶瓷材料内部大都为共价键和离子键,而且键合能量高,故通常熔点高、硬度高、化学和热稳定性好,耐高温、耐腐蚀。然而陶瓷比金属的可活动的滑移系少得多,因此陶瓷材料的断裂应变、断裂韧性(或断裂能)很低,可以认为多数陶瓷在常温下没有塑性。陶瓷与金属一样,在结构上也存在晶体堆垛的不完整性,因而导致其强度下降。当晶粒尺寸减小时,陶瓷的力学性能也会得到改善。但与金属不同的是,陶瓷的结构缺陷主要是表面伤痕和内部空位;晶界和自由表面缺陷是重要的面缺陷;线缺陷多数是固定位错。另外,陶瓷的强度和断裂韧性对于表面伤痕和内部裂纹是非常敏感的。由于陶瓷的键结合特点,陶瓷材料通常具有绝电、绝热性质。有些陶瓷还具有特殊物理性能和能量转换功能。

1) 硬度

硬度是陶瓷材料的重要力学性能指标之一。陶瓷的硬度在各类材料中最高,而且耐磨性亦很高。陶瓷的硬度用莫氏硬度,即刻划硬度来表示,共分十级(或十五级),用以表示材料硬度的相对高低。数值越大,表示硬度越高。共价键的金刚石(碳晶体)硬度最高,滑石硬度最低。也可参照金属的测定方法测定,其维氏硬度可达到 1 000~5 000 HV,而普通的淬火钢则为 500~800 HV。

2) 弹性模量

陶瓷具有很高的弹性模量,即刚性好,是各种材料中最高的,比金属的弹性模量高数倍,比高聚物的高 2~4 个数量级。

3) 强度

由于陶瓷材料的结合键是共价键、离子键或它们的混合键,组织中难免含有气孔(起应力集中作用),晶体中的位错很难运动这些原因,在常温下的应力-应变曲线上通常只出现弹性变形,实际上在出现塑性变形之前就发生脆性断裂,如图 3.7(a)所示。

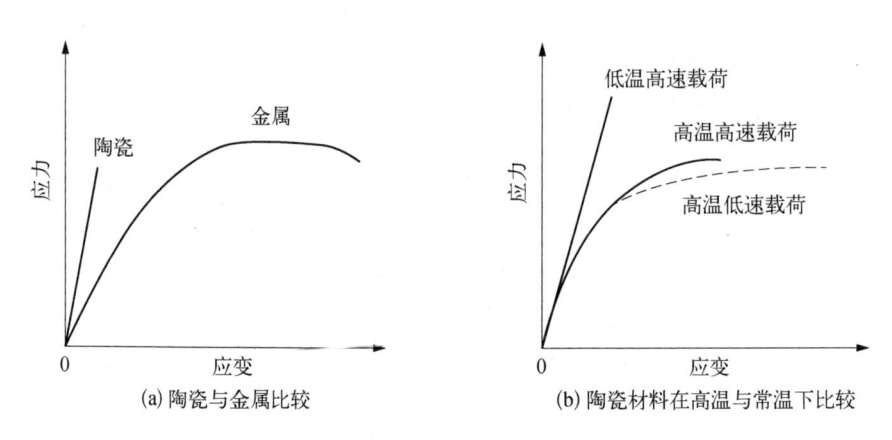

图 3.7 陶瓷材料的应力-应变曲线

(a) 陶瓷与金属比较
(b) 陶瓷材料在高温与常温下比较

陶瓷材料在拉应力作用下,由于气孔的应力集中作用,裂纹(气孔本身也可看作是一种裂纹)迅速扩展,并引起脆断,所以抗拉强度低。但在压应力作用下,裂纹趋于愈合状态,不易造成破裂,因而陶瓷材料的抗压强度高,通常为抗拉强度 10 倍以上。

提高陶瓷材料强度的措施,是减小杂质、气孔,增高致密度和均匀度,同时还应使晶粒细化。陶瓷制成的纤维或很细的单晶体,由于不存在杂质,没有晶体和组织中的缺陷,可使陶瓷的强度接近理论强度值。

4) 塑性与韧性

由应力-应变曲线可知,常温下拉伸试验中,延伸率几乎为零,在拉应力作用下产生一定的弹性变形后直接脆断,且冲击韧性、断裂韧性极低。这种脆性特征,代表绝大多数陶瓷材料的性质。但个别陶瓷材料如 MgO 等,在常温下具有微量的塑性。陶瓷材料在高温受应力作用时则能显示出一定的延伸率(塑性),如图 3.7(b) 所示。高温下能表现出塑性的原因是晶界在高温和应力作用下产生滑动和晶内位错可以产生运动。加载速度慢,有利于这两个过程的进行,故加载慢的要比加载快的显示出更大的高温塑性。另外,如果设法减少材料内部的缺陷(气孔和裂纹),陶瓷材料的强度和韧性也将会大大改善。

5) 高温性能

耐高温是陶瓷材料的重要特点之一,陶瓷的熔点一般高于金属,热硬性高,抗高温蠕变能力强。多数金属在 1 000 ℃ 以上就丧失强度,而陶瓷在高温下基本保持其室温下的强度和硬度。陶瓷蠕变强度高,一方面因为陶瓷原子排列的结构复杂以致空位和间隙原子难以参与扩散,另一方面,是因为虽然陶瓷材料的晶界可以滑动,位错可以运动,但比金属困难得多。由于陶瓷具备耐高温的特性,有可能作为高温结构件的材料,所以人们对陶瓷给予极大的关注。

3. 陶瓷材料在飞机上的应用

随着航空、航天技术的发展,陶瓷材料耐高温、硬度高、热膨胀系数小、抗氧化、耐化学腐蚀等优异性能,越来越被重视。未来发动机的发展将使陶瓷基复合材料得到越来越多的应用。要使涡轮进口温度超过 1 650 ℃,使用目前常用的镍基合金叶片是不可能的。美国综合高性能涡轮发动机技术计划指出:21 世纪要发展推重比达 20、巡航高度 21 000 m、马赫数为 3~4 的航空器,涡轮进口温度将达 2 000~2 200 ℃,为此提出采用陶瓷基复合材料代替高温合金,采用陶瓷基复合材料制造叶片盘整体结构的涡轮可减重 30%。在燃烧室系统中,提出需要耐 1 204 ℃ 和 1 316 ℃ 的陶瓷用来制造燃烧室的衬套、喷嘴及火焰稳定器喷嘴架等。在排气喷管系统中,提出需耐 -40 ℃~1 538 ℃ 或更高温度使用的陶瓷基复合材料。但是陶瓷材料脆性大,经受不住机械冲击和热冲击,因此增韧和提高高温断裂强度是发展结构陶瓷的两大难题。在增韧方面,目前 SiC_w/Si_3N_4 复合材料的研究已取得可喜进展,高温断裂强度达到 800 MPa,已用于制造高性能燃气喷管和导弹喷管。另外,晶须增强陶瓷也被认为是很有希望提高断裂韧性的材料。

3.1.6 高分子材料

1. 概述

高分子材料也称聚合物材料,它是以高分子化合物为基体,再配以其他添加剂所构成的材料。高分子化合物是由许多长度不同的大分子组成的。高分子化合物最显著的特征是其大分子的相对分子质量大(一般在 $10^3 \sim 10^7$),远远高于低分子化合物(一般小于 1 000)。

高分子材料的分类方法很多,常用的有以下几种。

(1) 按用途可分为塑料、橡胶、纤维、胶黏剂、涂料等。塑料在常温下有固定形状,强度较大,受力后能发生一定变形。橡胶在常温下具有高弹性,而纤维的单丝强度高。有时把聚合后未加工的聚合物称为树脂,如电木未固化前称为酚醛树脂。

(2) 按聚合物反应类型可分为加聚物和缩聚物。加聚物是由单体经加成聚合反应(简称加聚反应)得到,由一种单体形成的加聚物称为均聚物,由两种或多种单体形成的聚物称为共聚物;而缩聚物是由两种或多种单体经带有小分子副产物的缩合聚合反应(简称缩聚反应)得到,由于缩聚反应中会生成低分子副产物,缩聚高分子的组成不可能与原料单体的组成完全相同,缩聚高分子的分子量也不可能是单体分子量与聚合度的乘积。

(3) 按聚合物的热行为可分为热塑性聚合物和热固性聚合物。热塑性聚合物的特点是热软冷硬,如聚乙烯;热固性聚合物受热时固化,成形后再受热不软化,如环氧树脂。

(4) 按主链上的化学组成可分为碳链聚合物、杂链聚合物和元素有机聚合物。碳链聚合物的主链由碳原子一种元素组成,如—C—C—C—C—。杂链聚合物的主链除碳外还有其他元素,如—C—C—O—C—、—C—C—N—、—C—C—S—等。元素有机聚合物的主链由氧和其他元素组成,如—O—Si—O—Si—O—等。高分子化合物绝大多数为有机物。

2. 高分子材料性能

不同高分子材料的性能、特点各不相同,即使是同一种高分子材料,也会因为其聚合物反应类型不同(如聚甲醛的均聚和共聚)而在性能方面有所差异。随着科技的发展和进步,新型高分子材料不断涌现,它们的性能也会出现一些新的特点(如掺杂的聚乙烯膜具有导电性等),但绝大多数高分子材料具有如下基本性质。

1) 密度小

高分子合成材料都比金属轻,一般密度为 $1\sim 2\ \mathrm{g/cm^3}$。纯塑料中最轻的是聚丙烯,其密度为 $0.91\ \mathrm{g/cm^3}$,比纸还轻。有些泡沫的密度甚至可达 $0.01\ \mathrm{g/cm^3}$。

2) 比强度高

材料的抗拉强度与材料的密度之比称为比强度。材料的比强度高,说明与其他材料的构件相比,相同强度下可以减轻构件重量,或者相同质量下可以提高构件强度,这正是航空工程对材料的基本要求。由于一个高分子化合物中有几万个甚至百万个原子,而且分子的长度超过直径几万倍,分子与分子之间接触点很多,相互间作用力很大。同时,大分子链中有很多单链,这些单链都可以做内旋转,因而使大分子链卷曲成各种不同形状,大分子链又互相纠缠在一起。这样,高分子化合物就具有高比强度的特征。

3) 弹性强

由于高分子化合物的分子链是卷曲纠缠在一起的,当受力拉伸时,这种卷曲的分子可以拉长,但当去掉外力时,又会恢复到原来的形状。因此,橡胶和塑胶之类的高分子化合物都具有较大的弹性。

4) 可塑性好

由于高分子化合物是由许多很长的分子链构成,当链的某一部分受热时,其他部分有的受热不多,甚至还没有受热。因此,高分子化合物受热后不是立刻就变成液体,而是先经过一个软化过程,即具有可塑性。

5) 难结晶

由于高分子化合物的分子很大,分子链蜷曲,所以不容易排列整齐,自然也就不容易结晶。然而,也有不少线型高分子化合物具有部分结晶,但它们是在分子链的链带之间。如果分子链和分子链之间含有某些基团,它们彼此发生较强的吸引力,这种结晶状态就可以固定下来。利用这种性质,可以把高分子化合物拉成细而坚实的纤维,这就是纤维高分子化合物。

6) 耐磨性高

由于高分子化合物有较高的分子量,因此耐磨性和抗撕裂程度都比较高。如尼龙、聚四氯乙烯不仅耐磨,而且自润滑比金属和天然材料都强。合成橡胶比天然橡胶耐磨,合成纤维也比天然纤维耐磨。

7) 绝缘性好

由于高分子化合物分子中的化合键是共价键,不能电离,因此不能传递电子;又因高分子化合物的分子细长、卷曲,在受热和声的作用之后,分子间振动不大,因此具有对电、热、声的良好绝缘性。

8) 耐腐蚀性强

由于高分子化合物的分子链是纠缠在一起的,许多分子链上的基团被包在里面。当接触到能与高分子的某一基团起反应的试剂时,只有露在外面的基团才比较容易发生反应,因此高分子化合物比较稳定,具有耐酸、碱腐蚀的特性。

9) 抗射线能力强

高分子化合物对多种射线,如 α、β、γ、X 射线的抵抗能力较好。

3. 高分子材料在飞机上的应用

利用高分子材料的具有质轻、透明的特点可制作视镜、仪器仪表罩盖;利用高分子材料的导热性能差,特别是经过发泡成形的塑料,其热导率与静态的空气相当,广泛用于冷藏、隔热、节能装置和其他绝热工程;利用高分子材料具有弹性的特点,例如橡胶,可做阻尼材料,用于减振、消声;利用大多数高分子材料具有减摩、耐磨和自润滑特性,制成各种液体(如油、水、腐蚀介质等)、边界摩擦和干摩擦等条件下有效工作的摩擦件。某些塑料,其可贵的摩擦性能为许多金属耐磨材料所不及,因此常被制成轴承、活塞环及动密封磨块等。

在航空工业中,腐蚀与防腐是一个重大工程问题,在腐蚀介质条件下,一般金属材料或合金的耐腐蚀能力很有限,特别是对酸、碱、盐等强腐蚀介质,更难以达到有效的防腐效果。由于高分子材料结构的多样性和性能的可设计性,在一定温度范围内,高分子材料耐酸、碱、盐介质的腐蚀性优于金属及其合金材料,并且可以现场施工,能充分发挥其他材料不能替补的作用,广泛用于防腐设备、管道、管件、衬里、涂层及其他防腐元件。例如利用高耐久(high durability,HD)型环氧煤沥青漆对航空煤油输送管道进行防腐保护。

尽管由于绝大多数高分子材料与钢材相比强度和刚度较低,耐热能力尚差等原因,作为结构材料使用还不令人满意,但对一些受力不大的零件,如仪器仪表外壳、盖板、底座、机械设备上的手柄、叶片、膨胀节等零件则可以采用高分子材料制造。相信随着新型高分子材料的开发,利用高分子材料作为结构材料是发展的必然趋势。

3.1.7 复合材料

复合材料的用量及其性能水平成为飞行器先进性的重要特征之一。飞机采用复合材料经过近50年的发展,已经从最初的非承力构件发展到应用于次承力和主承力构件,可获得减轻质量20%~30%的显著效果,目前已进入成熟应用期,对提高飞机战术技术水平的贡献、可靠性、耐久性和维护性已无可置疑,其设计、制造和使用经验已日趋丰富。迄今为止,战斗机使用的复合材料占所用材料总量的30%左右,新一代战斗机将达到40%;直升机和小型飞机复合材料用量将达到70%~80%,甚至出现全复合材料飞机。

1. 复合材料概念及分类

复合材料(composite materials)是一类成分复杂的多相体系,是由有机高分子、无机非金属或金属等几类不同材料通过复合工艺组合而成的新型材料。它与一般材料的简单混合有本质区别,既保留原组成材料的重要特色,又通过复合效应获得原组分所不具备的性能,可以通过材料设计使原组分的性能相互补充并彼此关联,从而获得更优越的性能。

所有复合材料均由三种基本的物理相组成,即增强相、基体相以及增强材料与基体相互作用形成的界面相(interphase)。基体相是一种连续相,它把改善性能的增强相材料固结成一体,并起到传递应力的作用。增强相起承受应力(结构复合材料)和显示功能(功能复合材料)的作用。这三种相的结构和性能、配置方式和相互作用以及相对含量决定了复合材料的性能,正是这种新材料开拓了材料科学的新领域,它已成为现代航空航天领域必不可少的结构材料和功能材料。

现代复合材料按基体材料类型可分为有机物分子的聚合物基、金属基和无机非金属基三大类。其中聚合物基又分为树脂基体和橡胶弹性基体;金属基分为铝基、钛基、镁基、镍基、金属间化合物基等;无机非金属基又分为陶瓷基、玻璃基和水泥基等。按材料作用分类可分为结构复合材料和功能复合材料。按增强材料形态分类有纤维增强复合材料、颗粒增强复合材料、晶须增强复合材料、板状增强体复合材料、编织增强体复合材料等,其中纤维增强又有碳纤维、玻璃纤维、有机纤维、金属纤维、陶瓷纤维等。按基体和增强体是否同质可将复合材料分为同质复合材料和异质复合材料。

2. 复合材料性能

复合材料改善或克服了组成材料的弱点,能按零件结构和受力情况最佳设计,从而获得新的优越性能。与一般材料的简单混合有本质区别,其存在以下性能方面的特点。

(1) 比强度和比模量高:复合材料多数情况下增强体为密度不大而强度很高的材料(如玻璃、碳和硼纤维),或是基体为密度小的物质(如聚合物),或者两种相的密度都不高(如碳纤维增强树脂)。复合结果是密度大幅度减小而强度提高,因而高的比强度和比模量是复合材料的突出性能特点。

(2) 抗疲劳性能好:复合材料中的纤维缺陷少,因此本身抗疲劳性能高。其次,基体的塑性和韧性好,能够消除或减小应力集中,使疲劳源难以萌生出微裂纹。即使微裂纹形成,塑性变形也能使裂纹尖端钝化而减缓其扩展,这样就使得复合材料具有很好的抗疲劳性能。由于基体中密布着大量纤维或颗粒,疲劳断裂时裂纹的扩展常经历非常曲折和复杂的路径。因此,复合材料的疲劳强度都很高,碳纤维增强材料 σ_{-1} 可达强度极限的 70%~80%,而一般金属材料仅为 30%~50%。

(3) 减振性能良好:构件的自振频率与结构有关,并且正比于材料的弹性模量与密度之比的平方根。复合材料的比模量大,自振频率很高,所以在一般的加载速度或频率的情况下,其构件不易产生共振而快速脆裂。另外,复合材料是一种非均质多相体系,其中大量的纤维与基体界面有反射和吸收振动能量的作用。一般基体的阻尼也大,因此在复合材料中产生振动也会很快衰减,故复合材料的减振能力比钢强得多。例如:同样形状和尺寸的梁进行试验,金属梁需 9 s 才能停止振动,而碳纤维复合材料则只需 2.5 s。

(4) 高温性能好:增强体纤维多有较高的弹性模量,因此复合材料具有优越的耐高温性能,高温下保持很高的强度。聚合物基复合材料使用温度为 100~350℃;金属基复合材料使用温度为 350~1 100℃;SiC 纤维、Al_2O_3 纤维陶瓷复合材料在 1 200~1 400℃保持很高的强度;碳纤维复合材料在非氧化气氛下,可在 2 400~2 800℃长期使用。

(5) 破损安全性高:纤维增强复合材料基体中有大量细小纤维(每平方厘米截面上有成千上万根互相隔离的细纤维),当其受力时,将处于力学上的静不定状态。较大载荷会使其中部分纤维断裂,但随即迅速进行应力的重新分配,而由未断纤维将载荷承担起来,不至造成构件在瞬间完全丧失承载能力而断裂,所以工作的安全性高。

(6) 其他特殊性能:除上述几种特征外,复合材料摩擦系数比高分子材料本身低得多,少量短切纤维大幅度提高耐磨性,耐腐蚀性及工艺性能也都较好,耐辐射性、蠕变性能高以及特殊的光、电、磁等性能。金属基复合材料具有高韧性和抗热冲击性能,玻璃纤维增强塑料电绝缘性优良,不受电磁作用,不反射无线电波。

3. 复合材料在飞机上的应用

复合材料按基体材料类型可分为聚合物基、金属基、陶瓷基和碳/碳复合材料几大类型。聚合物基复合材料从 20 世纪 50 年代末即用于航空航天部门,并在 20 世纪 70 年代后期迅速发展成为继铝、钢和铁之后的又一类结构材料。与此同时,还开发了许多具有重要功能的聚合物基复合材料(polymer matrix composite, PMC),成为航空航天部门不可代替的功能材料。可以认为,复合材料在飞行器的用量及其性能水平已成为飞行器先进性的重要标志之一。欧洲空客公司和美国波音公司都在其新型飞机中开始大量采用复合材料。A380 飞机结构约 25% 由复合材料制造,其中 22% 由各种不同的树脂基复合材料制成,大部分是 Hexcel 公司和 Cytec 公司提供的碳纤维增强环氧树脂(carbon fiber reinforced polymer, CFRP)。其中,减速板、垂直和水平稳定器(用作油箱)、方向舵、升降舵、副翼、襟翼扰流板、起落架舱门、整流罩、垂尾翼盒、方向舵、升降舵、上层客舱地板梁、后密封隔框、后压力舱、后机身、水平尾翼和副翼均采用 CFRP 制造。在主结构方面,主要采用的是高强中模量和 T800H 级以上的碳纤维/高性能增韧 PMC 体系。到 20 世纪 90 年代,波音 777 上的复合材料重量已占到 20%,其中水平尾翼就是一个大型的复合材料构件。波音最大胆的尝试是号称"梦幻飞机"的波音 787,复合材料用量占结构重量的 50%,机身、机翼等主承力构件都采用复合材料。目前树脂基复合材料工艺比较成熟,在航空发动机冷端部件,主要是在发动机的外涵机匣、静子叶片、转子叶片、包容机匣以及发动机短舱、反推力装置等部件上已经得到大量应用。

飞机飞行性能的提高,极大程度上是靠发动机性能的改善来实现。提高发动机的推重比和平均级压比,降低油耗是军用航空发动机发展的主要方向;而提高发动机的总增压比、涵道比和降低油耗则是民用发动机的发展方向。增加航空发动机的涡轮进口温度和降低结构质量是提高推重比和降低油耗的主要途径。陶瓷基复合材料的密度仅为高温合金的1/4~1/3,最高使用温度为1 650℃,其耐高温和低密度特性是金属和金属间化合物无法比拟的。因此,世界各国一直把陶瓷基复合材料(ceramic matrix composite, CMC)列为新一代航空发动机材料的发展重点,并投入巨资进行研究。

碳/碳复合材料(C/C)作为防热结构材料,早在20世纪70年代末80年代初已成功用于航天飞机的鼻锥帽和机翼前缘。由于发展了有限寿命的防氧化技术,使碳/碳复合材料能够在1 650℃保持足够的强度和刚度,以抵抗鼻锥帽和机翼前缘所承受的起飞载荷和再入大气的高温度梯度,满足了航天飞机多次往返飞行的需求。对于上述瞬时或有限寿命使用的碳/碳复合材料,其服役温度可达到3 000℃左右。碳/碳复合材料在航空领域应用的最成功范例是作为摩擦材料用于飞机刹车盘。碳/碳刹车片具有低密度、耐高温、寿命长和良好的摩擦性能。使用碳/碳盘后可以大大减轻飞机质量,如B-1轰炸机采用碳/碳盘后,刹车盘质量由1 406 kg降至725 kg;空中客车A310减重499 kg;A300-600减重590 kg;A330及A340各减重998 kg。碳/碳刹车盘具有合适的摩擦系数和很好的耐磨性,不仅提高了刹车的可靠性而且大幅度提高了使用寿命。钢刹车盘一个周期仅可300次着陆,而碳/碳盘可以达到1 500~2 000个起落,寿命提高5~6倍。

3.2 航空材料的腐蚀特性

了解材料的腐蚀特性、合理选择材料并控制材料的腐蚀是控制飞机腐蚀的关键。

长期跟踪和统计分析结果表明,材料在飞机使用环境中呈现出不同腐蚀类型,见表3.4。其中,以结构钢的均匀腐蚀、铝合金蒙皮的点蚀和漆膜下的丝状腐蚀、铝合金型材及中厚板的晶间腐蚀和剥蚀、结构异种金属腐蚀和缝隙腐蚀、铸造铝合金的应力腐蚀、超硬铝合金和超高强度钢的应力腐蚀与腐蚀疲劳断裂比较普遍。

表3.4 材料在飞机使用环境中的腐蚀类型

材料	腐蚀类型	腐蚀产物外观
铝合金	表面点蚀、晶间腐蚀和剥蚀、应力腐蚀、腐蚀疲劳。硬铝一般先发生点蚀,逐渐发展成晶间腐蚀、剥蚀。7A04合金易产生应力腐蚀裂纹	白色斑点,发展后表面起泡,出现白色或灰色粉末,严重者出现层状剥离
钛合金	耐腐蚀性能好,长期或重复与氯化物溶液接触会使钛金属结构性能下降,磨蚀、镉脆	白色或灰色粉末
合金结构钢	表面氧化或点蚀、均匀腐蚀、应力腐蚀、氢脆、腐蚀疲劳。合金钢强度越高,耐蚀性能越差,对应力腐蚀的敏感性越大	表面发暗或呈暗灰色,发展为红褐色或黄褐色锈层,重者出现斑状蚀坑、腐蚀裂纹

续 表

材 料	腐 蚀 类 型	腐蚀产物外观
不锈钢	点蚀(奥氏体不锈钢比马氏体不锈钢耐腐蚀性能好)、晶间腐蚀(由于热处理不当)、缝隙腐蚀、高强度不锈钢应力腐蚀、氢脆、腐蚀疲劳	表面粗糙证明已被腐蚀,有时为红色、棕色或黑色锈蚀
铜合金	表面腐蚀、晶间腐蚀、应力腐蚀,黄铜有脱锌腐蚀、腐蚀性破裂(季裂)现象	腐蚀产物呈绿色,也有的呈橘红色或黑色。铝青铜可呈白色、暗绿及黑色薄膜,严重时呈斑点状或层状凸起
镁合金	对点蚀和常见腐蚀敏感	白色粉状、雪花状粉末,表面有白色斑点
镉、锌（钢的保护层）	耐腐蚀性能好,若发生了腐蚀,腐蚀产物能保护钢免受腐蚀,与铝合金、结构钢有较好的相容性	白色、深棕色、黑色斑点或白色粉末,底材会出现红色锈斑
铬(钢的耐磨镀层)	在氯化物环境中会产生点蚀	底材会出现锈斑
复合材料	雨蚀、紫外线引起退化、生物腐蚀	—
漆层及其他非金属材料	老化、生物腐蚀、溶胀、分解、应力腐蚀	—

不同金属比较,一般来说,金属越活泼,电极电位越负,越容易失去电子溶入电解质溶液,因而也就容易被腐蚀。例如,镁合金电极电位最负,因而耐蚀性最差。

相同成分的合金材料,因其热处理状态不同,抗腐蚀能力会有较大差异。例如,Al-Cu-Mg(如2024铝合金)、Al-Zn-Mg(如7075铝合金)、Al-Mg系合金,当热处理不当时,会在晶界(或晶间)与晶粒之间形成微电池,使铝合金产生晶间腐蚀。

飞机结构件在制造过程中,若成型、机加工、焊接等工艺条件选择不当,往往会使合金材料产生不同类型的腐蚀倾向。这是因为构件在制造过程中,常常造成构件各部分的变形不均匀或应力分布的不均匀。一般说来,变形较大的部分,如板材弯折处、构件棱角及划伤处等,其电极电位较负,成为阳极,易被腐蚀。另外,刚喷丸出来的构件表面,由于表面能较高,也常常会发生腐蚀。还有,构件表面由于受热不均匀、温度差异等,也会引起合金构件不同部位之间的电位差,产生电化学腐蚀。

3.2.1　铝合金的腐蚀特性

铝合金的比强度和比刚度高,塑性好,易于成形,是飞机的主要结构材料。常用的铝合金包括2A12、2A14、2024、2124、2214、2219、2524、2197、5A03、6A02、7A04、7A09、7050、7150、7055、7075、7175和7475等。其中,2124和7050等20世纪80年代研制的新型高纯铝合金,已被F-22用作机体内部的框架、加强肋、腹板、接头件及部分蒙皮。2524、7150和7055也被成功应用于波音777、A340和C-17等新型飞机。铝合金在飞机各部位的典型应用情况见表3.5。

表 3.5　铝合金在飞机各部位的典型应用

应用部位	应用的铝合金
机身蒙皮	2024-T3,7075-T6,7475-T6
机身桁条	7075-T6,7075-T73,7475-T76,7150-T77
机身框架/隔框	2024-T3,7075-T6,7050-T6
机翼上蒙皮	7075-T6,7150-T6,7055-T77
机翼上桁条	7075-T6,7150-T6,7055-T77,7150-T77
机翼下蒙皮	2024-T3,7475-T73
机翼下桁条	2024-T3,7075-T6,2224-T39
机翼下壁板	2024-T3,7075-T6,7175-T73
翼肋和翼梁	2024-T3,7010-T76,7150-T77
尾翼	2024-T3,7075-T6,7050-T76

飞机结构常用铝合金在一般大气中耐蚀性较好,但在潮湿大气中耐蚀性能下降。包铝铝合金在潮湿大气中 Al_2O_3 保护膜发生水化作用,变成水化氧化物,保护作用下降,因此耐蚀性能下降。在工业大气中由于保护膜的破坏,耐蚀性也会下降。

1. 铝合金的腐蚀类型

铝及铝合金的主要腐蚀形态有点蚀、晶间腐蚀、剥蚀、应力腐蚀开裂等。

1) 点蚀

点蚀是铝合金最常见的腐蚀形态之一。在大气中、弱酸性溶液和盐溶液中易发生点蚀。在水中点蚀比在大气中严重,在工业大气中和海洋大气中比乡村大气严重。一般来说,铝合金在大气中产生点蚀的情况随不同大气的特点而异,在水中产生的点蚀较严重,甚至导致穿孔。燃油箱中的微生物腐蚀也呈现点腐蚀形态。硬铝合金等耐点蚀能力较差,对这种铝合金通常在表面包覆纯铝和进行阳极氧化处理等,以提高抗蚀性能。Al-Mn、Al-Mg 等防锈铝合金耐点蚀性能较好。

2) 晶间腐蚀

Al-Cu-Mg、Al-Zn-Mg 等铝合金产生晶间腐蚀倾向最大。铝合金的晶间腐蚀不易检查,但它严重破坏了晶粒和晶界之间的结合力,降低了力学性能,一经受力很容易断裂,甚至造成严重事故。所以,晶间腐蚀是飞机结构危险性较大的破坏形式之一。

铝合金的晶间腐蚀与热处理工艺密切相关。当自然时效时,晶间腐蚀趋向较低;人工时效时,晶间腐蚀趋向很大;但是,当过时效时[时效温度过高,例如 200℃ 左右,或在较高温度下(例如 150℃)时效时间过长而不能得到最高强度和硬度的时效,称为过时效],晶间腐蚀趋向又减小下来。例如,7075 铝合金的 T76 状态就耐晶间腐蚀。Al-Mn、Al-Mg 等防锈铝合金一般不产生晶间腐蚀。具有晶间腐蚀趋向的铝合金在工业大气和海洋大气中都可能产生晶间腐蚀。

a. 晶间腐蚀机理

铝合金晶间腐蚀的成因是析出相引起晶界与相邻晶粒之间产生了电位差,析出相可能是阳极,也可能是阴极。例如,Al-Cu-Mg 合金经时效处理后出现析出相 S 相

($CuMgAl_2$)、θ相($CuAl_2$),紧靠析出相的周围是含铜较低的铝,电位较负,晶粒内部含铜较高,与析出相一样电位较正,构成阴极区。若阴极呈连续链形分布,则阳极就构成了腐蚀通道,使晶间腐蚀很敏感。

b. 热处理对晶间腐蚀的影响

a)淬火温度

淬火温度是指淬火加热时的温度。温度高,固溶合金元素多,有利于提高铝合金的强度,但要防止材料过烧(淬火温度过高),过烧会造成内部组织的更大差异,增加晶间腐蚀的敏感性。例如,硬铝 LY12 在 507℃淬火出现轻微的过烧组织,若在 513℃淬火则出现严重的过烧,晶间腐蚀倾向明显提高。

b)淬火转移时间

淬火转移时间是指材料从淬火加热中取出到转移到淬火剂中的间隔时间。铝合金淬火转移时间要求很严格,转移时间太长,实际淬火温度低了,造成固溶体分解析出,这不仅降低了时效强度,同时也使固溶体在晶界上发生局部脱溶,提高了晶间腐蚀的敏感性。

c)材料的断面尺寸

实践证明,即使转移时间小于 5 s,但如果材料断面较大(如直径大于 30 mm 的棒材)仍不可避免有晶间腐蚀的倾向,且随断面尺寸增大,晶间腐蚀的倾向更为明显。

d)淬火剂及其温度

铝合金的淬火剂主要是水,有些铝材为防止淬裂或变形也有使用油或热水淬火的。如果冷却速度不足以保证生成单相过饱和固溶体,并在晶界处优先析出强化相,其结果必将导致晶间腐蚀,降低材料的抗蚀性。一般认为,淬火温度低于 35℃,可以避免晶间腐蚀的发生,而高于 40℃,晶间腐蚀难以避免。

3)应力腐蚀

应力腐蚀开裂是一种潜在的、最危险的腐蚀形式。除纯 Al、Al-Mn、Al-Mg(<3% Mg)和 Al-Mg-Si 合金外,其余铝合金都有不同程度的应力腐蚀敏感性,尤以中强铝和高强铝最为严重。Al-Cu-Mg 硬铝合金,特别是 Al-Zn-Mg 和 Al-Zn-Mg-Cu 等超硬铝合金,容易产生应力腐蚀开裂。一般说来,温度和湿度越高,氯离子浓度越大,pH 越低,铝合金的应力腐蚀开裂敏感性越大。由于 7178-T6 和 7079-T6 超硬铝合金对应力腐蚀开裂特别敏感,波音飞机公司在波音 757、767 以及以后的机型设计中,不再采用这种超硬铝合金。

影响铝合金应力腐蚀的主要因素有以下几点。

a. 腐蚀性介质

氯离子的存在是导致铝合金应力腐蚀的主要因素之一,浓度越高应力腐蚀倾向越大。

b. 合金元素

如前所述,除纯 Al、Al-Mn、Al-Mg(<3% Mg)和 Al-Mg-Si 合金一般不发生应力腐蚀。但当合金元素含量较高、成分较复杂时,应力腐蚀的敏感性增加。如 Al-Mg 合金,当镁含量>5%时,应力腐蚀敏感性明显增加,其原因是 Mg_2Al_3 相在晶界上沉淀的结果。相反,添加一些过渡元素,如 Mn、Cr、Ti、Zr、V 等又能减轻应力腐蚀开裂的敏感性,其中以 Cr 和 Zr 的效果最佳。

c. 热处理工艺

热处理是影响合金应力腐蚀性能的重要因素,因为合金的相组成、析出质点的大小、分布、密度以及内应力大小都与其有关。一般固溶状态下,铝合金有较高的抗应力腐蚀性能,但在随后的时效过程中,强度增大,应力腐蚀的敏感性也增大,强度达到峰值时,抗应力腐蚀能力跌入低谷,进入过时效阶段后,强度下滑,抗蚀性能又开始回升,如图 3.8 所示。

为了解决上述问题,目前广泛采用双级时效制度,以牺牲 10%~15% 的强度来提高抗应力腐蚀性能。这种双时效制度(如T73)的工艺特点是:先在较低温度下进行短时间的一级人工时效,使其成核,而后在较高温度下以较长时间进行二级人工时效,使核长大,形成间距较大的亚稳定相,来提高铝合金的抗应力腐蚀性能。

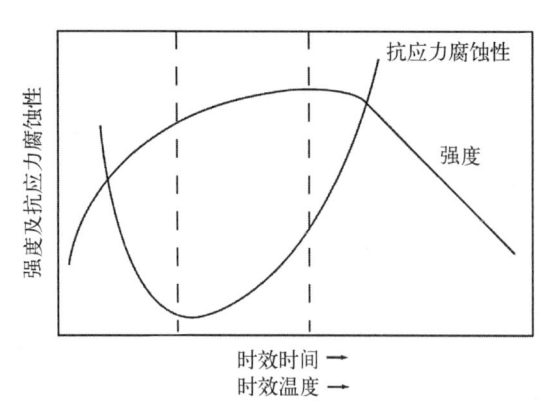

图 3.8 铝合金沉淀硬化过程与抗应力腐蚀性的关系

对应力腐蚀的控制措施有:

(1) 尽量减少与腐蚀性介质,尤其含有 Cl⁻ 腐蚀性介质的接触;
(2) 消除冷、热加工工艺中产生的张应力;
(3) 采用高温过时效或双级时效处理工艺;
(4) 采用喷丸处理;
(5) 加入某些合金元素,如 Mn、Cr、Cu、Mo、V、Zr 等。

4) 剥蚀

在飞机结构中,Al-Cu-Mg 合金产生剥蚀的情况最多,Al-Mg 系、Al-Mg-Si 系和 Al-Zn-Mg 系合金也有发生。剥蚀多见于挤压型材和锻件。剥蚀的特点是沿着平行于金属表面的晶间横向扩展,使金属出现各种形式的层状分离。

2. 常见铝合金材料的腐蚀特性

1) 防锈铝合金

防锈铝合金包括不能热处理强化的 Al-Mg 系 5A02、5A03、5A06、5B05 合金和 Al-Mn 系 3A21 合金以及可热处理强化的 Al-Zn-Mg-Cu 系 7A33 合金。

Al-Mg 系和 Al-Mn 系防锈铝合金具有优良的耐蚀性,通常在退火和冷作硬化状态下使用,适用于要求抗腐蚀及受力不大的零件,在高温和应力状态下长期工作时具有应力腐蚀和腐蚀疲劳倾向。可热处理强化的 Al-Zn-Mg-Cu 系 7A33 合金,其强度在防锈铝合金中最高,具优良的耐海水腐蚀性能、良好的断裂韧度、低缺口敏感性和良好的工艺成形性能。

(1) 3A21 退火状态下,耐腐蚀性能很高,无应力腐蚀倾向,冷作硬化会产生剥蚀倾向。

(2) 5A02 具有高的腐蚀稳定性,冷作硬化不降低其耐蚀性。

(3) 5A03 为两相合金,具有良好的耐腐蚀性能,无晶间腐蚀倾向。

(4) 5A05、5B05 含镁量较高,其耐蚀性与第二相 Mg_2Al_3 的分布状态密切相关。当 Mg_2Al_3 在晶界连续分布,合金具有晶间腐蚀和应力腐蚀倾向。采用适当的退火制度,使 Mg_2Al_3 在晶界内均匀而非连续分布时,其耐蚀性能显著提高。

(5) 5A06 在退火状态具有良好的耐蚀性,冷作硬化导致剥蚀和抗应力腐蚀性能下降。

(6) 7A33 是专门为水上飞机研制的 Al-Zn-Mg-Cu 系可热处理强化耐腐蚀高强度结构铝合金,具有高的抗海洋大气腐蚀性能,无晶间腐蚀、剥蚀和应力腐蚀倾向。

2) 硬铝合金

硬铝合金属于可热处理强化合金,主要包括 Al-Cu-Mg 系的中强 2A11、高强 2A12、2024、2124、2324 和 2524,铆钉用 2A01、2A10 和耐热 2A02 及 Al-Cu-Mn 系的 2A16、2219。硬铝合金的缺点是耐腐蚀性能差,为提高其耐腐蚀性能,对板材常采用包铝进行防护。在 2024 系中,目前最新、性能最好的是 2524,其韧性和抗疲劳性能均较 2024 有重大改进,主要用作蒙皮材料,已成功应用于波音 777、A340、C-17 和 F-35 飞机。

(1) 2A01 在 T4 状态下使用,用于制造中等强度和工作温度不超过 100℃ 的结构用铆钉。其耐蚀性不高,加热超过 100℃ 会产生晶间腐蚀倾向,铆钉应经硫酸阳极化+重铬酸钾填充处理。

(2) 2A10 用于制造高强度铆钉,在淬火+时效状态下无晶间腐蚀倾向。

(3) 2A02 耐热合金,淬火+人工时效后具有较高的强度和塑性,170℃ 人工时效时,有剥蚀倾向。

(4) 2A11,淬火+自然时效后具有较高强度和塑性,相应的美国材料为 2017;2A11-T4 包铝板材具有良好的腐蚀稳定性,不包铝零件的耐腐蚀性能不高。

(5) 2A12 是目前应用最广泛的硬铝合金,淬火+自然时效(T4)或人工时效(T6)后具有较高的强度,相应的美国材料为 2024。该合金具有良好的成形和机加工性能,是飞机结构使用最广泛的铝合金,其耐腐蚀性能差,对应力腐蚀、晶间腐蚀和剥蚀都比较敏感,在腐蚀性环境中应使用包铝的板材和采用适当的防护层。

(6) 2124 铝合金是在 2024 基础上降低铁、硅杂质并采用特殊工艺发展起来的,其耐蚀性与热处理状态有关。T351 状态有晶间腐蚀、剥蚀和应力腐蚀倾向,T851 状态无晶间腐蚀和剥蚀倾向,且耐应力腐蚀性能好。

(7) 2524 合金是在 2024 基础上发展的可热处理强化 Al-Cu 合金,与 2××× 系的其他合金板材相比,具有高的韧性、高的抗疲劳裂纹生长性能。在保证强度及其他性能与 2024-T3 相当的情况下,疲劳性能提高 10%,断裂韧度提高 20%,并在航空航天材料规范(Aerospace Material Specifications, AMS)中规定了材料的疲劳裂纹扩展速率,使其成为一种真正的损伤容限合金,已应用于波音 777、A340、C-17 和 F-35 等飞机。

(8) 2A16,耐腐蚀性能比 2A12 差。2A16 合金薄板及小型材在 165℃ 人工时效后有严重的晶间腐蚀和应力腐蚀倾向。

3) 超硬铝合金

超硬铝属于可热处理强化合金,主要包括 Al-Cu-Mg-Zn 系的 7A04 和 7A09、7049、

7050、7055、7075、7150、7175、7178、7475等,是强度最高的铝合金,主要用于飞机的重要受力构件。这类合金的耐蚀性能较差,对应力腐蚀敏感,通常采用包铝层进行防护。淬火自然时效有十分严重的应力腐蚀倾向;淬火完全人工时效状态,合金的应力腐蚀敏感性和缺口敏感性较高,塑性较低;过时效状态则具有良好的抗应力腐蚀性能。7475是7075系中损伤容限性能最好的铝合金。7050用锆代替铬来控制再结晶,合金的淬透性好,可用于大规格厚截面半成品。7055是目前铝合金中合金化程度最高、强度也最高的铝合金,近期研究成功的T77热处理工艺,使其在高强度下仍能保持较高的断裂韧度和良好的耐应力腐蚀性能。7150 - T77、7055 - T77已成功应用于波音777、A340、C - 17和F - 35的主结构。

(1) 7A04强度高于2A12,合金的塑性较低,应力集中敏感性强,广泛用于飞机结构的主要受力件。该合金的耐蚀性较差,自然时效状态下的腐蚀稳定性不合格,淬火+双级时效会使抗应力腐蚀性能明显提高。

(2) 7A09对应于美国的7075,是强度最高的铝合金之一。该合金的化学成分比7A04合理,综合性能好,提高了抗应力腐蚀性能,是飞机主要受力构件设计的优选材料。7A09 - T73过时效状态具有优异的耐应力腐蚀性能和较高的断裂韧度,T76状态抗剥蚀性能好,T74状态同时具有高强度和高抗应力腐蚀性能。

(3) 7475是在7075基础上研制的,它提高了纯度,严格限制了铁、硅杂质的含量,调整了成分。7475的强度和抗腐蚀性能与7075相同状态的相当,而断裂韧度远远高于强度与之相当的现有合金,主要用于高强度、中等疲劳强度和高断裂韧度的结构件,如蒙皮、隔框等。

(4) 7050铝合金是美国海军和空军资助下,为提高厚壁零件的强度和抗应力腐蚀性能研制的新型高强度、高断裂韧度、高疲劳强度和高耐应力腐蚀等优良综合性能的Al - Zn - Mg - Cu - Zr铝合金。合金的耐一般腐蚀性能稍次于7075合金,具有良好的耐剥蚀和耐应力腐蚀性能,主要用于要求高强度、高应力腐蚀和剥蚀抗力及良好断裂韧度的主承力飞机结构件,如机身框、隔板、机翼壁板、翼梁、翼肋、起落架支撑零件和铆钉等。

(5) 7055是Al - Zn - Mg - Cu - Zr合金,强度比7150高,主要提供厚板和挤压制品。T77状态的抗剥蚀性能与其他7000 - T76合金相当。

(6) 7150是7050的第二代,强度比7050高。7150 - T77是美国Alcoa公司研制的第一个在满足腐蚀性能、韧性的同时不牺牲强度的合金,即保证断裂韧度和耐蚀性的同时,具有高强度,其抗剥蚀性能和抗应力腐蚀性能与其他7000 - T76合金相当,被认为是抗应力腐蚀的合金。

(7) 7175合金是一种高纯、高强Al - Zn - Mg - Mn - Cu合金。7175 - T66疲劳、断裂和应力腐蚀性能与7075 - T6相当。

4) 锻造铝合金

锻造铝合金包括3个系列。

(1) Al - Mg - Si系,主要包括6A02铝合金,具有很好的耐蚀性和塑性、高的疲劳强度和良好的焊接性能,是可热处理强化合金中耐腐蚀性能最好的一种结构材料,无应力腐蚀倾向。

(2) Al-Cu-Mg-Si 系，主要包括 2A50、2B50、2A14，这种合金由于铜含量增加，使合金的强度增加而耐蚀性降低，有晶间腐蚀、剥蚀和应力腐蚀倾向。

(3) Al-Cu-Mg-Fe-Ni 系，主要包括 2A70、2A80 和 2A90，属耐热铝合金，有应力腐蚀倾向，一般采用阳极化+重铬酸钾填充进行防护。

5) Al-Li 合金及其他新型铝合金

Al-Li 合金具有密度低、比强度和比刚度高等优点，同时具有良好的耐蚀性，综合性能明显优于传统的高强度铝合金，用于轻型飞机。研究较多的 Al-Li 合金包括 8090、2090、2091 等。

在铝及铝合金中添加钪(Sc)，可以全面提高合金的强度、韧性、耐热性、耐蚀性和可焊性，甚至还有改善铝合金抗中子辐射损伤的能力。钪已成为全面提高铝合金性能、发展高性能新型铝合金的重要合金元素，Al-Sc 合金也成了新一代铝合金的发展基础。

3.2.2 钛合金的腐蚀特性

钛及钛合金的特点是比强度高、中温性能好、耐腐蚀，在飞机结构中得到了广泛的应用。

钛及钛合金与氧有很高的亲和力，很容易与氧、氮结合生成一层致密、牢固的由氧化物和氮化物组成的保护膜，保护膜的稳定性远高于铝和不锈钢的氧化膜。保护膜因机械损伤遭到破坏时，能很快恢复，具有很高的"自愈"力。所以，钛及钛合金在很多高活性介质中都具有较高的耐腐蚀能力。钛及钛合金在含氯化物的介质中具有很高的耐蚀性，超过了铬镍不锈钢，在潮湿工业大气、海洋大气中的耐蚀性也都很高。钛合金在高温下仍具有良好的耐腐性能。

钛合金有以下腐蚀特征。

1. 电偶腐蚀

钛合金电位较高，它与镁合金、铝合金接触均易使它们产生电偶腐蚀。因此，当钛合金与它们接触时，必须采取绝缘隔离措施。

2. 缝隙腐蚀

钛的缝隙腐蚀主要发生在高温卤素离子溶液、湿氯气和含有氯气的工业大气中。

3. 应力腐蚀

钛合金，特别是高强度钛合金，在氯化物水溶液、热盐、氧化物的甲醇溶液、盐酸、红烟硝酸、N_2O_4 等介质中有应力腐蚀开裂倾向。

钛合金在氯化物溶液中的应力腐蚀开裂倾向随合金中铝含量的增加而增加，这与合金中脆性相 Ti_3Al 的出现有关。合金中氧含量增加同样会增加应力腐蚀敏感性。

4. 氢脆和镉脆

钛合金被加热到 600℃ 以上时，极易吸收氢、氧等气体而变脆。所以，热加工工艺过程只能在真空或保护性气体(惰性气体)中进行。钛合金在室温下与酸性物质接触，或在 550℉ 以上温度下处在水汽、滑油或其他含氢物质中，也会使氢进入钛合金，引起氢脆。因此，在飞机使用和维护过程中，避免它与滑油、液压油等物质接触。此外，钛合金在 270℉ 以上温度下，与液压油、润滑油接触，还会破坏钛合金表面的保护膜，使它产生腐蚀。钛的表面状态对吸氢有很大影响,阳极氧化或热氧化表面最易吸氢,酸洗或退火状态的表面次之,机械磨光、喷砂处理的表面最差。完整的氧化膜是阻挡吸氢的有效屏障,而处于活性溶解状态的钛表面最易吸氢。另外,钛与镉接触也会产生开裂现象。

3.2.3 合金结构钢的腐蚀特性

与碳钢相比,加入合金元素的合金钢耐蚀性能显著提高。加入铬可提高耐大气、CO_2、H_2S 的腐蚀能力;加入镍可提高钢对酸、碱和海水的抗蚀能力,还可提高耐腐蚀疲劳性能;加入铜可提高耐大气腐蚀能力;加入硅可提高钢的耐应力腐蚀的能力。

高强度优质合金结构钢在潮湿工业大气、海洋大气等环境中,抗腐蚀性能比碳钢有所提高。但是,在没有保护措施的情况下,仍具有碳钢的各种腐蚀倾向,应特别注意的是高强度钢的应力腐蚀和氢脆敏感性。通常钢的强度水平不同,对应力腐蚀和氢脆的敏感性不同。高强度钢的热处理强度愈高,应力腐蚀和氢脆敏感性愈大,控制钢的强度水平已成为防止钢发生应力腐蚀的重要手段。高强度合金钢拉伸强度在 1 176 MPa 以下时,对应力腐蚀和氢脆的敏感性不大,但当热处理到 1 373 MPa 以上时,对应力腐蚀和氢脆敏感性明显提高。因此,合理选择热处理状态,控制拉伸强度是非常必要的。

飞机结构常用的高强度合金钢有以下几种。

(1) 30CrMnSiA 是飞机制造业使用最广的一种调质钢,淬火高温回火状态下有较高的强度和足够的韧性。该钢淬透性不高,有回火脆性,脱碳倾向较大,横向性能较差,焊接性能中等。

(2) 18Mn2CrMoBA(GC-11)是低合金高强度贝氏体钢,有很高的淬透性,空淬回火后具有与 30CrMnSiA 相当的综合力学性能、良好的冲压和焊接性能,焊接裂纹倾向小。

(3) 40CrNiMoA 有很好的淬透性,调质状态下有良好的强韧性、较高的疲劳强度和低的缺口敏感性,无明显的回火脆性。相近的 4340 钢在超高强度状态下的力学性能、抗应力腐蚀性能和抗氢脆性能低。

(4) 30CrMnSiNi2A 是低合金超高强度钢,淬透性较高,热处理可获得高的强度、塑性和韧性、良好的抗疲劳性能和断裂韧度,低的疲劳裂纹扩展速率,主要用于高强度连接件和轴类零件等重要受力结构件。

(5) 40CrMnSiMoVA(GC-4)为无镍低合金超高强度钢,具有良好的工艺性能和综合力学性能,淬火低温回火后有高的强度和良好的疲劳断裂性能,对缺口和氢脆有较高的敏感性。

(6) AF1410 和改性 AF1410 钢。AF1410 具有优异的抗应力腐蚀和氢脆性能、断裂韧性和低的裂纹扩展速率等优点。其耐蚀性与高强度马氏体时效钢相近,不应在没有防护的状态下使用。改性 AF1410 钢强度比 AF1410 高,但抗应力腐蚀性能不如 AF1410。

(7) AerMet100 和 AerMet310 钢。AerMet100 的强度比 AF1410 强度高,同时具有优异的断裂韧性和高的抗应力腐蚀开裂性能。AerMet100 没有考虑耐蚀问题,因而 AerMet100 零件应采用耐蚀涂层进行防护。AerMet310 钢是美国 Carpenter 公司在 AerMet100 基础上推出的一种强度更高、耐蚀性更好的合金结构钢。

3.2.4 不锈钢的腐蚀特性

不锈钢是指能抵抗大气腐蚀或酸、碱等化学介质腐蚀的合金钢。不锈钢具有较好的抗腐蚀性能，主要是因为这种钢中含有铬。铬在氧化性介质中能形成致密的氧化膜（Cr_2O_3），保护钢的表面不被外界介质进一步氧化和腐蚀；另一方面，当含铬量达到12%时，钢的电位跃增，从而有效地提高了钢的抗电化腐蚀性能。

根据金相组织的不同，可把不锈钢分为铁素体不锈钢、马氏体不锈钢和奥氏体不锈钢三类。铁素体不锈钢含碳量低、强度低，飞机上很少应用。马氏体不锈钢的耐蚀性能最差，而奥氏体不锈钢具有良好的耐蚀性，因而飞机结构中采用的大多都是奥氏体不锈钢。奥氏体不锈钢具有一定的强度、较高的冷热加工成形性和优良的焊接性能、抗高温氧化性能及优秀的耐腐蚀性能，抗应力腐蚀性能也优于其他类型的不锈钢，主要缺点是有晶间腐蚀倾向。航空工业中常用的奥氏体不锈钢有1Cr18Ni9、1Cr18Ni9Ti、0Cr18Ni10、00Cr18Ni10等18-8型（18Cr-8Ni）不锈钢，后两种钢的工艺性和耐均匀腐蚀性能比1Cr18Ni9Ti好，且00Cr18Ni10不存在晶间腐蚀倾向。

1. 不锈钢的耐蚀性

（1）在一般大气环境中，含铬量达到13%以上的不锈钢可以自发钝化，在氧化性的酸或碱等化学介质中，含铬量必须达到17%以上才能钝化。而在强腐蚀性介质中，含铬量达到18%的不锈钢中还需加入提高合金钝化的元素，如Ni、Mo、Cu、Si等，或者继续增加铬的含量。

（2）在含有氯化物的溶液中，由于氯离子的侵蚀作用，在不锈钢钝化膜的薄弱区域有缺陷部位，在硫化物夹杂或有晶界碳化物的地方最先被溶解，产生点蚀。

（3）不锈钢的表面上因多种原因可能形成小的微裂纹，或因异物黏附在表面形成狭缝，其结果因缝内缺氧成为活化区（阳极），缝外供氧充足成为钝化区（阴极），在电解质溶液存在的条件下，即可组成腐蚀"微电池"，使缝隙内表面遭到腐蚀，即形成缝隙腐蚀。

（4）对于含碳量大于0.03%的铬镍不锈钢，经固溶处理后碳过饱和地溶解在基体中，有从晶界析出碳化物（$Cr_{23}C_6$）的倾向，造成晶界贫铬区，在有电解质存在的条件下，产生晶界腐蚀。在500℃以下工作的奥氏体不锈钢因原子扩散能力小，不易发生晶界腐蚀，但在500~750℃温区内工作的零部件易发生晶间腐蚀。

（5）奥氏体不锈钢具有良好的塑性、冷变形性、焊接性和较小的缺口敏感性，但它在腐蚀介质和拉应力（包括残余应力）作用下易发生应力腐蚀开裂，这是继晶界腐蚀的又一缺点。

2. 不锈钢腐蚀的控制

1）奥氏体不锈钢晶界腐蚀的控制

使奥氏体不锈钢产生晶界腐蚀的因素很多，如含碳量、热处理温度和冷却速度、冷加工变形、焊接、使用温度范围、其他合金元素等。为了防止或减少奥氏体不锈钢的晶间腐蚀，通常采取下列措施。

（1）使含碳量降到0.03%以下，避免碳化物的析出，保持铬元素的正常含量，不出现贫铬区，因而也可以防止晶界腐蚀的发生。

（2）固溶处理。18-8型不锈钢在缓慢冷却过程中，会从奥氏体中析出$Cr_{23}C_6$，并有部分奥氏体向铁素体转变,至室温时将获得奥氏体、铁素体和铬的碳化物的混合组织,而非单相奥氏体组织,因而耐蚀性降低。为了提高其耐蚀性,生产上一般采取固溶处理的方法。固溶处理,即将钢加热到1 050~1 150℃,使所有碳化物全部溶于奥氏体,然后水淬快冷,使碳化物来不及析出,保持了铬的正常含量且得到的是单相奥氏体组织。固溶处理与一般碳钢及合金钢的淬火不同,它不能提高强度硬度,只能提高抗蚀性。

（3）稳定化处理。对于含有钛（Ti）、铌（Nb）的铬镍不锈钢,如1Cr18Ni9Ti、1Cr18Ni9Nb,经固溶处理后再进行一次稳定化处理,可基本消除晶间腐蚀倾向。稳定化处理,是指将加热温度控制在高于碳化铬($Cr_{23}C_6$)完全溶解的温度但低于碳化钛、碳化铌完全溶解的温度,使碳化铬全部溶解而碳化钛和碳化铌部分保留,然后缓慢冷却,使加热时被溶解的那部分碳化钛或碳化铌重新充分析出,碳几乎全部稳定在碳化钛或碳化铌中,抑制碳化铬析出,保证了铬的含量不降低,达到提高抗蚀性的目的。

（4）去应力处理。经冷加工变形或焊接的铬镍不锈钢会产生残余应力或热应力,这些应力在一定条件下会导致晶间腐蚀或应力腐蚀。消除冷加工残余应力,一般加热到300~350℃。消除焊接应力,一般加热到850℃以上,使$Cr_{23}C_6$全部溶解,使铬元素均匀化,消除贫铬区,达到消除晶间腐蚀的倾向。

2）奥氏体不锈钢应力腐蚀的控制

影响奥氏体不锈钢应力腐蚀的因素很多,如铁素体含量的高低、表面质量(如熔渣、氧化皮、污物、擦伤、划痕等)的优劣、表面处理的方法(机械抛光、电解抛光、手工研磨)等。

3.2.5 复合材料的腐蚀特性

复合材料的腐蚀类型包括环境介质的腐蚀、生物腐蚀、雨蚀及复合材料与其他飞机结构材料接触导致的电偶腐蚀。

1. 环境介质的腐蚀

包括树脂基体的腐蚀、增强材料的腐蚀、界面的腐蚀、应力腐蚀及腐蚀疲劳。

1）树脂基体的腐蚀

基体的腐蚀可分为物理腐蚀和化学腐蚀。物理腐蚀是腐蚀介质经扩散、渗透、吸附或经吸收而进入基体内部,导致聚合物性能的改变。化学腐蚀是指介质与基体发生化学反应,破坏其分子结构(如降解或生成新化合物等),从而改变了原来的性质。图3.9是树脂基体的腐蚀类型。

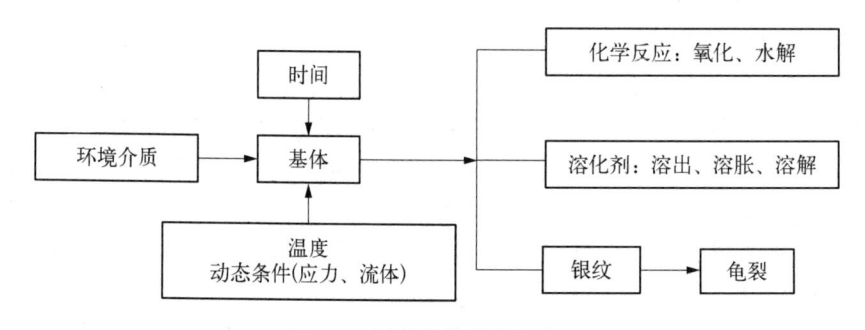

图3.9 树脂基体的腐蚀类型

2) 增强材料的腐蚀

尽管增强材料处于基体的包围之中未能与介质直接接触,但各种介质一旦沿界面或通过微裂纹、工艺过程中形成的气泡及应力作用下破坏而形成的串通通道浸入基体,就将与增强材料作用。对于无缺陷的复合材料表面,介质虽不能大量浸入,但对于水等一些有很强吸附、渗透和扩散能力的液体介质,仍能进入树脂层,使纤维与基体的黏接劣化,并增加微裂纹。

3) 界面的腐蚀

腐蚀介质通过各种渠道聚积在界面处,使树脂溶胀,并从界面析出可溶性物质,在局部地区形成浓度差,产生渗透压,同时介质与界面物质也发生化学反应,破坏其化学结构,使黏接劣化,纤维与树脂脱黏,导致脱黏破坏。

4) 应力腐蚀及腐蚀疲劳

腐蚀介质渗入基体表面的薄弱部位后,产生局部增塑作用,在应力作用下增塑部位局部取向,形成较多的银纹。当介质进一步浸入,使银纹末端应力集中处进一步增塑,银纹逐步发展、汇合终至开裂。在外载荷作用下,介质分子更易浸入基体,一些有表面活性物质的介质使材料开裂所需的能量降低,加速了应力腐蚀开裂。若作用应力是交变载荷时,所产生的这种加速腐蚀开裂称为腐蚀疲劳。

2. 生物腐蚀

生物腐蚀通常发生在油箱部位,对复合材料能造成危害的生物主要指细菌、真菌、霉菌等微生物。微生物在水/油交界面上繁殖,迅速成倍地在油箱中形成黏质物或缠结的滋生物。当油箱表面上大面积的保护涂层连续经受含微生物的缠结网和微生物的排泄物(草酸、乳酸等)的水浸泡时,保护涂层会最终破裂,产生腐蚀。

3. 雨蚀

飞机在雨中飞行时,其迎面受到雨滴的直接撞击,使得复合材料构件表面脱黏、破裂并受雨水浸蚀,形成蚀坑甚至使复合材料产生剥离。

雨蚀的程度与材料表面状况(如粗糙度、硬度、冲击强度等)及雨滴的作用方向有关。对前缘区,需要在两个15°角切点的前缘部位进行雨水浸蚀防护。对于翼面结构,当冲击角小于15°时,雨滴的运行方向与构件表面几乎平行,雨蚀作用极小,见图3.10。

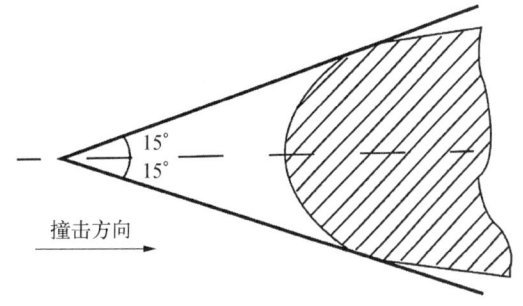

图 3.10 雨蚀作用范围

4. 复合材料与金属的电偶腐蚀

碳纤维复合材料在一般环境中呈现惰性,但碳纤维是导电的,因而显示出贵金属的特性,对飞机上用的各种金属材料几乎都起阴极作用,当它与各种材料相连接时会加速其他金属的腐蚀。

表3.6中给出了石墨-环氧复合材料与飞机上常用的一些金属材料偶合的平均电偶电流。一般认为,平均电偶电流密度 $I<5\ \mu A/cm^2$ 时,金属与复合材料相容,可以直接使

用;平均电偶电流密度 $I>15~\mu A/cm^2$ 时为不相容,不允许使用;当 $5~uA/cm^2 \leqslant I \leqslant 15~\mu A/cm^2$ 时,采取防护措施后可以使用。

表3.6 石墨-环氧复合材料与某些金属材料偶合的平均电偶电流(3.5% NaCl,22 ± 1℃)

材料	开路电位/mV	电偶电流/($\mu A/cm^2$)	材料	开路电位/mV	电偶电流/($\mu A/cm^2$)
4340	-534 ± 4	21.7	2024-T3	-652 ± 25	8.7
2020-T651	-724 ± 5	17.9	MA-87(72)	-862 ± 3	7.1
300M	-330 ± 5	17.2	Be-Cu	-225 ± 5	1.42
AF1419	-358 ± 30	15.7	PH17-7	-252 ± 23	1.05
7075-T6	-775 ± 5	12.5	AFC-77	-318 ± 70	1.03
4130	-537 ± 55	10.4	Inconel	-364 ± 100	0.435
2024-T6	-656 ± 12	10.3	Ti-6Al-2Sn-4Zr-2Mo	-359 ± 29	0.001
1020	-543 ± 15	9.9	Ti-6Al-4V	-343 ± 4	0.000

3.3 航空材料在飞机结构上的限用要求

3.3.1 金属材料在飞机结构上的限用要求

1. 金属材料选材原则

材料的选择应遵循适用性和可行性原则,合理选材可以减少飞机结构对各种类型腐蚀的敏感性,如应力腐蚀、氢脆、晶间腐蚀和剥蚀、异种金属腐蚀、点蚀和均匀腐蚀等。结构用金属材料的选择,除了考虑基本强度、弹性模量、疲劳和断裂性能外,设计者必须对其综合性能进行比较,并考虑可用性、经济性等因素,尤其重视材料的腐蚀特性。按腐蚀控制的要求,飞机结构用金属材料的选择要考虑下列原则。

(1)根据使用部位全面综合考虑材料的强度、疲劳性能、断裂韧度、耐腐蚀性、工艺性、经济性等,如材料的断裂韧度 K_{IC}、应力腐蚀开裂门槛值 K_{ISCC} 等。在满足必要的力学、工艺和结构要求的前提下,优先考虑其抗腐蚀特性,特别是抗应力腐蚀和氢脆性能。

(2)结构材料的选择要取得使用历史或足够的环境试验的支持,尽可能选用使用经验或试验证明具有良好的耐蚀性能的材料,避免选择对腐蚀敏感的热处理状态。

(3)应按最佳材料-环境体系选择合适的材料及其热处理状态。

(4)各种金属材料都应采取适当的防护措施,原则上不允许呈裸露状态使用。不同材料接触时,应尽可能选用相容的材料。

(5)机身外表面应采用包铝合金,否则应进行阳极化处理。易腐蚀部位和不易维护的部位应选择耐腐蚀性能好的合金。

(6)推荐选用钛合金,不推荐选用镁合金。

(7)要特别注意有关热处理规定和防腐要求,避免选择引起应力腐蚀和氢脆的表面加工。

(8) 除蜂窝芯外,结构材料的最小规格限制如下:不锈钢为0.3 mm,不锈钢液压导管为0.5 mm;非腐蚀环境中使用的铝合金为0.5 mm,内部或外部腐蚀环境中使用的铝合金为0.8 mm,铝合金液压导管为1.0 mm;钛和钛合金为0.3 mm,钛合金液压导管为0.2 mm;耐热合金为0.4 mm;金属结构管材为1.0 mm;碳纤维或硼纤维复合材料内、外蒙皮为0.6 mm。

2. 典型航空金属材料限用要求

1) 铝合金

(1) 结构设计中需要选用铝合金时,应尽可能选用对点蚀、剥蚀和应力腐蚀不敏感的合金和热处理方法。推荐抗剥蚀、抗应力腐蚀的铝合金及热处理方法如表3.7所示。

若采用上述规定以外的合金和热处理方法,则应按国家规定的试验方法或按 ASTM G44 和 ASTM G47 确定所选材料的应力腐蚀敏感程度。除非另有规定,高强度包铝铝合金不许熔焊。可以使用铝蜂窝夹层结构,但禁止使用有孔蜂窝芯。

(2) 7×××-T6 状态铝合金的使用厚度应不超过 6.35 mm。没有工程理由和采购方批准,不推荐采用 2020、7079 和 7178 铝合金,厚度大于 3.2 mm 的 T3 和 T4 状态 2××× 系铝合金以及厚度大于 2.0 mm 的 7075-T6 合金。

(3) 2014 铝合金厚度≥6.35 mm 时,不能用于易产生应力腐蚀的部位。

(4) 2024 铝合金厚度≥6.35 mm 时,不能用于产生应力腐蚀的部位。2024 铝合金不能熔焊或钎焊。2A12 工作温度或在工艺过程中加热温度超过 100℃ 时,建议采用人工时效而不采用自然时效。

(5) 2A16、2219 可在 250~350℃ 范围工作,可以熔焊但不能钎焊。

(6) 7050 可用于大型厚壁零件。

(7) 6061(6A02)可熔焊、电阻焊和浸沾钎焊。为避免成形、焊接或钎焊零件淬火畸变,可采用 T6× 状态。

(8) 高强度铝合金在某些状态对剥蚀敏感,其敏感性与制品品种及其规格有关。通常,耐应力腐蚀性能最差的铝合金及状态,其耐剥蚀性能也最差。耐应力腐蚀性能得到提高的热处理状态,其抗剥蚀性能也得到了改善,甚至不产生剥蚀。如 T76 状态的 7075、7049、7050 和 7475 具有非常高的耐剥蚀性能,7075-T73 几乎不产生剥蚀。

表3.7 推荐采用的抗剥蚀、抗应力腐蚀的铝合金及热处理方法

抗 剥 蚀		抗 应 力 腐 蚀	
合 金	热处理	合 金	热处理
2014	人工时效	2024	人工时效
2024	人工时效	2124	人工时效
2124	人工时效	2219	人工时效
2219	人工时效	7050	T73××
7049	T76××,T73××	7050	T74××
7050	T76××,T74××	7075	T73××

续 表

抗 剥 蚀		抗应力腐蚀	
合 金	热处理	合 金	热处理
7075	T76××,T74××	7175	T73××
7150	T77××	7175	T74××
7175	T76××,T74××	7475	T73××
2A12	人工时效	2A12	人工时效
2A16	人工时效	2A16	人工时效
2A14	人工时效	7A09	T74
7A09	T76	—	

（9）避免应力腐蚀开裂。最好的工程方法就是将结构件表面的短横向持续拉伸应力控制到最低水平。因此，要特别注意在零件设计、制造阶段，合理选择热处理、加工工艺和装配方法，避免最终的晶粒结构与持续的拉伸应力的不利结合。

（10）除设计要求表面进行机加、化铣或胶接以及采用工业纯铝（1×××系）、防锈铝（3×××系、5×××系）、锻造铝合金（6×××系）外，所有用于外部和处于腐蚀性环境的内部铝合金板材都应为双面包铝。

厚度 $\delta \leqslant 3.2$ mm 形成前缘、尾迹区或轮舱区，点焊或焊缝及粘接夹层结构面板的外蒙皮应采用包铝铝合金或具有固有抗腐蚀性能的铝合金。为了避免可热处理强化铝合金的局部硬化，在粘接前，铝合金板应处于人工时效状态。这里的外表面和蒙皮仅指外表面，但不排除仅在一侧使用包铝层，或在内表面去除包铝层。包铝铝合金、高强度铝合金不应进行熔焊。

（11）切削加工量的限制：对未消除应力的结构件，在最终热处理后每边表面去除的厚度最大不超过 3.81 mm，但 ASTM G47 试验证明经过最终时效后其短横向抗应力腐蚀性小于 173 MPa 的合金及机械法消除应力的零件除外。喷丸表面一般不进行切削加工，但为满足装配要求而进行切削加工时，其表面去除量不应超过 0.076 mm。

（12）结构锻件、机械加工板材和挤压件的所有关键表面，以及经最终机械加工和热处理后可达到的部位，必须进行彻底喷丸或采用其他适当手段使其表面处于压应力状态。

（13）高强度铝合金模锻件，应防止机械加工后出现流线末端外露。

2）钛合金

（1）钛合金对磨蚀有较高的敏感性，即钛合金之间或钛合金与其他金属界面之间产生磨蚀会使钛合金的疲劳寿命降低。对任何可能产生磨蚀的结构设计，都应进行试验，以确定磨蚀是否存在。在结构设计中，应尽可能采用使磨蚀减至最小的结果方案。

（2）钛合金不能镀镉和镀银，而且在制造和装配过程中，不允许用镀镉的工具、夹具、型架、定位器等。

（3）钛合金制件在高温时所形成的污染区和表层需要百分之百地进行机械加工、化学铣切或酸洗，以去除污染层。

（4）钛合金不应在温度高于 120℃ 时可能有某些液体溢出的部位使用，如磷酸酯类液压用液体。

(5) 钛合金,特别是高强度钛合金,在氯化物水溶液、热盐等介质中有应力腐蚀倾向。钛合金应避免与含氯的介质接触。

(6) 不推荐使用未经 β 热处理的 Ti-8Al-1Mo-1V 钛合金。

3) 合金结构钢

钢的选择应符合下列要求:

(1) 热处理后极限拉伸强度≥1 500 MPa 的零件,其材料应采用真空冶炼的优质钢材,并在详细设计要求中规定材料的使用范围;

(2) 选用碳钢和合金钢时,应优先选用淬透性好的材料,以使零件获得均匀的硬度;

(3) 选择钢材时,应使其热处理后能达到零件所需的强度并在使用温度范围内不产生回火脆性;

(4) 对于重要的零件,其高应力区的设计和加工应确保无脱碳现象,其他部位也应避免发生脱碳现象;在不可避免发生脱碳现象的部位,应通过适当降低设计疲劳强度来加以补偿;

(5) 应避免在淬火后强度≥1 200 MPa 的马氏体钢零件上进行机械加工钻孔;

(6) 抗拉强度 σ_b≥1 240 MPa 的所有低合金高强度钢零件(包括紧固件),应采用对合金/热处理组合无脆性化的热处理工艺;

(7) 可以通过适当的热处理、控制材料的强度水平来降低钢的应力腐蚀和氢脆敏感性;

(8) 抗拉强度 σ_b>1 517 MPa 的钢应采用非电化学方法提供金属镀层,但禁止镀 Zn 或 Cd;σ_b≤1 517 MPa 的钢可采用电化学方法提供镀层,但镀前应消除应力,镀后应除氢;

(9) 设计、制造、装配时,对于 σ_b>1 240 MPa 的合金钢零件,应将残余应力减至最小,以防产生应力腐蚀开裂;

(10) 在热处理过程中,应使零件的变形最小;

(11) 高强度钢件设计时增大转接半径,提高加工精度和表面粗糙度要求,以免应力集中导致应力腐蚀开裂;

(12) 不应使用 H-11、D6-AC、4340 和 300M 钢;

(13) 要求最大限度地使用高断裂韧度的材料。

4) 不锈钢

不锈钢的选择和应用应符合如下规定:

(1) 不应使用 431 和 19-9DL 钢,应慎用 Cr17Ni2 不锈钢;未稳定化处理的奥氏体不锈钢不应进行熔焊;

(2) 对于所有关键结构部件,不锈钢应避免使用自由加工表面;

(3) 所有不锈钢均应进行钝化处理;

(4) 未稳定化处理的奥氏体不锈钢可在 370℃ 以下使用,只有经稳定化处理的奥氏体不锈钢(320 和 347)可在 370℃ 以上使用等。

3.3.2 非金属材料在飞机结构上的限用要求

1. 非金属材料选材原则

非金属材料的腐蚀主要以物理、化学和生物作用引起的材料性能退化为主。某些塑料如甲基丙烯酸甲酯有机玻璃和苯乙烯也有应力腐蚀。某些非金属材料如石墨等与金属接触时,由于电偶作用,还会引起与之接触的其他金属材料产生腐蚀。因此,选择非金属材料时应考虑下列原则。

(1) 与其他类型材料接触时应具有相容性,非金属材料之间也应具有相容性。与金属材料接触时应不会引起金属材料的腐蚀或应力腐蚀。否则,应视其为金属,并按 GJB 1720 或 MIL-STD-89 的异种金属要求进行处理。非金属材料所逸出的气体不应引起金属及镀层腐蚀。

(2) 应考虑材料的吸水性和透水性对腐蚀的影响。

(3) 选择复合材料时必须考虑使用环境、系统要求以及结构和功能要求、使用寿命和可维修性等问题。

(4) 限制使用室温固化型胶接用胶黏剂。

(5) 选择有机材料,如飞机结构用的合成橡胶、塑料或其他有机材料时,应符合下列规定:

(a) 所有有机材料都应具有抗裂解和抗老化性能(包括在大气中抗水解、抗臭氧分解和其他化学分解副产物),并具有符合性能要求和相应规范的最小易燃性;

(b) 与其他类型的材料,特别是金属材料和其他有机材料相接触时,不应引起腐蚀和应力腐蚀,并应与那些材料完全相容;在正常工作条件下,有机材料分解出来的物质和其他产物,包括挥发物和浸出成分,不应对材料、构件和与之经常接触的人员有所伤害;

(c) 不应把多孔塑料和木材作为蒙皮增稳材料或结构中的夹芯材料,但是根据详细设计要求的规定可以用作雷达天线罩和类似的全塑料夹层零件的芯材;这些材料可用在不重要的和非结构件中,但要取得认可;

(d) 除可卸的内部装饰外,不得使用天然皮革;

(e) 胶囊和密封用胶应满足 MIL-S-8516 电连接器及电气系统用聚硫橡胶化学硫化密封剂、MIL-S-23586 加速器用硅橡胶绝缘封口胶、MIL-M-24041 聚氨基甲酸酯化学固化的模塑配料和罐材料、MIL-A-46148 敏感性金属和设备使用的抗腐蚀硅酮室温硫化密封胶黏剂或 MIL-181500 渗入还原耐久硅的电绝缘混合剂的要求;没有工程原因或采购方的许可,不应使用易水解的不稳定密封材料;使用聚酯和聚氨酯时,要求保证其水解稳定性;

(f) 用于飞机结构的黏结剂,包括金属面板或金属夹芯用的胶合剂应予以充分验证并经过订购方认可;

(g) 整体油箱密封材料应满足 MIL-S-802 整体油箱和燃油隔板舱用高黏度耐温密封剂、MIL-S-83430 断续使用温度可达 182℃(360℉)的整体油箱和燃油舱用密封剂以及 MIL-S-8784 可拆卸面板和燃油箱检修板用低黏度密封剂的要求;直接与燃油接触的

材料应能抗燃油腐蚀,并能防止漏油;

(h) 不应采用聚酯和聚氨酯制造的有机组件;

(i) 在预设的系统情况下使用时,所有合成橡胶构件应具有足够的抗老化能力、抗使用环境条件能力和抗流体作用能力。

2. 典型航空非金属材料限用要求

1) 复合材料结构限用要求

由于飞机的使用环境恶劣,在设计使用复合材料构件时,除满足一般的复合材料选材原则、设计原则外,还应着重考虑以下腐蚀防护要求。

(1) 所选材料应满足飞机结构的最低工作温度、长期工作温度、最高工作温度及结构后期可能达到的最大水分含量等结构环境要求。

(2) 为了防止与碳纤维复合材料零件或组件连接的较活泼金属的电偶腐蚀,可采用下列规则。

(a) 在选择与碳纤维复合材料相配合的金属材料时,应优先选用与之相容的钛合金、耐蚀钢或镍合金等,这些金属材料可直接与碳纤维复合材料装配,或选择其他同类金属(碳纤维复合材料和碳视为石墨),并在碳纤维复合材料接合面上采取下列措施之一:设计一层与复合材料共固化的玻璃纤维预浸料;设计采用 Tedlar 薄膜片;按 BAC－5736 涂两层 BMS10－111 Ⅰ型底漆。

(b) 碳纤维复合材料不能与一些金属直接装配。当必须选用时,需采取切实可行的防护措施。例如:

① 隔断电化学腐蚀回路,即不让复合材料与金属材料直接接触

● 对金属材料如铝合金进行阳极化、涂漆等防腐蚀处理;

● 在复合材料与金属的连接面事先贴一层玻璃纤维作为隔离层,此层可与复合材料共固化制得,且玻璃纤维层至少应大于金属接合面 102 mm(4 in),并用密封剂封边;

● 在金属与复合材料之间采用惰性材料制成垫片、胶带、套管,以形成断开电路的绝缘层,且选用的绝缘或密封材料不吸湿、不含有腐蚀性成分。

② 避免与腐蚀介质的接触

● 用密封剂将复合材料与金属接触的整个面积进行密封,不让其暴露在飞机的使用环境中;

● 紧固件用密封剂湿安装;

● 复合材料的切割边用密封剂密封,防止湿气和腐蚀介质沿加工面浸入,导致芯吸作用。

(3) 对复合材料构件的前缘区等容易受雨蚀的部位都必须进行雨蚀防护。如波音公司对石墨/环氧结构的整个前缘区采用 MIL－C－83231 底漆和雨蚀防护涂料。

(4) 对复合材料油箱,彻底排除油箱中的水,定期监测燃油供应系统、油箱积污槽(清理污物系统),对油及时过滤并除水,改进涂层系统和在燃油中加入防霉剂等,都可以防止微生物的形成,控制微生物腐蚀的发生。对长期处于无油状态的整体油箱,要用润滑油加以保护,一方面防止密封剂和涂层干裂,另一方面也为了防止干裂后为微生物穿透复合材料提供腐蚀途径。

（5）按防腐蚀要求选择装配紧固件。紧固件与板件之间、紧固件各部分之间（如螺栓、螺母、垫圈）都可能产生电偶腐蚀，所以应选用与复合材料电位接近的钛、钛合金等作为紧固件材料。在无法避免将两种电位不同的零件装在一起时（如高锁螺栓和铝合金螺母）应在接触部位涂密封剂进行隔离，紧固件用密封剂进行湿安装。表 3.8 给出了波音公司按防腐蚀要求选择紧固件时建议采用的措施。

表 3.8 按防腐蚀要求选择紧固件

类 型	建 议
内六角头螺栓（即高锁螺栓）	采用带磷酸盐氟化物涂层的钛合金内六角螺栓（高锁螺栓）
	采用耐蚀钢垫圈，以防止损坏石墨/环氧表面
	采用耐蚀抗剪型环帽（高锁螺母）
螺栓（用于可拆卸场合）	采用经过钝化处理 A286 耐蚀螺栓
	采用耐蚀垫圈，以防止损坏石墨/环氧表面
	采用耐蚀钢抗剪螺母（或耐蚀钢托板螺母与耐蚀钢铆钉）
	为了防止使用损坏，对于螺栓头用扳手拧装的螺栓，应规定扳手的拧紧力矩
	对于特殊应用情况，应与材料技术部门商洽

（6）使用防护涂层。在复合材料表面使用有效的防护涂层，避免飞机所用复合材料受到环境的直接作用，以达到提高抗蚀性能的目的。复合材料在与不宜直接接触而又必须与之相连的金属材料连接时，金属材料与复合材料应同时采用涂层，以免金属涂层损伤后，电解液通过微孔渗入时形成大阴极小阳极的不利情况。

（7）导电要求（如防雷击）应采用搭接线保证，不能通过金属（如铝合金）/复合材料的直接接触或通过紧固件来实现。

2）塑料

塑料具有质量轻、可塑性好、耐环境稳定性好及对酸、碱、盐溶液抵抗力强，不外加保护层可长期在潮湿空气或腐蚀气氛中工作等特点，且有电绝缘、热绝缘等特性。因此，塑料在航空工业得到了广泛的使用。但塑料具有力学性能差、耐热性低、导热性差、尺寸稳定性差、易受环境因素和应力作用而老化等缺点。因此，塑料常用于飞机上有特殊功能要求的非受力位。在结构设计中，选用塑料时应注意如下限用要求：

（1）易老化塑料应尽量避免用于飞机外表面易受紫外线辐射的部位；

（2）因耐热性低，避免用在受发动机热影响较大的区域内；

（3）在密闭及通风条件差的区域内，部分塑料挥发出的腐蚀性气氛对周围金属的锌、镉镀层有较强的腐蚀作用，因此，在这些区域内，应避免使用挥发性强的塑料；

（4）避免使用吸水性强的塑料以及与金属产生接触腐蚀的塑料；

（5）必要时，应根据塑料不同的使用环境，进行表面处理。

3) 透明材料

飞机用透明材料分为两大类：无机玻璃和有机玻璃。两者自身的耐蚀性都较好，也不会使周围金属结构产生电偶腐蚀。但有机透明材料在大气中长期暴露，受热、潮湿和紫外线辐射等因素综合积累作用会发生老化。老化的速率和程度，随材料的成分不同而有所差异。应根据飞机的使用要求和环境条件，进行必要的耐湿热、盐雾、霉菌试验和老化试验。

用于座舱盖、机舱盖、风挡、玻璃窗和舷窗制造中的透明材料，在以下方面应受到限制：

(1) 聚甲基丙烯酸甲酯塑料应参照 MIL-P-25690 抗裂纹扩展的改性丙烯酸基塑料板和零件的规定进行预拉伸；使用温度超过 120℃ 时，不应采用预拉伸聚丙烯塑料；

(2) 层压复合玻璃应符合 MIL-C-25871 航空涂釉层压玻璃的要求，防弹玻璃应符合 GJB 502 或 MIL-G-5485 的要求；

(3) 使用聚碳酸酯应予以充分验证并应经采购方批准。

4) 胶黏剂

由于胶接具有能提高结构强度和整体刚度，改善结构的抗疲劳性能、耐腐蚀性能、破损安全性能和气动力特性以及降低结构重量、制造成本等优点，因此胶黏剂在航空产品中具有较广泛的用途，胶黏剂有如下限用要求：

(1) 所选胶黏剂应与被黏物及其表面相容；胶黏剂不应腐蚀被胶接的金属零件及表面膜层；不得使用 502 胶；

(2) 确定胶黏剂的使用指标时，应考虑极限工作温度时的性能和经环境介质作用后的性能；使用环境是决定胶黏剂失效速度的主要因素，在使用环境作用下胶黏剂本身可能腐蚀、老化、变质而失效，因此所有胶黏剂必须经过盐雾、湿热和霉菌等环境试验；

(3) 胶黏剂不得使用酸性活化剂或固化剂，以免造成周围金属的气氛腐蚀；若不可避免时，可以提高固化温度或黏合固化后、装配前放置足够的时间，使腐蚀性气氛充分逸出；

(4) 胶黏剂与被粘接材料必须相适应，被粘接材料表面应良好不得妨碍黏接性能；

(5) 不同的金属（尤其是非相容的金属）接触偶之间不得使用导电胶黏剂（包括用金属填充的胶黏剂）；若不可避免时，应采取避免湿气浸入的措施；

(6) 在必须使用导电胶黏剂的地方，应避免湿气浸入，注意在胶接前保持被黏物表面清洁，没有污物，在黏接后及组装前一定要彻底固化；此外，用有机绝缘涂层覆盖不同金属接触处；

(7) 应优先采用热固化型胶黏剂，尽量少用室温固化型胶黏剂。

5) 密封剂

由于飞机整体油箱、水密、气密结构以及防腐蚀的需要，密封剂在飞机上有较大的用途，所选用密封剂应具有如下特性：

(1) 具有良好的抗渗透性,不得渗透被隔离的液体或气体;
(2) 具有良好的耐高温、低温性能,并能耐油、海水浸泡及耐盐雾、高湿度大气作用;
(3) 对金属与非金属材料不得有腐蚀性,包括不得有气氛腐蚀;
(4) 毒性小,对人体不产生有害作用;
(5) 在容易滋生微生物的地方,如整体油箱内应选用能防止微生物腐蚀的密封剂,或采用有效的防微生物腐蚀措施。

6) 橡胶材料

橡胶材料被广泛用于制造飞机轮胎、软油箱、软管、胶布、薄膜、减振和密封零件等。选择飞机结构用橡胶材料时,除满足制品的性能要求外,不得对金属和非金属产生腐蚀(包括释放出的气体引起的腐蚀)。尽量避免使用吸水性较强的橡胶制品。橡胶制品应进行盐雾、湿热和霉菌试验。

3.4 飞机的腐蚀环境分析

对一架飞机来说,它的腐蚀损伤取决于以下因素:飞机设计和制造时的防腐设计措施;飞机服役期间保护层的维护情况以及飞机的使用环境(如潮湿大气环境、工业大气环境、海洋大气环境以及机上环境等)。本节仅对使用环境进行初步分析。

飞机是大面积暴露在大气和气候环境中的交通工具,大气和气候环境通常会给飞机的结构带来不同程度的腐蚀。这些大气和气候因素包括:海洋性气候,即含有高浓度盐雾的海平面;大气污染,如酸雨等;雨、雪、雾天气;高温、高湿环境。此外,飞机跑道上的灰尘、积水,油箱内微生物的滋生,海洋性食物与化学物品等运载货物也会给飞机的相应部位带来一定的腐蚀问题。

3.4.1 潮湿空气对金属材料腐蚀的影响

腐蚀反应的进程,主要取决于水分出现的机会。实际上,在某一相对湿度以下,金属即使长期暴露于大气中也几乎不腐蚀。但是,如果大气相对湿度达到某一数值时,金属的保护层遭到破坏,金属将会很快腐蚀。这一相对湿度称为金属腐蚀的临界相对湿度。临界相对湿度的大小与金属的本性、表面状态、腐蚀产物的吸水性以及空气的污染程度等因素有关。一般地说,钢铁和铝合金大气腐蚀的临界相对湿度大约为65%。实际上,由于各种因素影响,在相对湿度低的情况下也会产生腐蚀。金属的临界相对湿度越低,越易受腐蚀。

绝对光洁的金属表面在纯净的大气中,临界相对湿度接近100%;但当金属表面不光洁时,由于增加了金属表面的毛细管效应、吸附效应和凝聚效应,临界相对湿度下降。所以,提高金属表面的光洁度也能提高金属耐腐蚀能力。

另外,当金属表面被某些吸潮性物质(如灰尘、水溶性盐等)污染时,临界相对湿度也会大幅度下降。

当空气中的相对湿度达到某种金属构件临界相对湿度时,就会在构件表面上形成一层目视难以看见的水膜。于是,吸氧反应就会发生,金属构件就会出现腐蚀现象。也就是说,金属在大气中的腐蚀是由金属表面的水膜及其中的溶解氧引起的。

金属表面水膜厚度对腐蚀速度的影响,如图 3.11 所示。当水膜很薄(1 区)时,电解质溶液不充分,影响金属的溶解,腐蚀速度慢;在 2 区,随着水膜厚度增加,腐蚀速度加快;当膜厚度达到一定值(3 区和 4 区),由于水膜厚度过厚,氧分子通过水膜达到金属表面的过程变得缓慢,腐蚀速度也就变慢。

应当指出,温度对金属腐蚀有很大的影响,因为它影响着空气的相对湿度,影响着金属表面水膜的凝聚,影响着凝聚水膜中腐蚀性气体和盐类的溶解,影响着水膜的电阻以及腐蚀电池中阴、阳极反应过程的快慢。温度的影响一般要和湿度条件综合起来考虑。一般来说,在其他条件相同的情况下,大气温度升高,腐蚀反应的速度会加快。另外,当温度剧烈下降时,水蒸气会在金属表面凝成水滴或水膜,从而加速腐蚀。

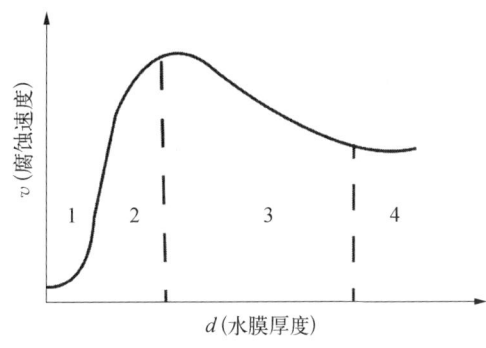

图 3.11 大气腐蚀速度与金属表面上水膜厚度的关系

1. $d = 10^{-6} \sim 10^{-5}$ mm; 2. $d = 10^{-5} \sim 10^{-3}$ mm; 3. $d = 10^{-3} \sim 1$ mm; 4. $d \geq 1$ mm

潮湿空气与地理环境是紧密相连的,我国地理环境和气候条件十分复杂,受季风影响明显,全国大部地区都处在温暖而潮湿的东南季风和西南季风控制下,暖季时比世界上同纬度的国家和地区的温度高,相对湿度和降雨量大(表 3.9)。这些都是我国各机场的飞机腐蚀问题较为严重的一个非常重要的原因。

表 3.9 我国各地的雨季、降雨量及相对湿度表

地名	相对湿度/平均%	降雨量/mm	雨季/月	地名	相对湿度/平均%	降雨量/mm	雨季/月
北京	59	682.9	7~8	青岛	74	777.4	7
上海	80	1 128.5	6	济南	59	672.2	7
广州	80	1 080.5	7~8	西安	71	604.2	8~9
南京	77	1 026.1	7	成都	82	976.0	7~8
长沙	80	1 422.4	6	昆明	72	991.7	7~8
合肥	76	919.5	7	福州	77	1328.2	5~6

3.4.2 海洋大气腐蚀环境分析

海洋大气的特点:一是温度高;二是含盐量高。这主要是因为海浪、大风将海水带入大气中及海水在阳光作用下的蒸发所形成的。

当海水进入大气后,通过季风和台风带到陆地。因为盐雾颗粒较重,所以低空大气的含盐量较高。也正因如此,大气中的含盐量与距海岸的距离有极大的关系(表 3.10)。距海岸越近,含盐量越高,盐雾颗粒也越大。

表 3.10　离海岸不同距离时空气中 Cl⁻ 和 Na⁺ 的含量变化

距海岸距离/km	离子含量/(mg/m³)	
	Cl⁻	Na⁺
0.4	16	8
2.3	9	4
5.6	7	3
48.0	4	2
86.0	3	—

海洋大气中含有较多的盐雾颗粒和盐饱和状态的水分,也就是说含有大量氯离子。这些氯离子沉降在飞机上,就对结构件起到催化腐蚀的效果。它不仅使金属构件表面难以保持稳定的钝化态,而且容易吸潮,极易在金属表面形成液膜。所以,海洋大气中的氯离子对飞机结构有很大的腐蚀作用。这可从图 3.12 所示 LY12 和 LC4 铝合金在纯净大气和含 1% Cl⁻ 大气中的腐蚀速度曲线看出。该图中的曲线 1、2 是 LY12 和 LC4 铝合金在纯洁大气中的腐蚀速度曲线。曲线 3 是 LC4 铝合金在含 1% Cl⁻ 大气中的腐蚀速度曲线。曲线 4 是 LY12 铝合金在含 1% Cl⁻ 大气中的腐蚀速度曲线。总之,海洋大气极易使飞机结构产生电化学腐蚀。

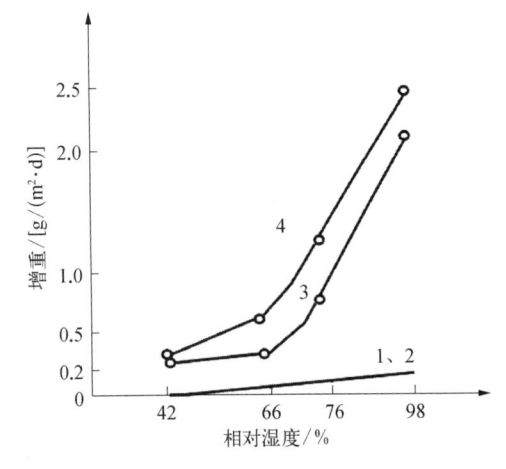

图 3.12　大气中的氯含量对 LY12 和 LC4 铝合金腐蚀速度的影响

3.4.3　工业大气腐蚀环境分析

1. 工业大气中的腐蚀性物质

工业大气中含有大量的腐蚀性气体,如 SO_2、H_2S、NH_3、Cl_2、HCl 等。表 3.11 中给出了工业大气中的常见污染性物质。在这些污染性物质中对金属腐蚀最大的是 SO_2 气体。它有两个来源,一是来自自然产生的 H_2S 的空气氧化;二是来自含硫燃料的燃烧。一般大气中的 SO_2 含量只有几个 ppm,但是工业大气中,SO_2 的含量显著增加。例如,在上海地区空气中的 SO_2 含量可达 0.02~0.04 mg/m³。

表 3.11　工业大气中的常见污染性物质

固 体 物 质	灰尘、砂、盐类、金属粉末、氧化物
气 体 物 质	含硫化合物:SO_2、SO_3、H_2S 含氮化合物:NO、NO_2、NH_3 含碳化合物:CO_2、CO 其他:HCl、有机化合物

2. 工业大气对金属的腐蚀作用

大气中的灰尘,对表面保护层有磨损作用,破坏保护层;另外,灰尘落在金属表面上,因为灰尘具有毛细管凝聚作用,特别容易结露,这就造成了进行电化学腐蚀的条件。

如前所述,工业大气中的 SO_2 对金属腐蚀得最严重。虽然大气中 SO_2 含量很低,但因为它在溶液中的溶解度相当高,所以对金属腐蚀的影响很大。SO_2 对金属的腐蚀作用与相对湿度有密切关系。当相对湿度由 0 增到 75% 左右时,腐蚀增重与在洁净空气中的情况差不多;但当相对湿度达到 75% 以上后,腐蚀增重突然上升,腐蚀速度急剧加快。

SO_2 对金属腐蚀的影响好似一种催化剂,可用下列简化的化学方程式表示:

起始反应　　$2SO_2+O_2+2H_2O \longrightarrow 2H_2SO_4$

连锁反应　　$2Fe+2H_2SO_4+O_2 \longrightarrow 2FeSO_4+2H_2O$

连锁反应　　$2FeSO_4+1/2O_2+5H_2O \longrightarrow 2Fe(OH)_3+2H_2SO_4$

显然,由于 SO_2 的作用,催化了腐蚀进程。

铝合金在干燥大气中受 SO_2 的影响很小,但是在高湿度的工业大气中,SO_2 的影响就很大。从图 3.13 中可以看出,LY12 的铝合金在洁净的大气中是很稳定的,腐蚀十分缓慢(曲线 2);若大气中含有 1% SO_2 时,腐蚀加快,尤其相对湿度超过 76% 时,腐蚀急剧加速(曲线 1)。还应当指出,大气中的 SO_2 气体对镀锌、镀镉层也有相当严重的腐蚀作用。

总之,工业大气对金属的腐蚀作用是很大的。机场或修理厂周围能产生大量 SO_2 气体的环境将对飞机产生严重的腐蚀作用,这应引起足够重视。

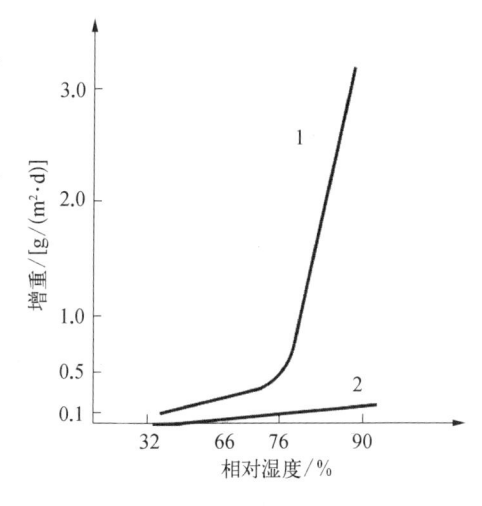

图 3.13　LY12 铝合金的大气腐蚀速度

3.4.4　机上腐蚀环境分析

当地面气温高、湿度大时,机内空气在地面处于水饱和状态。另外,乘员的呼吸和出汗也会排出水汽。飞机起飞后,随飞行高度上升,机内温度逐渐下降。这样潮气就凝结成水分,这些水分是飞机结构的严重腐蚀环境。与机身结构接触的保温隔音层易吸收冷凝水分,从而使得机身结构,特别是桁条和隔框容易产生腐蚀。通常,中、短程飞机的腐蚀问题比远程飞机严重,这主要是因为飞机频繁起落会有更多地出现冷凝水的机会。

运输活牲畜可能会导致飞机机身结构的严重腐蚀。这有两方面的原因,一是牲畜的粪便;二是牲畜比人产生的热量多,这会使飞机内部温度增高,湿度增大。当飞机起飞后,机舱内会产生更多的冷凝水。运输海鲜食物(如鱼、蟹等),容易引起海水的泄漏,也会严重地腐蚀飞机结构。另外,运输瓜果蔬菜,水分量大也会形成飞机结构的严重腐蚀环境。对于主要用于运输这类物质的飞机,应采取相应的防腐维护措施和检查措施,并应适当缩短检查周期。

厕所地板密封不严,污水会流到飞机结构上;厨房中食品和饮料发生意外泼溅,也可能会流到飞机结构上,这些都会严重地腐蚀飞机结构。飞机前、后登机门和服务门外的地板梁常产生腐蚀,这是由于该区域经常受到雨水和乘员带来污物的影响。紧急舱门和其他各种工作口盖处由于长期处于关闭状态,积留在口框外的雨水、脏污等可能使金属口框出现以缝隙腐蚀为先导的局部腐蚀。如果在定期检查中不及时排除腐蚀源,这类腐蚀的发展是惊人的。客舱地毯下的地板结构上,特别是地板梁的沟槽内,易积存污物,形成较严重的腐蚀环境。

飞机做短程飞行时,油箱内燃油量较少,含有大量的潮湿空气。随着飞机飞行高度升高,气温下降,油箱内会凝结大量水分。一种霉菌会在燃油和水面之间滋生、繁殖起来,形成一种黏稠的酸性物质,对飞机结构有严重的腐蚀作用。

飞机在使用和维修过程中,有可能泼溅出强碱或强酸溶液。例如,对电瓶舱内的电瓶充电或维护时,有可能泼溅出强酸电解液;装有强碱剂的容器在运输过程中有可能损坏,泼溅出强碱溶液。另外,在飞机日常维护中,广泛采用酸基或强碱基的腐蚀产物去除剂和飞机清洁剂,如果不进行彻底中和或冲洗,可能腐蚀飞机结构。

非金属材料挥发出来的气体(如油漆、聚氯乙烯、塑料、树脂等都能释放出有害气体),有可能使一些金属以及镀锌、镀镉层产生气氛腐蚀。

飞机在砂石或草坪跑道上起降,或者在用氯化钠除冰的跑道上起降,会使飞机蒙皮,特别是起落架舱蒙皮光洁度降低,积存腐蚀介质,引起腐蚀。

飞机上受废气污染的部位,易产生腐蚀,应当注意到清洁维护。

习题和思考题

3.1 飞机上常用铝合金有哪些?各种铝合金有什么特点?
3.2 铝合金淬火后往往要进行时效处理,什么是铝合金的时效?时效方式有哪些?
3.3 飞机上常用的铝合金、合金钢等金属材料的耐腐蚀性能如何?
3.4 复合材料按基体材料分类有哪些?
3.5 飞机结构用金属材料和非金属材料的选材原则有哪些?
3.6 哪些腐蚀环境对飞机结构造成腐蚀?

第 4 章
飞机结构腐蚀损伤的检测

飞机结构腐蚀是不可避免的,在飞机的使用、维护和修理工作中,必须经常进行腐蚀损伤的检查,以便及时发现和排除飞机腐蚀,采取相应维修措施,可以有效地控制腐蚀的扩展,降低维修等级,节省维修费用;并且,有利于积极采取预防措施保持飞机的安全水平。飞机的每个部位都有可能产生腐蚀,因而飞机每个部位都要检查是否产生腐蚀。

4.1 腐蚀损伤的重点检查部位

及早对腐蚀进行检查,对于及时维修、防患于未然是十分必要的。利用方便、简单和廉价的维修就可将危害降到最低限度,对早期的腐蚀迹象和促使腐蚀的条件必须给予正确的辨别,以利于采取防护性措施,要将腐蚀的检查列为日常维护程序中的重要环节。

检查者必须对飞机结构十分熟悉。应该在良好的采光条件下进行检查,以保证清晰度。要将其面板、覆盖物和设备移走以利于充分接近而进行观察,必要时对其检查部位进行清理。这样做虽然造成诸多不便,但对于完成检查是必不可少的。检查完毕后,应将其复原。

检查中,特别要注意以下部位。

4.1.1 机身部分

有些飞机机身结构的蒙皮与长桁采用了胶接点焊的连接方式。在蒙皮的点焊过程中,一是焊点处留下了热应力区;二是有可能破坏该处的包铝层;三是点焊的压紧力较差,易留下结构之间的缝隙而使腐蚀介质渗入。因此,有胶接点焊的蒙皮易在焊点处和蒙皮与长桁的连接处发生腐蚀。对于采用铆钉连接的蒙皮,在铆钉周围和蒙皮的边缘处有时会产生丝状腐蚀。这是由于埋头窝处的蒙皮与铆钉头之间有空隙,使该处的漆层破裂或剥落,湿气和污物浸入,从而易在该处形成腐蚀源。这种腐蚀源有可能发展为沿蒙皮浅表不定向地向前推进为特征的丝状腐蚀。图 4.1 为飞机蒙皮表面的腐蚀。

为了满足飞行要求,机身客货舱通常为加温增压舱,舱内的暖空调气体冷却后形成冷凝水,凝集在覆盖有隔音保温层蒙皮的内侧表面,如果这些结构的金属保护层被损坏,则易发生电化学腐蚀。

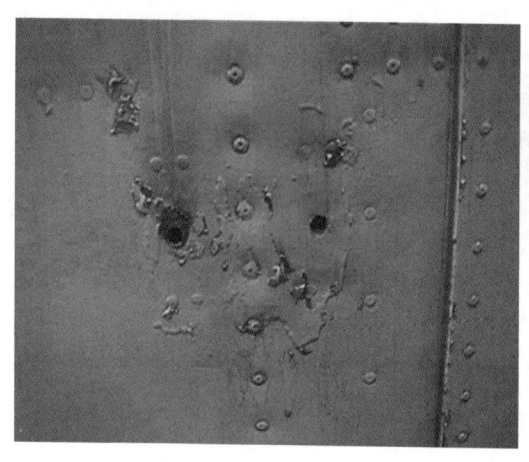

图 4.1 蒙皮表面的腐蚀

对于机身腹部，处于机内一侧的表面上容易积存潮气、雨水、货物的溅泼液、厕所污水等，另外该处也易于滞留有机气体，因而形成了恶劣的腐蚀环境，往往会造成大面积的结构腐蚀。机身腹部通常开有漏水孔或放水活门，如果维护不良，漏水孔被堵，活门失效，机身腹部就容易长期积水，造成严重腐蚀。通常，由于机身尾段横截面逐渐变小、机身下部逐渐向上收起的几何外形，而漏水孔往往不能打在隔框旁可能积水的最低部位，这就给排水带来困难，从而使该处结构易发生腐蚀。图 4.2 是积液造成的机身内部腐蚀。

图 4.2 积液造成的机身内部腐蚀

处于机身厕所和厨房区域的下部结构特别容易遭受溅泼的污水、食物以及带有腐蚀性的马桶除臭液的浸渍而发生腐蚀。该区域的纵向座椅轨道和横向地板梁由于暴露在过道上或直接支撑该区域的地板，污物、灰尘和溅泼污水都可能积留在轨道和梁上，使其发生腐蚀。经常运送活牲畜、海鲜货物的飞机，其货舱地板下的机身结构件也很容易发生腐蚀。图 4.3 是地板梁上的严重腐蚀，图 4.4 是客舱座椅导轨的腐蚀。

机身上开有不同用途的各种舱口、门和接近口。机身舱门的框结构通常由梁、框架、加强接头和隔框加强板组成，容易构成夹缝和空腔；另外，客货舱门、服务门处易出现人为

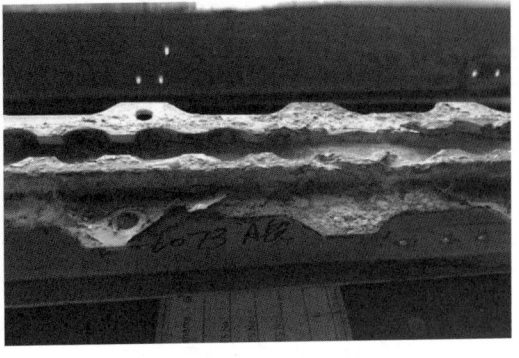

图 4.3　地板梁腐蚀　　　　　　　图 4.4　座椅导轨腐蚀

的结构保护层的损伤，也易积留脏污；飞机停放时还容易进入雨雪和潮气。所以，在框结构的门槛底下、地板下和地板梁处容易发生腐蚀。紧急窗口和其各种工作口盖处由于长期处于关闭状态，积留在口框边框处的雨水、脏污等可能使金属口框出现以缝隙腐蚀为先导的局部腐蚀。如果在定期检查中不及时排除腐蚀源，这类腐蚀的发展是惊人的。

机身上金属的背鳍、通信天线的整流罩处，不但因排水困难而使该处空腔的内部表面易腐蚀，而且不易打开检查，有时甚至使该处的机身蒙皮被腐蚀穿。处于腐蚀环境中的机身结构在应力作用下有可能出现应力腐蚀或腐蚀疲劳。例如：有的飞机的机身外侧纵向地板梁在与机身蒙皮和横向地板梁连接处的接耳出现过腐蚀疲劳裂纹；机身后段的外蒙皮在地板平面处出现过腐蚀疲劳裂纹。

机身后部的承压隔框是增压区的界面，通常隔框的前面设置有厨房或厕所，因此隔框前侧的结构易受潮气和污水的侵蚀，产生腐蚀。另一方面，承压隔框的搭接头和加强条的紧固件在外力和腐蚀环境的共同作用下有可能出现应力腐蚀或腐蚀疲劳裂纹。铝结构的承力隔框上如使用了钢垫圈，则有可能产生电偶腐蚀。

对于机翼箱体结构的外侧表面，某些局部有可能发生腐蚀。机翼前、后梁的凸缘上装有前、后缘蒙皮，蒙皮与凸缘的夹缝处经常出现缝隙腐蚀，这主要是因为腐蚀介质渗入了铆接安装时存在的缝隙内或铆钉松动而引起的缝隙内。处于前、后梁与前、后缘所构成的空腔内的梁缘条用腹板也易出现剥层腐蚀，其原因是，这些空腔在使用中通常是密闭的或半密闭的。停放时，空腔为密闭的，易积留潮气；起飞着陆时，活动面打开，翼梁暴露在近于地面的空气中，发动机反推的油烟、跑道上的污物、尘埃等易进入这些部位，从而造成较严重的腐蚀环境。

机翼的前、后缘部分通常为密闭空腔。前缘空腔内装有加温管道，渗入空腔内的雨水和加温气体的冷凝水易使前缘蒙皮与加温空气的隔离蒙皮之间的夹缝处出现腐蚀。前缘蒙皮的外侧表面长期受带有尘埃的气流的冲击，其氧化保护层易损坏，发生冲刷腐蚀。后缘蒙皮段的蒙皮和金属的襟翼、副翼等活动面如有雨水、潮气浸入夹层内，其内表面会发生腐蚀。

飞机的上翼面蒙皮通常采用铝锌合金板材，这种铝锌合金材料对应力腐蚀较敏感，耐腐蚀疲劳性能也较差，易于产生应力腐蚀裂纹和腐蚀疲劳裂纹。

4.1.2 尾翼部分

对于铝合金的水平安定面和垂直安定面来说,翼梁的上、下缘条与翼面蒙皮、前后缘蒙皮结合处,经常会发生缝隙腐蚀。水平安定面下翼面蒙皮的内侧表面也易发生大面积腐蚀。安定面翼梁构件多采用化学铣切的硬铝型材,它们跟机翼大梁构件一样,在材料保护层受损并处于腐蚀环境时容易发生层状的晶间腐蚀。水平安定面和垂直安定面与机身尾段的结合部位的封严条处容易积留雨水和潮气,引起铝合金结构腐蚀。可转动的水平安定面的翼根接头是高应力承载件,且易处于潮气环境中,因此这些接头有过多次出现应力腐蚀裂纹,转轴座子的轴孔表面往往发生严重的点腐蚀。

4.1.3 起落架部分

前、主起落架舱属于非密封舱,所处的外界环境基本相同,舱内侧壁、顶棚的结构件表面易受污染空气和跑道脏物的侵蚀而发生腐蚀。主起落架的轴颈通常安装在轴颈支承肋附近的支撑接头上,这些接头处通常为整体的扭力盒,容易因积水而造成电化学腐蚀。图4.5是起落架轮舱内的腐蚀,图4.6是起落架零件的严重腐蚀。

图 4.5 起落架轮舱内的腐蚀　　　　图 4.6 起落架零件的腐蚀

4.1.4 发动机区域

从飞机结构上来说,发动机区域主要指发动机吊舱和发动机的安装构架。吊舱悬臂梁通常为盒形件,内部装有电缆束、导管等,易形成排水不畅的狭小的密闭空间,在腐蚀介质的作用下易使悬臂梁内的连接螺栓的头部及其安装接触表面处发生锈蚀。悬臂梁上的发动机安装架的接头处曾发生过应力腐蚀,发动机的安装连接螺栓也发生过氢脆。吊舱的侧壁、下盖、大包皮等板形件,在长期的振动作用下,紧固件易发生松动,从而造成构件之间的间隙,腐蚀介质渗入后易发生腐蚀。吊舱的前整流环通常是密闭的,内部装有加温管,因此内侧表面易在湿气的作用下发生腐蚀。飞机前整流锥极易受到冲刷腐蚀。有的吊舱尾段结构会受到发动机排气的影响而出现大面积的点腐蚀坑。图4.7是发动机零部件的严重腐蚀情况,图4.8是发动机尾部的腐蚀情况。

图 4.7　发动机零部件的严重腐蚀

图 4.8　发动机尾部的腐蚀

4.2　腐蚀损伤的目视检查

目视检查是飞机腐蚀损伤检查的最基本方法。检查者必须辨认出早期的腐蚀迹象，从而分析出导致腐蚀的原因。目视检查可以检查出没有盖住的损伤。具体来说，就是能发现可直接目视的裂纹损伤、紧固件断头或松动损伤、腐蚀损伤、结构或构件的鼓起或凹陷变形损伤、密封材料损伤和保护层损伤等。但是，由于受视线可达性和视力局限性的限制，对于一些没有明显损伤外观特征的损伤及其他目视不能发现的损伤，需要采用无损检测的方法来检查。

4.2.1　常用金属材料腐蚀产物的颜色特征

对于没有涂层的铝合金结构件，表面失去光泽，出现灰白色的粉末状积垢说明铝合金产生了腐蚀（图 4.9）；对于有涂层的铝合金构件，当铝合金产生腐蚀时，在涂层下面灰白色的粉末状积垢以间断的形式形成，并蔓延，从而使涂层起泡或剥落。当腐蚀进一步加强时，表面将呈现出斑点。腐蚀产物清除后，底部呈现麻坑。

合金钢和碳钢在腐蚀刚开始时，金属表面发暗；腐蚀进一步发展，出现红色锈蚀物；严重的腐蚀呈暗灰色，边缘不规则。不锈钢的腐蚀呈现出黑色斑点或表面出现均匀微红色的褐色。

图 4.9　腐蚀产生的白色或灰色粉末

对于镀镉或镀锌构件，镀层腐蚀呈现出灰色或黑色的斑点或粉末状薄层。如果基体金属也腐蚀了，则腐蚀产物与基体金属的腐蚀产物相同。

4.2.2 构件腐蚀损伤后的外观特征

飞机腐蚀的初步检查是目视和触摸检测，它是发现腐蚀最常用和最有效的方法。在进行目视检查时，可能需要借助反光镜、手电筒、孔探仪等检查工具检查目视难以达到的部位。在飞机日常维护和修理中，可根据下述现象检查构件是否产生腐蚀：

(1) 机身增压舱蒙皮上的铆钉，如果在铆钉头的后部出现黑色尾迹(图4.10)，俗称"黑尾巴"，表明该铆钉连接降低了连接和密封作用，预示钉孔产生了松动，也可能产生了腐蚀(图4.11)；另外，紧固件周围产生黑圈，也说明钉孔可能产生了腐蚀；由于铆钉孔漏气，当机身内充压时，就很容易使潮气进入到蒙皮接缝中去，产生腐蚀；

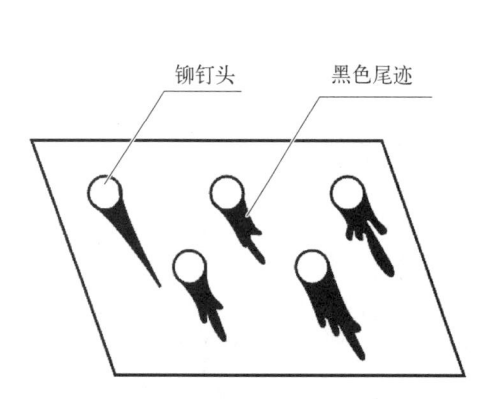

图4.10 铆钉头后方出现黑色尾迹 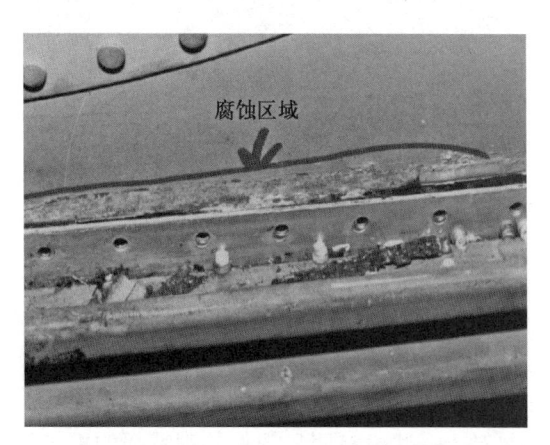　　图4.11 铆钉的松动和密封剂缺失

(2) 腐蚀产物体积通常比原金属的体积大，所以积累的腐蚀产物可使蒙皮鼓起，使蒙皮在铆钉处呈现凹坑现象，如图4.12所示；

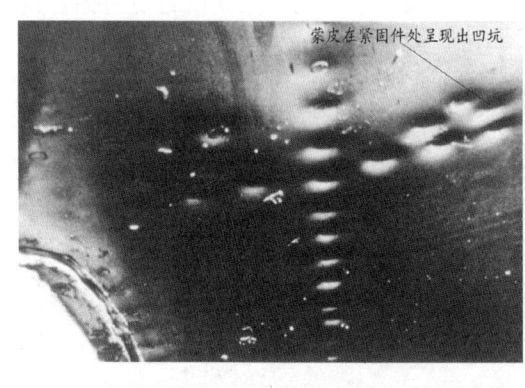

图4.12 铆钉的凹坑 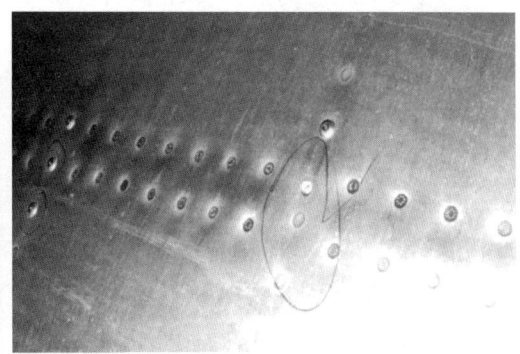　　图4.13 铆钉的断头

(3) 铆钉断头或变形，预示蒙皮内表面可能产生腐蚀(图4.13)；

(4) 如果蒙皮上外表面出现针眼大小的目视可见的小孔，这也是说明蒙皮可能产生了腐蚀；

(5) 搭接处凸起、接缝处出现粉末，可能是连接面之间产生了腐蚀；

(6) 金属材料(特别是沿接缝处)表面的涂层变色、剥落、隆起、裂纹,预示可能产生了腐蚀(图 4.14);

(7) 有蓝色痕迹存在,则表明此处有卫生间溢出物,此处也可能产生了腐蚀;

(8) 结构变形或连接缝隙变宽,预示缝内可能产生了腐蚀;

(9) 用手指触摸构件,可通过手感鼓起发现剥层腐蚀,这种发现剥层腐蚀的方法比目视更可靠;

(10) 存在碎屑或污染物处,可能产生了腐蚀。

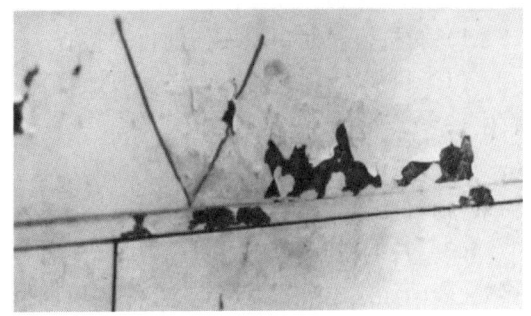

图 4.14 漆层剥落处产生了腐蚀

4.2.3 目视检查

目视检查(visual testing),顾名思义它是利用人眼的视觉或加上辅助工具、仪器等对飞机构件表面做直接观察,发现构件表面损伤,并根据个人的技能和技术规范对损伤做出判断和评价,从而判断出各种表面缺陷的一种无损检测技术。在所有的无损检测方法中,此方法最简单、最经济,也是在进行所有检测作业之前、中、后经常必须进行的检测方法。

有时也可以借助一些工具来提高目视检查的准确度,常用的检查工具有塑料刮刀、照明设备(照明灯、手电筒)、放大镜、反光镜、内孔探测镜、内窥镜、柔性光纤内孔探测镜等。

在对飞机进行的维护工作中,目视检测法是最基本、最常用的检查方法。在对飞机进行其他的无损检测之前,对能目视到的部位,都应进行必要的目视检测。对飞机的目视检测包括从最粗略的飞行前绕机一周的检查、借助照明设备和放大镜对机体表面的仔细检查,直到借助内窥镜和反光镜对机体内部表面的检查。进行目视检测时,可能要求对被检查的表面做一些准备工作,比如清洗表面,清除表面灰尘、污垢等,去除表面油漆等保护层。有时,还需要打开检查口盖、整流罩等。检查油箱时,可以要求打开检查口盖,放掉油箱中的燃油并进行清洗。另外对于某些结构可能需要大面积清洗和除去涂层再进行目视检查。

1. 飞行前绕飞机一周检查

为了保证飞行安全,在每次执行飞行任务前,驾驶员都必须确保飞机的状态良好。状态良好,就是飞机的状态能保证它圆满地完成所要执行的飞行任务。并且,机务人员要绕飞机一周目视检测飞机的整体情况(图 4.15),以

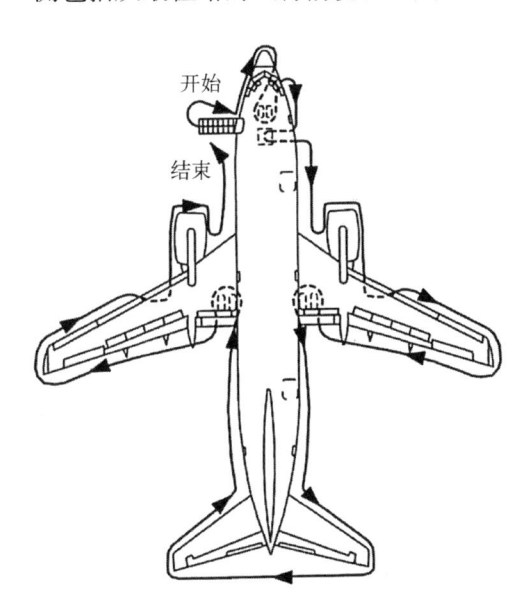

图 4.15 飞行前绕飞机一周检查

确定飞机完全可以安全顺利地完成预定的飞行任务。

2. 对机体表面的目视检查

1) 对机体表面腐蚀损伤的目视检查

(1) 目视检查机体表面,若发现表面涂层变色、剥落、隆起或有裂纹,预示可能有腐蚀发生;

(2) 表面有氧化膜保护层的金属构件上,如果发现氧化膜破损,而且在受损处有白色粉末,则可能发生了点腐蚀;

(3) 长期在湿度较大的气候环境中使用或停放的飞机,如果在铆钉头周围或蒙皮搭接处,表面涂层出现丝状隆起,在涂层下面发生了丝状腐蚀;

(4) 金属构件特别是挤压型材,一旦发生变形,表面隆起,预示着型材内部可能发生了剥层腐蚀;

(5) 铝合金蒙皮表面出现较多的铆钉头凹陷,说明结构内部可能发生了腐蚀,因为内部腐蚀产生的腐蚀产物体积较大,促使蒙皮鼓起,导致较多铆钉钉头凹陷。

2) 对飞机紧固件的目视检查

受损伤的铆钉或钉孔,最明显的特征是铆钉在孔中发生松动。

(1) 当压动铆钉头旁边的蒙皮时,蒙皮离开铆钉头并形成目视可见的明显间隙,说明铆钉已松动。

(2) 铆钉松动后,铆钉头与埋头窝将因摩擦而产生金属粉末。这种粉末与污物附在铆钉头与钉孔之间的缝隙内而出现黑圈。所以,检查飞机时,如果发现铆钉周围有黑圈表明铆钉已松动。

(3) 在机身气密座舱部位上的铆钉,如果在铆钉头背气流一侧形成黑色尾迹,也说明铆钉已松动。

(4) 如果铆钉头已突出构件表面或者发生卷边翘起现象,则说明铆钉的松动已经很严重。

(5) 如果铆钉头周围的油漆层出现碎裂或裂纹,则表明铆钉有错动或松动。

(6) 一般情况下,钉头倾斜或铆钉松动将成群地出现,并且钉头多半向一个方向倾斜,说明铆钉的连接可能因承受剪切力过大而产生破坏;如果铆钉头出现倾斜但不成群地出现,并且不是向同一个方向倾斜,这种铆钉头倾斜可能是由于铆接质量不高引起的。

各种飞机容易出现铆钉松动的部位不完全一样。一般说来,铆钉松动多发生在构件受力大、变形大以及受撞击和振动剧烈的部位。例如,在加强肋与翼梁腹板、蒙皮的连接处铆钉就比较容易松动。

为了防止铆钉松动,在修理工作中,应保证铆接质量合乎要求,在维护中要经常注意检查。对松动的铆钉,一般应及时按规定更换。通常情况下,应该用大一号(直径加大约 0.79 mm,相当于 1/32 in)的铆钉替换这些铆钉。

对于螺栓(螺钉)连接,由于螺栓孔在交变载荷作用下可能会变成椭圆孔,使螺栓连接松动。螺栓松动会使构件翘起,连接强度下降;如果表面连接的螺钉松动,还会影响飞机的空气动力性能,并使雨水、尘土等容易进入机体内部,引起内部构件腐蚀。当螺栓孔产生椭圆度而使连接松动时,可按规定通过扩孔和更换较大直径螺栓消除松动现象。如果螺栓产生损伤,应及时更换。

3) 对表面裂纹的目视检查

如果怀疑结构外表面某处有裂纹,也可以借助照明设备、放大镜等进行目视检查。检查前应将要检查的表面清洁干净,去掉污垢、灰尘,必要时,还应用去漆剂或喷砂、喷丸等方法,去掉表面保护涂层、腐蚀产物等。图 4.16 所示为用强光手电筒检验表面裂纹损伤时的正确目视角度。手电筒光线应该从检查者对面射来,与检查表面成 5°~45°角度,检查者眼睛应在反射光束的上方,绝不要使手电筒的反射光束直接射到眼睛。一般采用 10 倍放大镜来确定可疑裂纹的存在或其范围。

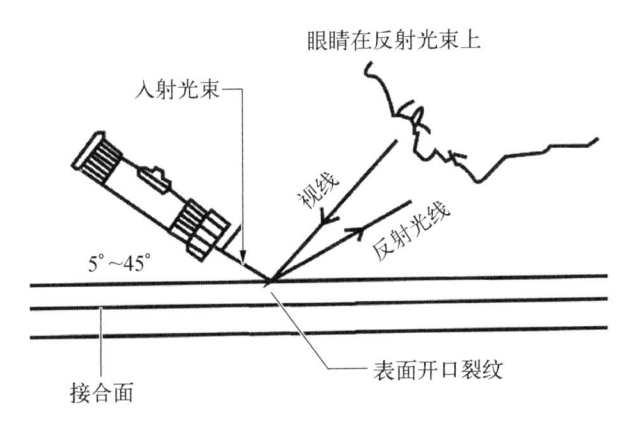

图 4.16 借助强光手电进行目视检查

4) 对某些部件的内部进行目视检测

对部件内部进行目视检测,通常要借助一些光学辅助设备进行。孔探仪是具有多种用途的光学检测工具,可用于各种视力极限所不能看到部位的检查。它是目视检查的重要工具,在航空维修中已得到广泛应用。孔探仪不适合用于宽度窄的小裂纹的检查,只能用来检查限定区域内较宽(0.01~0.1 mm)和较长的裂纹、结构破损或变形等损伤。例如,通过发动机检查孔采用孔探仪检查燃烧室的裂纹、烧蚀、叶片的烧伤、变形、打伤以及采用孔探仪检查起落架作动筒内壁的裂纹和腐蚀等损伤。

孔探仪是一种精密的带有内装光源的光学仪器,它是特殊形式的望远镜。孔探仪有多种型号,短距离大直径的孔探仪能产生最明亮的图像。就孔探仪的视野方向而言,可分为 4 种基本类型:径直式、直角式、反照式和前倾式孔探仪(图 4.17)。

3. 目视检查的特点

目视检测的优点是简单、快速、成本低,检查范围广,可以发现较大的裂纹及表面腐蚀、磨损等损伤情况。

目视检测的缺点是仅能对表面损伤进行检查,很难发现宽度小于 0.01 mm 的裂纹,被检测表面可能需要做一些准备工作,如清洗、去除油漆氧化皮及污渍、喷砂或喷丸等。某些部位有难以接近的问题,当被检缺陷很小而检查面积很大时有漏检的可能。当发现可疑裂纹时,还应使用精确的仪器最后确定。另外,目视检查受人为因素影响较大,这些因

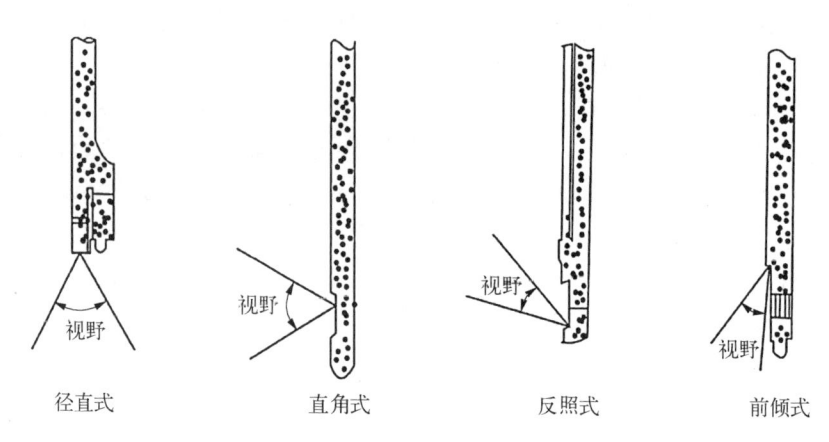

图 4.17　各种孔探仪的视野

素主要有以下几方面。

（1）检查员的自身状况：如感冒、头痛、头晕和其他不舒服的症状，以及疲劳、年龄、视力、熟练度、个人差异、检查姿势等。

（2）精神条件：如家庭的烦恼、心情不愉快、精神无法集中等。

（3）作业环境的条件：照明；检查场所的气温、湿度、环境，作业平台；日夜的差异；检测物速度的差异、表面状况；作业是否单调等。

目视检查损伤的漏检概率取决于检查者的经验、技能、细心和耐心程度。

另外，敲击检查是利用一种带球头的小圆棒敲击部件表面的手工操作方法，并根据耳中听到的声音，来判断锤头下面部件厚度截面上的状态。因腐蚀和剥离造成的分层会改变材料的内聚力和强度，从而改变共鸣的频率。

4.3　腐蚀损伤的无损检测

在飞机日常使用和维护过程中，结构内部的腐蚀损伤，难以目视检查。通常情况下，当经过目视检查，怀疑飞机内部结构某部位可能产生腐蚀损伤（例如蒙皮局部发现有凸起）时，可以采用无损探伤的检测方法确定内部结构是否确实产生了腐蚀及腐蚀严重程度，从而对腐蚀损伤做出评估。

无损检测（non-destructive testing，NDT）是一门新兴的综合性应用科学。它以不改变被检测对象的状态和使用性能为前提，应用物理和化学理论，对各种工程材料、零部件和产品进行有效的检验和测试，借以评价它们的完整性、连续性、安全可靠性及力学、物理性能等的一种检测方法。现代工业的科学技术的发展，为无损检测技术的发展提供了更加完善的理论和新的物质基础，也进一步推动了无损检测技术的应用，并使无损检测从单纯的质量检验发展成为多用途的一门技术。

随着无损检测技术应用的日益广泛和伴随着其他基础科学的综合应用，已发展了几十种无损检测方法。如按检测原理来分类，常用的方法见表 4.1。在表 4.1 中，较为成熟并在航空领域得到广泛应用的检测方法是涡流检测法、X 射线检测法、超声波检测法、磁粉检测法和渗透检测法 5 种常规检测方法。此外，磁记忆检测、红外检测、声振检测、声发射检测、微波检测等无损检测技术也已得到日益广泛的应用。

表 4.1 无损检测方法分类

类 别	重 要 方 法
射线法	X 射线透照法、中子射线照相法、γ 射线照相法、X 射线光谱法、正电子湮没法、X 射线衍射法
声学法	超声法、声发射法、声振法、声阻抗法、电磁超声法、涡流超声法、声显微镜法、声全息法
电磁法	涡流法、漏磁法(磁粉法、磁场测定法、录磁法)、微波法、电阻法、电位法、巴克豪森效应法、磁声发射法、磁记忆法
机械、光学、热学法	机械测试法、光学目视法、激光全息照相干涉法、错位散斑干涉法、光弹法、光声光热法、红外法、接触测温法、热电势法、温差电法
其他	渗透法(荧光法、着色法)、渗漏法、点滴法、化学定位法、俄歇分析法、电解检测法

4.3.1 涡流检测法

1. 涡流检测法的基本原理

涡流检测法是以电磁感应原理为基础的。在检测线圈上通交变电流(即激励电流)，会在线圈的周围产生一个交变的磁场(初级磁场)，如果将线圈靠近被检测的导电工件，工件内会感生出交变电流——涡流，涡流的大小、相位及流动形式等受到试件导电性、导磁性、形状尺寸、裂纹缺陷等多种因素的影响。而涡流又在工件及其周围产生一个附加的交变磁场(次级磁场)，见图 4.18。这个磁场的磁力线穿过激磁线圈时，就在线圈内产生感应电流，它的方向与激磁线圈中原来的电流方向相同。这样，检测线圈中的磁场就是激励电流和涡流共同感生的合成磁场。既然涡流受到试件导电性、导磁性、形状尺寸、裂纹缺陷等多因素的影响，由涡流产生的次级磁场也会受到这些因素影响，检测线圈中的合成磁场同样受到影响。因此，通过测量检测线圈中的电流变化量可以确定次生磁场的变化量。如果试件表面(或近表面)有裂纹的话，势必使涡流的流动发生畸变而影响次级磁场，导致线圈中电流的变化，从而反映出试件中缺陷的情况，这就是涡流检测的原理。

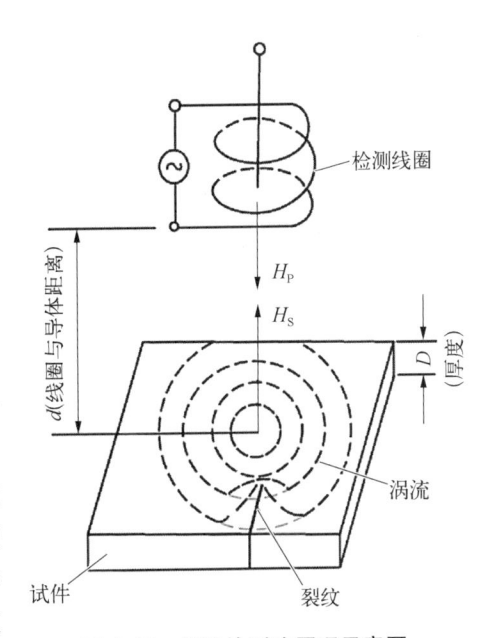

图 4.18 涡流检测法原理示意图

图 4.19 所示为检测线圈相对于试件的放置情况。穿过式线圈是将要检测的工件插入线圈内，从内部通过，这种放置方法用于管材、线材和棒材表面质量的检测。

内通过式线圈是将线圈插入要检测工件的内部进行检测,这种方法多用于检测紧固件孔壁上的裂纹等损伤。放置式线圈是将线圈放在要检测的试件表面上方,这种放置法适用于板材、带材、棒材的表面损伤检测,还能对形状复杂的工件的某一区域进行局部检测。

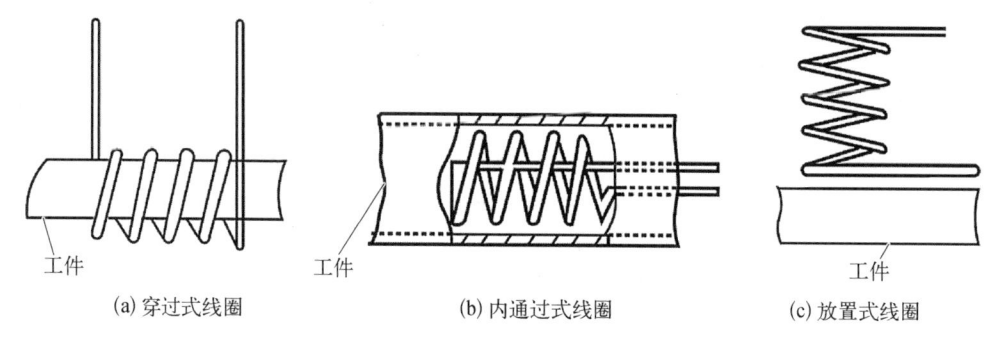

(a) 穿过式线圈　　(b) 内通过式线圈　　(c) 放置式线圈

图 4.19　检测线圈放置方式

2. 涡流检测的检测深度

涡流检测分为高频检测和低频检测。频率在 50 kHz 以上称为高频,频率在 50 kHz 以下称为低频。

涡流的磁场会引起交变电流趋向导体试件表面,使试件横截面上的电流分布不均匀,即表面电流密度最大,随着深度增加,电流密度减弱,这种现象称为趋肤效应(或集肤效应)。由于存在趋肤效应,当交变磁场直透入平板导体时,导体感应出的涡流密度随着深度的增加按指数规律衰减,如图 4.20 所示。

为了使交变磁场有更深的穿透能力,可以降低激磁电流密度。涡流检测深度与其频率成反比关系[图 4.20(b)]。频率越低,涡流渗入越深,可检测深度也越深。但应注意到,影响涡流检测深度的因素除激磁频率外,还有探头直径、试件表面状态等其他影响因素,在检测中应必须综合考虑上述因素。

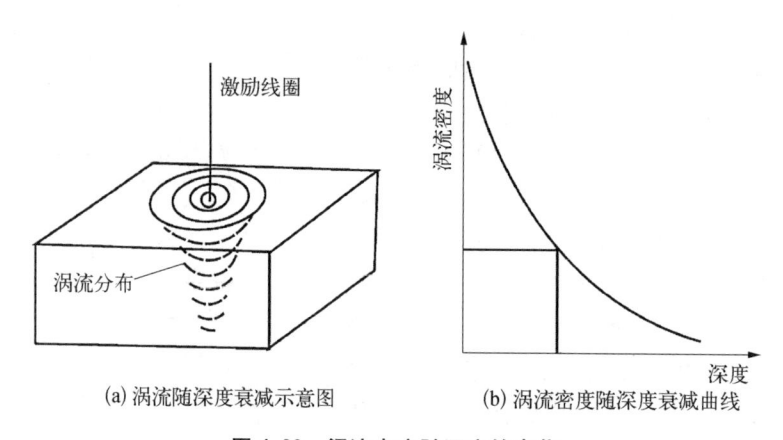

(a) 涡流随深度衰减示意图　　(b) 涡流密度随深度衰减曲线

图 4.20　涡流密度随深度的变化

一般来说,高频涡流用于检测表面或近表面裂纹(缺陷),低频涡流用于检测隐蔽面或紧固件孔壁上的裂纹(缺陷),如图 4.21 所示。

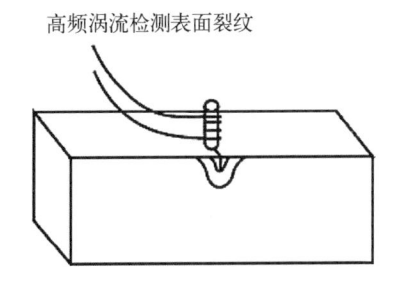

图 4.21 高频和低频涡流检测

3. 涡流检测法的适用范围

涡流检测可以用来检查飞机结构导电构件的疲劳损伤和腐蚀损伤。高频涡流可检测试件表面或近表面的损伤，而低频涡流可检测隐蔽面或紧固件孔壁的损伤。

碳虽不是金属，但它是能导电的，所以可以采用涡流检测法检查碳纤维复合材料构件中的纤维断裂损伤，见图 4.22。

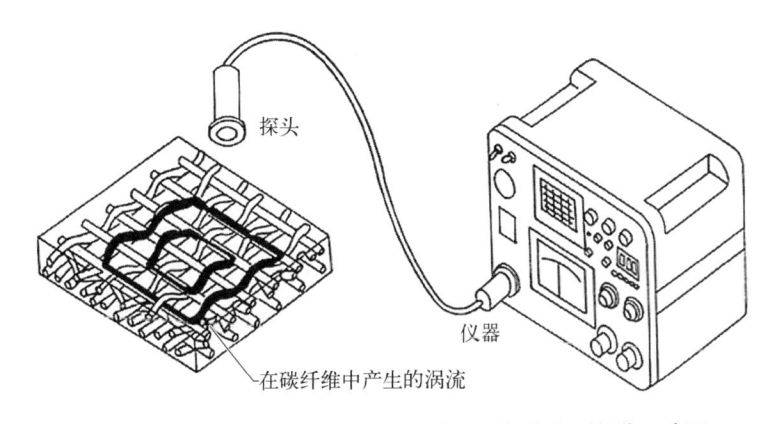

图 4.22 涡流检测法检测碳纤维复合材料纤维断裂损伤示意图

对于非金属构件，例如塑料、玻璃纤维复合材料等构件的损伤，涡流检测法是不适用的。

强磁性材料，例如热处理的碳钢或合金钢构件，由于冷加工等原因，构件表面的磁导率在不同部位有显著的不同。表面磁导率的不均匀容易产生杂乱信号，影响检测结果。所以，对于钢构件一般不采用涡流检测法探伤。

涡流检测法不能检测出平行于探测面的层状裂纹，如图 4.23 所示。另外，它存在容易使人误解的边界效应，当板材太薄（厚度小于 1.5 mm）时，板的边缘或紧固件孔壁的边

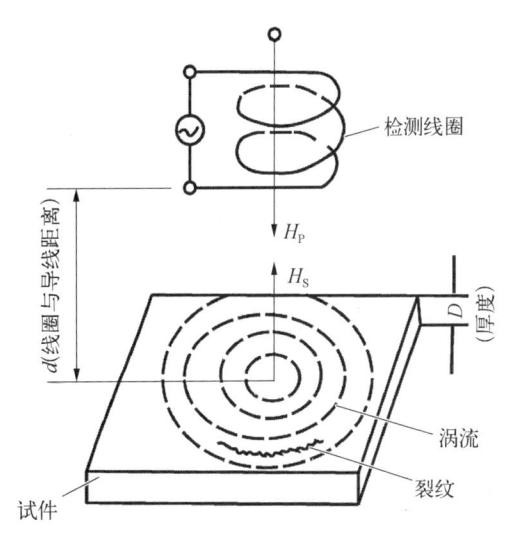

图 4.23 涡流法不能检测平行于探测面的层状裂纹

界效应较大,会给检测带来一定困难。

4. 涡流检测法的特点

涡流检测法方法简单,仪器轻便可移动,费用也不高,并且无需对检测表面做特殊清洁和准备工作便可作原位检查,加之检测精度比较高,使涡流检测法在飞机结构探伤中得到了广泛应用,尤其是对飞机结构中大量使用的铝合金构件,涡流检测法是首选的无损检测方法。

涡流检测法的优点:

(1) 涡流检测不改变试件的形状尺寸及性能,可无损伤地检测试件或现场原位检测;

(2) 由于涡流及其反作用磁场与金属试件的物理和工艺性能的多种参数有关,因此涡流检测是可检测材质、厚度、探伤等多方面应用的检测方法;

(3) 由于涡流是电磁感应的结果,检测时与超声波检测不同,不要求线圈与试件紧密接触,更不需要在线圈和试件之间填充耦合剂,因而有利于实现高速自动化,提高效率,获得广泛应用。

涡流检测法的缺点:

(1) 涡流检测只局限于导电材料;

(2) 由于涡流的趋肤效应,检测只对试件的表面和近表面有良好的灵敏度,随着离表面深度增加,其灵敏度逐渐降低;

(3) 不能检测平行于试件表面的层状裂纹;

(4) 探伤时难以判断缺陷的种类和形状;

(5) 对强磁性的钢结构材料,由于表面不同位置磁导率变化很大,使探测结果难以判断;

(6) 涡流检测结果不能永久保留。

5. 涡流检测法在飞机结构维修中的应用

涡流检测法是飞机结构维修检查中重要的无损探伤方法之一。例如:机翼大梁、桁条和机身框架连接的紧固件周边产生的疲劳裂纹;起落架、轮毂等的疲劳裂纹;发动机叶片的疲劳裂纹;铝蒙皮的腐蚀等。

一般情况下,采用高频涡流仪可以检测表面的裂纹、凹痕、蚀坑,可以灵敏地检查出构件表层的晶间腐蚀、应力腐蚀和小的蚀坑。

采用低频涡流仪可以检测表面下一定深度的裂纹和内侧表面的腐蚀,可以检查出构件隐藏面的腐蚀损伤(图4.24),它是一种检查铝合金构件隐藏面腐蚀损伤的优先选用方法。通过把试件的测试读数与标准参考试件的测试读数作对比,就能估计出腐蚀损伤的程度。采用低频涡流检测法可以估计出腐蚀损伤造成厚度减少的近似

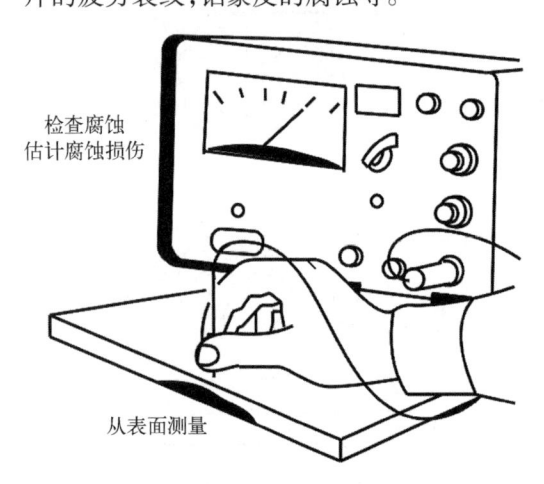

图 4.24 采用低频涡流检测隐藏面的腐蚀损伤

值。例如,可以估计出原厚度减少 10%、20% 还是 30%。用涡流检测法只能检查外层构件的腐蚀损伤,不能检测出内层构件的腐蚀损伤。应当指出,涡流检测法只适用于非磁性金属材料。

4.3.2 射线检测法

射线检测法,也称射线照相法,是利用某些射线能穿透物质并且能使胶片感光或使某些荧光物质发光的特性,对试件进行探伤的一种检测方法。其中,X 射线、γ 射线和中子射线穿透物体的能力最强。

1. 射线的产生

1) X 射线的产生

X 射线是从 X 射线管里发出的,X 射线管类似于二极电子管,其主要结构如图 4.25 所示。当灯丝通以电流加热到白炽状态时,其表面发射出自由电子,这时在阴极和阳极之间施加数十千伏乃至数百千伏的电压(管电压),电子在电场力的作用下以相当大的速度向阳极金属靶撞击,并在阳极表面被骤然阻止,大部分动能转变为热,约 1% 的动能则以 X 射线的形式辐射出来,透过 X 射线的管壁向外发射。探伤用的 X 射线就是由此产生的,X 射线的密度由加热阴极灯丝的电流来控制。

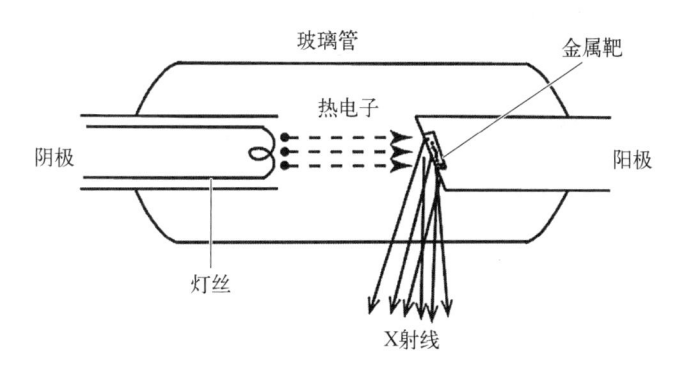

图 4.25 X 射线管结构示意图

2) γ 射线的产生

与 X 射线不同,γ 射线是放射性同位素在自然裂变时放射出来的电磁波。换句话说,γ 射线是在放射性衰变过程中所产生的处于激发态的原子核在向低能级的激发态或基态跃迁过程中产生的辐射。

γ 射线源比 X 射线源装置小,有利于在现场较狭窄或外场检测时使用,γ 射线源装置如图 4.26 所示。

关断 X 射线源装置的电源,它就不会再发出 X 射线。但 γ 射线源与此不同,它是连续不断地发射的,因此对射线源的管

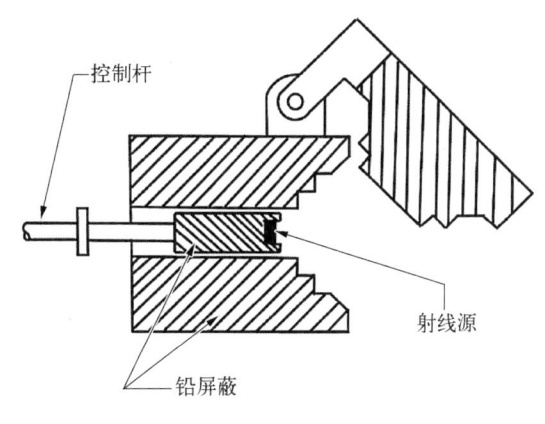

图 4.26 γ 射线源装置

理必须要严格。通常,放射性同位素严格封存在带有铅板屏蔽保护的装置中,只有在使用时才打开。

2. 射线检测法的基本原理

X 射线和 γ 射线都是波长很短的电磁波,都具有穿透金属或其他物质的能力。γ 射线的波长比 X 射线的波长更短,因而穿透能力更强一些。下面以 X 射线为例,说明射线检测的基本原理。

X 射线在穿透物体的过程中,会受到散射和吸收,使其穿透后的强度比穿透前的强度有所衰减,X 射线穿透金属或其他物质的穿透率与被照物质的种类、厚度或密度有关。物质密度越高,射线被吸收越多,穿透率越低。X 射线透过被检物体,缺陷或损伤部位(如气孔、非金属夹杂等)的密度和基体金属不同,对射线的吸收能力是不同的。缺陷或损伤部位所含的空气和夹杂物对射线的吸收能力大大低于基体金属对射线的吸收能力。这样,透过有缺陷或损伤部位的射线强度高于无缺陷或损伤部位的射线强度。所以,X 射线感光胶片上对应于缺陷或损伤的部位接收的 X 射线粒子就多,从而所形成缺陷或损伤影像的黑度也就高。如果将强度均匀的射线照射被检物体,使透过的射线在照相底片上感光,根据显影后的胶片黑度的不同,就可知道物体内部的结构及其缺陷情况,如图 4.27 所示。这种根据照相底片观察分析材料缺陷的种类、形状、大小、分布状况的方法称为射线照相法探伤。

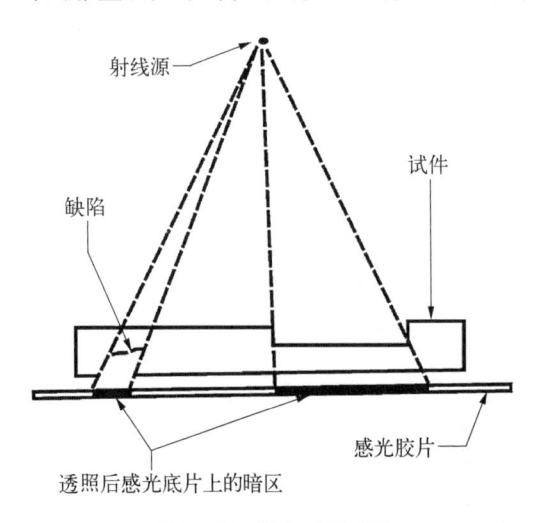

图 4.27 射线照相方法

3. 射线照相法检测的操作

1) 操作步骤

首先,把射线装置安放在距飞机结构被检测部位 50~100 cm 的位置处,射线装置的放置要使射线穿透的厚度为最小;然后,把胶片盒紧贴在试件的背面,让射线照射适当时间(几分钟到几十分钟)进行感光;再把感光后的胶片在暗室里进行显影、定影、水洗和干燥;最后,将干燥的底片放在显示屏的观察灯下观察,根据底片的图像判断缺陷或损伤的类型、大小和数量。

2) 照相规范

X 射线照相法探伤主要是通过感光胶片上的黑度和图像来判断缺陷情况,这就要求胶片上的图像有好的对比度和清晰度,而影响对比度和清晰度的因素,就是照相过程中的技术规范。

影响对比度和因素主要有以下两点。

(1) 管电压低,平均波长就长,对比度就高。但管电压也不能太低,否则 X 射线能量低,X 射线太软,穿透能力小,透过的射线弱,得不到足够黑度的底片。

(2) 胶片的类型和质量。

影响缺陷图像清晰度的因素主要以下几点。

(1) 缺陷与射线之间的距离值越大,缺陷图像越清晰;缺陷与胶片之间的距离越小,缺陷图像越清晰。由于射线源具有一定大小,在缺陷或损伤图像就会产生半影部分。假如缺陷或损伤横向尺寸较小,缺陷或损伤图像就会淹没于半影之中,清晰度降低,难以看清缺陷或损伤。射线源与缺陷或损伤之间距离越大,半影的影响就越小;另外,缺陷或损伤与胶片的距离越小,图像越清晰。因此,射线源与被检试件之间的距离较远,被检试件和胶片盒贴得很紧时,半影就可以减小。但是,射线的强度与射线源至胶片距离的平方成反比的,所以也不能把射线源放得太远。

(2) 射线源越小,缺陷图像越清晰。但太小的射线源发出的射线强度也会很弱。

(3) 清晰度与胶片的选择也很有关,一般低感光度的胶片能获得对比度高、清晰度高的图像胶片,因而往往选择低感光度的胶片。

(4) 操作人员的技术水平和经验,也是获得高清晰度图像的重要因素之一。

4. 胶片图像的分析评判

必须在有足够亮度的灯光下,对每一张底片进行认真细致的观察,评判有无损伤。根据不同损伤的成像特征确定损伤的类型。胶片图像的分析评判一般由两个程序组成:一是射线检测人员对胶片图像的初步分析评判,一般只对缺陷的状态,包括形状、大小、数量进行初步评判;二是具有较高的综合知识和丰富实践经验的工程技术人员再对缺陷图像做进一步分析,以便确定零部件应该维修、更换,还是继续使用。

1) 裂纹

裂纹的成像特征一般为锯齿形黑色条纹,明显易辨。裂纹易于产生在铆钉边缘处,也易于产生在桁条或缘条的端头边界处,在观察底片时要特别注意这些受力部位。正确辨别真伪裂纹是确定真裂纹存在的关键。飞机结构中,尤其是组合件结构中,常因密封胶、腐蚀抑制剂、塑料制品的老化脆裂形成的裂纹与金属裂纹混在一起而形成误判。评判者应该熟悉飞机结构,了解部件受力情况及裂纹扩展方向规律,要认真辨别伪裂纹起始部位与真裂纹起始部位的差异;也可携带底片到飞机原位上与实物核对,最后确定真伪裂纹。

由于 X 射线具有方向性,从不同方向透射物体结果可能完全不同。所以,射线检测人员应从不同方向透照工件,供分析评判时综合分析参考。射线检测只能发现平行于射线方向上具有足够厚度的裂纹;当裂纹与 X 射线束方向夹角大于 5°时,一般很难发现;裂纹的宽度也影响检测灵敏度,如紧密闭合的裂纹也很难检测出来。

2) 腐蚀

腐蚀在底片上大多呈现无规则的、边缘不整齐的斑、点或块状。腐蚀深浅程度和面积不同,在底片上显示的损伤图像颜色深浅就不同,面积大小也不等。如果检测重点是腐蚀,应正确选取透照条件,严格计算曝光量,使其达到所需透照灵敏度。一般来说,对于中等强度以下的腐蚀,采用 X 射线检测法进行检查是不太可靠的。因为腐蚀深度过浅,在 X 光底片上反差较小,损伤不能从胶片上明显地辨认出来。如图 4.28 所示,当腐蚀深度是蒙皮厚度的 20%时,如果单是一层蒙皮,采用 X 射线是可以检查出腐蚀来的。但是,如果蒙皮与桁条铆在一起形成组合件,腐蚀深度只有总厚度的 4%,则难以检测出腐蚀损伤。所以,如果某一金属板材严重腐蚀,损失的厚度已是叠合厚度的 20%或更多时,采用 X 射线照相法检测是合适的。

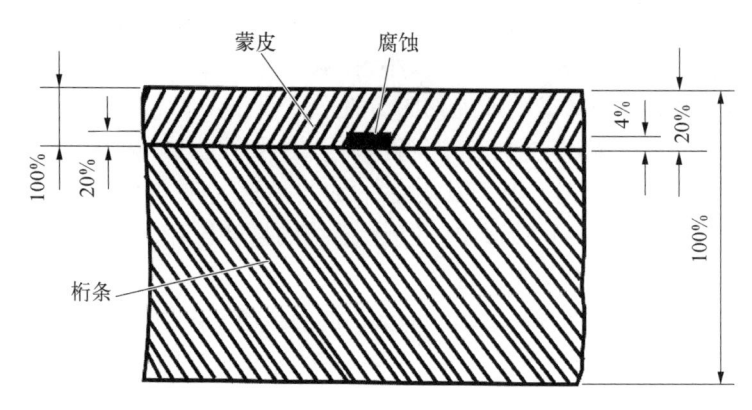

图 4.28 蒙皮与桁条组合件中腐蚀的检测

采用 X 射线照相法可以检查中等程度以上的腐蚀损伤,但它对腐蚀的检查只能大致给出腐蚀情况,而不能给出腐蚀损伤的深度尺寸。如需测出腐蚀深度,可采用超声波测厚法对其进行测量。

3) 外来物

外来物在底片上都呈现物体的原状,易于识别。

5. 射线检测法的特点

射线检测法实际上就是射线照相法,因此,检测结果便于长期保留。这种检测方法几乎适用于所有材料,而且对工件形状及表面情况均无特殊要求,适用于飞机上结构件的原位检查;不但可检测出表层构件的损伤,还可以检查内层构件损伤,可用于检测飞机的腐蚀损伤。对目视可达性差或被其他构件覆盖的结构件,如蒙皮下桁条、框和肋等,用其他检测方法难以实施检测时,采用射线照相法对发现结构中隐藏性损伤是较为有效的。同时,由于射线照相法对检测部位不需要大的拆卸,可节省为检查而拆装的工时,缩短飞机的维修停场时间。射线检测法缺点是对检测工件的厚度有一定的限制;检测设备一次性投资大,检测费用高;射线对人体有伤害,检测人员应进行特殊防护。

6. 射线探伤法在飞机结构探伤中的应用

X 射线照相法广泛用于金属和非金属的无损探伤。对厚的构件或结构,采用较硬的 X 射线检测;对于较薄的构件或结构,使用较软的 X 射线。飞机结构件绝大部分是铝合金构件,在进行原位检测时,选用 160 kV 以下的 X 射线机较为适宜。

在飞机上,可用 X 射线照相法检测的部位主要有:

(1) 机身部位:舱门框、窗框、工艺对接框和加强框以及机舱内加温管道地区;

(2) 机翼:机身与机翼连接肋、加强肋、内外翼结合肋、翼梁以及襟翼、副翼和导流板等;

(3) 水平尾翼:翼梁、翼肋及升降舵内部结构;

(4) 垂直尾翼:翼梁、翼肋及方向舵内部结构。

采用 X 射线检测法可以发现裂隙(例如铆缝)中的水银,甚至微小的水银珠都能在胶片上明显地显示出来。

采用 X 射线检测可以发现蜂窝结构中的水分。

4.3.3 超声波检测法

1. 超声波检测法的基本原理

超声波检测法是利用超声波在被检材料中的响应关系来检测孔蚀、裂纹等缺陷及厚度的一种检测方法;利用压电材料产生超声波,入射到被检材料中;超声波在异质界面上会发生反射、折射等现象,尤其是不能通过气体固体界面。如果金属中有气孔、裂纹、分层等缺陷(缺陷中有气体),超声波传播到金属与缺陷的界面处时,就会全部或部分反射。反射回来的超声波被探头接收,通过仪器内部的电路处理,在仪器的荧光屏上就会显示出不同高度和有一定间距的波形,可以根据波形的变化特征判断缺陷在工件中的深度、位置和形状。

2. 超声波的发射和接收

超声波的发射和吸收是利用压电材料的压电效应来实现的,压电材料主要是石英晶体、钛酸钡、锆钛酸铅等。压电材料受到拉伸或压缩应力时,表面会产生电荷,这种效应称为正压电效应[图 4.29(a)]。反之,这些材料在交变电场作用下在厚度方向上发生拉伸和压缩变形,产生伸缩振动,这种效应称为逆压电效应[图 4.29(b)]。

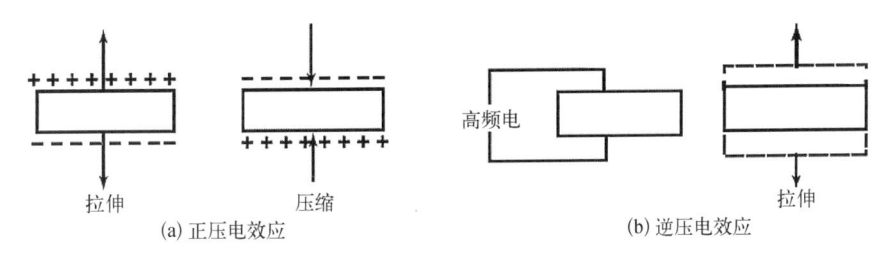

图 4.29 压电效应

超声波的产生是逆压电效应过程。要使压电材料产生超声波,首先要将压电材料切成在一定频率下发生共振的晶片。将晶片两面镀上银作为电极,把高频电压加到这两个电极上,晶片就在厚度方向上发生伸缩振动(图 4.30),其振动频率与高频电压的频率相同。这种振动就是超声波,它可传播到被检物体中去。

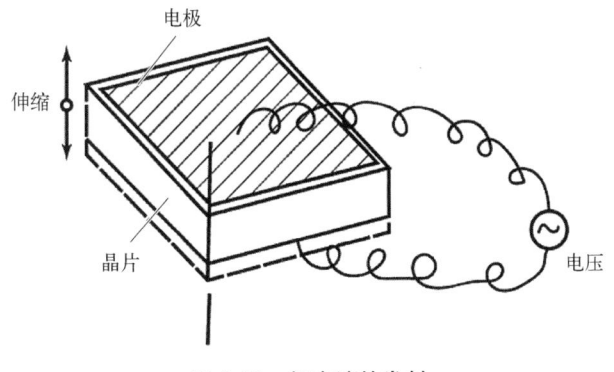

图 4.30 超声波的发射

超声波传播到金属与缺陷的界面处时,就会全部或部分反射。当反射声束作用到晶片上时,晶片产生拉压变形(振动)。由于晶片的正压电效应,晶片两端面便产生电荷,形成频率与超声波相同、强度与超声波成正比的高频电压。分析这些交变电信号,就可完成接收工作。通常在超声波探伤中,使用同一个晶片,既作发射又作接收。

3. 超声波的种类和特性

超声波是频率高于 20 kHz 的声波(机械波),它具有波的特性,如反射、折射、直线传播以及干涉、衍射等特性。但超声波不能在真空中传播,必须有传播介质才能传播。探伤中所使用的超声波频率一般在 5 000 kHz 和 10 MHz 之间,用得最多的是 1~5 MHz 的超声波。由于波长短,小缺陷引起的反射比较大,故对小缺陷比较敏感。

1) 超声波的种类

由于空气和水承受剪切的能力非常低,基本上不能承受剪切作用,所以在空气和水中传播的声波只有疏密波,称为纵波。固体介质能承受剪切作用,所以可传播介质粒子振动方向与波的传播方向相垂直的横波。纵波和横波如图 4.31 所示。

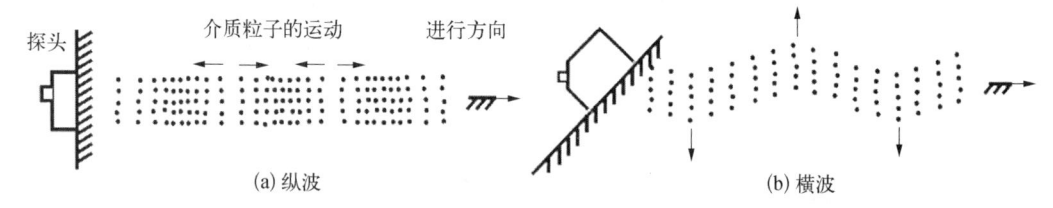

图 4.31 纵波和横波

此外,还有在固体表面传播的表面波和在薄板中传播的板波。表面波渗透深度在波长范围内。当固体厚度大于波长时,产生瑞利波;当固体厚度小于波长时,产生乐甫波。固体厚度与波长相当时,可在板内形成板波。板波可用于测量板材厚度,探测分层和裂纹,也可探测复合材料的黏接质量。

传播到被测工件中的超声波类型取决于探头类型,也就是探头中晶片相对于探测面的方向。纵波是由垂直探头产生的,沿着与探头接触面(探测面)垂直方向传播的,如图 4.32 所示。横波是用斜探头产生的,斜探头是将晶片贴在有机玻璃楔块上制成的,晶片振动产生的纵波在斜楔块中传播,在探测面上发生折射,探伤检测中使用的斜探头发出的超声波通常只有横波,如图 4.33 所示。

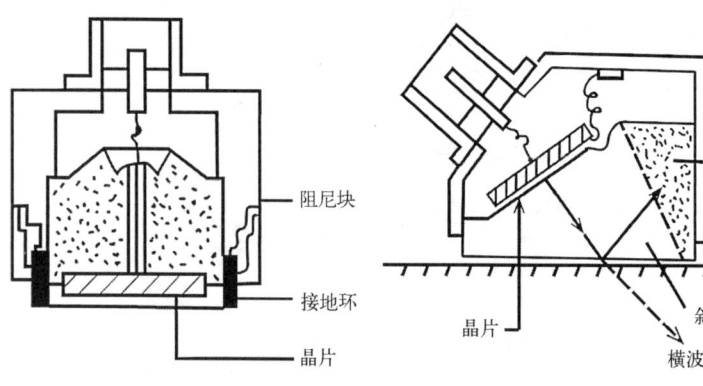

图 4.32 垂直探头(因晶片直接接触金属,下方电极省略)

图 4.33 斜探头

2) 超声波在介质界面处的反射与折射

a. 超声波垂直入射时的反射与穿透

当超声波从垂直方向入射到两种不同介质界面时,一部分超声波被反射,另一部分穿透界面进入第二种介质。当超声波传到与空气的界面时,在界面上几乎全部被反射,不能传到空气中。因此,如果探头与被检物体之间有空气,超声波就传不到被检物体中。所以,采用超声波探伤时要使用耦合剂,使超声波能射入被检构件,常用的耦合剂有机油、甘油、水、水玻璃等。

b. 超声波斜射时的反射与折射

当把斜探头接触到构件上时,超声波在界面上会发生反射和折射。因为两者都是固体,反射波和折射波都存在纵波和横波,如图 4.34 所示。图中,上部是第一种介质,其声速为 c_1,声压为 p_1,下部是第二种介质,声速为 c_2,声压为 p_2,L 为入射纵波,L_1 为反射纵波,S_1 为反射横波,L_2 为折射纵波,S_2 为折射横波。

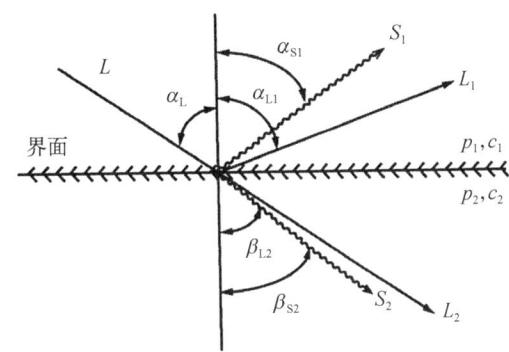

图 4.34　固体界面上的反射和折射

当入射角 α_L 增大时,折射角也增大。当 α_L 增大到第一临界值(第一临界角 α_{LCr1})时,纵波折射角 $\beta_{L2} = 90°$。因此,当入射角大于第一临界角时,在被检测构件中,只有横波射入。用斜探头检测时,如果被检测构件中的折射波同时存在纵波和横波,会给判断缺陷和损伤带来困难。因而,检测时要适当调节探头入射角(即斜楔块的角度),使入射角大于第一临界角,让被检测构件中只有折射的横波。

当入射角继续增大到第二临界角(α_{LCr2})时,横波折射角 $\beta_{S2} = 90°$。如果入射角大于第二临界角,横波也将全反射。当入射角等于第二临界角时,只在构件表面存在表面波。

3) 超声波在缺陷或损伤处的反射

当超声波遇到缺陷或损伤时,就要发生反射和散射。当缺陷或损伤的尺寸小于波长的一半时,由于衍射作用缺陷不会影响到超声波的传播。只有当缺陷尺寸大于波长的 1/2 时,才会发生反射和散射。缺陷或损伤的尺寸比半个波长大得越多,反射越容易。缺陷或损伤的形状与方向不同,反射的方式也不同。如果超声波垂直入射到平面状的损伤上,反射波就会反射到晶片上,得到很高的损伤回波[图 4.35(a)]。因此,对于构件中平

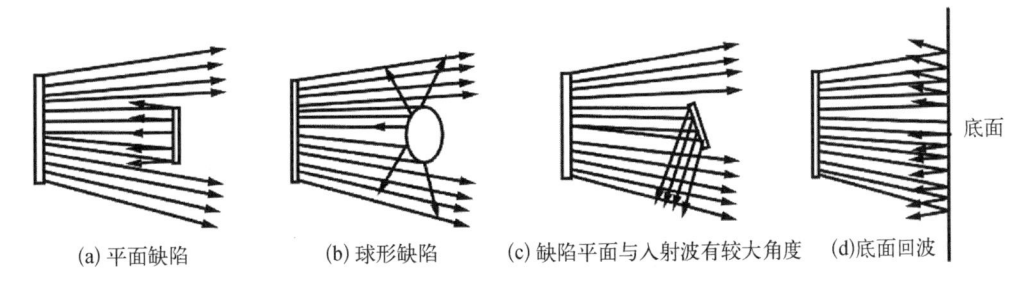

(a) 平面缺陷　　(b) 球形缺陷　　(c) 缺陷平面与入射波有较大角度　　(d) 底面回波

图 4.35　各种形状和方向的反射体发出的超声波反射

行于探测面的裂纹或分层损伤,超声波检测的分辨率很高;对于球形缺陷(如气泡),反射波是各方向散射的[图4.35(b)],回到晶片的反射波较少,缺陷回波较低;当缺陷或损伤平面与入射波存在较大角度时,可能几乎没有回波[图4.35(c)];从超声波入射面(探伤面)对侧的反射面(即底面)反射回来的超声回波,就是底面回波(底波)[图4.35(d)]。

4. 超声波检测法

1) 纵波检测法

用垂直探头采用直接耦合或水浸法将超声波直射入工件,利用工件中传播的纵波遇到不同介质的界面会发生反射而进行缺陷或损伤的检测,称为纵波检测法。检查螺栓的周向裂纹可用此方法,也是超声波检测中应用最广泛最基本的方法。

图4.36所示为纵波脉冲反射法示意图。工件无缺陷时,只显示始波T和底波B[图4.36(a)]。当工件中有缺陷时,在始波和底波之间出现一个伤波[图4.36(b)];当缺陷横截面积很大时,将无底波,声束被缺陷全反射[图4.36(c)]。

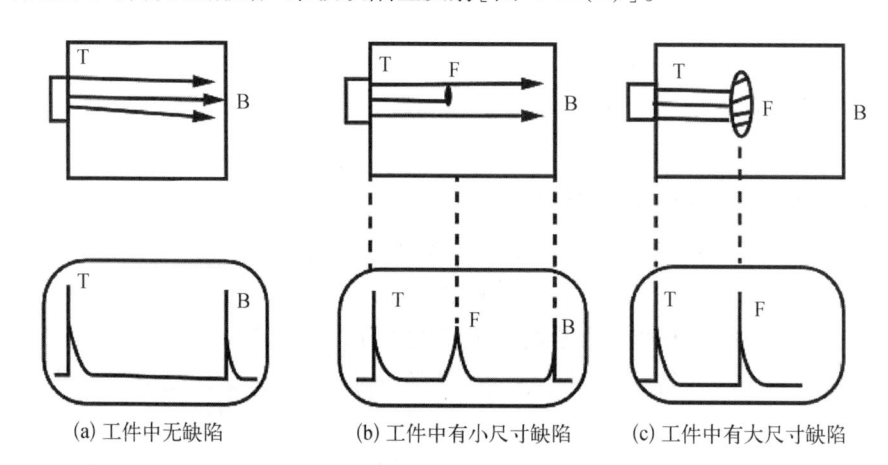

(a) 工件中无缺陷　　(b) 工件中有小尺寸缺陷　　(c) 工件中有大尺寸缺陷

图4.36　纵波脉冲反射法

设探测面到缺陷的距离为x,材料厚度为t,从示波器始波T到伤波F的长度为L_F,从始波到底波的长度为L_B,可得$x=(L_F/L_B)t$。由此,可求出缺陷的位置。另外伤波高度随缺陷或损伤增大而增高,所以可由伤波高度估计缺陷或损伤的大小。当缺陷或损伤很大时,可以移动探头,按显示缺陷或损伤的范围求出缺陷或损伤的延伸尺寸。

纵波检测法易于检测出与工件探测面走向平行的缺陷。但纵波检测受仪器盲区和分辨率的限制,表面和近表面检测能力低。纵波检测适于检测大面积的厚工件,定位简单。

2) 横波检测法

利用斜探头,使晶片发出的纵波穿过有机玻璃透声楔块倾斜入射至界面,当入射角在第一临界角与第二临界角之间时,在被检测工件中只有折射横波,应用这种方法的检测即为横波检测。

通过选择探头角度,使声束与缺陷走向相垂直,从而使反射回波最大,达到检测目的。因此,横波检测可发现与工件表面成一定角度的缺陷或损伤。在飞机结构维修检测中,检查接耳部位时,由于接耳裂纹多为从螺栓孔内壁开裂的径向损伤,故在接耳部位外侧表面使用横波进行原位检查能达到满意效果。

横波检测可弥补纵波检测的不足之处。用纵波直探头检测,工件中垂直于探测面的缺陷或损伤不易发现。因此,常辅以横波检查。横波波长短,检查缺陷能力比纵波高,波束指向性较好,分辨力强。使用斜楔块可避免晶片的直接磨损,斜楔块还能起延迟作用,使盲区减小,近表面检测能力提高。因为横波穿透能力差,所以横波检测一般无底面回波。因此,缺陷或损伤检测的定位及定量分析均须使用试块;由于受入射角度限制,当管材壁厚与外径比大于20%时,横波无法入射到内壁,不能达到检测目的。

5. 超声波检测法的特点及应用

超声波检测法可用于金属、非金属、复合材料制件的损伤探测,既可以检测工件内部的缺陷,也可以检测工件表面的缺陷。可用来检测锻件、型材的裂纹、分层、夹杂,铸件中的气孔、裂纹、疏松等缺陷,焊缝中的裂纹、气孔、未焊透等缺陷,复合材料的分层、脱胶等缺陷,还可以测定工件的厚度。

采用超声波厚度仪可以从一侧测量构件的厚度,精确度可达到±1%。

可以用超声波厚度仪检测轻微的腐蚀,但不能检测中等或严重的腐蚀损伤。这是因为中等以上的腐蚀损伤,由于超声波的散射,不会得到构件厚度度数。但是,当清除腐蚀产物后,可以用它来测量去腐后的构件厚度(图4.37),并可进一步确定腐蚀造成的材料减少量。

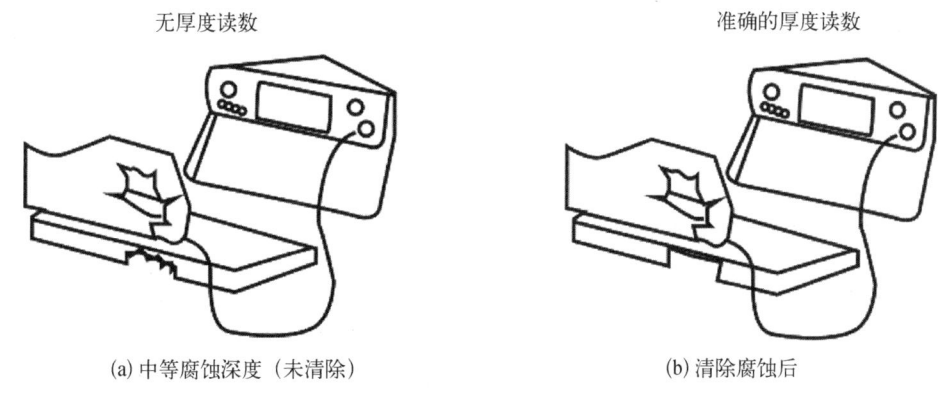

(a) 中等腐蚀深度(未清除)   (b) 清除腐蚀后

图 4.37 用超声波厚度仪测量构件厚度

优点:超声波的指向性好,穿透性强,对平面型缺陷十分敏感。只要声束方向与裂纹方向之间夹角达到一定的要求,即可显示出伤波,探测出缺陷所在位置。所以,超声波对于检测表面或内部缺陷都是一种灵敏度很高的方法。检测使用的超声波对人体和环境无害,设备轻便,便于携带,可进行现场检测。

局限性:超声波对微小缺陷或损伤敏感,但采用超声波检测只能检测探头可接触构件的损伤。不适用于形状复杂或表面粗糙工件的损伤探测;若对工件中的缺陷作精确的定性、定量分析,需要有参考标准。

4.3.4 磁粉检测法

铁磁试件被磁化后,若试件存在表面或近表面的缺陷,会使试件表面产生漏磁,磁粉检测就是通过检测漏磁来发现缺陷的一种无损检测方法。

1. 磁粉检测原理

铁磁性材料中,存在着许多微弱的小磁场,称为磁畴。这些磁畴取向随机,磁性相互抵消[图4.38(a)],因而铁磁性材料没有被磁化时整体上不存在磁场。当铁磁性材料被磁化时,这些磁畴有规则排列起来,呈现磁极,如图4.38(b)所示。

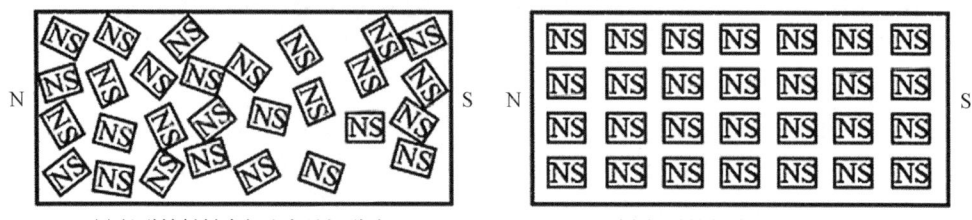

(a) 铁磁性材料内部取向随机磁畴 (b) 铁磁性材料磁化后磁畴

图4.38 铁基金属材料的磁化

含有裂纹缺陷的强磁性材料被磁化时,除裂纹和两端外,连续部分的小磁畴其S、N磁极相互抵消,不呈现磁性。但在裂纹处,材料断开,磁性不连续,呈现磁性。图4.39所示为含裂纹试件内磁场。如果工件表面或近表面存在缺陷,造成局部磁阻增大,磁力线在缺陷附近弯曲,呈绕行趋势,如图4.40所示。当表面或近表面存在缺陷时,在试件表面有溢出的磁力线,这种溢出的磁力线称为缺陷漏磁,在缺陷附近形成缺陷的漏磁场,此漏磁场将吸引、聚集检测过程中施加在工作表面上的磁粉,显示出磁粉痕迹,形成缺陷显示。

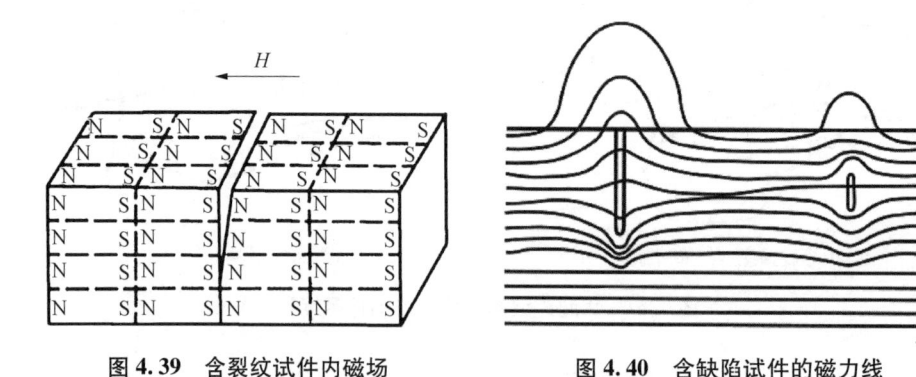

图4.39 含裂纹试件内磁场   图4.40 含缺陷试件的磁力线

2. 磁粉检测的操作

1) 表面处理

清除零件表面上的氧化皮、油污、灰尘、漆或其他妨碍对磁痕做出正确判断的杂质。如果被检零件表面涂层或镀铬层不超过0.08 mm,镍或其他铁磁性镀层厚度小于0.3 mm,则可以进行带涂层、镀层的磁粉检验;如果检验时有超过上述厚度的涂层、镀层存在,则必须证明所用方法能将最厚涂层、镀层处的最小允许缺陷检验出来,否则必须清除涂层或镀层。

2) 磁化

首先,根据试件的几何尺寸和形状以及可能存在的损伤的形状和方向,合理地选择磁化方法。然后,根据磁化方法、磁粉和试件的材质、形状、尺寸等因素确定磁化强度或磁化电流值。具体磁化电流值参见有关行业标准。下面内容简单介绍磁化方法。

a. 周向磁化法

周向磁化又称圆周磁化或环向磁化。当试件被周向磁化时,被磁化的试件会产生与轴线相垂直环绕着试件的磁场。这样的磁场有利于发现试件中平行或接近平行于轴线的缺陷。常用的周向磁化方法有以下几种。

a）直接通电法

直接通电法包括轴向通电法[图4.41(a)]和直角通电法[图4.41(b)]。这些方法是把电流直接通入试件的一种方法,适用于较小的试件,轴向通电法主要用来发现棒材和空心管材等零件外表面纵向缺陷和损伤(裂纹)。空心圆柱体内表面的磁场强度 $H=0$,所以用直接通电法不能显示内壁缺陷。使用直接通电法,应防止试件过热或烧坏。为此,在接触夹头上应加铅铜网保护。图4.42所示为用轴向磁化法检查螺栓表面裂纹的示意图。从图上看出,平行或接近平行于轴线的裂纹显示较好,而圆周方向的裂纹几乎无显示。

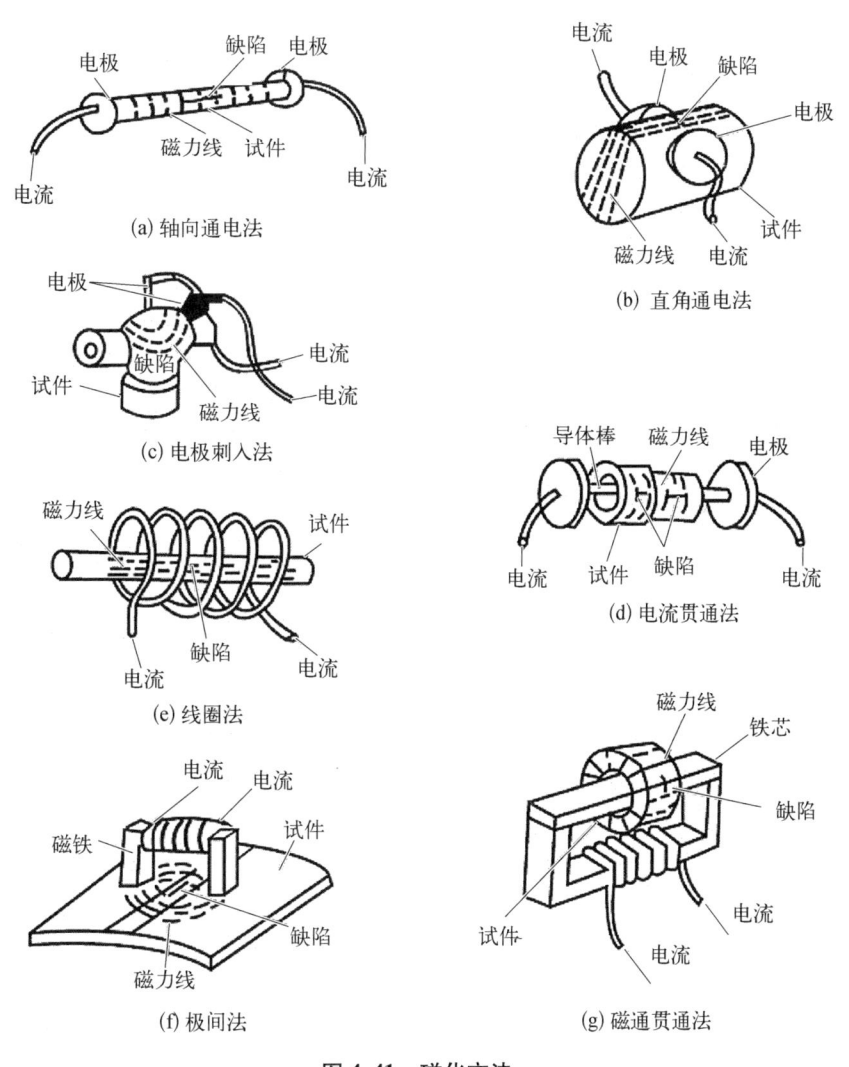

图 4.41 磁化方法

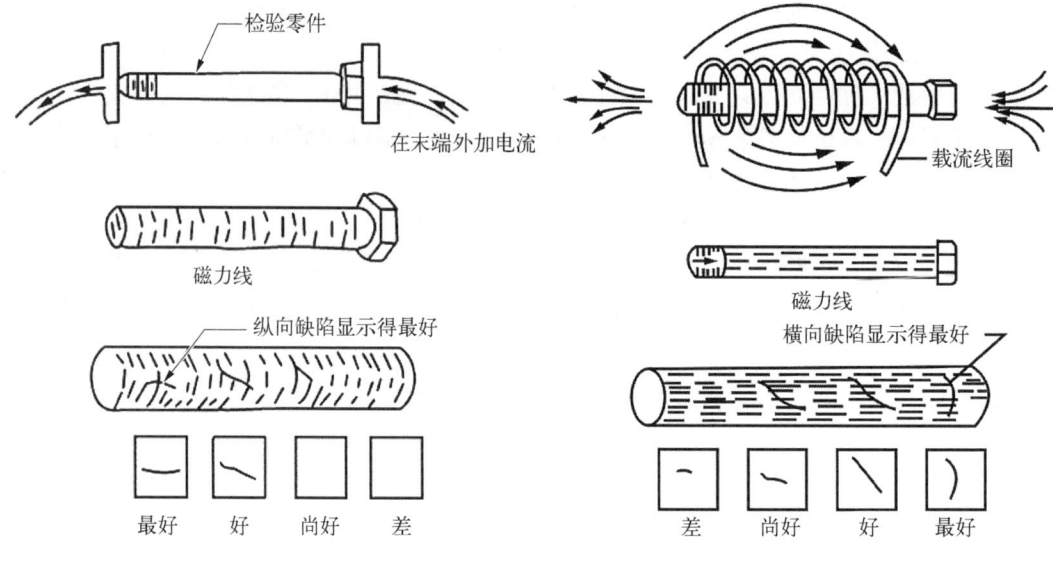

图 4.42 轴向磁化法检查螺栓裂纹　　　图 4.43 线圈磁化法检查螺栓裂纹

b) 电极法

电极法即图 4.41(c)所示的电极刺入法,也称磁锥法或支杆法。这种磁化方法是把一对磁锥通电产生磁场,局部磁化较大试件。磁锥间距一般为 5~20 cm。此法易在飞机上进行原位检查,并适于检查复杂构件。

c) 芯棒法

芯棒法即图 4.41(d)所示的电流贯通法。该磁化方法是利用非磁性良导体(铜棒)作为芯棒,穿入空心试件,然后让电流通过芯棒,在芯棒周围产生周向磁场,使试件磁化,这种磁化方法是一种间接磁化法。轴承、连接接耳等零构件通常采用此种磁化法。从磁场分布来看,此种磁化方法可以发现试件内外表面纵向缺陷。

b. 纵向磁化法

纵向磁化或轴向磁化法系指在试件纵向或轴向产生磁场的磁化方法。这种磁场有利于发现试件表面或近表面横向或圆周方向的缺陷(裂纹)。常用的纵向磁化法有以下几种。

a) 线圈法

该磁化方法如图 4.41(e)所示,它的磁场是利用电流流过线圈产生的,采用这种磁化方法易发现周向缺陷或损伤,例如螺栓或轴的周向裂纹。图 4.43 所示为用线圈磁化法检查螺栓表面裂纹的示意图。从图中看出,周向裂纹显示最好,而平行于轴线的裂纹几乎无显示。

b) 电磁铁法

电磁铁法即图 4.41(f)所示的极间法,又称磁轭法。这种磁化方法形成了闭合环磁路,磁化效果好;而且,设备轻便小巧,适于检查试件不同方向的缺陷。使用磁轭和永久磁铁对飞机外场检查带来了很大方便,如检测起落架颈部和各种接耳等。但必须得到批准才能使用永久磁铁。

c）感应电流法

感应电流法即图 4.41(g)所示的磁通贯通法。这种磁化方法是利用类似变压器工作的原理，使铁芯产生感应电流，进而产生闭合磁力线。可用这种磁化方法检查试件存在的周向缺陷或损伤，适用于较小的试件。

c. 复合磁化法

复合磁化法是采用纵向通直流电、线圈通交流电的联合磁化方法（实际上是轴向通电法加线圈法）。实际检测中，往往不能预料缺陷的方向，这时可采用能取得互相垂直磁场的复合磁化方法。这种情况下，产生的磁场强度为各方法产生磁场强度的矢量和，利用这种叠加法可发现多方向的缺陷。

3）磁粉与磁悬液

磁粉一般采用几微米到几十微米的铁粉材料。当有荧光材料附着在磁粉上时，称为荧光磁粉，不含荧光材料的磁粉称为非荧光磁粉。由于荧光磁粉在紫外线下能取得明显的对比度，因此，这种磁粉适用于微小裂纹和损伤的检查。

磁粉分为干式和湿式两种。干磁粉是直接撒在试件表面上的；湿磁粉是把磁粉调匀在水或无色透明的煤油中作为磁悬液来使用的。根据中华人民共和国民用航空行业标准 MH/T 3002.2–1995《航空器无损检测　磁粉检测》规定，磁粉检测中一般使用磁悬液。

磁粉应具有高磁导率、低剩磁和低矫顽力的特性。为了得到一致的检验结果，磁粉粒度的大小、形状以及材料应满足 MH/T 3002.2–1995 的有关规定：

（1）对于非荧光磁粉的磁性吸取应满足：分散于载液中的磁粉能够被吸取出来，在容器底部应无痕迹显示；

（2）荧光磁粉、非荧光磁粉的粒度应满足：测试磁悬液中至少有98%重量比的磁粉通过孔径 45 μm 的筛子；

（3）磁悬液应满足相应的灵敏度标准；

（4）荧光磁粉应满足相应的动态稳定性和静态稳定性要求。

4）施加磁粉

把磁粉或磁悬液浇洒在磁化的试件上称为施加磁粉，它分为连续法和剩磁法。

a. 连续法

在施加外磁场的同时把磁粉缓慢均匀地浇洒在试件被检测表面上，而后进行观察，这种方法称为连续法。采用这种连续法时，必须在磁粉浇洒后才能切断磁场电源。此法具有灵敏度高的优点，适于软磁性材料。

b. 剩磁法

剩磁法是利用试件磁化后的剩磁来检测表面缺陷的一种方法。检测灵敏度较连续法低，适于剩磁大的硬磁性材料，如经热处理的 45 号钢、30CrMnSiA 钢、30CrMnSiNi2A 钢等。

5）磁粉痕迹的观察和判断

磁粉痕迹的观察是在施加磁粉后进行的。当采用非荧光磁粉时，在光线明亮的地方进行观察；当采用荧光磁粉时，在暗室使用黑光灯观察。

在飞机结构维修中，主要是检测裂纹。裂纹中间部位磁粉堆积浓密，尖端处较细。构件截面急剧变化的部位，容易产生磁粉堆积，形成假磁粉痕迹。此时，需要用其他检测方法进行检测,确定是否为缺陷和损伤。

6)退磁

经磁粉检测后的零构件必须退磁。这是因为零件有剩磁时会吸引铁屑,若是轴承或轴类零件,就很容易磨损。退磁方法通常是在零件上施加大于磁化磁场强度的反向退磁磁场,并逐渐降低磁场强度。工件退磁后,应用磁场计进行剩磁场测量,剩磁场强度小于一定的数值,退磁工作才能完成。

7)清洁

退磁后的零件必须清洁,包括清除缝隙、孔等处的剩余磁粉、堵孔的填充物和其他检测辅助物。

3. 磁粉检测法的应用

磁粉检测法是检测飞机结构中铁磁性材料工件表面或近表面缺陷或损伤的最好方法。飞机上钢结构零部件,如接头、安装座、起落架及发动机上的合金结构钢部件,均可采用磁粉探伤。这种方法操作简单、检查迅速、灵敏度高、缺陷或损伤显示直观等优点,能准确地确定缺陷大小、形状和位置,检测结果直观而可靠,很多情况可现场原位检测,给工作带来很大方便。磁粉探伤对疲劳裂纹和应力腐蚀裂纹检测灵敏度高,结果可靠,还可配合涡流检测对结果进行进一步的验证。

磁粉检测法只能确定缺陷的位置和长度,不能确定缺陷的深度,也不适用于非铁磁性材料。虽然奥氏体不锈钢是铁基材料,但它是非磁性材料,不能采用磁粉检测法进行损伤检查。

4.3.5 渗透检测法

渗透检测法可以用来发现目视检查难以发现的表面开口的小裂纹或材料的不连续性,它适用于大多数飞机材料,并对各种类型结构可给出可靠的显示。

1. 渗透检测的基本原理

将一种含有染料或荧光粉的低黏性和低表面张力的渗透剂涂在经过彻底清洁的零构件表面上,经过一定时间,渗透剂可充分渗入表面开口的缺陷(裂纹)中;去掉零构件表面上多余的渗透剂,再在零构件表面涂上一薄层显像剂,缺陷(裂纹)中的渗透剂在毛细作用下重新被吸附到零构件表面上,从而形成放大了的缺陷显示;在黑光灯下(荧光渗透法)或白光灯下(着色渗透法)观察缺陷显示。缺陷(裂纹)处将呈现黄绿色(荧光渗透法)或红色(着色渗透法)的显示痕迹。这种检测方法称作渗透检测法。

2. 渗透检测法的操作步骤

渗透检测的操作步骤如图4.44所示。

1)表面预处理

零构件待检测表面应清洁、干燥,任何妨碍渗透剂进入表面开口缺陷(裂纹)、影响渗透剂性能或产生不良本底的零构件表面附着物,如油污、油脂、涂层、腐蚀产物、氧化皮、金属污物、焊剂、化学残留物等均应去除。局部进行渗透检查的零件,预处理范围应从检测区向周围扩展25 mm左右。

应根据零构件的材料、预期功能、加工方法和表面附着物的种类等因素,选用合适、有

第4章 飞机结构腐蚀损伤的检测

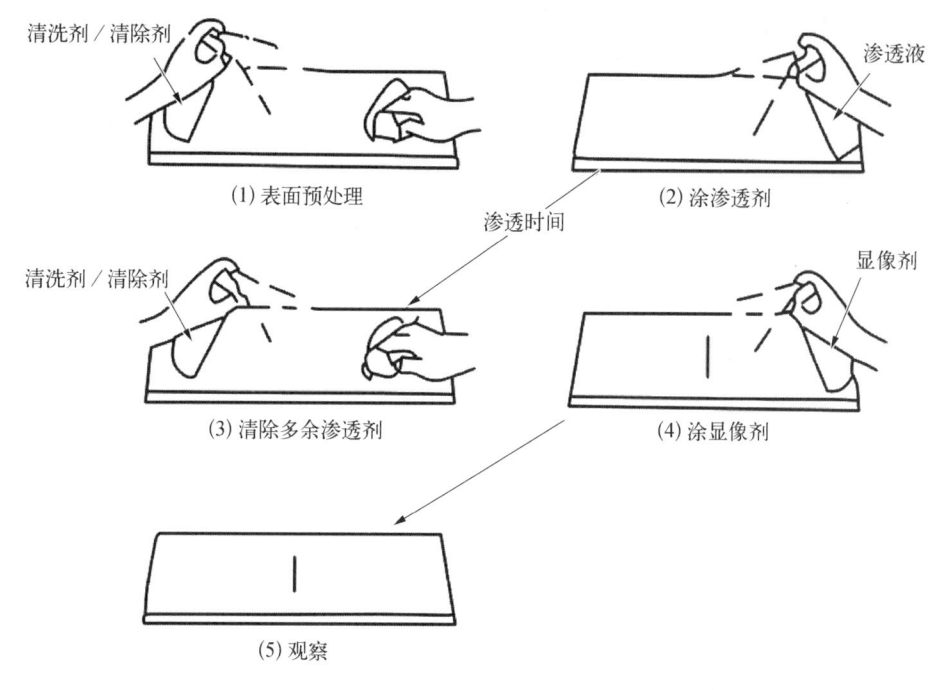

图 4.44 渗透检测操作步骤

效的预处理方法。常用的处理方法有溶剂清洗法、化学清洗法、机械清理法和浸蚀法。溶剂清洗包括三氯乙烯蒸气除油和超声波溶剂清洗等方法,适用于除油污、油脂、蜡等污物,它作为渗透检测前的最后清洗步骤;化学清洗适用于去除油漆、氧化皮、积炭层或其他溶剂清洗法不能去除的附着物;机械清理适用于水溶剂或化学清洗都不能去除的表面附着物;浸蚀法适用于因加工或预处理使表面状态降低渗透效果的零部件。应正确制定和严格控制浸蚀工艺,不要损坏零部件,高精度的孔和配合面不应进行浸蚀。

2) 涂渗透剂

施加渗透剂的方法有浸涂、喷涂、刷涂和流涂。可根据零构件尺寸、形状和所用渗透剂的特点选用合适的涂渗透剂方法。

零构件受检表面应被渗透剂覆盖[图 4.45(a)],在渗透时间内一直保持湿润状态。不允许接触渗透剂的表面应预先遮蔽或用适当的方法保护。渗透剂渗透的温度为 15~

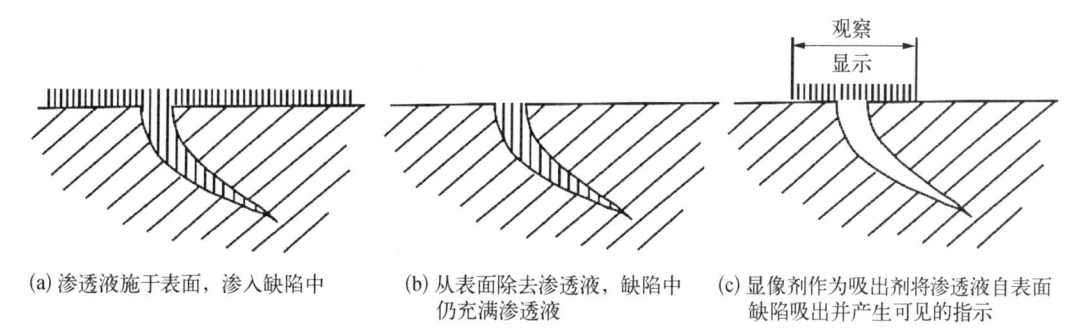

(a) 渗透液施于表面,渗入缺陷中
(b) 从表面除去渗透液,缺陷中仍充满渗透液
(c) 显像剂作为吸出剂将渗透液自表面缺陷吸出并产生可见的指示

图 4.45 渗透剂和显像剂的作用

119

40℃为宜,渗透时间不少于10 min。除非另有规定,渗透时间不应超过渗透剂制造商推荐的最长时间。温度在5~15℃,也可进行渗透处理,但渗透时间应相应地延长,以使渗透液充分渗入开口缺陷(裂纹)中。

3) 清除多余渗透剂

渗透结束后,应根据渗透剂的类型采取相应的方法去除零件表面多余的渗透剂[图4.45(b)]。注意清洗时不要使渗到缺陷中的渗透剂也被清除。

4) 涂显像剂

显像剂分为干粉显像剂、非水湿显像剂、水溶性湿显像剂和水悬浮性湿显像剂。对于前两种显像剂,在施加前零件应进行干燥,而后两种显像剂,应在施加显像剂后使零件干燥。对于荧光自显像渗透检测,可以不用显像剂,在去除多余渗透剂并干燥后即可直接自显像。干粉显像剂可采用喷粉柜(箱)喷粉、手工撒粉或埋粉等方法施加,零件待检表面上的显像粉应薄而均匀,过多的显像粉可用轻敲、轻抖的方法去除,也可用清洁、干燥的压缩空气吹掉。非水湿显像剂宜采用喷涂方法施加,喷涂过程中应不断地搅动显像剂。水溶性和水悬浮性湿显像剂可用喷涂、流涂或浸涂的方法施加。显像剂的浓度应按比例配制。

5) 观察显示

对于荧光渗透法,在去除多余渗透剂,待干燥后可直接在 3 000 $\mu W/cm^2$ 的黑光灯下观察,显像时间为 10~120 min(从零件表面干燥时开始计算)。

对于着色渗透法,可在白光下观察缺陷显示。零件待检面上的白光强度应不低于 1 000 lx。干粉显像时间为 10~240 min;非水湿显像剂显像时间为 10~60 min;水溶性和水悬浮性湿显像剂显像时间为 10~120 min。湿显像剂的显像时间均从显像剂干燥时开始计算。显像剂作为吸出剂,将渗透液从开口缺陷中吸出,在零件待检面上呈现出放大了的缺陷显示,见图4.45(c)。

3. 渗透检测的类型

按渗透剂体系的类型,可将渗透检测分为Ⅰ类(荧光渗透)、Ⅱ类(着色渗透)和Ⅲ类[荧光着色(两用)渗透]检测。

荧光渗透检测是一种使用含荧光粉的渗透液,在暗室或微暗的环境中,将波长 320~380 nm 的黑光(近紫外线)照射到试件上,观察缺陷轮廓图形的检测方法。无缺陷区域发暗,缺陷部位发出黄绿色光,这就是"暗视场观察"。

着色渗透检测是使用红色染料的渗透液,在可见光下观察缺陷轮廓图形的检测方法。整个白色衬底上只有缺陷部分呈现红色图样,即"明视场观察"。

荧光渗透检测所得到的缺陷轮廓与无缺陷区域之间的彩色对比度比着色渗透检测要高,因此荧光检测所得到的缺陷图形更便于观察,特别是对细微缺陷,具有较高的检测灵敏度。当检查构件疲劳裂纹时,通常不使用着色渗透检测。

4. 渗透剂的分类

渗透剂按其清洗方法,可以分为水洗型渗透剂、后乳化型渗透剂和溶剂去除型渗透剂。

1) 水洗型渗透剂

水洗型渗透剂因含微量乳化剂而具有水溶性,是一种直接用水清洗的最容易清除的渗透剂。它对试件表面光洁度无过高要求。可直接采用手工水喷洗、自动水喷洗或手工水擦洗的方法去除。对于1级(低级)、2级(中级)灵敏度的渗透系统,也可采用在搅动的水中进行浸洗的方法去除零件表面多余的渗透剂。

2) 后乳化型渗透剂

后乳化型渗透剂又分为亲油性后乳化渗透剂和亲水性后乳化渗透剂,它们是不含乳化剂的渗透剂。

当施加亲油性后乳化渗透剂时,在渗透结束后,先进行乳化,然后进行清洗。亲油性乳化剂可采用浸涂或流涂方法涂到待检零件表面,但不宜采用喷涂或刷涂的方法。乳化时间应符合制造厂的推荐时间。一般荧光渗透检测的乳化时间应不大于3 min;着色渗透检测的乳化时间应不大于0.5 min。乳化结束后,应立即将待测零件浸入水中或用水喷洗停止乳化;再用水喷洗,去除渗透剂和乳化剂的混合物。

对于亲水性后乳化渗透剂,渗透结束后应先进行预水洗,再进行乳化,最后用水清洗。采用手工水喷洗、自动水喷洗或手工水擦洗方法进行预水洗,去除零件表面大部分渗透剂;然后采用浸涂、流涂、喷涂等方式,涂上亲水性乳化剂进行乳化。乳化时间以能充分乳化渗透剂为准,不能超过2 min。乳化剂应该按厂家推荐浓度配制,浸涂时浓度一般不超过35%(体积分数),喷涂时浓度不超过5%(体积分数),乳化结束后再用水清洗。

使用后乳化型渗透剂,清洗或乳化不当(如清洗不足或过洗、过乳化等),就会影响细微缺陷的观察或较粗糙表面缺陷的判断。

3) 溶剂去除型渗透剂

溶剂去除型渗透剂是一种使用有机溶剂清洗液进行清洗处理的渗透剂。待检零件表面渗透剂渗透结束后,使用与该渗透剂配套的溶剂擦洗,去除表面多余渗透剂。

除上述三种渗透剂之外,还有一种"反应型渗透剂"。这种渗透剂本身无色,当使用显像剂时,便与显像剂发生化学反应,发出红色或橘红色的颜色。反应型渗透剂的清洗分为水洗型和溶剂去除型两种。

5. 显像法的分类

显像是指在清除表面多余渗透剂后,将残留在缺陷中的渗透剂吸到试件表面,使其形成缺陷轮廓图形的处理。显像法分类如表4.2所示。

表4.2 显像法的分类

名　　称	使用的显像剂	显像时间/min
干式显像法	干粉显像剂	10~240
湿式显像法	非水湿显像剂	10~60
	水溶性湿显像剂	10~120
	水悬浮性湿显像剂	10~120
自显像法	不用显像剂	10~120

1) 干式显像法

干式显像法是一种使用干粉显像剂显像的方法,干粉显像剂是以无机氧化物为主要成分的白色细微粉末,被检测表面必须彻底干燥时才能使用。这种显像剂只附在缺陷部位和渗透剂上,多余显像剂可被轻敲、轻抖或用干燥压缩空气吹掉。因此,即使经过一段时间后,缺陷轮廓还能显示出清晰的图形。使用这种显像剂可以分开显示出互相接近的缺陷,而且缺陷轮廓图形的大小与形状不会发生变化。干粉显像剂可与荧光渗透剂配合使用。

2) 湿式显像法

湿式显像法包括使用非水湿显像剂、水溶性和水悬浮性湿显像剂三种情况。在外场维护中,通常采用非水湿显像剂显像法。

水溶性和水悬浮性湿显像剂是将一定量的白色粉末显像剂放在水中配制而成的显像液,非水湿显像剂是将白色粉末显像剂放在具有挥发性的有机溶剂中配制而成的显像液。

被检零件表面去除多余渗透剂并进行干燥后(对于水溶性和水悬浮性湿显像剂,也可在涂显像剂后进行干燥),将湿显像剂喷涂(对于水溶性和水悬浮性湿显像剂也可流涂和浸涂)到零件表面上,作为分散介质的水或有机溶剂便蒸发,最后在零件表面形成显像粉薄层(膜)。由干燥后的白色显像粉薄膜作为吸出剂,将缺陷中的渗透剂吸出,在零件表面显示缺陷图形。这种缺陷图形经不住时间的考验,长时间放置,缺陷显示痕迹便扩散,从而使形状与大小发生变化。

3) 自显像法

自显像法是在被检零件表面去除多余渗透剂并干燥后,不用显像剂而直接在黑光灯下观察缺陷显示痕迹的方法。这种方法采用水洗型荧光渗透剂。采用这种方法的优点是可以减少检测操作工序,适用于深度在 50 μm 以上的缺陷。对于深度在 30 μm 以下的细微缺陷,还应使用显像剂,以保证检测精度。

根据中华人民共和国民用航空行业标准 MH/T 3002.1-1995《航空器无损检测 渗透检验》规定,渗透检测的灵敏度等级、使用材料和工艺方法的选择应遵循下列原则:

(1) 着色检验(Ⅱ类)不采用干粉显像和水溶性湿显像;

(2) 飞机零件的成品验收检验不采用着色检验;

(3) 涡轮发动机关键零件维修检验时,仅允许采用亲水性后乳化荧光渗透检验,其灵敏度为 3 级(高灵敏度)、4 级(超高灵敏度);

(4) 当自显像渗透剂系统能满足检验灵敏度要求,且工艺得到主管部门批准时,可以不用显像剂显像,但任何使用过的零件渗透检验时,都必须使用显像剂显像;

(5) 塑料、橡胶零件、镍、钛合金零件,预定使用环境特殊的零件(如液氧储箱)渗透检验时,还应注意与渗透剂的相容性;

(6) 水溶性湿显像不用于着色渗透检验和水洗型荧光渗透检验,水悬浮性湿显像不用于荧光渗透检验。

6. 渗透显示图像分析

渗透显示的图像,一般情况下是确定缺陷的依据,但并不是所有的显示图像都是由缺陷引起的,有时也会由于多种原因出现假显示或无关显示。

1）真实缺陷显示

真实缺陷显示，即确因实际存在的缺陷，如裂纹、气孔、夹杂物、疏松、折叠、分层等形成的图像显示。

a. 连续线状显示

该显示主要是由裂纹、冷隔、锻造折叠等缺陷产生的，如图 4.46(a)、(b)所示。

(a) 连续线状显示之一　　(b) 连续线状显示之二　　(c) 断续线状显示　　(d) 小点状显示

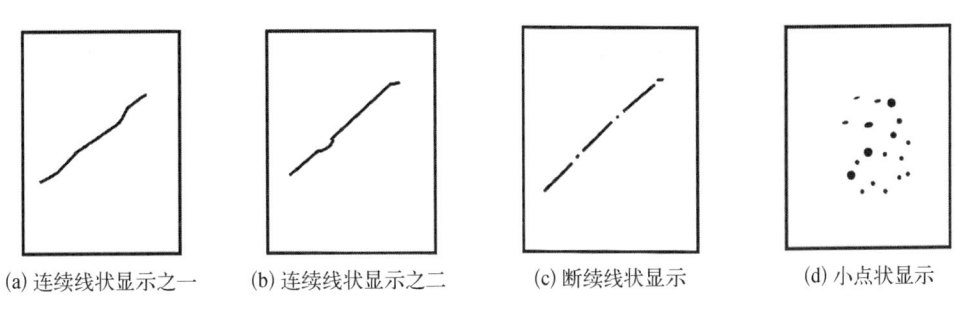

图 4.46　典型的真实缺陷显示

b. 断续线状显示

该种显示是工件进行磨削、喷丸、锻造及其他机加工时，原来表面上的线性缺陷被堵塞，而显示出断断续续的线状显示，如图 4.46(c)所示。

c. 圆形显示

该显示通常是由铸造表面的气孔、针孔或疏松产生的。但有些裂纹较深，被显像剂吸出的渗透剂较多，有可能在缺陷处扩散成圆形的显示。

d. 小点状显示

该显示是由气孔、显微疏松产生的，如图 4.46(d)所示。小点状缺陷比较细微、很浅，故显示也比较弱。

2）假显示和无关显示

假显示是由于操作不规范和程序控制不严及乳化洗涤不彻底等，使多余渗透液清除不净而造成的。无关显示主要是加工工艺原因造成的。由于可能存在的假显示和无关显示，对经验不足的检测人员往往容易误判或错判。

假显示和无关显示主要表现在如下几方面。

a. 水渍和水流产生的假显示

原因是凹槽、螺纹、键槽、孔底部的渗透液或冲溅到其他部位的渗透液没有充分洗净而显像。如将这些部位再认真擦去渗透液，加上显像剂就不会再显像。

b. 印痕或指纹产生的假显示

由于操作人员的指纹或夹具上的渗透液污染了被测工件的局部表面而形成的显示。

c. 粗糙表面产生的无关显示

工件的表面，尤其是喷砂后的表面都是粗糙不平的，在这些不平的凹坑里，往往留有没有洗净的渗透液而形成无关显示。

d. 机加工刀痕或划伤而引起的无关显示

该类显示的线条比较粗直、整齐，用手触摸不易抹掉。

e. 装配压痕引起的无关显示

此类显示轮廓清晰,用手擦去仍有明显的光迹显示。

如果认为检测结果不可靠,想进行第二次复检,最好仍使用第一次的渗透液,以防两种不同渗透液的相互影响,而降低检测的灵敏度。

7. 渗透检测法的应用

渗透检测是检查非松孔性材料表面缺陷的一种无损检测方法,广泛应用于飞机黑色金属、有色金属(包括锻件、铸件、焊接件、机加工零部件等)及陶瓷、玻璃、塑料等非金属材料表面开口性缺陷的检测,该方法不受零部件的形状、大小、组织结构、化学成分及缺陷方位的影响。采用此种检测方法能检查出裂纹、孔洞、折叠、分层、疏松等表面缺陷。该方法操作简单,缺陷显示直观,检验灵敏度比较高,复杂零件一次可检查出几个方向缺陷。但这种方法只能检查露出表面的开口缺陷,并且不能检验多孔性材料。

由于上述优点,渗透检测尤其是着色渗透检测法在航空机务维修领域中占有重要的一席之地。它对飞机各受力部件,包括发动机转子叶片上的裂纹、孔洞、折叠、分层、疏松等表面缺陷,都有较好的检测灵敏度。对于腐蚀部位清除的彻底程度,也可用渗透检测来确定。

进行某种渗透检验所用的一系列渗透材料(渗透剂、去除剂、显像剂)称为一个族组。应选用同一个制造厂生产的同一族组的材料,只有同一族组的材料配合使用才能达到满意的检测效果。

渗透检测方法的选择,需根据被检对象的特点进行综合考虑,综合各方面的因素,其中以灵敏度和试验费用的考虑为主。表4.3给出了渗透检测方法的选择指南。

表 4.3 渗透检测法选择指南

选择的依据	被测试对象及试验条件	渗透剂	显像剂	说 明
要求检测的缺陷	浅而宽的缺陷,细微缺陷	FB	S	严格控制乳化时间
	各种类型的表面缺陷	FA,FB	D,W	
	表面裂纹	FC,VC	S,D	
被检测的零构件	中小零件的批量连续检验	FA,FB	W,D	少量零构件检验
	小零件非批量连续检验	FC,VC	S	
	焊接件	FA,VA FC,VC	D,S	
被检表面状态	粗糙的表面	FA,VA	D,N	如锻、铸件毛坯
	中等粗糙表面	FA,FB	D	如精密铸件
	光洁的表面	FB,FC,VC	S,W,D	车、铣等机加工件
	有细纹或键槽的零件	FA,VC	D,S	如螺钉、螺帽
	阳极化零件在阳极化后的裂纹检验	VC,FB,FA	S,W,D	—
	磨加工的表面	FB,VC	S	—

续 表

选择的依据	被测试对象及试验条件	渗透剂	显像剂	说 明
设备条件	有场地、水、电气、暗室	FA,FB	D,W	飞机零构件原位检查
	无水电、在现场检验	VC	S	
	检验场地小,无暗室	VA,VC	S	
其他	要求重复检验	VC,FB	S,D	最多重复5~6次显像或在另一侧显像
	泄漏检验	FA,FB	N,D,S	

注：表中 FA 为水洗型荧光渗透剂；FB 为后乳化型荧光渗透剂；FC 为溶剂去除型荧光渗透剂；VA 为水洗型着色渗透剂；VC 为溶剂去除型着色渗透剂；D 为干粉显像剂；W 为水溶性或水悬浮性湿显像剂；S 为非水湿显像剂；N 为自显像。

4.3.6 无损检测新技术简介

除了前面介绍的几种常规检测技术外,随着科学技术的发展,又出现了一些新的无损检测方法,下面介绍几种新的检测技术,主要有激光全息无损检测方法、磁记忆检测、红外检测、声振检测、声发射检测以及微波检测。

1. 激光全息无损检测方法

激光全息无损检测是在激光全息照相和干涉计量技术基础上,依据物体在外力作用下内部缺陷会使物体表面产生与周围不相同的微差位移,从而通过激光全息照相将这种位移以干涉条纹形式反映在全息图片上发现缺陷的方法。激光检测不但可以用于金属材料,也可用于非金属材料。目前,激光检测已经用于复合材料检测领域。

2. 磁记忆检测

磁记忆检测技术是利用铁磁构件的磁记忆特性,准确可靠地探测被测对象上以应力集中为特征的危险部件和部位。磁记忆检测具有设备轻便、操作简单、灵敏度高、可靠性好以及提离效应影响小,不需要专门的磁化设备等特点,已经在机械、电力、航空、航天、铁路、桥梁、石油、化工等工业部门得到广泛的关注和应用。

磁记忆检测原理可以表述为：处于地磁环境下的铁磁工件受工作载荷的作用,其内部会发出具有磁致伸缩性质的磁畴组织定向的和不可逆的重新取向,并在应力与变形集中区形成最大的漏磁场的变化。这种磁状态的不可逆变化在工作载荷消除后继续保留,从而通过漏磁场法向分量的测定,便可以准确地推断工件的应力集中区。

3. 红外检测

红外无损检测时通过检测物体的热量和热流来鉴定该物体质量的一种方法。由于自然界中任何高于绝对温度的物体都是红外辐射源,而且辐射能量的主波长是温度的函数,并与物体表面状态有关。所以,当物体内部存在裂缝和缺陷时,将会改变该物体的热传导性能,使物体表面温度分布有差别。通过检测装置可显示出它的热辐射的不同,于是就能判别并检查出缺陷的位置。

红外无损检测具有成本低、快速、方便、精确的优点,在航空工业中广泛用于胶黏剂黏合的骨架蒙皮、整体壁板和多层夹芯结构的检查。

4. 声振检测

声振检测时激励被测件产生机械振动,通过测量被测件振动的特征来判定其质量的一种无损检测技术,主要应用在板-板胶接构件及板-夹芯结构检查中。

对板-板胶接构件检查多采用厚度与直径比小的压电晶片。通过热能器激励径向振动,检测胶层的剪切强度。由于胶接质量的变化直接影响共振频率的变化,共振频率会随板厚增加和胶接层厚度增加而减小,所以,当出现脱胶情况时,也意味着板厚变小,胶接质量变弱,共振频率增大。通过接收共振频率信号,就可以评判胶接质量情况。

检测板-夹芯结构主要是测其纵向抗拉强度,所以多用大厚径比的压电晶片。通常,通过轴向振动来检测。由于板和蜂窝夹芯构成了胶接结构,而夹芯质量相对较小,因此胶接层质量的变化不会使共振频率明显变化,但却能使压电振动减弱。所以,检测蜂窝夹芯结构多通过接收振幅强度信号来测试胶接质量。

声振检测现在已广泛应用于航空领域。现在的飞机大量采用复合材料,这就为声振检测的应用提供了广阔的应用前景。比如波音 747、767 等先进机型的襟翼、副翼、安定面、调整片以及一些舱门等,都涉及板-板胶接和板-芯胶接的质量检测。

5. 声发射检测

构件或结构受外力或内应力作用产生变形或断裂时,或内部缺陷状态发生变化时,以弹性波形式释放出应变能的现象称为声发射。声发射检测是利用声发射原理(在外部条件,如力、温度、电磁等的作用下使物体发声),根据物体的发声情况来推断物体状态或内部结构变化的一种新型无损检测方法。

声发射检测主要应用在监控领域中,它有以下特点。

(1)声发射检测是一种动态无损检测方法。只有构件在受力达到一定应变或构件在使用中缺陷扩展变化时才有声发射发生,也只有在这种情况下才能完成声发射检测。因此,声发射检验可以获得缺陷的动态信息,可以广泛应用于长期连续监控工作中,保证构件在使用过程中的安全性。

(2)声发射检测操作简便,灵敏度高,不需要移动传感器,可以大面积检测及监视缺陷活动情况,确定缺陷位置。

(3)声发射检测几乎不受材料限制。

6. 微波检测

微波是指介于红外和无线电波之间的电磁波,具有波长短、穿透能力强、辐射方向性强等特点。微波对非金属材料具有很强的穿透能力,微波场与材料相互作用时,会产生各种极化现象。微波场作用于被检材料时,介电常数和损耗角正切的相对变化是检测材料物理性能的依据。

微波对导体和介电材料的作用是不同的,微波在导体表面基本上是全反射。利用这个特性及金属表面介电常数反常的特性,可检查金属表面裂纹;在介电材料和非金属材料中,微波则受到两个电磁参数(介电常数和损耗角正切)和一个几何参数(材料的形状和尺寸)的影响,微波检测就是根据这些影响因素进行的。

微波检测具有设备简单、操作方便、不需要耦合剂、检测速度快、无辐射危害等优点。

但微波检测也有局限性,不能检测金属内部缺陷,灵敏度还不够高。

微波检测技术在检查复合材料的脱胶裂缝、金属表面裂纹、划痕等方面已得到实际应用。

微波扫频检测技术是近十余年来发展起来的一种新技术,迄今已发展到相当成熟的阶段。微波扫频检测在复合材料多层胶接结构制品以及金属基体上粘接非金属叠层材料的质量控制中发挥着重要作用。

4.3.7 无损检测方法的选用

1. 各种无损检测方法的比较

在飞机结构的损伤检测中,要根据被检测对象的材质、损伤位置、损伤类型、检测场地以及经济性等方面的情况,选用最合适的无损检测方法。表4.4给出了各种损伤检测方法的优缺点和适用范围,供选用无损检测方法时参考。

表4.4 各种无损检测方法比较及其应用

检测方法	应用范围	优 点	缺 点
涡流检测法	(1) 采用高频涡流可以检测表面或近表面的损伤; (2) 采用低频涡流可以检测隐蔽面或内层构件的损伤; (3) 可用涡流检测法检查飞机着火后烧伤以外的其他损伤; (4) 可用于检测碳纤维复合材料结构的纤维断裂损伤	(1) 检测方法简单、迅速、轻便、费用适中; (2) 检测精度高,对微小缺陷或损伤敏感; (3) 不需要特殊的清洁工作,表面准备工作量小	(1) 只适用检测导电材料的损伤; (2) 不适于检测钢构件的损伤; (3) 涡流检测易出现使人误解的边界效应; (4) 探头必须能接触被检测部位表面; (5) 不能提供永久性记录; (6) 对检测人员水平和经验要求较高; (7) 不能检测出平行于检测平面的层状裂纹或分层损伤
X射线检测法	(1) 可以检测多层结构的表层和内层构件的裂纹损伤和腐蚀损伤; (2) 可以检测出结构夹缝中的水等外来物和蜂窝结构中的水分; (3) 用于检测焊缝的损伤	(1) 不但能检测构件表面损伤,还能检测隐蔽构件的损伤; (2) 零件准备工作量少,不需大量拆卸; (3) 能提供永久性的检测记录	(1) 射线对人体有害,应严格遵守相应的安全操作规程; (2) 不易发现与射线夹角超过5°的裂纹,有时需要双向照相; (3) 根据检测需要,飞机要放泄燃油; (4) 不适用于检测中等以下的腐蚀损伤; (5) 检测费用昂贵; (6) 对检测人员技术水平和经验要求高; (7) 检测部位两侧是可以接近的
超声波检测法	(1) 能探测平行于构件表面的层状裂纹; (2) 采用斜探头可以检测到与探测面不平行的斜裂纹; (3) 用超声波厚度仪可测量清除腐蚀产物后的构件厚度; (4) 能检测粘接面的脱胶	(1) 可检测表面、近表面或内部的缺陷; (2) 对微小缺陷或裂纹灵敏; (3) 能立即得出检测结果; (4) 零构件准备工作量少,费用适中	(1) 只能检测探头可接触的构件,并需要使用耦合剂; (2) 表面粗糙会影响检测结果; (3) 超声波垂直于损伤面才能检测到损伤; (4) 对检测人员的水平和经验要求较高; (5) 不能提供永久性检测记录

续 表

检测方法	应用范围	优点	缺点
磁粉检测法	可以检测铁磁性材料(奥氏体不锈钢除外)的表面或近表面损伤或缺陷	(1) 它是检测铁磁性材料表面或近表面缺陷或损伤的最可靠方法; (2) 操作简便,检查迅速,灵敏度高,缺陷或损伤显示直观	(1) 只适合于铁磁性材料; (2) 要检测的零构件必须是实际可接触并可看得见的; (3) 大多数表面涂层或镀层(超过规定厚度的)、密封剂需要除掉; (4) 检验是半方向性的(磁化方向与缺陷方向夹角不小于45°),并且检测只能确定缺陷或损伤位置和范围,不能确定其深度; (5) 在强磁场里可能会导致仪器损坏的区域不能采用,零件在检验后必须退磁并清洁
渗透检测法	(1) 可以检测金属或非金属材料的表面开口损伤(裂纹)和缺陷; (2) 可以用来确定腐蚀产物是否清除干净	(1) 费用低; (2) 操作简便、迅速,适于大面积检测; (3) 缺陷或损伤显示直观; (4) 可立即得到检测结果	(1) 只能检测非松孔性材料表面开口的缺陷或裂纹损伤; (2) 表面准备工作量大,要求清除表面涂层、密封剂,并彻底清洗掉油脂、油污、腐蚀产物及其他残留物; (3) 只能检测渗透液能施加到的表面; (4) 检测结果要求直接目视; (5) 无永久性检测结果记录

2. 无损检测方法的选择原则

1) 适用性

选用的无损检测方法应能适合检测对象的自然条件,如材料或产品的规格尺寸、材料性质和种类、材料冶金状态、材料表面状态、产品批量大小、加工工序要求等,应能检出要求发现的缺陷及满足验收标准要求。

例如,检测表面或近表面缺陷,对于铁磁性材料首先考虑的是采用电磁学的方法(磁粉检测或涡流检测方法),而对于非铁磁性材料则要考虑渗透检测方法(对于导电材料还可采用涡流检测方法)。但是上述方法都要求检测装置能够达到被检测面(即被检测面具有可接近性)才能实施。如果被检测面为不可接近的,如管道的内壁面、原位紧固的螺栓底部、铆钉颈部或内头、压力容器的内壁面等,则需要考虑采用超声波检测方法。

总之,在考虑选择适当的无损检测方法时,必须考虑被检对象的材料特点、检测面的可接近性、检测缺陷的类型、被检件的规格尺寸以及所采用的无损检测方法的局限性等。因此,在选择无损检测方法时最重要的原则首先就是无损检测方法的适用性。

2) 可行性

为了实施选定的无损检测方法,需要考虑所应有的检测设备、检测材料(如渗透剂、磁粉、胶片等)、辅助器材设施等的性能指标或技术参数是否满足检测要求(按技术条件和验收标准要求),以及进行该项无损检测的人员是否具有相应的技术水平、经验和判断能力,其具有的技术资格是否能胜任该项检测的要求。因此,检测条件、人员条件等都是考虑无损检测方法可行性时必须注意的问题。

3) 可靠性

为了保证所选定的无损检测方法能可靠地检出要求发现的缺陷或达到所要求的检测目的,除了对实施无损检测的人员有相应的技术水平要求外,应该对于所选用的无损检测方法建立严格的质量保证体系,确保正确地实施检测,并对检测结果作出正确的判断和评定。

4) 经济性

在保证满足检测要求的条件下,应尽量选择检测效率高、操作简便并且检测费用低的无损检测方法,力求获得最大的经济效益。

3. 检验表面裂纹损伤的无损检测方法

这里所说的表面裂纹是指构件表面上有裂纹痕迹的裂纹,它也可能是穿透性的裂纹。对于这样的损伤形式,表 4.5 按不同材料给出了所应选取的无损检测方法。注意,表中给出的序号是检测中优先选取的顺序。

表 4.5　表面裂纹的无损检测方法

序号	材料	铝合金	钢	钛合金
1		目视	目视	目视
2		涡流	磁粉	渗透
3		渗透	渗透	涡流
4		X 射线	X 射线	X 射线

目视检查是最主要的检查方法,首先应采用这种方法。在很多情况下,目视检查就足以确定表面裂纹损伤。可以认为,所有其他无损检测方法都是目视检测的一种补充。

对于铝合金的表面裂纹损伤,最常用的检测方法是涡流检测法,但它不适合大面积的损伤检测。对于大面积的损伤检测,建议采用渗透检测法。

对于铁磁性材料,一般优先选用磁粉检测法检测表面小裂纹,这种检测方法灵敏度高。

检测钛合金构件的表面裂纹,应优先选用渗透检测方法。钛合金主要用在高温结构部位,这些部位表面容易形成一层薄的炭黑层。因此,检测时要特别注意构件表面的清洁工作,保证裂纹部位是清洁的,易于渗透剂渗透。不能清洁的区域,应采用涡流检测方法。

4. 隐蔽面或内层构件损伤的无损检测方法

当检测隐蔽面或内层构件的损伤时,按图 4.47 和图 4.48 所示,选用合适的无损检测方法。

5. 各种无损检测法的检测精度

影响无损检测精度的因素很多,主要包括被检测对象的材料、结构形状、表面状况、缺陷的位置、形状、尺寸和方向、检测设备和检测场所以及检验人员的技术水平、经验和责任心等。

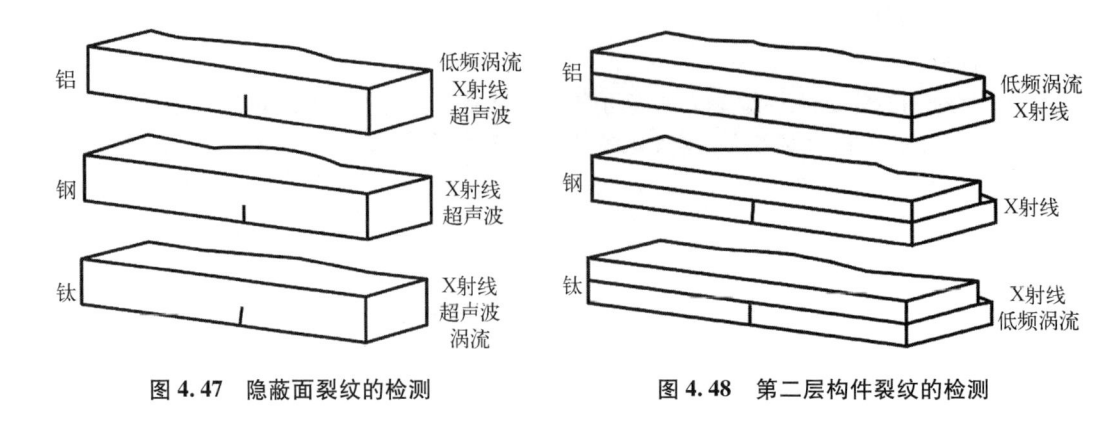

图 4.47　隐蔽面裂纹的检测　　　　　图 4.48　第二层构件裂纹的检测

在飞机结构中,绝大多数构件属于薄壁结构,这些构件中的裂纹在未加载时一般呈闭合状态。检测这种闭合短裂纹通常有一定困难,需研究和考虑闭合疲劳裂纹的检出精度。表 4.6 给出了在最佳条件下能检查出的最小闭合裂纹的尺寸,这些数据是在现场由有经验的检验员用高精度测试仪器,在最适当的表面状态下检测的结果,可供参考分析。

表 4.6　各种无损检测所能检出的闭合裂纹尺寸

检测方法		实验室检测		现场检测	
		长度/mm	深度/mm	长度/mm	深度/mm
渗透检测		0.2	0.07	—	—
磁粉检测		0.5	0.12	2.0	—
超声波检测		0.17	0.17	1.25	1.25
涡流检测	板表面	0.2	0.12	1.5	0.75
	孔壁	—	—	0.75	0.75

习题和思考题

4.1　飞机上哪些部位容易发生腐蚀损伤需要重点检查?
4.2　飞机构件发生腐蚀损伤后有哪些外观特征?
4.3　简述涡流检测法基本原理。
4.4　超声波检测方法包括纵波检测和横波检测,讨论这两种方法的适用性。
4.5　磁粉检测法的操作步骤有哪些?
4.6　从检测材质和缺陷类型角度讨论磁粉检测和渗透检测的适用性。

第5章
腐蚀预防与控制大纲

5.1 腐蚀产物的清除

对于金属构件来说,采取积极的防腐措施很重要,金属腐蚀后清除腐蚀产物,始终是一种被动的、不得已时的挽救措施。发生结构腐蚀后,应严格按照结构维修手册(structural repair manual, SRM)、防腐手册(corrosion prevention manual, CPM)及维护手册(aircraft maintenance manual, AMM)的有关章节的要求,彻底清除腐蚀或更换腐蚀件,早作处理,将腐蚀消灭在萌芽状态,否则腐蚀将继续扩展。残留腐蚀本身就是一种更加严重的腐蚀根源,它会在结构内继续扩展。

5.1.1 必须及时彻底清除腐蚀产物

1. 必须及时清除腐蚀产物

如果在飞机的维修检查中发现腐蚀,必须及时清除腐蚀产物。这是因为以下两点。

(1) 腐蚀产物是一种或多种多孔盐类,吸潮性较强,起加速腐蚀的作用。如果不及时清除腐蚀产物,将会使腐蚀变得越来越严重。有时由于没有及时清除轻度的腐蚀损伤,使腐蚀加剧而超出可允许损伤范围,最后不得不进行加强或更换修理,导致维修费用的大大提高。

(2) 如果结构的腐蚀严重,可能会危及飞行安全。因此,对于产生严重腐蚀的结构,应及时清除腐蚀产物,并做适当加强修理。

2. 必须彻底地清除腐蚀产物

在日常维护和修理中,应确保全部清除掉飞机中的腐蚀产物。如果没有去除所有腐蚀产物,留下部分残余腐蚀产物,将会继续腐蚀构件。因此,清除腐蚀产物后,要检查腐蚀产物是否彻底清除。最有效的检查方法是采用涡流法或渗透法进行检查,最起码也要用10倍放大镜进行检查。用10倍放大镜检查,证实没有腐蚀产物后,再清除0.002 in 厚的材料,以确保彻底清除腐蚀产物,绝对不允许未清除腐蚀产物就把漆涂在被腐蚀的构件表面,这种做法不能阻止或减缓腐蚀。

清除腐蚀产物的方法有两种:机械法和化学法。选用清除腐蚀产物的方法时,通常要考虑到清除腐蚀产物区域的结构类型、腐蚀部位、腐蚀类型以及腐蚀程度。对于轻度腐蚀,可采用化学方法清除腐蚀产物,更多的是采用机械法清除腐蚀产物;对于中等或严重的腐蚀,采用机械方法清除腐蚀产物。清除腐蚀后,要用碱性基清洗液甲基乙基酮(methyl ethyl ketone, MEK)进行清洁处理。在飞机结构修理中,通常把腐蚀严重部位切除,然后进行修理,也可能更换严重腐蚀的构件。

5.1.2 采用机械方法清除腐蚀产物

在飞机维修中,通常采用机械方法清除腐蚀产物。对于较轻的腐蚀,通常采用砂纸、砂布、打磨垫等工具进行人工打磨,清除腐蚀产物;对于较严重的腐蚀,通常采用手握动力工具进行机械打磨或抛光,如圆盘打磨器、气动磨钻、砂轮和喷丸设备等。有些情况下,也使用尖头碳化了的刮刀和喷砂来进行腐蚀产物的去除和修复。去除腐蚀的工具和技术在SRM第51章有相应的规定。在机械打磨中使用的气动磨钻有直磨钻、斜磨钻和90°磨钻,图5.1为各种类型的气动磨钻。磨钻必须与适当的砂纸碟和砂纸碟芯配合使用,在使用时应根据结构件的形状和位置来选择砂纸碟和砂纸碟芯的形状、尺寸。图5.2为砂纸打磨碟芯,图5.3为砂纸碟和尼龙碟,图5.4为砂布辘,图5.5为砂纸打磨轮芯。通常使用气动马达作为动力工具,这是因为清除腐蚀产物过程中产生的粉尘导电,易使电动马达短路。

图5.1 气动磨钻

图5.2 砂纸打磨碟芯   图5.3 砂纸碟和尼龙碟

图5.4 砂布辘   图5.5 砂纸打磨轮芯

用马达带动打磨轮可以去除严重的腐蚀,打磨过程中有一部分金属基体会和腐蚀产物一起被磨掉,从而金属构件的材料厚度会有不同程度的损失。因此,当采用动力工具清除腐蚀产物时,要特别注意不要使基体金属过热,也不要过度打磨,否则有可能使本来没有超出可允许损伤的轻度损伤,经过打磨处理后,超过了可允许损伤范围。为彻底清除腐蚀产物,有时需要清除密封剂,拆下部分紧固件和邻近的构件,可用木制的或塑料的楔状物撑起构件。

1. 用机械法清除铝合金的腐蚀产物

在清除腐蚀产物之前,如果该区域有油脂和污物,应先用脱脂棉蘸丙酮或二甲苯清洗干净;如果铝合金表面有漆层,应先用退漆剂将漆层去除干净(不退漆的地方要保护好),并确定腐蚀损伤的范围。

对于轻度腐蚀,较适用的清除腐蚀产物的方法是用氧化铝砂纸或砂布(图 5.6)打磨,也可以用滑石粉调水制成一种浆糊状的膏状物,涂抹在腐蚀区域上,用清洁的布柔和地擦拭。当膏干燥成白粉,再用清洁的干布擦去腐蚀产物。如果仍有腐蚀的斑痕存在,再用 600 号水砂纸沾水打磨,清除掉剩下的腐蚀斑痕。

图 5.6 氧化铝砂纸

对于较严重腐蚀,可用铝丝球或铝丝刷清除。对于严重腐蚀,可使用带尖的硬质合金工具手工刮除,也可用细纹锉、砂轮清除,也可用气动圆盘打磨器进行打磨。必须指出,不能使用钢丝绵或钢丝刷清除铝合金构件的腐蚀产物。

腐蚀产物去除后,要用 10 倍的放大镜观察,并用 400 号和 600 号的氧化铝砂纸抛光,大约再除去 0.05 mm(0.002 in)厚的材料,以保证完全除去腐蚀,并按修理规范进行修复。

1) 丝状腐蚀

对于丝状腐蚀或较大面积的外部表面腐蚀,可用手提式喷砂机(图 5.7)或喷丸机(采用玻璃弹丸,弹丸粒度约为 150 号)进行喷丸,清除腐蚀产物。如果操作正确,可迅速清除腐蚀产物。它对包铝层影响很小,但能形成一个适合于立即重涂漆层的光滑表面。这种方法也会打磨掉表面的包铝层,但是可以用其他方法恢复表面的保护层,所以对包铝层的影响可以忽略。喷丸前,先用碱性可乳化清洁液清除严重的污斑,并清除腐蚀产物上的涂层。喷丸时最大气压应调到 80 lb*。要保护附近的衬套、螺纹等,以免这些部位受到腐蚀产物、金属屑等的冲击而损伤。图 5.8 为工作面上的喷砂机。

2) 铝材紧固件孔的修整

在紧固件孔及其周围经常发现腐蚀损伤,特别是对非铝制紧固件和在油漆层有裂纹的地方。当紧固件孔边或附近有腐蚀损伤时,有时需要卸下紧固件清除腐蚀产物。当构件较厚(例如机翼蒙皮)时,可采用适当锪窝(要确保锪窝总深度不超过板厚的 0.8 倍)和加大紧固件孔尺寸的方法清除腐蚀产物和完成休整工作。

---

* 1 lb = 0.453 592 kg。

图 5.7　手提式喷砂机　　　　　图 5.8　工作面上的喷砂机

3）应力腐蚀

应力腐蚀具有特殊性，通常一旦发现腐蚀裂纹就已经形成了，因此就需要修理或更换。采用喷丸或捶打硬化在表面形成压缩层是很有益的，这样可以降低产生微裂纹的趋势。对于任何紧固件或衬套的干涉配合孔都应通过铰孔来去除腐蚀痕迹和微裂纹，并清洗干净，接着进行阳极化或化学处理，并重新湿安装紧固件和衬套。然后修整外部漆层，在紧固件或衬套周围补加密封胶，最后一步是使用缓蚀剂。

2. 用机械法清除合金钢的腐蚀产物

如果有可能，最好将合金钢构件离位清除腐蚀产物。

对于拉伸强度达到 1 517 MPa（220 ksi）以上的合金钢，应当用砂纸打磨或喷丸清除腐蚀产物（表 5.1）。不能使用动力工具清除腐蚀产物，以免合金钢构件表面过热，产生未回火马氏体。这是因为采用动力工具清除腐蚀产物时，因周围材料仍在室温下，一旦热源撤掉，该区域就相当于处在淬火介质中，从而表面形成一层薄薄的未回火处理的马氏体。在未回火马氏体上产生了微裂纹，这些裂纹连续扩展就会导致构件失效。

检查合金钢表面是否形成未回火马氏体的方法有两种：一种是使用过硫酸铵进行酸洗，另一种是使用硝酸乙醇腐蚀液进行酸洗。酸洗后，热损伤部位就会发生变色。一般来说，合金钢构件使用硝酸乙醇腐蚀液洗后的金相照片上出现的亮条就是未回火马氏体。过硫酸铵洗不会放出游离氢，因此不需要除氢烘烤。而采用硝酸乙醇腐蚀液酸洗，必须进行除氢烘烤。也就是在 375 ℉ 温度下，烘烤 3 h 以上。这个温度不会损伤涂层或喷丸强化层。过硫酸铵溶液与镉元素会发生化学反应，因此应先采用手工打磨清除酸洗区域的镉镀层，再进行酸洗检查。打磨范围应超过检查区域 0.5 in。

也不能使用金属刷清除高强度钢表面的腐蚀产物，因为金属刷容易划伤表面，产生应力集中，降低疲劳寿命。

对于拉伸强度在 1 517 MPa 以下的合金钢，可用钢丝刷，并允许用手持的动力工具或喷丸方法清除腐蚀产物。但进给速度和动力工具转速应符合维修手册中的有关规定。如果不能确定合金钢构件的热处理方式，可假定它的拉伸强度在 1 517 MPa 以上。

采用喷丸法清除合金钢构件的腐蚀产物是最有效的方法，弹丸要采用非常细的砂粒或玻璃丸。要注意保护没有损伤的镉镀层或铬镀层。

表 5.1 去除腐蚀产物的研磨料

材　料	限制条件	操　作	砂纸或砂布			砂布或沙垫	纤　维		浮石	砂轮
			氧化铝	碳化硅	金刚砂		铝	不锈钢		
热处理至220 ksi 或更高的铁类合金	不准用酸基除锈剂，不准用手提式动力工具	清除腐蚀或修整	150#或更细	150#或更细	—	细至超细	×	×	—	—
^	^	抛光	400#	—	—	—	×	×	×	—
铁类合金	不适用热处理达 220 ksi 或更强的钢	清除腐蚀或修整	150#或更细	180#或更细	—	细至超细	×	×	×	×
^	^	抛光	400#	—	—	—	×	×	—	—

3. 用机械法清除不锈钢的腐蚀产物

不锈钢腐蚀产物的清除方法同合金钢大体上相同。不锈钢通常用于制作薄腹板、薄壁管件。不锈钢的腐蚀产物是黑色的。通常，用钢丝刷、钢丝绵、砂纸清除腐蚀产物。手工打磨时不要用力过猛，磨削深度过大，避免造成材料过薄。不能使用动力工具打磨或喷丸清除腐蚀产物。

4. 用机械法清除钛合金的腐蚀产物

飞机上多处使用高强度钛合金构件，特别在高温区和腐蚀环境中。同不锈钢一样钛合金也是抗腐蚀的，但也要受到腐蚀的侵蚀。钛合金的腐蚀产物是白色或黑色的氧化物，应该采取同铝一样的手工打磨法去除腐蚀产物。清除腐蚀产物时，采用铝丝绵或不锈钢丝绵打磨。不能使用动力打磨工具，钛合金的粉尘易引起火灾或爆炸。因为钛合金对氢敏感，所以不允许用化学法清除。

5. 用机械法清除镁合金的腐蚀产物

镁合金构件上严重的腐蚀坑、麻点应采用机械方法去除，严禁使用钢丝刷和钢丝绵，因为细小的不同金属粒子会嵌入镁合金件中，导致镁合金件的腐蚀。另外，镁合金构件上不要使用碳化硅磨料，也不要使用动力打磨工具。镁合金的腐蚀，可以用硬鬃刷或氧化铝砂纸轻轻打磨，或用清除铝合金腐蚀产物所用的浮石粉膏清除腐蚀产物。

机械方法去除镁及镁合金构件上的腐蚀时，操作一定要谨慎，动作要轻。被允许的操作有：轻微的刮削、手工砂纸打磨，严密监控状态下的玻璃球研磨喷丸。

因为镁的颗粒及屑沫薄片极易点燃，可能出现严重的失火危险，在一定粉尘含量下会造成爆炸。扑灭镁的火焰时要用绝对干的滑石粉、碳酸钙、砂子或石墨将燃烧的金属盖住，其厚度应超过 13 mm。不能用泡沫、水、四氯化碳或二氧化碳等灭火剂来灭火。

5.1.3 采用化学方法清除腐蚀产物

通常不使用化学法清除腐蚀产物，因为腐蚀清除剂有毒，并且有腐蚀性。这种清除腐蚀的方法主要用在化学剂可以受到控制并能用水冲洗的部位。用来清除腐蚀产物的化学试剂本身就是强腐蚀性的，所以在使用化学试剂清除腐蚀时，要注意防止化学试剂渗进构件搭接和镶接处。对于可离位件,这种清除腐蚀产物方法更适用。每种金属都有其特定的化学除锈剂,应使用对应的试剂进行操作。对于铝合金除腐选用的除腐剂应为酸基化合物(浓度5%的铬酸溶液),而不应是碱基化合物。采用除腐剂清除腐蚀产物应注意:

(1) 应避免在气温高于38℃或低于4℃的情况下进行化学除腐;

(2) 应将附近区域遮盖好,以防止除腐剂溶液接触到未受腐蚀的部位或构件,特别是不能接触到镁合金构件、玻璃、塑料、纺织品以及钢件等;

(3) 当使用除腐剂溶液时,一定要小心,不能让其接触或残留在搭接面缝隙、平面对接缝、焊接缝及其他缝隙内;

(4) 使用非金属刷子将除腐剂溶液涂上后,让其在表面至少滞留 5 min,最多可滞留 30 min,然后用清水将零件表面冲洗干净,不要让除腐剂干在表面上;

(5) 如果还有腐蚀,可再清除一次,但不能超过两次化学腐蚀,如还有腐蚀,应当用机械法消除,采用化学法清除腐蚀产物后,要用 400 号或 600 号细砂纸打磨。

可采用刷涂或浸泡磷酸基除腐剂的方法,对拉伸强度在 1 517 MPa 以下的合金钢构件进行化学除腐。但是,对于拉伸强度超过 1 517 MPa 的合金钢构件,不允许使用任何酸性除腐剂,因为这会引起钢的氢脆。对于它们,一般使用碱性除腐剂(如氢氧化钠),采用浸泡法清除腐蚀产物。

对于强度极限在 1 517 MPa(220 000 psi*)以下的合金钢可采用化学方法按如下步骤清除腐蚀产物:

(1) 使用鬃刷子或布将磷酸基除腐剂(Turco wo – 1)涂在产生腐蚀的区域,清除腐蚀;除腐剂能够破坏镉镀层,因此,应使除腐剂不与完好的镀层接触;

(2) 用水冲去除腐剂,再用变性酒精擦洗并擦干;

(3) 如果无法恢复镀层,需要涂两层环氧树脂底漆和一层环氧树脂含铝面漆。

注意,在采用此种化学方法清除腐蚀产物后,会产生一些斑点,可以不清除这些斑点。

当清除钢索的腐蚀产物时,为避免降低钢索的强度,不应使用酸性清洁剂和碱性溶液进行清洁处理。通常按如下步骤清除钢索腐蚀产物:

(1) 将操纵钢索依次达到双向极限,以便检查全部长度上的钢索是否有腐蚀;

(2) 如果发现钢索有腐蚀的迹象,要卸掉钢索张力;

(3) 如果钢索内部腐蚀应更换;

(4) 如果没有内部腐蚀,只是表明有腐蚀迹象,则用布或软鬃刷蘸上 Stoddard 溶剂做清理处理;

(5) 彻底清除腐蚀产物后,涂一层防腐化合物(MIL – C – 16173,4 级或相当的防腐化合物)。

不锈钢和镍合金中的铬元素对氢敏感。因此,对这两类合金最好采用机械方法清除腐蚀产物。钛合金也不要用化学方法清除腐蚀产物。

---

* 1 psi = 1 lbf/in^2 = 6.894 76×10^3 Pa。

5.1.4 腐蚀深度的测量

在飞机的维修中,彻底清除腐蚀产物后,应精确确定损伤深度,以便确定损伤是否超过可允许损伤,需要更换原件或进行加强修理。采用超声波厚度仪,可以精确给出经清除腐蚀产物后的损伤深度(精度可达厚度的±1%)。另外,还可以采用其他一些方法来确定腐蚀深度,这里只介绍其中的两种。

1. 使用深度千分尺测量损伤深度

当可用深度千分尺测量损伤深度时,可按如下步骤测量损伤深度:

(1) 清除腐蚀产物;

(2) 按图 5.9 所示,放置深度千分尺并测取读数(深度千分尺的基座应搭在损伤表面的两侧);

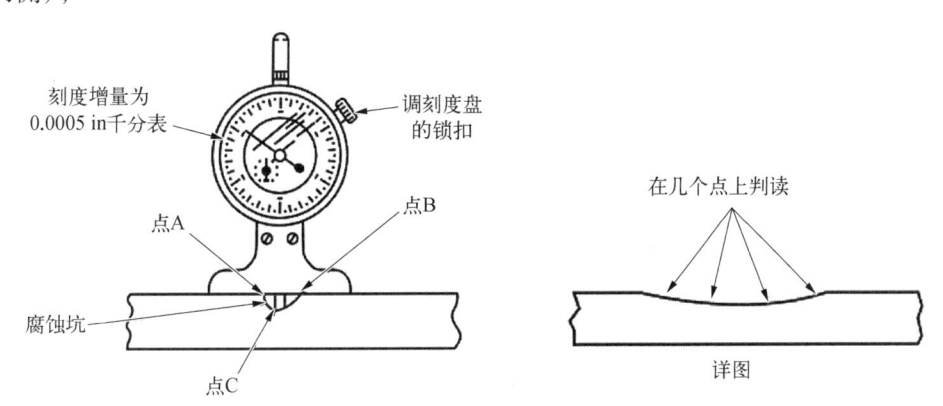

图 5.9 测量腐蚀损伤深度

(3) 测取若干个读数,取最深读数为腐蚀损伤深度。

2. 采用印模法测量损伤深度

当腐蚀损伤区域不能使用深度千分尺测量损伤深度时,推荐使用印模法测量损伤深度。使用黏土或硅有机物以及类似材料做出腐蚀损伤区域的印模,然后设法测量印模高度,就可以得到腐蚀损伤深度。

5.1.5 清除腐蚀区域的边界过渡斜率要求

打磨清除结构腐蚀之后,会在结构表面形成打磨凹坑。如果不按照规定的斜率对这些凹坑进行打磨过渡,会导致结构表面产生较高的应力集中。所以应按表 5.2 的斜率要求对凹坑区域进行打磨过渡。

表 5.2 打磨区域的最小过渡斜率

结 构 类 型	过 渡 斜 率
机身蒙皮以及其他承受拉应力结构	20∶1
接耳片以及其他承受压应力结构	10∶1

5.2 腐蚀损伤评定

5.2.1 局部性腐蚀与蔓延性腐蚀

当对飞机腐蚀损伤进行评定,确定腐蚀等级时,通常要先确定腐蚀是局部性腐蚀还是蔓延性腐蚀(或称扩散性腐蚀)。因此,这里首先给出局部性腐蚀和蔓延性腐蚀的定义。

1. 局部性腐蚀

局部性腐蚀是指下列情况的腐蚀:

(1)蒙皮和腹板的腐蚀不超过一个框(或肋)距、桁条间距或加强筋的间距[图 5.10(a)];

(2)只发生在单个框(或肋)、缘条、桁条或加强筋上的腐蚀[图 5.12(a)];

(3)腐蚀超过一个框(或肋)、缘条、桁条,但是,在腐蚀构件两侧的相邻同类构件上无腐蚀[图 5.11(a)]。

2. 蔓延性腐蚀

成片、蔓延腐蚀是指下列情况的腐蚀:

(1)腐蚀发生在两个或两个以上的由框(或肋)、桁条或加强立柱(加强肋)隔成的相邻蒙皮格子或腹板格子上[图 5.10(b)];

(2)两个或两个以上的相邻框(或肋)、桁条或加强立柱(加强肋)的腐蚀[图 5.11(b)];

(3)框(或肋)、缘条、桁条或加强立柱(加强肋)连同相邻蒙皮或腹板一起腐蚀[图 5.12(b)]。

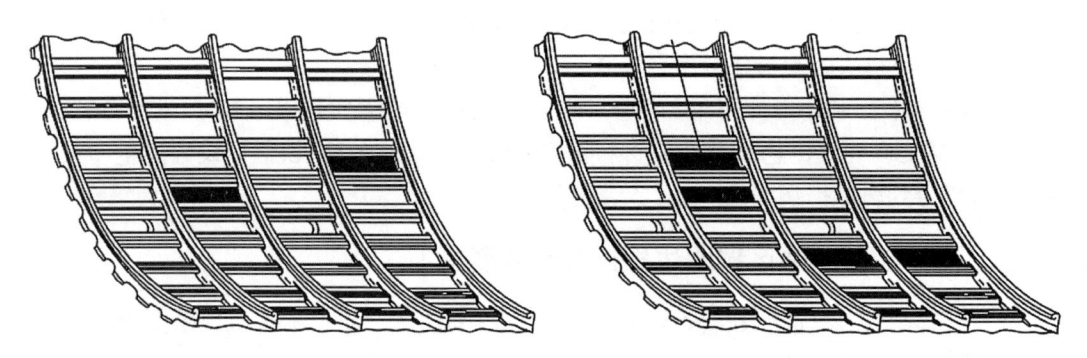

(a) 局部腐蚀(腐蚀发生在不相邻的蒙皮板上)　　(b) 扩散腐蚀(腐蚀发生在相邻的蒙皮板上)

图 5.10 发生在机身蒙皮上的局部腐蚀和扩散腐蚀示例

5.2.2 腐蚀等级

飞机结构上的腐蚀产物清除后,可根据打磨后材料的厚度的减少量和腐蚀面积的大小,并参考飞机结构修理手册(SRM)或服务通告(service bulletins, SB)确定腐蚀等级。通常,飞机结构上的腐蚀按其严重程度分为三级。

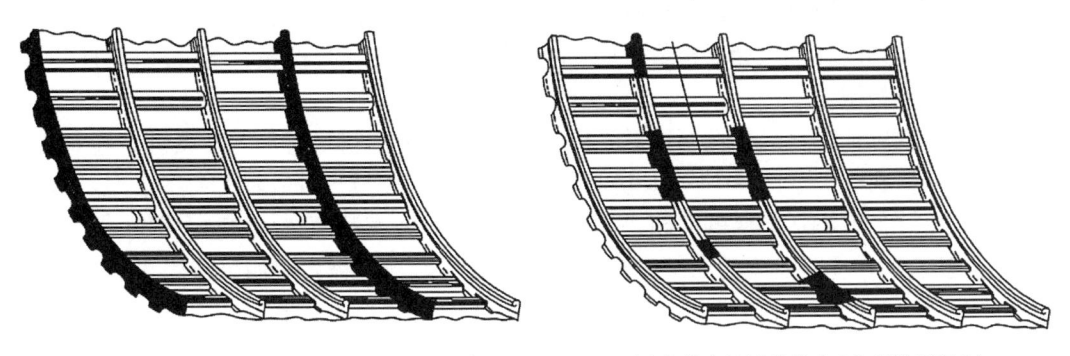

(a) 局部腐蚀(腐蚀发生在不相邻的隔框上)　　(b) 扩散腐蚀(腐蚀发生在相邻的隔框上)

图 5.11　发生在机身隔框的局部腐蚀和扩散腐蚀示例

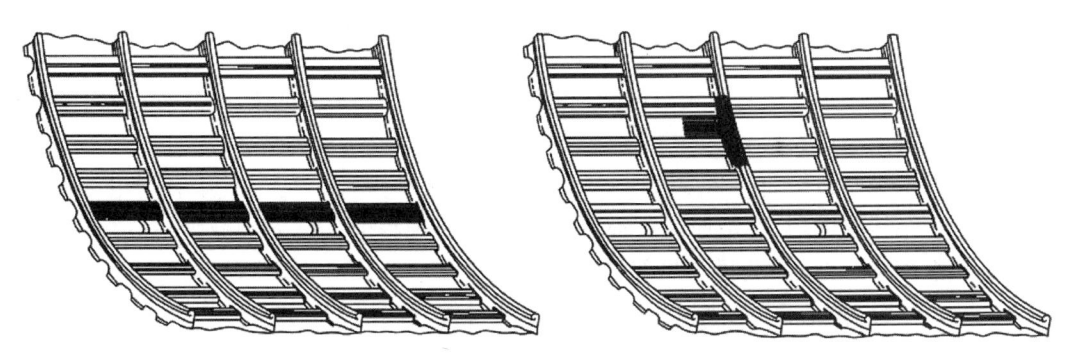

(a) 局部腐蚀(腐蚀不发生在相邻的桁条上)　　(b) 扩散腐蚀(腐蚀发生在相邻的隔框和蒙皮板上)

图 5.12　发生在机身桁条的局部腐蚀和发生在机身隔框和蒙皮的扩散腐蚀示例

1. 一级腐蚀

一级腐蚀可以是下列腐蚀情况中的一种：

(1) 腐蚀损伤发生在相邻的两次检查之间，腐蚀是局部的，并且打磨除腐后的构件打磨量不超过结构修理手册中规定的容许极限；

(2) 发生在相邻两次检查之间的局部腐蚀，经打磨除腐后，构件打磨量超过了容许极限；但该超过容许极限的局部性腐蚀问题只是由于用户机队中一种非典型的特殊原因引起的(例如，作为货物运输的测量仪器破裂，渗漏出酸、碱性物质或水银等)；

(3) 用户多年的使用经验表明在相邻两次检查之间仅有轻微腐蚀；但最后累积打磨除腐的结果，打磨量超过可容许的极限；

(4) 在相邻两次检查之间发生的腐蚀损伤是成片的，经打磨除腐后，构件上的腐蚀量在制造厂规定的容限范围内。

一般说来，一级腐蚀是发生在两次相邻检查之间的较轻微腐蚀。制定和实施腐蚀预防及控制大纲的目的是将飞机腐蚀控制在一级腐蚀或更好的水平。

2. 二级腐蚀

二级腐蚀可以是下列腐蚀情况之一：

(1) 腐蚀为发生在两次相邻检查之间的局部性腐蚀，除腐打磨后，构件打磨量超过了

容许的极限,需要按结构修理手册规定进行修理,完全或部分更换构件;

(2) 腐蚀出现在两次相邻检查之间,是一种成片蔓延性的,打磨除腐后,构件打磨量接近可容许的极限。

蔓延性腐蚀通常比局部性腐蚀对飞机适航性的影响更直接,对于老龄飞机尤其如此。因为在老龄飞机上,腐蚀多半伴着疲劳损伤同时发生,所以与飞机适航性关系最大。为了防止发生潜在的影响适航性的问题,相应的适航指令以及腐蚀预防与控制大纲(CPCP)文件中均规定,用户应将发现的二级腐蚀情况向有关适航当局报告。如果在用户机队的某飞机上发现了二级腐蚀,则建议并支持用户对机队中同型号的其他飞机相应部位进行腐蚀检查和评定,并对防腐维修大纲做适当的修改。必要时,缩短检查间隔。对于打磨量超过容许极限值较多的二级腐蚀,建议由制造厂家做进一步的评估。

3. 三级腐蚀

三级腐蚀是由用户检查确定或由制造厂家评估确定的危及适航性的严重腐蚀,必须采取紧急措施。用户当发现飞机上存在三级腐蚀时,应考虑在机队其他飞机上采取相应的紧急维修措施。用户应将有关腐蚀问题的详细情况和计划采取的措施及时间及时向适航当局和飞机制造厂家报告。

容许极限在制造厂商的结构修理手册(SRM)、服务通告(SB)等文件里有规定。腐蚀级别决定于结构腐蚀的"腐蚀原因""腐蚀类别"和"腐蚀程度"。"腐蚀原因"是偶然因素还是非偶然因素、"腐蚀类别"是局部腐蚀还是蔓延腐蚀、"腐蚀程度"是否超出允许损伤极限,以及结构腐蚀是否需要紧急适航关注,是腐蚀评级的决定因素。

腐蚀防护与控制方案目的是通过定期检查和腐蚀防护等手段,将结构腐蚀控制在一级或者更好的水平,避免发生二级或者三级腐蚀。能否将结构腐蚀控制在一级或者更好的水平,是判断腐蚀防护与控制方案是否有效的唯一标准。二级结构腐蚀意味腐蚀防护与控制方案无效,必须对腐蚀防护与控制项目进行分析评估并采取必要的纠正措施。三级腐蚀属于"紧急适航关注"问题,需要对整个机队进行普查并采取纠正措施。因此,结构腐蚀评级是腐蚀防护与控制方案的核心问题,结构腐蚀评级是否准确,直接关系到飞机持续适航性以及飞机结构维护的经济性。结构腐蚀评级的准确性决定于结构腐蚀评级准则。

图 5.13 是根据除腐量确定腐蚀等级的示意图。

5.2.3 确定腐蚀等级的逻辑图

根据局部性腐蚀和扩散性腐蚀的定义以及确定腐蚀损伤等级的规定,可制定出图 5.14 所示的确定腐蚀损伤等级的逻辑图。

5.2.4 腐蚀等级的报告和后继措施

1. 对二级和三级腐蚀情况向适航当局报告

当发现飞机一级以下的腐蚀情况时,可以不向适航当局和制造厂商报告;在基本大纲没有列出的结构上发现的腐蚀,也可以不报告;螺栓和衬套产生腐蚀不需要确定腐蚀等级和报告。如果在用户机队中某飞机上第二次或其后的检查发现基本大纲所列结构

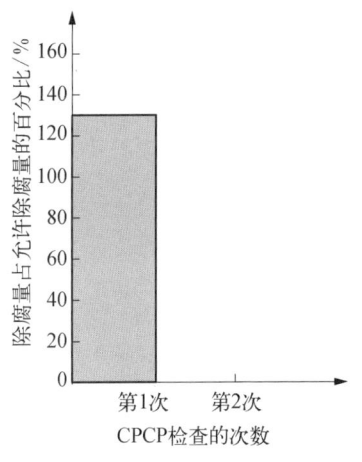

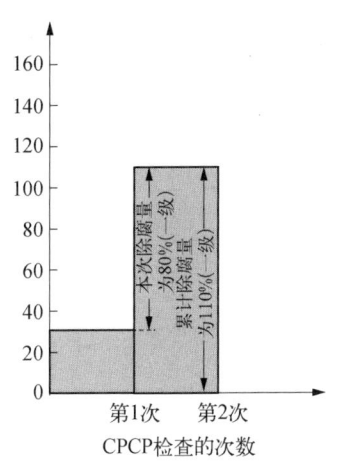

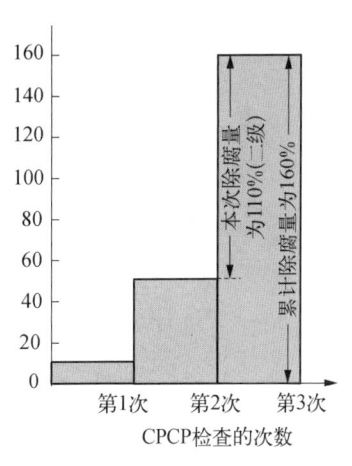

- 首次CPCP检查中发现的腐蚀的除腐量超过了允许除腐量，需要修补或更换结构件；
- 不用判断腐蚀等级，因为这是首次CPCP检查；
- 要求报告生产厂家，设定其腐蚀等级为二级，以前的CPCP检查记录为0次；
- 检查机队的其他飞机，以确定是否要提前对机队中的其他飞机实施CPCP的工作。

- 首次CPCP检查中发现的腐蚀的除腐量没有超过容限；
- 第2次CPCP检查中发现的腐蚀的除腐量为允许除腐量的80%，累计除腐量为允许除腐量的110%，需要修补或更换结构件；
- 腐蚀是一级腐蚀，因为在两次连续的检查之间发现的腐蚀的单次除腐量没有超出允许值(80%)；
- 无需修改CPCP；
- 无需报告厂家。

- 首次CPCP检查中发现的腐蚀的除腐量没有超过允许除腐量(10%)；
- 在第2次CPCP检查中发现的腐蚀，其除腐量为允许除腐量的40%，累计除腐量为允许除腐量的50%；
- 腐蚀为一级，无需修改CPCP；
- 无需修补或更换结构件；
- 无需报告厂家；
- 在第3次CPCP检查中发现的腐蚀，除腐量达到允许除腐量的110%，累计除腐量为允许除腐量的160%，需要修补或更换结构件；
- 腐蚀为二级，因为两次连续的检查中发现的腐蚀的单次除腐量超过了允许值(110%)，需要采取措施把将来可能发生的腐蚀降低到一级或更好的水平。要求把详细情况报告生产厂家。

图 5.13 根据除腐量确定腐蚀等级的示例

产生二级腐蚀，应向适航当局和制造商报告，并且用户应对机队中同型号的其他飞机相同部位进行腐蚀检查和评估，适当修改大纲。当用户发现飞机上存在三级腐蚀，应考虑在机队其他飞机上采取相应的紧急措施，并将有关腐蚀的详细情况和采取的计划措施及时向适航当局和制造商报告。腐蚀预防与控制大纲的有效性需要通过第二次或其后的腐蚀损伤检查证实。一个有效的腐蚀预防与控制大纲应将腐蚀控制在一级或更好的水平。

航空运营人向相应的民航地区管理局的报告应当至少包括下述内容：① 机型、国籍登记号、使用时间(包括日历时间、飞行小时和循环)和检查日期；② 任务号和检查方法；③ 腐蚀损伤的级别/类别；④ 腐蚀损伤的具体部位；⑤ 腐蚀损伤的原因分析；⑥ 腐蚀损伤的修理情况描述。

2. 向飞机制造商报告腐蚀等级

飞机制造商制定腐蚀等级报告系统的主要目的是监视腐蚀预防与控制基本大纲的有效性，并为修改大纲提供资料。从第二次执行CPCP每项任务开始，应向飞机制造商(例

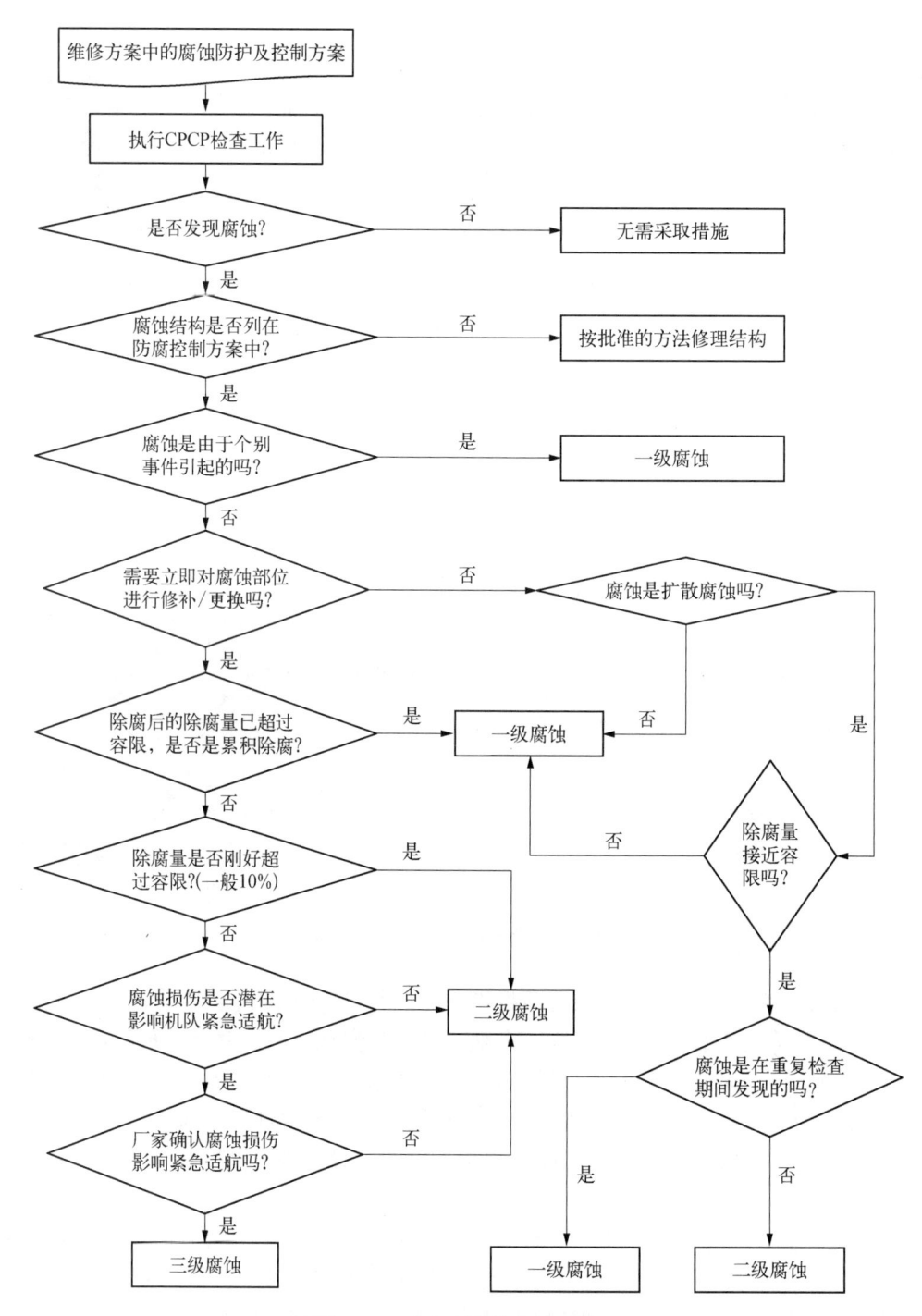

图 5.14 确定腐蚀等级的逻辑图

如波音)报告主要结构元件(primary structure elements, PSE)和基本大纲列出的其他结构上的所有二级和三级腐蚀情况。至少每季度向制造商报告一次腐蚀情况。下列情况不需要报告腐蚀情况：未包含在基本大纲规定中的结构件,或系统附件上的腐蚀；在首次执行

CPCP 任务时发现的腐蚀(但仍要求运营人报告重大腐蚀问题);不是通过 CPCP 检查任务发现的腐蚀(但重大腐蚀仍要报告)。向飞机制造商报告腐蚀情况时,可按制造商提供的报告表报告,并附上照片或其他有用信息。图 5.15 给出了波音公司的腐蚀情况报告表。

```
                    腐蚀预防与控制大纲检查报告
                     (只要求报告二级和三级腐蚀)
营运人:_____    检查日期:_____
型号:_____    生产线号:_____
修理/维修机构:_____
腐蚀任务号:_____
从上次检查以来的间隔(年):_____
腐蚀等级:         □ 二级              □ 局部
                  □ 三级              □ 蔓延
损伤部件名称:     □ 纵桁/桁条         □ 蒙皮
                  □ 框架              □ 加强板
                  □ 支架/剪切带       □ 翼肋
                  □ 缘条              □ 隔框
                  □ 腹板              □ 接头
                  □ 其他:_____
损伤位置:         区域_____
                  站位_____ 到站位_____ 左/右
                  桁条_____ 左/右到桁条_____
                  水线_____ 到水线_____
                  纵剖线_____ 左/右到纵剖线_____ 左/右
损伤原因:         □ 环境              □ 内部渗漏
                  □ 化学物溢出        □ 厕所/厨房溢出
                  □ 排水堵塞          □ 湿隔热毯
                  □ 未知原因
                  □ 其他:_____
损伤部位附加描述:_____
```

图 5.15 波音公司的腐蚀情况报告表

3. 针对各级腐蚀的后继措施

在对基本大纲所列结构进行检查时,若发现一级或更轻的腐蚀,表明大纲是有效的;对于一级腐蚀的确认是基于该腐蚀不是一个适航性的事件,或不大可能将在其他飞机上或后继的检查中变成一个适航性的事件。由于这不是适航性的事件,所以不要求更改 CPCP。

若发现二级腐蚀,表明大纲需要调整,应采取措施将腐蚀控制在一级或更好的水平。对二级腐蚀的确认是基于认为腐蚀在其他飞机上或后继的检查之间可能变成一个适航性的事件。由于这是一个潜在的适航性事件,这就要求修改用户的 CPCP 方案。方案的修改必须有助于减少两次检查之间的腐蚀。应采取的措施包括:

(1) 改进结构件设计(例如,增加排水通道);

(2) 改进腐蚀预防与控制任务[例如更新喷涂涂层、疏通排水通道、施加防腐剂(corrosion inhibiting compounds, CIC)];

(3) 缩短执行年限(I);

(4) 缩短重复检查间隔(R)。

应当指出,产生二级腐蚀后应采取的措施主要取决于腐蚀的严重程度和范围、腐蚀环境以及运营人机队其他飞机同样部位的状况。任何改变的有效性将在下一次检查中被评估,到时该区域的一个新的腐蚀等级将被确定。

三级腐蚀是由用户检查确定或由制造厂家评估确定的危及适航性的严重腐蚀,则为紧急适航事件。一个紧急的适航事件意味着用户在飞机恢复到营运前必须采取及时的措施(例如修理)。紧急的适航性事件也可能要求对全机群飞机采取其他的措施(例如,对受影响区域的计划检查和/或修理)。用户发现三级腐蚀时,要求用户的最小措施是修理受影响区域以恢复其适航性,如有必要对机群的受影响区域进行检查,以发现相似的腐蚀问题。

若发现三级腐蚀,立即报告制造商和适航当局,并应考虑在机队其他同型号的飞机上采取相应的紧急措施。制定一个保证营运人机队同一机型其他飞机相同部位能及时检测、防止三级腐蚀的计划。将产生三级腐蚀的部位控制在一级或更好的水平的措施与二级腐蚀应采取的措施相同。如果发现的腐蚀情况是独立事件,不需调整 CPCP 大纲,同样不需要采取紧急适航措施。表 5.3 给出了结构腐蚀分级和对营运人的要求。

表 5.3 结构腐蚀分级和对营运人要求

主要结构元件(PSE)和基本大纲列出的其他结构上的腐蚀情况	对营运人 CPCP 的评估	对营运人的最低要求
一级或更好	可接受	无
二级	不可接受	(1) 修改 CPCP 或其他措施,将腐蚀控制在一级或更好的水平; (2) 每季报告一次二级和三级腐蚀情况
三级	不可接受,要求采取紧急适航措施	(1) 在营运人机队的其他飞机同一部位采取紧急适航措施; (2) 最好在制造商的协助下,确定是否为三级腐蚀; (3) 确定三级腐蚀后的 7 天内报告适航当局

5.2.5 腐蚀损伤的记录

运营人应记录完成的腐蚀检查任务和检查结果,作为服从腐蚀预防与控制大纲的依据,营运人可用这些信息作为延长腐蚀检查任务执行年限(I)或/和重复检查间隔的依据,并作为定期复查的资料。另外,在飞机卖、租、交换时作为完成大纲的证据。

当完成对飞机腐蚀损伤的评定后,应认真填写图 5.16 所示的腐蚀损伤评估报告,然后录入到非例行工卡的数据库中,以便对飞机的腐蚀损伤进行统计和监控。

```
检查内容：_____     工作卡号：_____
检查日期：_____     初始检查：_____
与上次检查间隔：_____     机　　号：_____
一、有无腐蚀：      □无            □有
二、腐蚀等级：      □等级一        □局部
                   □等级二        □扩散
                   □等级三
三、构件名称：      □长桁          □蒙皮          □隔框
                   □加强板        □支架/剪切板    □肋
                   □梁缘条        □隔板
                   □其他_____
四、位置：区域、区段：_____
         起始站位：_____    终止站位：_____
         起始长桁（左/右）：_____  终止长桁（左/右）：_____
五、原因：          □环境          □内部渗漏      □化学物质泄漏
                   □排放口堵塞    □湿的隔离层
                   □厕所/厨房泄漏
                   □未知          □其他_____
六、腐蚀区域补充描述：_____

七、腐蚀处理结果：_____
```

图 5.16　腐蚀损伤评估报告

5.3　设计批准持有人制定的腐蚀预防与控制基本大纲

5.3.1　制定基本大纲的目的

基本大纲是设计批准持有人（飞机型号合格证持有人或补充型号合格证持有人）为某一具体机型制定的腐蚀预防与控制大纲（CPCP），以方便营运人制出包含在营运人维护方案中的、系统的、全面的腐蚀预防与控制方案（CPCP）。腐蚀预防与控制基本大纲包括在每一区域或部位的腐蚀检查任务、腐蚀级别定义、执行门槛值和重复检查间隔；还包括将任何部位或区域的二级和三级腐蚀损伤情况及降低到一级水平的措施报告给适航当局和制造商的程序。腐蚀与控制基本大纲，提供一种全面的、系统的腐蚀控制方法。这种基本大纲提供确保腐蚀损伤不危及飞机持续适航的最低预防与控制要求。CPCP 的有效性取决于主要结构元件（PSE）或基本大纲所列结构的腐蚀等级。

初始的波音 737-300/400/500 和波音 747-400 飞机的腐蚀预防与控制基本大纲是通过适航指令（airworthiness directive，AD）强制执行的单独基本大纲。目前，FAA 已批准

将该大纲纳入维修计划文件(maintenance planning document, MPD)第10节中,作为顺从初始 AD 指令的另一种方法。波音 757 和 767 飞机没有通过 AD 指令强制执行的单独 CPCP,其基本大纲包括在维修审查委员会(maintenance review board, MRB)报告的附录中和 MPD 第 10 节中;波音 737-600/700/800 和 777 飞机的基本大纲包括在 MRB 和 MPD 第 8 节的结构检查大纲中。波音 737-300/400/500、747、757 和 767 型飞机也都在附录中给出了整体结构检查大纲。

对于 DC-8、DC-9、MD80 和 DC-10 型飞机,强制执行相应机型的第一修改版的 CPCP 基本大纲,第二、三修改版已由 FAA 批准。目前,正在努力将 CPCP 基本大纲纳入飞机维修大纲中。对于 MD-11、MD-90 和波音 717 飞机,没有单独 CPCP 基本大纲,CPCP 任务已纳入飞机维修大纲中。

空客系列飞机的结构腐蚀和疲劳检查要求,均包括在 MRB 报告和 MPD 中,结构检查分为与疲劳相关的检查和与环境相关的检查。空客飞机对与疲劳相关的检查,要求每一用户均选择领先机队进行检查,称为领先机队大纲(fleet program, FLP);对由于明显环境损伤(应力腐蚀、液体渗漏腐蚀等)和偶然损伤(如加工损伤)而诱发的腐蚀和疲劳损伤项目,则要求 100% 地进行检查,称为 100% 检查项目;对于环境造成的飞机腐蚀,则要求按照类似飞机的使用经验确定检查要求,称为工龄探索大纲(age exploration program, AEP)。这些飞机主要通过不断改进和完善 MRB 报告和 MPD,来指导营运人完善其结构检查方案。

5.3.2 制定基本大纲的程序和修改

在 FAA AC NO:120-CPCP 中指出,在飞机设计过程中,设计批准持有人要提供腐蚀预防与控制基本大纲作为持续适航规章的一部分。首先,设计批准持有人对相同营运环境下使用的相似飞机的腐蚀情况进行评估;在此基础之上,制定出初始基本大纲。然后,设计批准持有人将组织一个由营运人技术代表和适航当局代表组成的结构工作组(structural group, STG);这个工作组审查初始基本大纲,以确保任务、初始检查门槛值和重复检查间隔的可行性,并确保飞机的持续适航。一旦工作组完成了审查任务,设计批准持有人就将基本大纲纳入其持续适航细则中。

为了建立一份有效的基本大纲,有必要考虑以下因素:相似机型的营运和维护历史;飞机结构所用材料的腐蚀特性;采用的保护措施;制造和维护中采取的操作程序以及局部和蔓延腐蚀。在确定腐蚀检查任务初始门槛值、重复检查间隔的具体环节时,应考虑到营运环境。在评估机型的服役历史和营运环境时,设计批准持有人和营运人双方的技术人员代表要参与其中。若是新机型或刚投入运营不久的机型,具有相似机型营运人的技术人员代表,应被邀请参与其中。

营运人 CPCP 检查中将发现的二级或三级腐蚀向设计批准持有人报告。设计批准持有人汇总和分析这些信息,再由结构工作组(STG)审查,决定基本大纲是否充分,有无必要进行修改。

5.3.3 基本任务

基本大纲要求用户每次检查时执行一个基本任务。基本任务的每一部分有助于腐蚀防护及纠正现存的腐蚀问题。基本任务是一组具体的或基本的工作环节,应在所有任务部位或区域重复执行,成功地控制腐蚀。基本任务的内容根据飞机的部位或区域的特殊需求制定。

通常按以下步骤执行基本任务。

(1) 当对基本大纲所列 PSE 和其他结构进行检查时,如果需要,应拆除系统、设备和内部装饰物(例如厕所、衬板、隔热毯等)。不应因腐蚀检查拆除通常的装置、系统附件或其他永久附件,除非基本任务中有额外要求,或者在它们遮盖处有腐蚀的迹象。

(2) 当需要时,清洁检查区域。检查前,不必清除没有损伤的密封和填角密封剂。但在目视检查过程中,应注意到密封和填角密封剂的完整性。如果防腐剂(CIC)膜上没有黏附灰层或碎屑,不清除 CIC 就可以检查。如果有多层 CIC 和/或黏附灰层或碎屑,应清除 CIC。

(3) 在认为必要的距离内,对基本大纲所列 PSE 和其他结构进行目视检查(例如监视检查),以发现腐蚀或其他损伤。如果有迹象表明发生了隐藏腐蚀(例如蒙皮鼓胀或附件下发生腐蚀),则要进行无损检测或在局部拆卸后进行目视检查。

(4) 清除腐蚀产物,评估损伤程度,当需要时进行修理或更换。在某些情况下,允许延迟腐蚀产物的清除和修理,但必须确定这种损伤不危及飞机的持续适航性,并要确定清除腐蚀和修理时间,并报告适航当局批准。

(5) 疏通所有堵塞的排水孔或可能阻碍排水的间隙。

(6) 施加防腐剂。

(7) 重新安装彻底干燥后的隔热毯,或更换。

5.3.4 检查门槛值和重复检查间隔

基础方案包含了具体的飞机工作区域和位置,每项工作都有一个首次检查年限(I)和重复检查间隔(R),每次检查都要执行基本任务。波音 737 飞机典型的 I 值和 R 值如表 5.4 所示。

表 5.4 波音 737 飞机典型的 I 值和 R 值

飞 机 区 域	执行年限(I)/年	重复检查间隔(R)/年
大翼外部	12	6
大翼内部	12	6
上部机身内部	12	8
上部机身外部	9	3
下部机身内部	6	6
下部机身外部	9	3
动力装置及支柱	10	10

首次检查年限(也称执行年限、检查门槛值),用该飞机日历年限表示(从飞机交付使用年龄算起)。当飞机年龄达到该时限时,应在该部位或区域完成初始腐蚀检查任务。其

后,在任务部位或区域的重复间隔内,检查腐蚀情况。重复检查间隔是指任务部位或区域相邻腐蚀检查之间的日历时间。应当指出,基本大纲给出的检查门槛值和重复检查间隔是典型值,不是最低值。

在确定腐蚀损伤检查门槛值和重复检查间隔时,制造商对环境腐蚀率(EDR_C)和环境应力腐蚀率(EDR_S)进行评级。评级时,对每种损伤均按照可见性、损伤尺寸的敏感性、环境防护和不利环境等方面进行评估;然后,得出每一重要结构项目(structure significant item, SSI)的 EDR_C 和 EDR_S 级号,并提出推荐的检查方法、检查门槛值和重复检查间隔,供结构工作组(STG)评审时参考。应当指出,在确定腐蚀损伤的检查门槛值和重复检查间隔时,还要充分考虑相似飞机的腐蚀历史情况。

5.3.5　基本大纲举例

这里以波音 737－300/400/500 型飞机为例,说明腐蚀预防与控制基本大纲的格式(表 5.5)。

表 5.5　波音 737－300/400/500 型飞机腐蚀预防与控制基本大纲举例

飞机部位:机身-上半部-内部,包括地板结构和门							
腐蚀任务号	被检结构描述	区域	有效性	门槛期(I)/年	重复检查间隔(R)/年	注　释
C53－107－01	在 S－17 以上,BS 270 到 1016 之间机身上部,包括蒙皮壁板、隔框、桁条、加强板、剪切带、窗框、门的内部、后承压隔框前表面和承压舱板,要特别注意以下内容	103,104 105,106 107,108 109,110	所有	12	8	(4),(5),(6),(7)
－01.01	纵向蒙皮搭接处	111,112				
－01.02	环形蒙皮对接处	113,114				
－01.03	窗口区域蒙皮壁板加强板	115,116				
－01.04	登机门壁板、服务门和应急门,包括	117,118				
－01.05	蒙皮加强板和门槛					
－01.06	黏结的蒙皮加强板					
－01.07	沿 S－17 桁条、折梁的蒙皮和加强板					
	从 BS 270 到 1016 的地板梁和座椅滑轨					
－01.08	中央翼上蒙皮外表面和前、后梁上缘条					
－01.09	服务门和登机门扭力管					
－01.10	应急门边框和闩					
－01.11	止裂带					

续 表

飞机部位：机身-上半部-内部，包括地板结构和门

腐蚀任务号	被检结构描述	区域	有效性	门槛期(I)/年	重复检查间隔(R)/年	注 释
C53-107-02	厨房（若安装）和厕所（若安装）下部区域	103,104 107,105 109,113 114,118	所有	8	3/6	(1),(2),(3)

注：(1) 不拆除厨房和厕所，重复检查间隔为3年；拆除厨房和厕所，重复检查间隔为6年；
(2) 检查后承压隔框部分和后厕所下部机身结构，此时应拆除厕所；
(3) 对于该部位建议采用双层防腐涂层（可选）；
(4) 不需拆除窗/金属销，除非在缩构件连接处有腐蚀迹象；
(5) 不需拆除永久性黏结材料（如吸声衬板），除非衬板已经破坏或有证据表明衬板下存在腐蚀；
(6) 对登机门和服务门的正常大修程序，若将其从飞机上拆除，检查时间间隔应不超过8年，这足以将这些部件的腐蚀控制在安全水平内，在这些情况下，不需对这些部件实施基本任务；另外，当不需拆卸时，应完成目视检查或者按适用的 CPCP 任务接近检查；若不适用请参照注释(7)；
(7) 按注释(6)，若没有从飞机上拆除门，则应在 $I=12$ 年和 $R=8$ 年时实施基本任务，并要对这些部件进行报告

注：飞机部位：所列出任务的飞机部位，在腐蚀任务号内具有同一区域号；
腐蚀任务号：指明飞机内的一个位置，用以实施基本的或其他定义的腐蚀任务，编号系统由 ATA 章号、区域和项目号组成，子项目号用以在一般检查期间指需要特别注意的特殊部位；
区域：给定腐蚀任务的飞机区域列表；
有效性：给定腐蚀任务的飞机型号—系列号和/或线号；
参考服务通告 SB：包括了任务描述或附加支持信息的服务通告号，与基本大纲任务一起执行。

5.4　航空运营人腐蚀预防与控制大纲的制定与调整

5.4.1　航空运营人腐蚀预防与控制大纲的制定

对于营运在 14 CFR 121 部或 129 部下的飞机，营运人应在维护或检查方案中包括 FAA 批准的腐蚀预防与控制方案。营运人可根据设计批准持有人提供的基本大纲，制定出自己的腐蚀预防与控制大纲。

在没有设计批准持有人提供的腐蚀预防与控制基本大纲的情况下，营运人则需要自己制定出腐蚀预防与控制方案。航空运营人可以采用下列方式制定腐蚀预防与控制大纲：

（1）航空运营人自己或联合其他航空运营人制定腐蚀预防与控制基本大纲，并根据基本大纲制定腐蚀预防与控制大纲；

（2）航空运营人根据相同或类似机型的使用经历直接制定腐蚀预防与控制大纲。

航空运营人应当按照腐蚀预防与控制大纲的制定要求制定腐蚀预防与控制基本大纲，并提交主管民航地区管理局的批准；当涉及多个航空运营人参与制定腐蚀预防与控制基本大纲的情况，应当同时提交相应的主管民航地区管理局。

AC 121-65 要求腐蚀预防与控制大纲应当至少包括下述内容。

（1）编写背景：至少应当包括基本大纲编写的原因、参加人员、编制过程和参考的文件和资料等内容。

（2）编制说明：至少应当包括基本大纲的编写原则、易于腐蚀区域的选择和分类方法、腐蚀等级标准的定义、检查和接近要求等内容。

（3）基本腐蚀检查任务和区域：至少应当包括以下内容：

（a）需要为接近检查部位所拆除的系统设备和内部装饰；

（b）部位的清洗（当要求时）；

（c）目视检查要求；

（d）腐蚀的清除、损伤评估和结构件修理（当需要时）；

（e）可能被阻塞的孔和间隙；

（f）防腐化合物的运用；

（g）干绝缘毯的重新安装（当使用时）。

（4）腐蚀等级的确定：包括利用腐蚀等级的定义来评估和确定腐蚀等级。

（5）确定腐蚀等级后的典型工作：包括判断二级和三级腐蚀是否发生在其对其余飞机上的标准、重复检查间隔的调整等内容。

（6）涉及适航指令（AD）的腐蚀：列出所有已知的与腐蚀问题相关的适航指令。

航空运营人在制定腐蚀预防与控制大纲时，应当至少（但不限于）包括下述飞机上易于发生腐蚀的区域的腐蚀检查任务：排气痕迹区域；电瓶舱和电瓶通风通道；厕所、餐柜和厨房周围区域；舱底；机身内部下部结构；轮舱和起落架；外部蒙皮部位；积水部位；发动机前缘部位和冷却空气通风孔；电子设备舱；起飞和着陆时飞行控制舵面打开后的空腔部位。

5.4.2 腐蚀预防与控制大纲的执行

由适航当局颁发适航指令，或制定指令性文件强制性执行；要求营运人依据基本大纲结合自己的运行环境和维修经验，编制适合自己机队的满足安全、经济的 CPCP 方案。

营运人执行基本大纲的方式，归纳起来有两种：一种是逐项任务服从法，它是按照 CPCP 基本大纲的要求，单独、逐项地完成腐蚀检查和预防工作；另一种是符合性替代法（alternative method of compliance，AMOC），它是将 CPCP 基本大纲项目列入营运人的维修/检查方案，对 CPCP 项目进行检查和控制，它是等效执行 CPCP 基本大纲的方法。适航当局鼓励营运人选择将 CPCP 纳入其维修/检查方案中，执行 CPCP 基本大纲，但要符合以下几点：

（1）单独记录并报告检查结果；

（2）将腐蚀控制在一级或更好的水平；

（3）确认包括基本大纲的所有工作；

（4）制定调整 CPCP 方案的程序。

不同运营人的飞机和同一运营人的不同飞机，腐蚀损伤情况可能会相差很大。营运人的机队若分为多个基地使用，而这些基地的环境条件又差别很大时，至少应制定两套 CPCP 方案。因此，抽样检查大纲不能可靠地确保及时地发现所有飞机的严重腐蚀。所以，不能将抽样检查大纲应用在 CPCP 上。

可在任何方便的进场维修期间对受影响的飞机（年龄等于或大于 I）执行每项 CPCP 任务的首次检查，但要在飞机超出每项单独任务的（$I+R$）年龄以前执行。对于已完成更换或大修过的项目,例如襟翼滑轨,I 可从新部件或大修过的部件安装到飞机上的时刻算起。对从当前适航飞机上拆下并安装到其他飞机上的部件,如果它们被安装到该飞机以前通过质量控制进行了检查和做了维护记录,可转换到该架飞机的 CPCP 上。对于接近或已超过(I+R)的飞机,按相应管理机构批准的计划执行相应的检查任务。

图 5.17 是腐蚀防护及控制方案的实施流程图。

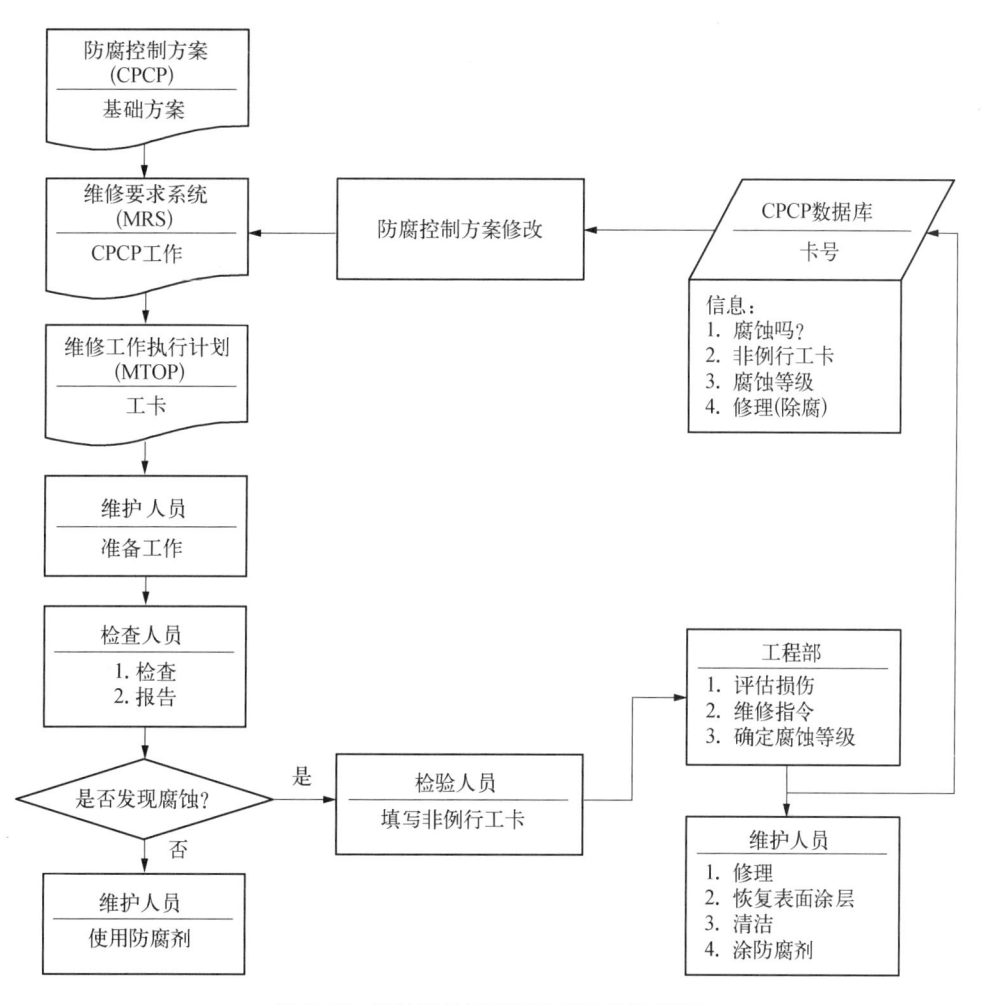

图 5.17 腐蚀防护及控制方案实施流程图

5.4.3 腐蚀预防与控制大纲的调整

有关 CPCP 的适航指令规定,允许营运人将检查间隔延长 10% 或 6 个月(先到为准),以便将 CPCP 项目与其他维修工作相协调。也就是说,CPCP 项目虽然为适航指令,但是有其特殊的管理要求。一个有效的营运人的 CPCP 方案,应将飞机腐蚀一直控制在一级以内。

如果大量的飞机检查后,某飞机区域没有腐蚀迹象,则单个营运人(或拥有相似运营环境和维护背景的一组营运人)可以延长该区域的执行门槛值(AC NO:120-CPCP)。如果营运人的 CPCP 是有效的(在首次和重复间隔中腐蚀一直不超过一级),可经适航当局批准延长规定的检查间隔。

在下列情况下,需要对腐蚀检查任务进行调整:

(1) 如果对一个腐蚀检查任务区域进行首次门槛值检查过程中发现腐蚀超过了允许的极限,则有必要调整相应的首次检查门槛值;

(2) 如果重复检查在一个特定检查区域多次出现二级和三级腐蚀,则应当对重复检查的间隔进行相应的调整,并且不能推迟对二级和三级腐蚀的处理;

(3) 在执行非腐蚀预防与控制大纲的维修任务时发现腐蚀,意味着腐蚀预防与控制大纲的失效,应当进行必要的调整;

(4) 在运行环境的改变和执行改装涉及腐蚀预防与控制大纲规定的检查任务和区域时,航空运营人应当对腐蚀预防与控制大纲进行相应的评估并进行必要的改善。

当完成腐蚀损伤评定后,应按图 5.18 所示的逻辑图确定是否需要修改腐蚀预防与控制大纲。

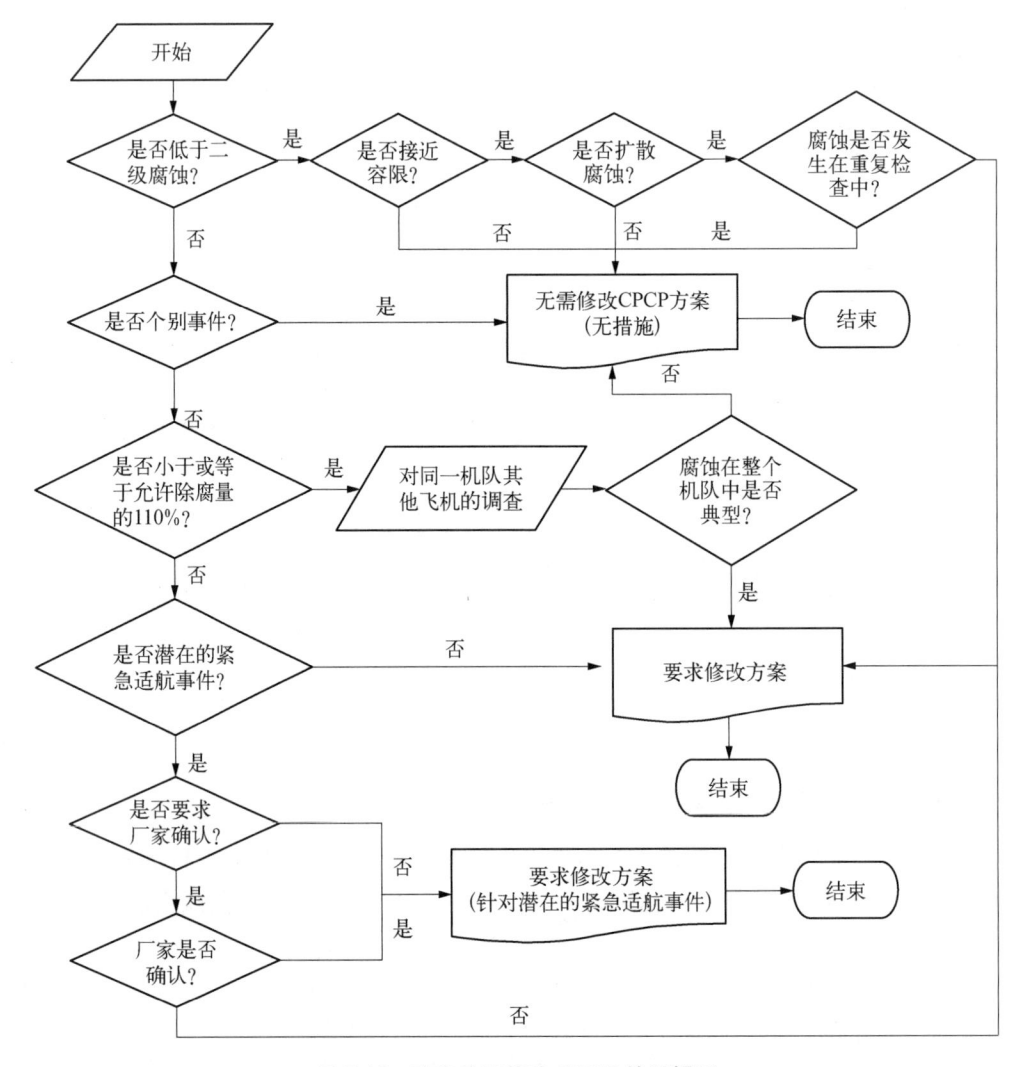

图 5.18 确定是否修改 CPCP 的逻辑图

如腐蚀防护及控制方案需要改动,应执行以下程序:维修可靠性方案控制办公室负责起草修订建议,并提交维修可靠性管理委员会(maintenance reliability control committee,MRCC)审查;MRCC将审查修订建议;得到批准之后,维修可靠性控制办公室将负责出版并分发修订过的文件。

MRCC是防腐和控制方案的管理部门,负责CPCP的实施,负责评估CPCP的有效性,负责评估和批准由工程部门或其他相关部门提出的对方案的修改建议,并确保这些建议遵循腐蚀防护及控制方案。

5.5　波音737-300/400/500型飞机整体结构检查大纲

5.5.1　整体结构检查大纲的组成与替代作用

这里以波音737-300/400/500型飞机为例,说明整体结构检查大纲的组成与替代作用。波音737-300/400/500型飞机"整体结构检查大纲"(integrated structural inspection program,ISIP)将结构检查大纲、腐蚀预防与控制大纲以及腐蚀防护大纲结合为一个整体结构检查大纲。通过在同一检查间隔和同一区域同时完成多个任务,来减少任务的数量。这将减少大量的重复接近和检查任务,并减轻安排计划的工作。新营运人可以使用ISIP代替结构检查大纲、腐蚀预防与控制大纲和腐蚀防护大纲。对于正在使用已批准维修大纲的营运人,可使用批准的过渡性程序,使用整体结构检查大纲。

整体结构检查大纲相应有如下变化:因为腐蚀预防与控制大纲要求营运人在给定的重复间隔完成每项任务,导致100%的机队检查,因此整体结构检查大纲就不能再执行抽样检查;通过完成同一区域的CPCP任务,完成了一般目视/监视MPD结构检查的很多任务;在某些情况下,需要调整任务内容、间隔或检查强度以适应任务的整体性。

5.5.2　整体结构检查大纲的任务号

这里以波音737-300/400/500型飞机整体结构检查大纲为例说明任务号(图5.19)。

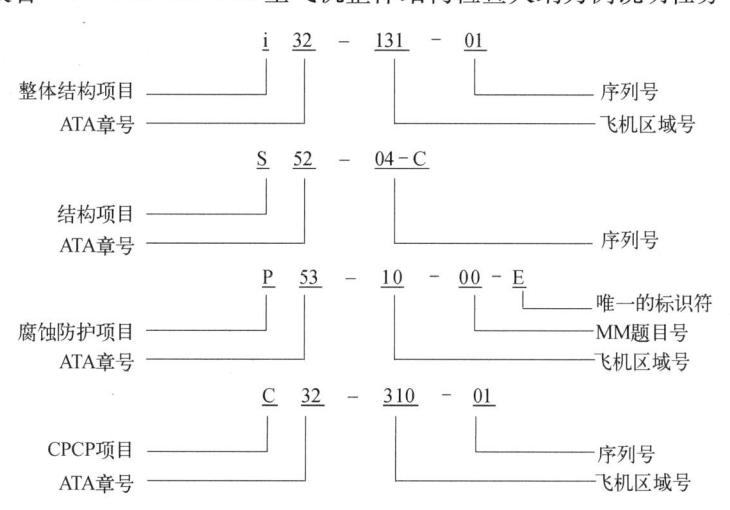

```
            i 32 - 131 - 01
整体结构项目 ┘  │     │    └ 序列号
ATA章号ー────┘     └────── 飞机区域号

            S 52 - 04 - C
结构项目 ───┘  │     │
ATA章号ー────┘     └────── 序列号

            P 53 - 10 - 00 - E
腐蚀防护项目 ┘  │    │    │    └ 唯一的标识符
              │    │    └────── MM题目号
ATA章号 ─────┘    └─────────── 飞机区域号

            C 32 - 310 - 01
CPCP项目 ───┘  │     │    └ 序列号
ATA章号ー────┘     └────── 飞机区域号
```

图5.19　波音737-300/400/500型飞机整体结构检查大纲任务号

5.5.3 整体结构检查大纲举例

波音 737‐300/400/500 型飞机整体结构检查大纲的格式如表 5.6 所示。

表 5.6 波音 737‐300/400/500 型飞机整体结构检查大纲

MPD 项目号	任务卡号	间隔	区域	接近	工时	适用性 APL	适用性 ENG	检查级别和任务说明
P52‐31‐00‐B‐2		4C	219	4504	3	所有	所有	腐蚀预防： 后舱门‐内部 A. 门框架 B. 门制动装置及滚轮 C. 门扭力管 D. 平衡装置弹簧
C53‐100‐01	1OF 6	$I=9$ $R=3$	203	310 1L	15	所有	所有	前起落架支架，包括前起落架舱门蒙皮外表面、边框及前起落架支撑结构
‐01.01				310				N/A
‐01.02				2R				N/A
‐01.03								N/A
‐01.04								N/A
‐01.05								N/A
‐01.06								N/A
‐01.07								N/A
‐01.08								N/A
‐01.09								一般注释： (1) 除了起落架支架外，不应用基本任务中的项目 6)
I 53‐100‐01	2OF 6	3 年	215 216 217 300	7223 8401 8405 S3003	3	所有	所有	左主起落架支柱，包括起落架舱门蒙皮和边缘，从 BS663.75 到 727 承压板的下表面，BS663.75 和 727 处的舱壁以及从 BS663.75 到 727 龙骨架的外表面

注释：MPD 项目号：每个 MPD 中的任务由一个唯一的号码标识；
间隔：用飞行循环、飞行小时、日历时间或字母检查表示的任务频次；
接近：为接近即将检查的项目给出的检查口盖/盖板号码；
工时：执行任务所需要的工时；
适用性：适用飞机型号和发动机型号；
检查级别和任务说明：执行检查的类别以及任务的描述；除非额外说明，否则所有任务都认为是监视检查。

5.5.4 整体结构检查大纲的执行

ISIP 旨在为航空公司制定整体结构维修方案提供参考，列在上面的检查任务组成了最低检查要求。当检查间隔逐步提升时,营运人应仔细评估所有顺从这种提升的项目,确保只有合格的项目包括进提升的间隔。如果营运人采用整体结构检查大纲代替结构检查大纲、CPCP 以及腐蚀防护大纲,则不能再使用结构检查大纲、CPCP 及腐蚀防护大纲,也就是不能将结构检查大纲、CPCP 和腐蚀防护大纲与整体结构检查大纲结合使用。新营运人可以使用 ISIP 代替 MPD 中的结构检查大纲、CPCP 以及腐蚀防护大纲作为它们的结构检查大纲。对正在使用批准维修大纲的营运人,改为执行 ISIP 时,应使用批准的过渡程序。

习题和思考题

5.1 采用机械法清除铝合金的腐蚀产物要注意哪些问题?
5.2 腐蚀深度的测量方法有哪些?
5.3 简述哪些情况下发生的腐蚀属于扩散腐蚀。
5.4 飞机结构上哪些腐蚀情况属于一级腐蚀,说明制定和实施飞机结构预防与控制大纲的目的是什么。
5.5 什么是腐蚀预防与控制基本大纲的基本任务、检查门槛值和重复检查间隔?
5.6 腐蚀预防与控制大纲的执行方式有哪些?

第 6 章
飞机结构防腐措施

飞机的腐蚀会影响到飞机的安全性和使用寿命,同时飞机的腐蚀也会较大幅度地提高维修成本。因此,在飞机设计、制造和修理过程中,对飞机结构及其他构件(例如传动装置)等采取不同类型的防腐措施,是预防和控制飞机腐蚀的关键,它也是飞机耐久性设计的一个重要方面。

6.1 飞机的密封

飞机密封包括气体密封和液体密封。机身增压舱属于气体密封结构,而结构油箱属于液体密封结构。在压力作用下,气体或液体易从密封胶的缺陷(甚至是微小缺陷)处泄漏出来。

飞机的密封对预防和控制飞机的腐蚀是至关重要的,特别是在预防和控制飞机的电偶腐蚀和缝隙腐蚀方面起到决定性的作用。在飞机的腐蚀问题中,有相当多的腐蚀是由于密封剂或密封元件产生损伤,密封失效,腐蚀介质进入到构件接触面之间或紧固件与构件之间的缝隙而产生的。因此,在飞机修理中,采取合理的密封措施,对确保飞机具有良好的耐腐性是非常重要的。

6.1.1 密封剂

飞机最常用的密封材料有密封剂和密封元件。这里介绍密封剂类型、特性及使用部位。

根据化学成分可将常用密封剂分为两大类:硅酮密封剂和聚硫化物密封剂。硅酮密封剂使用在温度较高的部位,聚硫化物密封剂使用在温度不高的部位。这两种密封剂必须分开保存,以防相互污染。

大多数密封剂是双组分密封剂,当基料与固化剂(含有二氧化锰的固化剂或含有铬酸盐的固化剂)混合后,它便开始固化。单组分密封剂与空气中的潮气接触就会固化。

结构油箱密封剂(例如波音公司规范中的 BMS5-26 密封剂)是一种耐燃油的、不含铬酸盐的聚硫化物密封剂,它用于飞机结构油箱的密封。每次配制的这种密封剂都要按生产厂家要求进行附着力的检查。这包括在盐水和燃油中进行浸泡的检查。

压力与环境密封剂(例如波音公司规范中的 BMS5-95 密封剂)是一种含有铬酸盐的灰色聚硫化物密封剂,它具有辅助防腐作用,飞机结构上大部分区域使用这种密封剂,既可用作结合面处的缝内密封(如机身搭接接头、蒙皮搭接处、机翼和安定面的梁缘与肋、梁缘与蒙皮、蒙皮与加强板之间的接合面等),又可用作填角密封(外表面蒙皮接缝处)。对于增压舱以及可能存在燃油蒸气的部位也可使用压力与环境密封剂。BMS5‒95 也经常用于紧固件的"湿安装"、胶接件的边缘密封,以保证水分不进入胶接面。BMS5‒95 密封剂的应用最为广泛。

防火墙密封剂(例如波音公司规范中的 BMS5‒63)是一种含有铂固化剂的绿色或黑色硅酮密封剂。这种密封剂耐液压油(BMS3‒11)和耐高温,常用于防火墙部位(该部位在没有着火时不是高温区)。为增加它的附着力,需要涂在特定底漆上。

另外,还有 BMS5‒142 用于结构和整流罩缝隙密封。

根据施工工艺,密封剂可分为 A 类——刷涂型、B 类——填角型、C 类——贴合型、D 类——喷灌型、E 类——堆砌型 5 类。不同的密封形式应选用适当类型的密封剂,密封剂的主要类型、用途和性能要求如表 6.1 所示。

表 6.1 密封剂种类和性能要求

代号	类型	特点及用途	性能要求
A	刷涂型	低黏度,可做底涂层、表面覆盖层,密封狭窄缝隙	不挥发含量>80%,最大黏度≤50 Pa·s
B	填角型	不流淌,可挤注或刮涂,用于缝外填角、钉头密封或紧固件"湿装配"	不挥发含量>97%,流淌性≤20 mm,基膏黏度≤1 600 Pa·s
C	贴合型	可挤注及刮涂,用于贴合面密封装配及"湿装配"	不挥发含量>90%,基膏黏度≤400 Pa·s,易流平但不流淌,有较长施工期
D	喷灌型	低黏度,用于表面喷涂密封或整体结构灌涂	不挥发含量>80%,最大黏度≤30 Pa·s
E	堆砌型	高触变、低密度,可填塞大孔洞及大间隙	密度<1.3 g/cm³,流淌性≤5 mm

密封材料的选择应根据结构密封部位的密封要求、密封结构的工作性质、密封目的、使用环境温度、密封材料活性期等因素加以选择。通常密封剂的牌号、配方、施工要求和应用范围等可在各型飞机的结构修理手册和生产厂家的使用说明书中查出。如果没有指定的密封剂,必须使用性能等效的密封剂代替。

要选用通过鉴定并已在航空上正式使用或在国外已有成熟使用经验或经可靠试验验证的密封剂;密封剂应有良好的化学稳定性,不腐蚀金属,有较好的耐老化性能;必须在规定的密封剂粘接适用时间内组装构件,否则密封剂的外表面就可能开始固化;应当在规定的挤出时间内安装紧固件,以便在安装紧固件过程中,让密封剂适当地再分布。

6.1.2 密封形式

在飞机结构上通常采用的密封形式有以下几种。

1. 缝内密封(结合面密封、接合面密封、贴合面密封)

结合面密封指在结构与结构贴合面之间采用密封剂或者胶膜消除结构与结构之间缝隙,达到防止电解液积聚、预防和控制贴合面腐蚀(尤其是缝隙腐蚀)目的的一种密封形式[图6.1(a)]。贴合面密封是飞机结构防腐蚀密封的主要方法。密封剂厚度在组装前是 0.01 in。密封剂太少能留下夹住潮气空隙,密封剂太多会妨碍紧固件的正确安装。

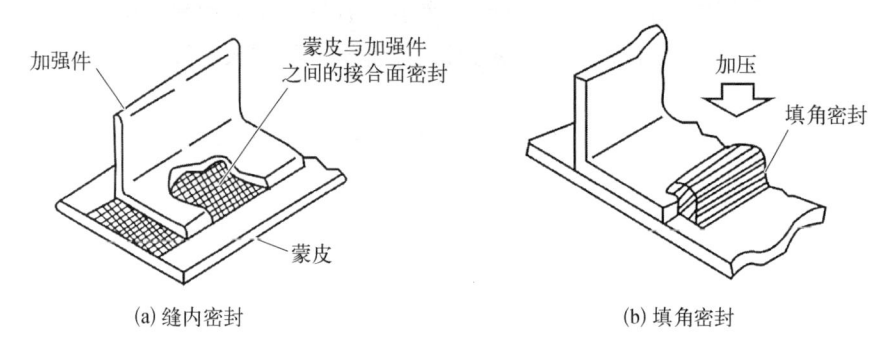

图 6.1 缝内密封和填角密封

缝内密封施工过程复杂、费时、费工、技术要求高、施工难度大,尤其更换大张蒙皮时更是如此。在飞机结构修理中,通常不单独采用缝内密封,要与缝外密封联合使用。

贴合面密封的工艺要求如下。

(1) 密封施工前应完成结构件的钻孔、铰孔、去毛刺、进行预装配,然后分解结构并完成密封表面的准备和清洗。

(2) 密封剂密封时,用专用工具将密封剂涂于贴合面面积较小的零件一侧。涂胶部分在长度方向与附近保护胶带覆盖区边缘平行。使用胶辊或塑料抹子整形密封剂以便表面厚度均匀一致且充分涂胶。

(3) 贴合面密封装配后应保证沿贴合面缝隙有少量密封剂连续挤出,并可修整成光滑的填角密封。在密封剂施工期内将结构安装结束后,将贴合面周缘挤压出的多余密封剂整形为小的填角密封。

(4) 贴合面采用胶膜密封时,胶膜宽度比密封贴合面宽度在每边需宽出 2 mm 左右;铺设的胶膜应平整,不褶皱;胶膜长度或宽度不足时允许的搭接尺寸为 3~5 mm。

2. 缝外密封(填角密封)

这种密封是在两个构件接缝处外部用刮刀或压注枪施加密封剂的一种密封形式[图 6.1(b)],主要用于承受较大集中载荷的接头/安装座边缘、水密/油密边界结构边缘以及需要进行贴合面密封但无法完成的贴合面边缘密封。它们由牢固地黏结于被密封结构周缘的连续密封剂组成,主要用于最严格要求防止燃油渗漏的区域或者气密区域。

其特点是工艺简单,便于修补和排除故障,一般与缝内密封配合使用或单独使用。单独采用缝外密封,在结合面处夹住的潮气更易引起腐蚀。对于填角密封,要保证填角部分形成一个厚厚的凸角,并填补上不足的部分,需在先涂的密封剂固化前抹上新的固化剂。

填角密封的工艺要求如下。

(1) 一般采用聚硫密封剂进行填角密封,涂密封剂前先涂一层配套黏结底涂。

(2) 填角密封应根据用胶量和组件的大小选用不同剂量的针管或注胶枪,针管/枪嘴口径应与填角密封尺寸相适应。

(3) 所有填角密封应在涂敷密封剂前,在规定的胶缝尺寸外粘贴保护性胶带,保证缝外密封形状与尺寸要求,并避免增加无效重量。

(4) 密封时把管嘴前端放到待密封缝角上,确保胶枪挤压出连续的密封剂珠。通过调整密封剂的流速和枪的运动速度,得到要求的压缝尺寸。胶枪与待密封缝角接近90°位置,使管嘴沿着待密封缝角方向向前运动。确保胶管嘴前始终被密封剂覆盖。切勿拉着胶管嘴运动,否则会导致气泡以及压缝固化后产生可能泄漏但又不可检查到的空隙。

(5) 涂完胶后,应在密封剂的使用期限内采用专用整形工具排出密封剂中的气泡,并将填角整形到最后要求的外形。填角尺寸要求包含于所用的工艺规程中。填角边缘必须与结构表面保持连续接触。

3. 注射密封

注射密封用于密封结构设计产生的槽和孔,如图 6.2 所示。沟槽密封的沟槽断面形状和尺寸应符合相关规定。沿沟槽长度的注射间距应保证每次注射时,密封剂能充满两孔距间的沟槽,一般取 100~180 mm,若沟槽内有紧固件,则间距可取 75~100 mm。注射密封剂时,将胶管嘴前部放于槽的开口端,通过胶枪挤压出密封剂直到槽充分充填(槽另一端有密封剂出现表明充分地充填)。对于存在多槽、孔情况,堵住已充填好的槽、孔可保证其他槽孔彻底地密封。去除多余的密封剂并整形,确保密封剂与结构光滑地接触,为后续填角密封提供连续性。

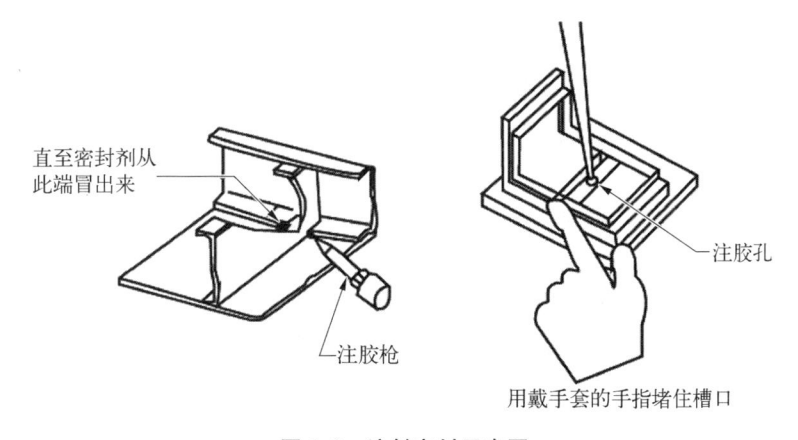

图 6.2 注射密封示意图

4. 表面密封

表面密封方法有刷涂密封、喷涂密封、灌涂密封,工艺要求如下:

(1) 完成密封表面的准备和清洗;结构上已涂的缝外及紧固件填角密封剂,在清理前应保证已达到硫化期;

(2) 表面密封使用 A 类、D 类密封剂,所使用的稀释剂应与已涂敷的密封胶层相容;

(3) 表面密封胶层应均匀、连续、无气孔,厚度应严格控制;

(4) 推荐使用喷涂密封。

5. 紧固件密封

在飞机结构密封修理中,螺栓类紧固件通常要求涂密封剂湿安装,而铆钉可以不涂密封剂安装(油箱区除外)。

紧固件湿安装指在紧固件杆与结构孔壁贴合的整个表面涂上合适密封剂后,在密封剂的活性期内安装好紧固件,以便消除紧固件与结构贴合面之间缝隙。密封剂选择和安装一般满足以下要求:

(1) 一般选用聚硫密封剂进行湿装配;

(2) 在两种材料接触处涂密封剂,使用时,密封剂沿各方向上多涂至少 10 mm,如图 6.3 所示,密封剂厚度应为 0.3~0.5 mm。

另外,紧固件头部也需压注密封剂进行密封,如图 6.4 所示。

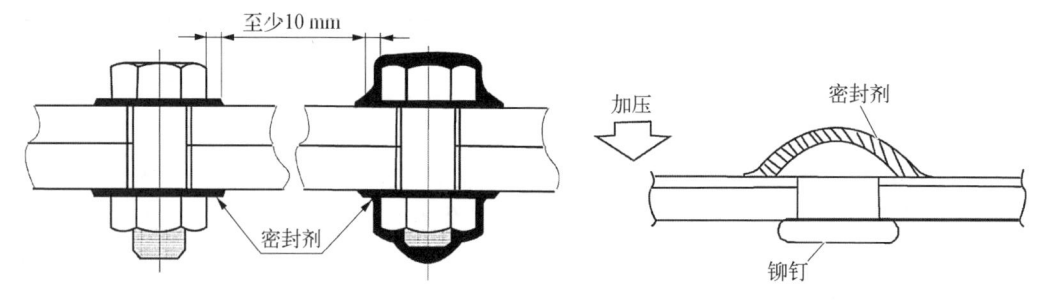

图 6.3　紧固件湿装配示意图　　　　图 6.4　紧固件头部压注密封剂

6. 碳纤维复合材料密封

碳纤维复合材料与其他材料以非胶接方式接触时,应按以下步骤:

(1) 碳纤维复合材料零件修边及钻孔后,应立即在边缘涂底漆;

(2) 玻璃布或玻璃布预浸料应超过相连接金属边缘所有方向,且至少向外延伸 6.5 mm;

(3) 在碳纤维复合材料零件表面共固化与其相容的玻璃布或玻璃布预浸料,与相接触材料进行隔离;

(4) 如果铝合金结构周缘 100 mm 范围以内存在碳纤维增强复合材料结构机加边缘,其边缘必须进行密封;碳纤维增强复合材料结构边缘密封,包括树脂黏结剂密封、胶膜密封以及聚硫类密封剂密封三种方式。

6.1.3　防腐密封设计要求

飞机的防腐蚀密封设计应符合以下一般要求:

(1) 根据结构部位特点和防护要求,以及可能遭遇的腐蚀环境和腐蚀类型,正确选用密封效果最佳的密封材料和密封形式;

(2) 控制结构变形,使密封结构在载荷作用下引起的相对变形量较小,或使变形有利于结构密封;

(3) 结构件在密封连接部位最好应有相近的比刚度,使结构间的相对变形减小;

(4) 应尽可能减少结构密封部位的结合层数,减少结构部位造成的空腔,尽量简化结构间的协调关系,以减少渗漏通路;

(5) 结构密封区域应具有良好的可达性、可见性,以便实施密封、检查和维修;

(6) 密封结构间隙或间隔尺寸应恰当,尽量保证采用工具施工的可能,以提高密封的

可靠性;

(7) 应有适合的边缘条件,避免将齐平或凹陷的边缘留作密封;

(8) 在满足密封要求情况下,应尽量缩短密封的连接缝的总长度,减少密封工作量和密封材料用量。

6.1.4 典型结构防腐密封设计

1. 长桁与蒙皮之间密封

波音早期飞机桁条和蒙皮之间的贴合面没有密封,容易滞存水分,导致蒙皮腐蚀。后期进行改进设计,长桁与蒙皮之间搭接面密封,长桁排水孔处填角密封保持排水通道畅通,如图 6.5 所示。

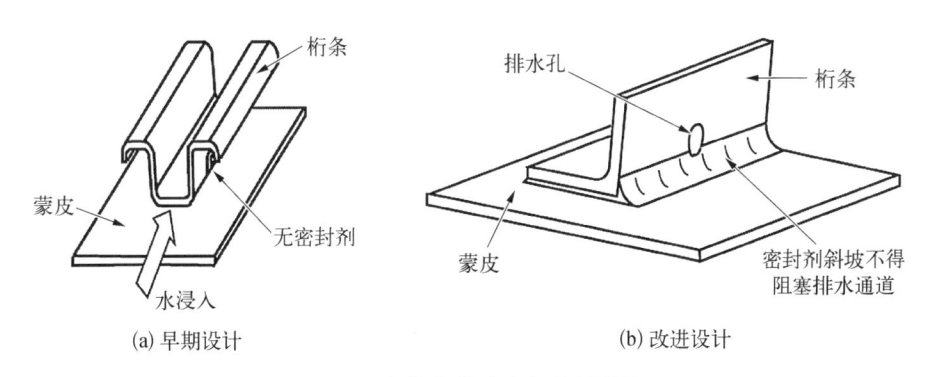

图 6.5 长桁与蒙皮之间密封设计

2. 蒙皮对接件

蒙皮对接件防腐蚀密封设计如图 6.6 所示,应满足以下要求:

(1) 蒙皮对接应有适当的间隙 t($t = 2 \sim 2.5$ mm),避免密封剂产生空隙;

(2) 蒙皮对接应有足够的连接宽度 T,保证密封连续可靠,连接宽度应根据蒙皮、骨架厚度与紧固件直径 d 及连接方式进行选择,一般要求 T 不小于 $(4 \sim 5)d$,普通连接 T 取小值,干涉连接时 T 取大值;

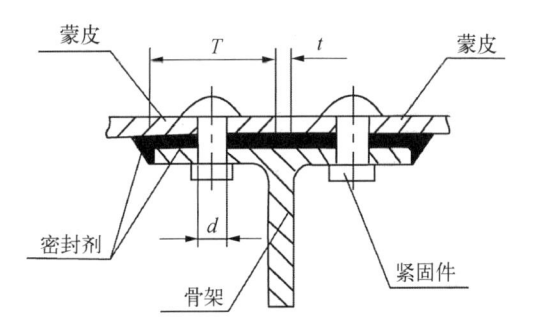

图 6.6 蒙皮对接件防腐蚀密封

(3) 蒙皮与骨架间隙应满足缝内密封要求;

(4) 根据结构具体使用环境或密封要求,采用缝内、缝外、紧固件湿装配等密封措施;

(5) 在腐蚀关键区的紧固件钉头应填角密封保护;

(6) 合理选用密封材料,在恶劣腐蚀环境下应使用阻蚀密封剂(如 HM-105)。

3. 蒙皮搭接件

机身外部蒙皮贴补修理的接触面密封设计如图 6.7 所示。

(1) 机身蒙皮和外部修理贴片贴合面间进行接合面密封;

(2) 机身蒙皮边角处进行缝外填角密封;

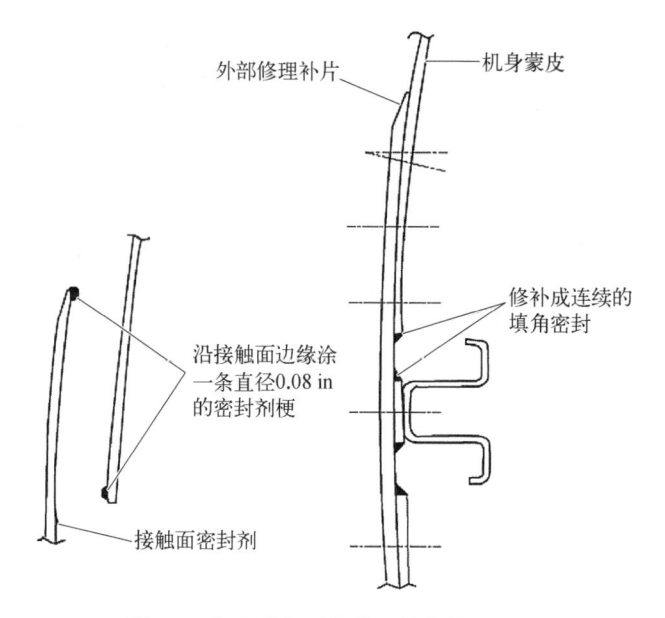

图 6.7 机身外部贴补修理的接触面密封

（3）蒙皮应顺气流方向，由前搭后、由上搭下；
（4）蒙皮和修理贴片应有足够的搭接宽度，保证密封连续可靠。

4. 舱门

舱门结构防腐蚀密封设计如图 6.8 所示，要求如下：

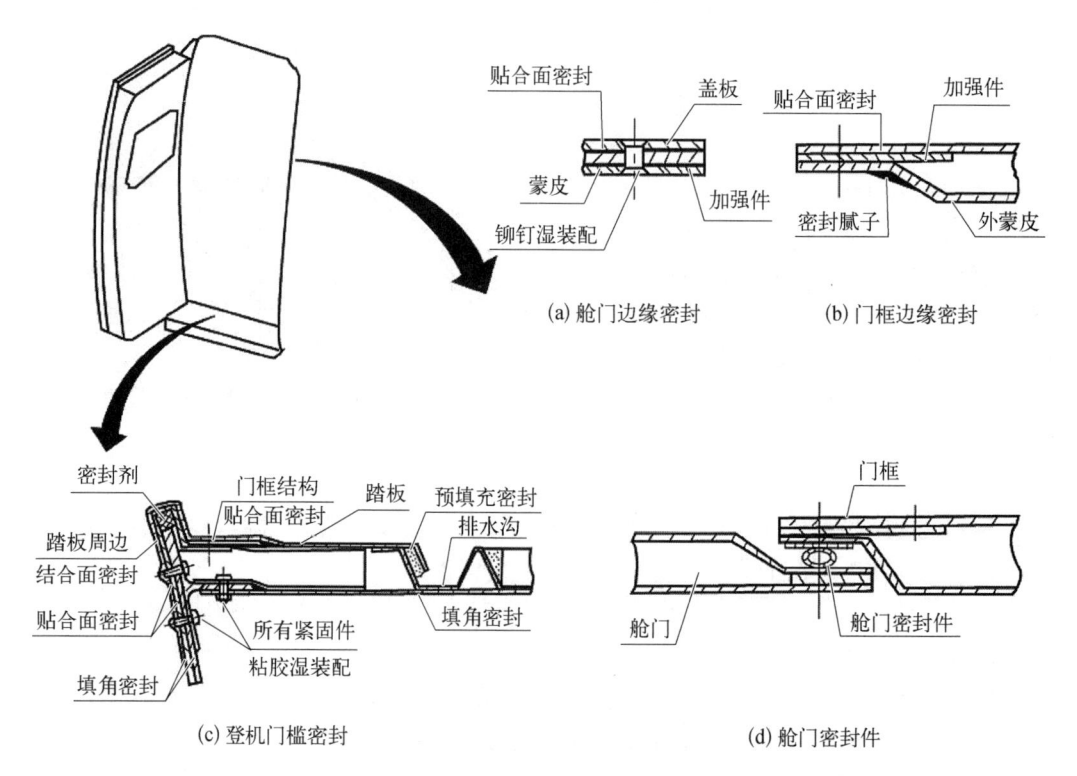

(a) 舱门边缘密封

(b) 门框边缘密封

(c) 登机门槛密封

(d) 舱门密封件

图 6.8 舱门结构防腐蚀密封

(1) 舱门密封装置在舱内无压力时,应能防止雨水或其他腐蚀介质的进入;

(2) 舱门与门框设计应能防止腐蚀介质聚集产生腐蚀,对无法排尽的空腔应填充填平剂;

(3) 所有舱门、门框结构、踏板、紧固件及排水系统接头等均应有效密封;

(4) 有严重腐蚀倾向的结构部位应使用阻蚀密封剂(如 HM‐105)。

6.1.5 密封操作程序

这里以增压舱为例说明密封修理的一般方法。

当按普通铆接修理,完成预装配、钻孔和锪孔、分解和清理等工序后,可采用如下的工艺过程完成密封修理:

(1) 清洁修理区,这对密封质量起到关键性的作用,可用水膜试验检查表面是否彻底清洁干净;对裸露部分涂化学转化层;

(2) 在接触面上涂一层 BMS10‐11 Ⅰ型防腐底漆;已涂过底漆的接触面可不再涂底漆;

(3) 选用一种适用的 BMS5‐95 密封剂;使用密封枪、刮刀、滚子等给接触面涂该种密封剂(涂密封剂时应顺一个方向,禁止来回刮抹);如图 6.7 所示,沿接触面边缘涂一条密封剂梗,以确保接触面涂满密封剂并能有密封剂挤出;当温度低于 50°F 或高于 120°F 时,不能涂密封剂;

(4) 在密封剂施工期(黏接适用期)内安放修理件,否则密封剂的外表面就可能开始固化;

(5) 在密封剂挤出寿命期(能挤出的最长时间)内,安装所有紧固件,以便在安装紧固件过程中,让密封剂适当再分布;并根据需要在内部进行紧固件密封;

(6) 完成修理后,检查所有修理件边缘处,应有目视可见的挤出密封剂;

(7) 清除多余的密封剂,并形成如图 6.1 所示的连续型填角密封;

(8) 装配后涂一层 BMS10‐11 Ⅰ型底漆;

(9) 当需要时,进行外部涂层修饰;

(10) 若周围内部区域涂过 BMS10‐60 涂层,则应在修理件和紧固件头上涂相同的涂层。

6.2 结 构 设 计

飞机的腐蚀问题严重影响飞机的安全性、使用寿命和维修成本。因此,飞机结构设计和制造阶段应采取严格控制腐蚀的措施,以确保飞机结构具有良好的耐腐蚀性。

6.2.1 飞机结构应具有良好的防水和排水装置

飞机内部不可避免存在多种易引起腐蚀的电解液,如进入机体的雨水、海水、货物内或货物上的液体、循环空气中的湿气、机内冷凝液、盐雾、厨房/厕所渗漏液、货物渗漏液、维护过程中带入液体。排水装置的设计就是为了去除结构表面的积水和有害腐蚀气体的滞留、聚集。合理的排水设计能够有效避免电解液的聚集,是飞机结构腐蚀防护和控制设计中的关键,一旦排水设计存在缺陷,相关区域一般会出现腐蚀。国内外飞机在设计阶段都包含机内排水线路设计,如图 6.9 所示。

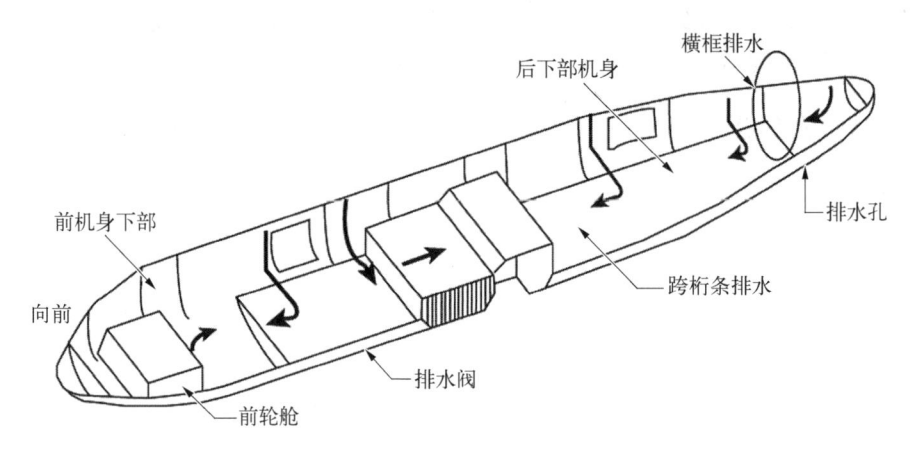

图 6.9 某飞机部分结构排水线路设计

1. 排水装置设计

排水设计要分析排水通道的走向、水滞留/聚集位置、排水口布置/定位、排水孔的大小和数量以及排水装置的类型等。建议排水设计要做到以下几点。

(1) 飞机排水通道应保证积水能自然通畅地排出机体外;排水孔的大小和位置应使机体内积液在有效克服排水口处水面的张力后,能够迅速地排出机体外。另外,还应特别注意满足结构疲劳和应力腐蚀设计要求。

(2) 国外飞机排水孔直径最小为 9.5 mm。若用结构零件之间的间隙来排泄,其最小面积不小于 70 mm^2。

(3) 长桁部位排水孔/口尺寸范围建议:

(a) 排水量少的部位直径为 5~9.5 mm 或排水面积为 20~70 mm^2;

(b) 排水量多的部位直径为 9.5~12.7 mm 或排水面积为 70~126 mm^2。

(4) 在结构排水通道和排水装置(排水孔/口、排水阀、集水槽、排水管等)处及易积水部位/区域应采用涂缓蚀剂和防霉菌涂料等防护措施。排水通道、排水孔/口不应施加密封剂,应防止被密封剂和缓蚀剂堵塞。

(5) 排水装置应选用耐蚀钢材料、浇注塑料件等。

2. 典型排水结构设计实例

1) 机身下部排放活门

为了避免流入机体内的雨水以及凝结水在机体内长期积存,在机体下部最低位置的壁板上,应开设排水孔。图 6.10 给出了早期型、改进型和最新型的排水活门。现代飞机机身下部使用的排放活门都是新型的排水活门,其特点是:① 用耐腐蚀塑料制成,耐用;② 可从外部替换,维护简单;③ 有自动保持舱内压力的功能。当座舱内外压差达到一定值后,排水活门关闭,以便保持舱内压力。图 6.11 为机身下部压力泄流阀的工作状态示意图。

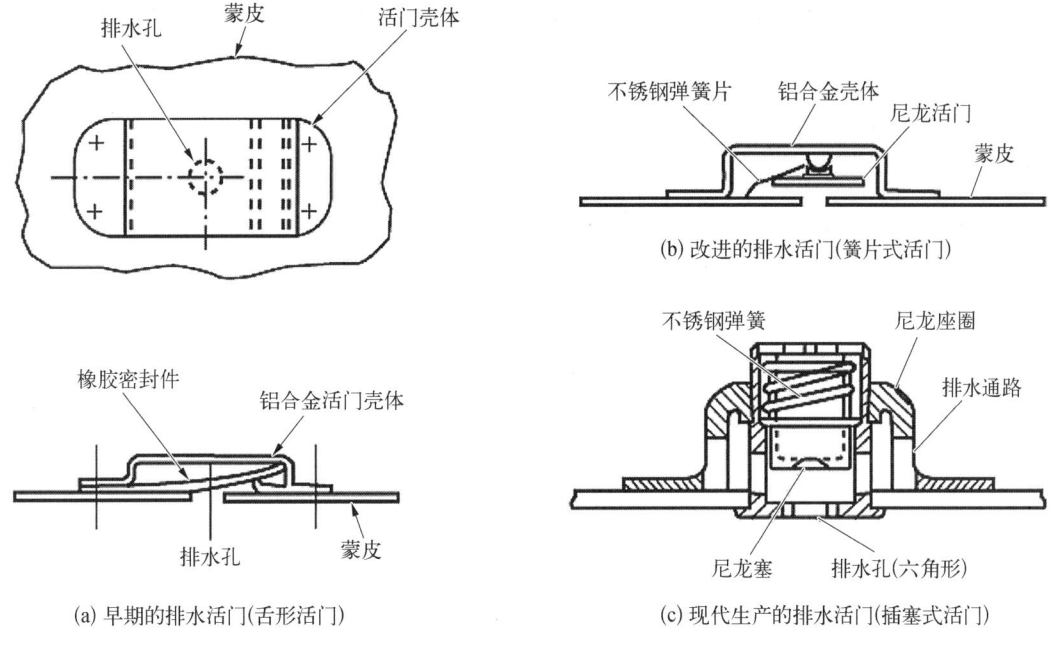

图 6.10 三种不同形式的排水活门

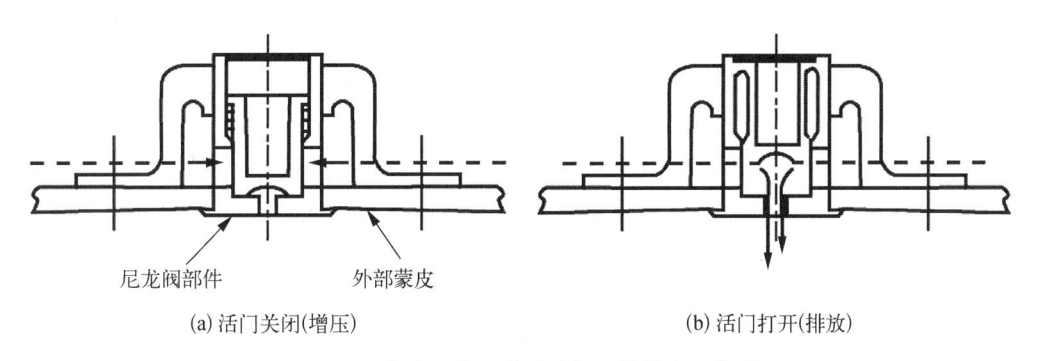

图 6.11 机身下部压力泄流阀工作状态示意图

为了排除没有水孔处的积水,通常采用如图 6.12 所示方法,用填平剂(例如 BMS5-125)填平沟槽处,并设置通水孔,以便使积水流到排水孔。通常,排水孔和通水孔的直径至少 0.357 in,这样才能将水和污物一同排出。

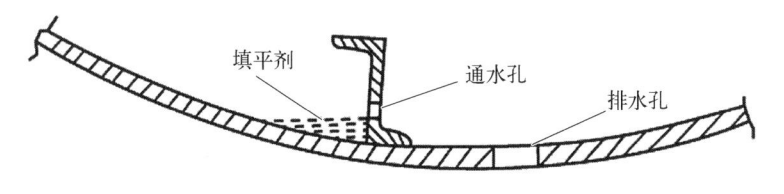

图 6.12 通水孔示意图

在飞机结构修理中,要确保修理件和密封剂没有盖住或堵住排水通路。注意,桁条(或筋)的端部缝隙可能是有意作为排水通道的。使用缝隙作为排水通道是常见的,要保证这些缝隙是畅通的。可以采用排水试验法(在试验部位喷水)证明排水通道是畅通的。排水试验后,要求水深不超过 0.25 in。

2) 机身下部桁条排水(非端部区域)

桁条无排水或排水孔间距过大,水滞存在桁条周围及桁条槽中导致腐蚀。桁条上排水孔道可与蒙皮齐平,这样易于把水排尽。但必须注意低位置的孔道容易堵塞,因此必须便于检查。排水孔位于蒙皮上方不易堵塞,排水孔设计成椭圆形或冷作硬化,具有良好的疲劳品质,紧固件的排列也不受影响。但加工成本稍高。一般设计时要求桁条排水孔直径最小为 9.5 mm,沿桁条圆角半径钻透;无止裂带时每对排水孔的最大间距为 150 cm 或 3 个框距;有止裂带时,每一框距设置一对排水孔,如图 6.13。桁条开排水孔后,为防止结构强度降低和排水孔孔边屈曲,可以进行必要的加强。

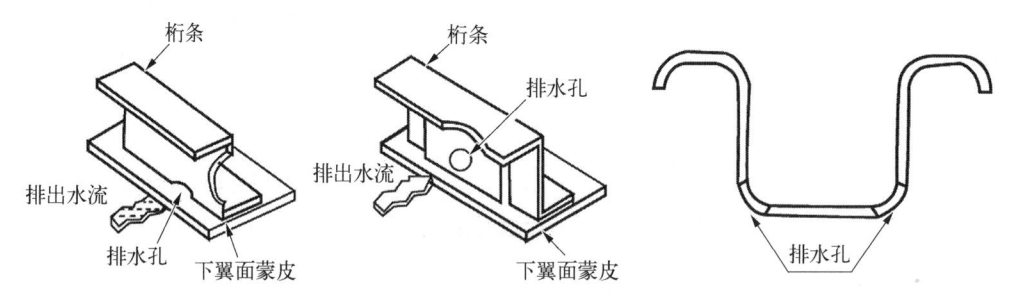

图 6.13 桁条上的排水

3) 机身下部桁条端部排水

图 6.14(a)结构不宜采用,是因为:

(1) 机身下部桁条端部接头与隔框缘条或者蒙皮之间间隙过小,阻止水横向流动;
(2) 过多的密封剂堵塞排水通道;
(3) 非倾斜区长桁端部附近无排水孔,水积存在接头端部导致腐蚀;
(4) 桁条接头与缘条/蒙皮贴合面没有密封胶湿安装,局部出现严重腐蚀。

图 6.14(b)结构可接受,是因为:

(1) 桁条端部接头与隔框缘条之间最小间隙为 5 mm;
(2) 端部接头与蒙皮之间最小间隙为 6.35 mm,构成的最小排水面积为 70 mm^2;

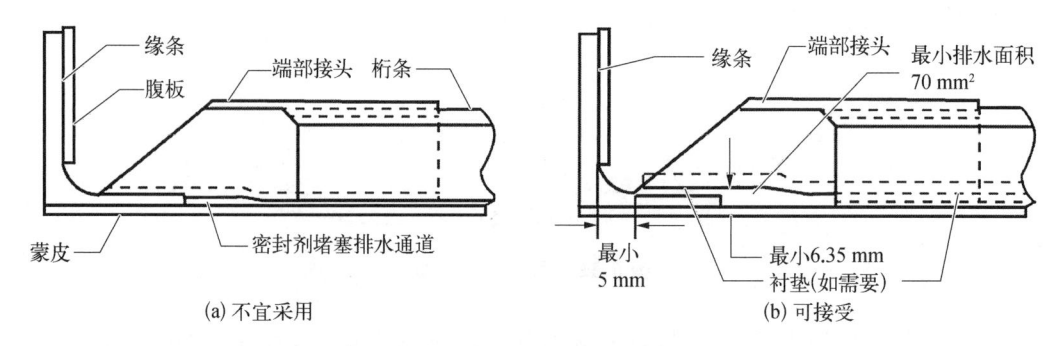

图 6.14 机身下部桁条端头排水系统

(3) 桁条接头与缘条/蒙皮贴合面采用密封胶湿安装;
(4) 密封剂不得堵塞排水通道;
(5) 非倾斜区内桁条下侧排水孔距长桁端部不超过 100 cm。

4) 登机门门槛排水系统

图 6.15(a)结构不宜采用,是因为:
(1) 踏板没有延伸超出排水沟,水易在踏板与排水沟之间的缝隙积聚;
(2) 排水差的登机门门槛会使水渗透进地毯和附近结构,引起结构腐蚀;
(3) 门框结构和踏板没有用接合面密封装配,水会浸入产生腐蚀;
(4) 裸耐蚀钢的非暴露表面上没有底漆和密封剂,使铝结构产生电化学腐蚀。

图 6.15(b)结构可接受,是因为:
(1) 踏板和地毯之间有排水沟;
(2) 水流通道不受阻塞地、可靠地通到排水口;
(3) 钛合金或耐蚀钢的踏板、排水沟和排水滤网;
(4) 所有门框结构、踏板和排水沟与结构间的接合面用 BMS5-95 密封剂进行接合面密封、预充填密封;
(5) 所有紧固件用 BMS5-95 密封剂进行安装;
(6) 紧挨踏板下面的外蒙皮表面涂阿洛丁 1200、BMS10-79 Ⅲ型底漆和 BMS10-60 Ⅱ型底漆;
(7) 踏板的非暴露区表面在零件状态时涂两层 BMS10-11 Ⅰ型底漆;
(8) 所有门框结构表面在零件状态时涂两层 BMS10-11 Ⅰ型底漆。

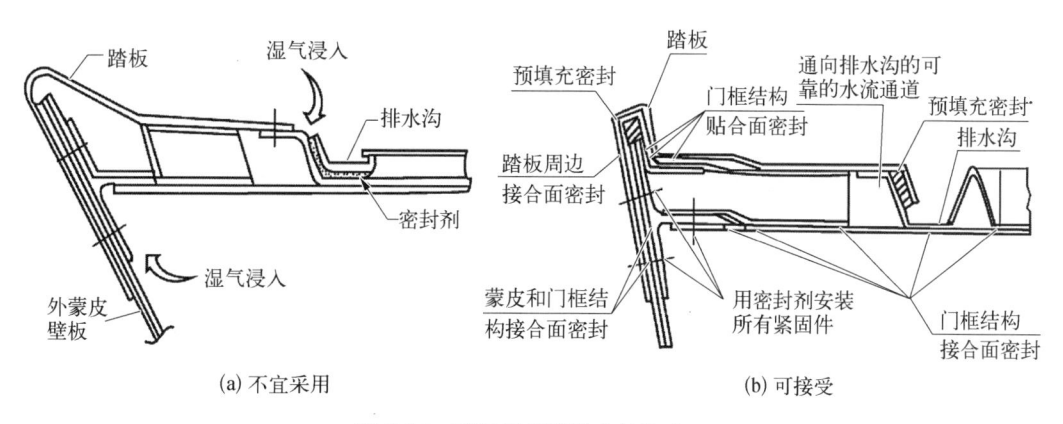

图 6.15 登机门门槛排水结构之一

图 6.16(a)结构不宜采用,是因为伸出排水沟的附件(如门闩操作接头盖)阻塞了门槛和排水装置之间的流动通道,溢出排水沟的水能引起下部结构的腐蚀。图 6.16(b)结构可接受是由于门槛到排水装置之间的通道未受到阻塞。

5) 后增压隔框排水系统

图 6.17(a)结构不宜采用,是因为:排水孔位于槽上部,要求大量的垫平腻子,易造成脱胶,然后被水浸入;垫平腻子也限制对被覆盖的结构进行检查。图 6.17(b)结构可接受

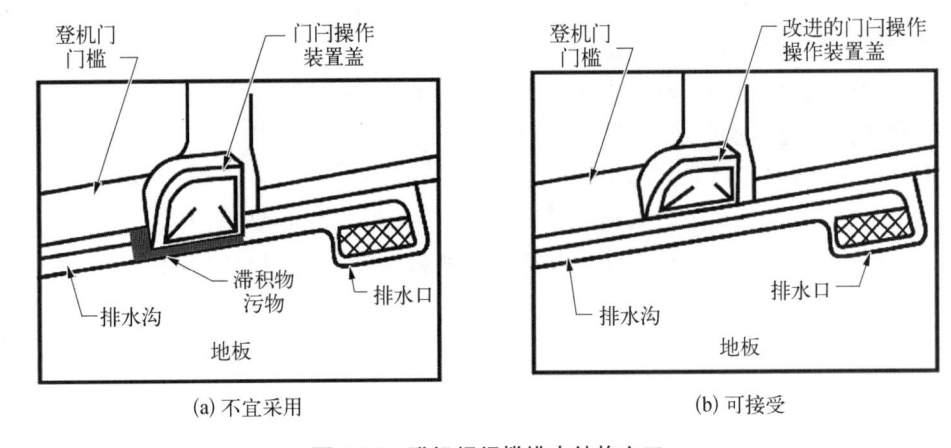

图 6.16 登机门门槛排水结构之二

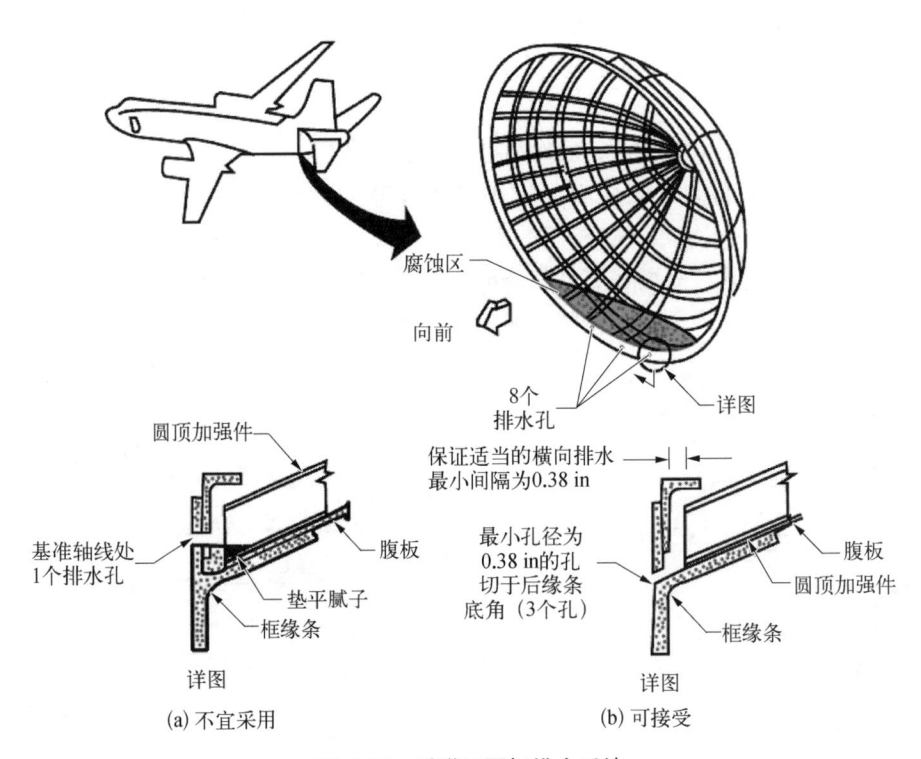

图 6.17 后增压隔框排水系统

是由于最小直径为 0.38 in 的排水孔位于槽底部,避免积水,框架缘条和圆顶加强件之间的最小间隙为 0.38 in,保证足以横向排水。

6.2.2 防电偶腐蚀设计

1. 合金材料之间的防电偶腐蚀设计

飞机上常用的金属材料包含在表 6.2 所列的四类金属材料中。同一类金属直接接触不产生电偶腐蚀,也就是说它们之间是相容的。当两种不同类型的金属材料相接触时,如果存在电解质溶液,电位较低的结构件就会受到电偶腐蚀。两类金属的序号相差越大,序号小的金属越容易受到电偶腐蚀。因此,飞机结构设计和修理过程中,应避免不同类型金属直接接触,以防产生电偶腐蚀。

表 6.2 金属材料的分类

阳极电位由低到高阴极	I	镁及其合金,5052、5056、5356、6061 及 6063 等铝镁合金
	II	镉、锌及除 I 类列出的铝镁合金以外的铝合金
	III	铁、铅、锡和它们的合金(不锈钢除外)
	IV	铜、铬、镍、银、金、铂、铑、铜合金,钴基合金,镍基合金,钛合金,不锈钢,石墨(碳纤维复合材料)等

在飞机的设计和修理中,为防止产生电偶腐蚀应注意以下几个问题。

(1)只有在功能设计或鉴于其他重要原因,不同类的金属直接连接不可避免时,才允许不同类金属连接,但是,应避免出现大阴极小阳极的情况;如果使用不锈钢或合金钢修理或更换铝合金时,绝对不允许使用铝合金紧固件。这是因为铝合金相对不锈钢或合金钢是阳极性金属,而且由于形成小阳极大阴极的状态,当保护层发生损伤后,铝合金的腐蚀速度是相当快的。

(2)不要用导电的附件把管路系统与不同类型金属的结构相连接。

(3)当不相容金属(如铜合金与铝合金)的连接不可避免时,应对它们进行有效的绝缘隔离,接触面按表 6.3 所述进行防护处理。

表 6.3 接触表面的防护处理

材 料	接触面(不包括黏接面)的处理	
	同类材料(相容材料)接触面	异类材料(不相容材料)接触面
铝合金(无保护层的裸露铝合金表面最好先做阳极化处理)	每个相接触的表面上均涂阿洛丁,并涂一层 BMS10-11 I 型底漆	铝合金接触表面涂阿洛丁,并涂二层 BMS10-11 I 型底漆;若与碳纤维接触,则铝合金接触表面做阿洛丁处理,涂一层 BMS10-79 II 型底漆和一层 BMS10-60 I 型瓷漆;不要采用包铝的 7075 铝合金与碳纤维复合材料相接触;接触面除涂底漆外,还要涂密封剂,对于涂密封剂的表面可只涂一层底漆
非耐腐蚀钢	镀镉,并在每个接触面上涂一层 BMS10-11 I 型底漆	镀镉(但与碳纤维复合材料接触的钢零件表面不允许镀镉),在每个接触面上涂二层 BMS10-11 I 型底漆,并在接触面上涂密封剂(涂密封剂的表面仅可涂一层底漆)
耐腐蚀钢	无要求	镀镉,在每个接触面上涂二层 BMS10-11 I 型底漆,并在接触面上涂密封剂(涂密封剂的表面可以只涂一层底漆)
镁合金(涂底漆前镁合金构件要做阳极化处理)	每个接触表面各涂二层 BMS10-11 I 型底漆	每个接触表面各涂二层 BMS10-11 I 型底漆,并在接触面上涂密封剂(涂密封剂的表面可以只涂一层底漆)
表 6.2 中 IV 类材料(不锈钢、石墨除外)	无要求	每个接触表面各涂二层 BMS10-11 I 型底漆,并在接触面上涂密封剂(涂密封剂的表面可以只涂一层底漆)

注:所有非粘接的机身、机翼和发动机吊舱蒙皮的搭接表面除涂底漆外,还要涂密封剂。

2. 合金材料与复合材料之间的防腐设计

碳纤维具有导电性,并具有较高的腐蚀电位,显示贵金属特性。当它与某些金属接触时,就会成为阴极,而使金属成为阳极产生腐蚀。为防止金属与碳纤维复合材料之间产生电偶腐蚀,通常采取以下几个方面的措施:

(1) 腐蚀介质的存在是产生电偶腐蚀的必要条件,因此,在结构设计上要最大限度地防止腐蚀介质积聚;

(2) 由表6.2可以看出,不锈钢、钛合金与石墨(碳)属同一类,它们与碳纤维复合材料接触不产生电偶腐蚀,因此,碳纤维复合材料构件上一般使用钛合金或不锈钢紧固件,并且涂密封剂湿安装;

(3) 碳纤维复合材料表面共固化一层玻璃纤维或 Tedlar 薄膜作为绝缘层,形成一种混杂复合材料,从而起到防止与其相接触的铝合金构件产生电偶腐蚀的作用,但是复合材料必须用密封剂封边,否则会因玻璃纤维吸潮而产生相反的效果;

(4) 当铝合金构件与碳纤维复合材料接触时,必须采用表6.3所述方法防止电偶腐蚀,不然的话,当铝合金表面保护层产生局部损伤时,就会形成大阴极和小阳极的不利情况,加速铝合金腐蚀;

(5) 为防止碳纤维复合材料面板与蜂窝夹芯之间产生电偶腐蚀,在飞机设计时,通常采用非金属材料蜂窝,例如玻璃纤维蜂窝、Nomex 蜂窝。

3. 防腐垫片

飞机结构修理中,如果螺帽与结构件之间的电位差相差较大,会导致结构件或者螺帽发生电偶腐蚀。为了降低腐蚀发生的可能性,可能需要使用防腐垫片来隔离螺帽与结构件。也就是说,通过使用垫片来降低结构件和螺帽之间的电位差从而达到防止电偶腐蚀发生的目的。不同材料的螺帽与结构件接触时,需要使用的防腐垫片材料见表6.4。

表6.4 垫片材料的选择方法

螺帽材料	结构材料	防腐垫片材料	锪窝替代垫片或者长度调节垫片材料	埋头垫片
铝合金	铝合金	不需要	2024 铝合金或者镀镉不锈钢	2024 或者 7075 铝合金
	合金钢	镀镉不锈钢		镀镉不锈钢
	不锈钢	镀镉不锈钢		没有镀层的不锈钢
	钛合金	不锈钢		没有镀层的不锈钢
	镁合金	5052 铝合金	2024 铝合金	5052 铝合金
镀镉合金钢、镀镉不锈钢、镀镉蒙乃尔合金(镍-铜合金)	铝合金	不需要	2024 铝合金或镀镉不锈钢	2024、7075 铝合金或者镀镉不锈钢
	合金钢	不需要	没有镀层的不锈钢	没有镀层的不锈钢
	不锈钢	不需要	没有镀层的不锈钢	没有镀层的不锈钢

续　表

螺帽材料	结构材料	防腐垫片材料	锪窝替代垫片或者长度调节垫片材料	埋头垫片
镀镉合金钢、镀镉不锈钢、镀镉蒙乃尔合金（Ni-Cu合金）	钛合金	没有镀层的不锈钢	没有镀层的不锈钢	没有镀层的不锈钢
	镁合金	5052铝合金	2024铝合金或镀镉不锈钢	5052铝合金
无镀层的不锈钢或无镀层的蒙乃尔合金（Ni-Cu合金）	铝合金	镀镉不锈钢	镀镉不锈钢	2024、7075铝合金或者镀镉不锈钢
	合金钢	镀镉不锈钢	镀镉不锈钢	镀镉不锈钢
	不锈钢	不需要	没有镀层的不锈钢	没有镀层的不锈钢
	钛合金	不需要	没有镀层的不锈钢	没有镀层的不锈钢
	镁合金	5052铝合金	镀镉不锈钢	5052铝合金

防腐垫片有镀镉不锈钢垫片、没有镀层的不锈钢垫片和5052铝合金垫片三种。应该根据螺帽以及结构件的材料，按照表6.4选择垫片种类。

由于防腐垫片为平垫片，一般位于螺帽与结构件之间。如果螺帽下面安装了螺杆长度调整垫片，防腐垫片应该位于长度调节垫片与结构件之间。使用防腐垫片时，应该注意以下要求：

（1）不能直接使镀镉不锈钢垫片与钛合金接触，应用没有镀层的不锈钢垫片将其隔开；

（2）如果结构为镁合金，应该使用5052铝合金垫片且必须位于镁合金结构表面。

6.2.3　结构形状尽量简单

复杂的结构形状必然会增加表面积，与腐蚀介质接触的机会也增多一些。死角、缝隙、接头处容易积存和浓缩腐蚀液，引起构件腐蚀。结构简单的构件有利于维修、检查和防护。形状复杂的结构受力不均，易造成应力集中。一般说来，结构越简单，越不易腐蚀。所以，尽可能设计成整体件，如整体壁板、整体框段、整体肋和翼梁接头整体缘条，以减少连接引起的腐蚀。波音公司在设计757和767飞机时，对货舱地板下的蒙皮，采用整体机加工和化铣蒙皮代替铆接结构，以减少该部件的结构腐蚀。

6.2.4　机械加工中要考虑的腐蚀问题

如果铝合金在未消除内应力的状态下使用，进行最后热处理之后，不得进行3.8 mm以上的表面切削加工。如果在设计上不可避免地要进行3.8 mm以上的切削加工时，必须在同一加工条件制成的部件上，沿短横向取试样进行应力腐蚀试验，证实其应力腐蚀门槛极限值在167 MPa以上时方可使用。

作为结构材料使用铝合金锻件、厚板及挤压型材，若沿短横向应力腐蚀门槛极限值达不到167 MPa时，则必须在表面上进行喷丸处理。

孔壁挤压量过大,容易使构件发生应力腐蚀。因此,当采用孔壁挤压强化和干涉配合工艺时,挤压量和干涉量不能超过规定值。

相同成分的金属材料,因热处理状态不同,其抗腐蚀能力往往有很大区别。例如,T37状态的铝合金耐应力腐蚀,T76状态铝合金耐剥层腐蚀,而T74状态的铝锌合金就兼有优良的耐应力腐蚀性能和峰值强度水平。30CrMnSiA钢拉伸强度在1 176 MPa以下时,对应力腐蚀和氢脆的敏感性不大,但当热处理到拉伸强度在1 373 MPa以上时,对应力腐蚀和氢脆敏感性明显增高。因此,合理选择材料热处理状态,控制材料的拉伸强度上限是非常重要的。

结构件在制造过程中,若成型、机加工、焊接等工艺选择不恰当,往往会使合金材料产生不同类型的腐蚀倾向。这是因为构件在制造过程中,常常造成构件各部分的变形或应力分布不均匀。一般说来,变形较大的部分,如板材弯折处、构件棱角及划伤处等,其电极电位较低成为阳极易被腐蚀。在加工过程中,如果构件表面形成残余拉应力,可能使构件产生应力腐蚀。另外,刚喷丸出来的构件表面,由于表面能较高,也常常会发生腐蚀。但是,构件表面经过喷丸处理可以在构件表面形成残余压应力,将明显减少使用中产生应力腐蚀的可能性。再者,构件表面由于受热不均匀、温度差异等,也会引起合金构件不同部位之间的电位差,产生电化学腐蚀。

6.3 表面保护层

保护层系统是飞机结构件的第一层防线,对飞机结构或附件施加表面保护层是最有效的防腐措施,在结构材料表面形成腐蚀防护屏障,实现环境介质与结构材料基体隔离,最大限度地减少环境危害,提高飞机结构耐蚀性。导致腐蚀的直接原因往往是构件没有适当的保护层或保护层受到损伤。这里将介绍几种飞机常用合金的表面保护层。

6.3.1 铝合金表面的包铝层和表面氧化膜

1. 表面包铝层

铝合金表面很容易形成一层很薄的天然氧化膜,但它不能防止腐蚀介质与基体金属接触,起不到防腐作用。而纯铝与空气中的氧起化合作用会生成氧化铝(Al_2O_3)薄膜,这层薄膜很致密,可以阻止腐蚀介质与基体金属进一步接触,从而起到防腐作用。为利用纯铝氧化膜对基体金属实现保护,在铝合金结构件的制造过程中,采用滚压工艺在铝合金结构件表面包裹上一层纯铝。这种包覆纯铝的铝合金称为包铝铝合金。纯铝通过滚压工艺焊合在基体合金表面,成为基体合金的一部分,包铝层通常占板厚的1.5%~5%。飞机上使用的铝合金板材通常为包铝板材。

2. 表面阳极化处理与阿洛丁处理

在飞机结构与附件的制造和维护过程中,通常采用化学预处理方法在铝板表面形成一层致密坚硬的氧化层,其作用不仅能提高金属表面的抗腐蚀能力,还可以提高漆层对基体的附着力。化学预处理的方法常用的有三种:阳极化、化学氧化和酸洗。

1) 阳极化

阳极化是一种电化学处理方法,通常用于内场,是将经过除油清洗后的铝零件浸入稀酸液槽中,铝零件为阳极,阴极为铅板,在一定温度下以一定的电压通电,氧与铝表面作用生成均匀的氧化层,具有一定的抗腐蚀和抗磨性能,可为涂漆提供结合力好的底材表面。阳极化处理的表面应该尽快涂漆,一般不应超过 24 h,经阳极化处理后的表面可涂磷化底漆作为活化层。根据稀酸的种类,阳极化又分为硫酸阳极化、铬酸阳极化和磷酸阳极化。

2) 化学氧化

由含氧化剂的溶液与铝反应生成含有金属铬、磷酸盐或氧化物的氧化层,具有中等程度的抗腐蚀性能。与环氧或聚氨酯为基料的锌黄底漆配合使用时,可以得到防腐性能很好的涂层,此法成本比阳极化法低。航空工业应用最广泛的化学氧化法是阿洛丁法,此法不仅可对飞机零件进行表面氧化处理,而且还可以对整架飞机进行表面氧化处理,通常用于外场。

3) 酸洗

用化学方法除去金属表面自然形成的氧化物,并形成一层均匀细薄的氧化层。这种氧化层具有一定的抗腐蚀性能,但耐久性很差,不稳定易水解。

上述金属表面预处理方法,都是在金属表面形成一个氧化层,为下一步涂漆准备一个良好的表面,提高漆层与金属表面的结合力。在经化学预处理的金属表面涂上底漆和面漆,组成具有抗腐蚀性能的涂层系统,对金属起到保护作用。

在飞机结构件制造过程中,通常采用电解液处理工艺(即阳极化处理),在铝合金构件上形成氧化膜。这种氧化膜对底漆有良好的吸附能力,耐久性好,是一种优先选用的表面处理工艺。在飞机修理中,常采用磷酸阳极化(PANTA 或 PAA)法对铝合金构件进行表面磷酸阳极化处理。PANTA 法就是在要进行表面处理区域的周围做一个堤堰,把一个金属网或栅极放在要进行表面处理的区域上,然后放入浓的磷酸溶液和水,通过金属网和构件施加 6 V 的电压,从而完成对铝合金构件表面的磷酸阳极化处理。PANTA 表面处理只能用在水平构件表面,对于下表面或垂直于构件表面,要采用抽真空工艺方法。

在飞机结构修理中,可采用在涂底漆前涂 Alodine、Iridite、Turcoat Alumigold 等化学转化膜的方法,在铝合金结构件表面形成氧化膜。Alodine、Iridite、Turcoat Alumigold 是结构修理中最常用的三种转化膜生成化学剂。飞机结构修理时,需要将其中一种粉状化学品按照防腐手册或结构修理手册 ATA 51 调配成一定浓度的酸性水溶液,静置至少 1 h 后才能使用。调配好的溶液超过 24 h 后就不能继续使用。将溶液刷涂、喷涂在结构件表面约 30 s 之后,就会生成一层金色的化学转化膜。冲洗结构表面并干燥 1~3 h 后,需要尽快在有化学转化膜的结构表面喷涂底漆。为了保证化学转化膜的质量,在涂化学转化膜之前要清除结构表面原有的保护层并彻底清洁。

总之,飞机结构件在制造和维护过程中,必须经过使其表面生成氧化膜的氧化处理。

下面着重介绍阿洛丁处理方法在铝合金构件表面形成氧化膜。阿洛丁(Alodine)是美国化学涂料公司销售的一种涂料的注册商品名称。

1. 涂阿洛丁所生成氧化膜的特性

这种涂阿洛丁生成的氧化膜比阳极化处理生成的氧化膜质软。它可以用作防腐保护层或用作底漆基底。通常用阿洛丁1200处理被切割或锉削过的原始构件与修理件,用无色的阿洛丁1000处理无漆层包铝构件。凡需涂耐燃油底漆(例如,波音公司规范中的BMS10-20 II型底漆)的铝合金应使用阿洛丁600,因为这种底漆与其他阿洛丁不相容,其他类型阿洛丁会破坏油箱内的耐燃油底漆。

2. 准备阿洛丁1200溶液

按如下步骤配制阿洛丁1200溶液:

(1) 将阿洛丁1200粉剂倒在干净的纸上彻底碾压;

(2) 在不锈钢或耐酸容器(不要使用铅或玻璃容器)内,按每加仑*水加入3 oz** 阿洛丁1200粉剂的比例,混合并搅拌,直到阿洛丁1200粉剂溶解;

(3) 在使用该溶液前,至少放置1 h。

注意:如果使用非蒸馏水,则应靠加硝酸来控制pH,使其达到1.5~2.0。可以使用石蕊试纸检查pH。另外,被污染的或时间久的阿洛丁溶液应报废,不应继续使用。

3. 表面准备工作

按如下步骤准备待涂阿洛丁表面:

(1) 覆盖不涂阿洛丁的表面,涂漆的、阳极化的或包铝的表面不必覆盖;

(2) 用适当的密封剂或橡皮塞等密封住所有孔、缝隙、蜂窝或泡沫塑料等,以防溶液流入;

(3) 用干净的刷子或擦布蘸上油脂清除剂清洁要涂阿洛丁的表面,然后用热风吹干或擦干;

(4) 对待涂阿洛丁的表面用氧化铝砂纸打磨,清除有机涂层和无机涂层以及耐液压油涂层;

(5) 用干的清洁干酪布擦拭,以便清除松动的颗粒或残留物;

(6) 用干酪布蘸上甲基乙基酮擦拭,直到擦布上看不到擦下的残留物为止;

(7) 风干至少15 min。

4. 涂阿洛丁1200溶液

按如下步骤涂刷阿洛丁溶液:

(1) 用纤维刷、尼龙刷或干酪布均匀涂刷阿洛丁1200溶液;

(2) 让溶液停留3~4 min,以便形成氧化膜层,这期间要保持涂阿洛丁的表面不要风干(把用溶液打湿的干酪布盖在表面上);

(3) 用净水漂洗涂阿洛丁的表面,用干的干酪布轻轻接触表面,以吸去多余液体;

(4) 彻底风干,干燥后尽快涂漆层或开始黏接。

6.3.2 钢件的表面镀层

几乎飞机结构上的所有非耐腐蚀钢件都是镀镉的,以达到最大限度防腐的目的。镀镉层是一种软镀层,拧合性好,易钎焊,并且有润滑性能,一般厚度至少要达到0.005 in。

---

* 1加仑=1 gal=3.785 41 L。

** 1 oz=28.349 523 g。

该镀层的颜色是银灰色的,镀镉层的电位低于钢的电位,该镀层属于阳极镀层。这层镀层表面形成致密的、不透气、不透液体的氧化膜,起到防腐作用。镀镉层的使用温度不超230℃,否则会使基体金属产生镉脆。

表面镀镉的钢件在涂底漆前,必须用5%的铬酸溶液进行酸洗,使其表面变粗糙,以便使铬酸锌底漆有好的附着力。一般应在涂底漆后1 h方可涂面漆。

镀镉有两种方式:槽镀和刷镀。槽镀主要有低氢脆镀镉和光亮镀镉两类。槽镀需要将结构件拆下,所以在结构修理中不大方便。低氢脆刷镀可以采用便携式刷镀设备在飞机上进行并且不需要除氢烘烤,在钢结构的局部修理中得到了广泛的运用。如果满足以下条件,可以使用低氢脆刷镀代替低氢脆槽镀:

(1) 需要电镀的结构修理表面面积小于72 in^2;

(2) 结构件处于卸载状态。

由于不锈钢中含铬量大于14%、含碳量小于0.2%,一般不会产生腐蚀。只需要对不锈钢表面进行钝化处理,以便去除不锈钢表面的污物并生成一层较薄的氧化膜。不锈钢结构与其他金属接触时,需要对不锈钢表面进行镀镉并喷上底漆。对不锈钢表面进行镀镉之前,往往需要先镀一层镍增加镉层的附着力。

飞机的某些部位也采用镀锌的合金钢构件。镀锌层相对于基体金属是阳极性镀层。在海洋大气中,其防腐性能不如镀镉层。非钝化和磷化的镀层是稍带浅蓝色的银白色,它的使用温度不超250℃。发动机的防火墙有时采用镀锌的钢构件。

镍镀层的颜色为稍带淡黄色的银白色。它的硬度低于铬镀层,只能承受轻度的摩擦。镍镀层相对于基体金属为阴极性镀层,具有良好的耐热性和抗氧化性。用镍镀层作为防护层时,必须采用铜打底的复合镀层。

铬镀层是稍带浅蓝色调的银白色,它相对基体金属是阴极性镀层。硬铬镀层具有很高硬度(HV>71.4 MPa),并具有高的耐腐性和耐热性。铬镀层与基体金属具有良好的结合力,但性脆,不能承受冲击和弯曲。镀层不易与塑料、橡胶相黏结,适用于形状复杂又要求又均匀镀层的零件。

6.3.3 表面涂层系统

涂层是控制飞机结构腐蚀非常有效的措施。通常,它是防止飞机结构与附件腐蚀的第一道防线。因此,在飞机维护中,要使涂层处于良好状态。如果涂层系统出现损伤,裸露出基体金属,必须及时恢复涂层或做临时性保护处理,最大限度地减小腐蚀造成的危害。

通常,飞机结构的涂层包括底漆和面漆,先涂底漆,后涂面漆。常见底漆有醇酸底漆、环氧底漆和聚氨酯底漆。常用的底漆通常是铬酸锌底漆,这种底漆是多孔漆层,水能进入孔中形成铬酸离子,附在金属表面上。它们能阻止产生电解作用,抑制金属腐蚀。这种底漆通常为黄绿色或暗绿色。底漆之上的面漆有清漆和瓷漆。瓷漆涂层坚硬、耐擦伤,并耐油或水的作用,有的瓷漆还能耐高温。因此,在腐蚀环境严重的区域通常涂瓷漆,最常用的瓷漆是聚氨酯瓷漆。聚氨酯类涂料附着力强,硬度高,漆膜光亮丰满,有优良的耐油性、耐热性、耐湿性、耐磨性和耐化学性,是航空用涂料的重要品种之一。

高性能的表面防护涂层材料,是飞机腐蚀防护控制中的关键材料,各种防护材料配套使用,构成腐蚀防护材料体系。欧美等国家一般要求防护面漆应具有优异的抗紫外线性能、杰出的光泽保持率和保色性、耐盐雾性能、优异的附着力、高低温交变以及便捷的现场清洗维护性能等,底漆具有良好的防护性能及施工性能,与面漆配套使用,具有较好的相容性。

当前各国所采用的防护涂层有以下几种涂层系统,见表6.5。

表6.5 飞机防护涂层系统

序号	涂层系统	用途
A	(1) 阿洛丁1200处理; (2) 环氧中间底漆; (3) 聚氨酯面漆	主要用于波音公司各型飞机
B	(1) 铬酸阳极化处理; (2) 磷化底漆; (3) 中间底漆; (4) 聚氨酯面漆	主要用于欧洲空中客车各型飞机
C	(1) 阳极化处理; (2) 中间底漆; (3) 聚氨酯面漆	主要用于我国各型飞机和美国F-5、F-16等飞机
D	(1) 磷化底漆; (2) 聚氨酯中间底漆; (3) 聚氨酯面漆	已用于Do-228型飞机等,正在推广使用,有可能代替上述各种涂层系统

图6.18给出了波音系列飞机的防护涂层系统。

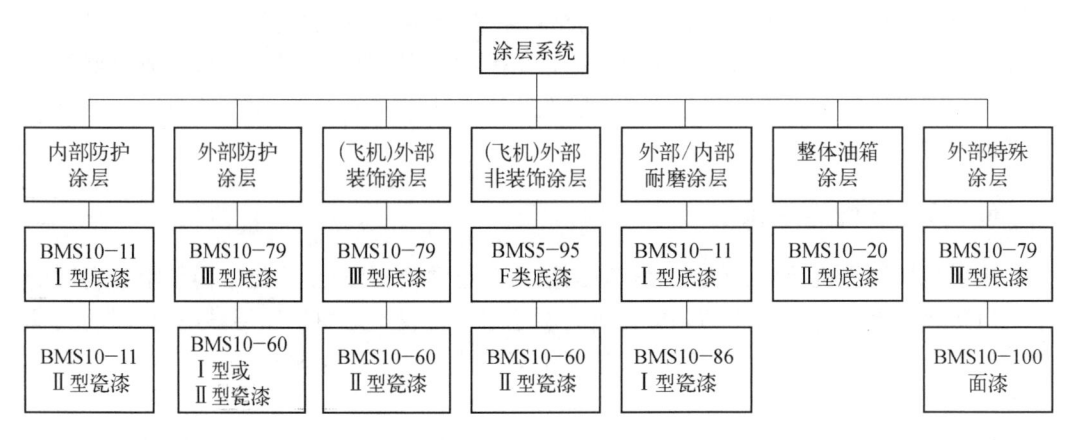

图6.18 波音系列飞机的防护涂层系统

BMS10-11 I 型底漆是一种耐液体作用的环氧树脂底漆;BMS10-79 III 型底漆是一种耐丝状腐蚀,又耐气流冲刷作用的环氧树脂底漆;BMS10-20 II 型底漆是一种耐燃油作用的底漆。BMS10-11 II 型瓷漆是一种耐液体作用的环氧树脂瓷漆,用作面漆;BMS10-60 I 和 II 型瓷漆通常涂在BMS10-79 III 型底漆上。BMS10-60 II 型瓷漆是一种聚氨基甲酸乙酯(或称聚氨酯)柔韧瓷漆,它具有良好的耐气流冲刷作用的特性,用于飞机外部气动表面。BMS10-60Ⅰ型瓷漆常用于飞机外部非气动表面,耐液压油作用;BMS10-86Ⅰ型瓷漆是一种含特氟龙(Teflon)的耐磨瓷漆,用作面漆。

图6.19给出了波音767飞机的防腐控制,许多腐蚀环境严重的区域需要涂瓷漆。

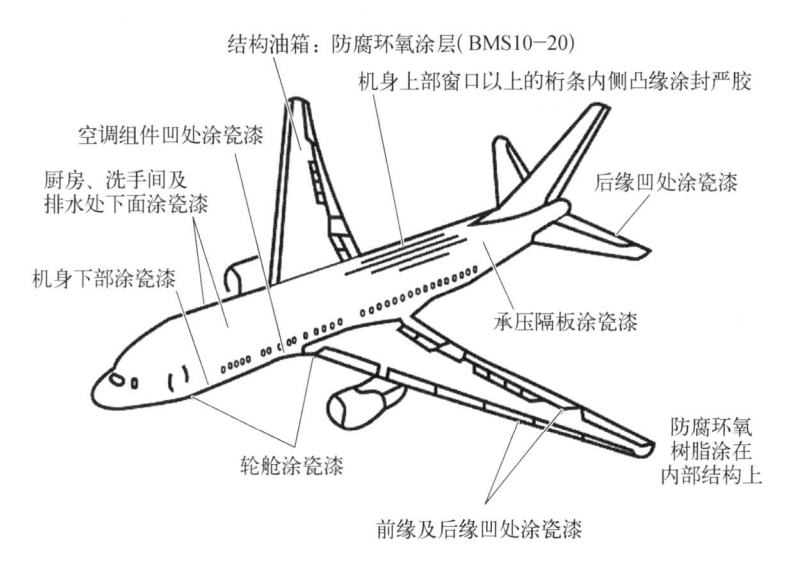

图6.19 波音767飞机的防腐控制

在光亮的铝合金表面上,涂层黏附力较差,为此,要对铝合金表面进行表面处理。通常采用稀铬酸酸洗,使表面变粗糙;也可以用400号砂纸打磨,使铝合金表面变粗糙,以便增强涂层黏附力。经阳极化处理或涂阿洛丁的表面可直接涂漆层。

涂层太厚太薄都不符合要求。太厚易产生龟裂,太薄起不到保护作用。

6.3.4 最低防腐要求

1. 内部结构或附件最低防腐要求

表面涂阿洛丁或铬酸阳极化处理。对于包铝构件表面只能涂阿洛丁,不能采用铬酸阳极化处理。此外,还要涂一层耐液体环氧树脂底漆(例如波音公司规范中的BMS10-11Ⅰ型底漆)。

2. 外部涂层区域的最低防腐要求

包铝构件表面涂阿洛丁,非包铝构件表面铬酸阳极化处理。然后涂一层环氧树脂底漆(例如波音公司规范中的BMS10-79Ⅲ型底漆)。BMS10-79Ⅲ型底漆能够提高构件耐丝状腐蚀能力,并且能耐气流冲刷作用。在腐蚀环境严重部位或有防腐要求的部位,则需要加涂附加涂层。例如,波音公司规范中的BMS10-60Ⅰ型或Ⅱ型瓷漆,它也耐气流冲刷作用。

3. 容易聚积潮气和腐蚀性化学物质部位的最低防腐要求

在机身舱底,轮舱以及厨房、卫生间下面的区域,构件表面铬酸阳极化处理,再涂两层耐液体环氧树脂底漆(BMS10-11Ⅰ型,黄色+绿色,第一层为绿色,第二层为黄色),最后涂一层环氧树脂瓷漆(BMS10-11Ⅱ型)。耐液体作用环氧树脂底漆比铬酸锌底漆防腐性能要好一些,并且具有耐特种液压油的作用。

4. 机翼蒙皮最低防腐要求

机翼蒙皮易受积水的影响,它的最低防腐要求是:表面铬酸阳极化处理,再涂环氧树脂底漆(BMS 10-20);然后,再对上翼面蒙皮涂两层含有聚硫化物的涂层(BMS10-100);对于下翼面蒙皮和翼梁空腔内涂一层软的尿烷瓷漆。

对于机翼内部结构,表面铬酸阳极化处理,再涂两层环氧树脂底漆(BMS10-11)。某些机型还要求再涂一层白色瓷漆。

6.4 紧固件的湿安装

紧固件的连接区域是易发生腐蚀的区域。因此,当安装紧固件时,要根据不同情况采取不同的防腐措施。以下给出波音飞机公司的紧固件安装防腐蚀要求:

所有钢紧固件或钛合金紧固件[例如高锁(Hi-Lok)螺栓]安装时,必须使用BMS5-95或与其等效的密封剂湿安装。而除5056铆钉以外的其他铆钉应该干铆接,特别对于埋头(Briles)铆钉绝对不能湿安装,否则会降低疲劳强度。

在安装紧固件时,可参照波音公司给出的施工要求(表6.6)。

表6.6 安装紧固件时的防腐处理

与结构件相接触的紧固件材料	与紧固件相接处的材料			
	镁和镁合金	铝合金、锌或镉的镀层	铅、锡、无保护层的碳钢或低合金钢	耐腐蚀钢、镍-钴合金、钛、铜、黄铜、镀铬层及碳纤维复合材料
铝合金(5056除外)	①	②	①	①,⑥
5056铝合金	②	⑤	①	①,⑥
镀镉或镀锌	①	③	①	④,⑥
镀铬	①	①	①	②,⑥
无镀层耐腐蚀钢	①	①	①	⑦
镍-钴合金	①	①	①	⑦
无镀层的钛	①	①	①	②

注:① 最好蘸BMS5-95密封剂湿安装;也可涂BMS10-11Ⅰ型底漆;
② 无需防腐处理;
③ 除了在重要的腐蚀区域外,镀镉合金钢螺栓穿过铝合金件要做防腐处理外,其他情况无需防腐处理;
④ 除了在表6.2第Ⅳ组所列材料中使用耐腐蚀钢紧固件的情况外,其他情况均需做防腐处理;在钛合金结构中不要安装镀镉的紧固件;
⑤ 除了在2024、2224和2324中铆接5056铝镁合金铆钉的情况需做防腐处理外,其他情况无需防腐处理;
⑥ 在碳纤维复合材料的构件中不允许使用此紧固件;
⑦ 除了安装在碳纤维复合材料中的紧固件外,其他均无需防腐处理。

在使用表6.6时,应考虑到以下几种特殊情况:

(1)对于可拆卸的紧配合紧固件,涂BMS 3-24油脂湿安装;

(2)对于防火墙区域,将紧固件蘸耐高温底漆(BAC5710 51型)湿安装,或涂BMS

5-63湿安装；

（3）密封整体油箱区域时，使用BMS5-26密封剂；

（4）对于机身外部结构、起落架舱门外蒙皮、金属整流罩和起落架舱结构上的非铝合金永久性紧固件（如六角头螺栓、锁紧螺栓、耐腐蚀钢螺栓、钛螺栓等），必须在紧固件孔壁和紧固件头的周围涂BMS5-95密封剂（较好），或涂BMS10-11 I型底漆，再安装紧固件；在采用BMS10-11 I型底漆的地方，紧固件必须在涂漆后4h内安装好；对于涂密封剂的情况，紧固件应在黏接剂黏接适用期内安装好；

（5）铝合金构件上使用钢或不锈钢紧固件时，紧固件表面应镀镉；

（6）对于未涂漆的阳极化铝合金构件上的铝螺钉，当铆钉头部被剃削后必须涂阿洛丁1000。

所有类型紧固件安装时进行的表面保护处理，应该注意以下要求：

（1）起落架轮舱区域结构不允许使用BMS10-11 I型底漆；

（2）如果飞机外表面不喷漆，只能使用TT-P-1757铬酸锌底漆湿安装；

（3）安装结构油箱紧固件时，使用BMS5-26密封胶湿安装；

（4）高精度可拆卸紧固件表面只能使用MIL-C-11796密封剂，其他种类的可拆卸紧固件可以使用BMS10-11 I型底漆，但在安装紧固件之前底漆必须固化（涂上底漆至少4 h之后才能安装）；

（5）5056铝合金紧固件安装在铝合金结构中时，必须涂上BMS5-95密封胶湿安装，但是不能涂BMS10-11 I型底漆湿安装；

（6）高温区域结构[例如发动机外函道、吊架下部防火墙、辅助动力装置（auxiliary power unit，APU）防火墙等]的紧固件应该涂BAC5710 51型高温底漆安装；

（7）实心铆钉一般不需要涂密封剂或者底漆湿安装；安装BACR15FV铆钉决不允许涂密封胶或者底漆；

（8）安装拉铆钉时，需要涂BMS5-95密封胶湿安装；

（9）安装后锪过的铝合金铆钉头必须进行表面处理，如果飞机外表不喷漆，需要用阿洛丁1000进行表面处理；

（10）当在铝合金结构上使用钢或不锈钢紧固件时，紧固件应该是表面镀镉紧固件。

6.5 涂防腐剂

防腐剂用于结构装配件的最后一道防护，用以增强已有防护体系的防腐性能。飞机涂防腐剂可起防腐作用，也可以阻止腐蚀进一步蔓延。它们能起到排除缝隙内水分和阻止在涂层表面上形成水膜的作用。虽然它不能完全抑制住已产生的腐蚀，但它能起到减慢腐蚀的作用。实践证明，虽然防腐剂不是主要防腐涂层，但它们是防腐系统的一个重要组成部分。把防腐剂应用到新、老飞机上，均取得了明显的防腐效果。将防腐剂涂在涂层受到损伤处，可以替涂层起到防腐作用。但是这只能作为一种临时性措施，在常规防腐系统中，不能用防腐剂代替涂层。在飞机结构维修中，应根据防腐剂层的实际状态，重涂防腐剂。涂防腐剂不会降低紧固件的拧紧力矩。本节主要介绍波音系列飞机常用的防腐剂。

6.5.1 防腐剂的缓蚀作用机理

有关防腐剂缓蚀作用机理,至今尚无公认的统一见解。一种认为防腐剂与金属作用生成钝化膜或防腐剂与介质中的离子反应形成沉淀膜而使金属腐蚀减缓,即成膜理论。另一种从电化学观点出发,认为防腐剂的作用机理是对电极过程起阻滞作用,即电化学理论。还有一种认为防腐剂在金属表面具有吸附作用,生成了一种吸附在金属表面的吸附膜,从而使金属腐蚀减缓,即吸附理论。实际上这三种理论都有着相互的内在联系,必须根据防腐剂的种类和介质的性质,全面考虑加以分析来确定。

1. 防腐剂的吸附理论

许多有机防腐剂属于表面活性物质,它的结构中包含亲水憎油的极性基团和憎水亲油的非极性基团两部分。当将其放入到腐蚀性介质中时,防腐剂的极性基团就会以定向排列的形式被吸附在金属表面,将金属表面的水分子或氢离子等腐蚀性介质排除掉,阻止它们接近金属表面,从而起到了缓蚀作用。

2. 防腐剂的成膜理论

成膜理论认为,对于那些作为防腐剂的氧化性物质会与金属发生化学作用,使其在金属表面生成具有保护作用的氧化膜或钝化膜,从而将金属与介质隔离开来,起到了缓蚀作用。对于那些非氧化性的有机缓蚀剂,它们的分子与金属或介质中的离子相互作用,生成了不溶或难溶的化合物,紧密地附着在金属表面上从而起到了缓蚀作用。

3. 电极过程控制理论

此理论认为,防腐剂的加入抑制了金属在腐蚀性介质中的电化学行为。如果由于防腐剂的加入抑制了阳极过程,或使阳极极化增大,该防腐剂称为阳极防腐剂。如果加入防腐剂后使阴极极化增大,即使阴极反应变得困难,这类防腐剂称为阴极防腐剂。如果同时对阴极过程和阳极过程起到了抑制作用,这类防腐剂称为混合型防腐剂。

根据腐蚀机理,飞机维护中能够控制腐蚀形成及扩散的有效方法是防止水在飞机内积聚,即控制腐蚀三个必要条件之一的电解溶液形成。防腐剂的作用便是控制水分在飞机结构内部积聚,防止腐蚀环境形成。

6.5.2 防腐剂的类型

波音飞机防腐剂的主要种类有渗透排水型防腐剂(波音公司规范牌号为 BMS3-23)、浓缩型防腐剂(波音公司规范牌号为 BMS3-26)、先进型防腐剂(波音公司规范牌号为 BMS3-29)、最先进型防腐剂(波音公司规范牌号为 BMS3-35)以及 MIL-C-11796 防腐化合物等。以下为飞机维修中常用的几类防腐剂。

1. 渗透排水型(水置换型)防腐剂(BMS3-23)

这种防腐剂由挥发性溶剂以及溶解在其中的非挥发性有机物(油/石蜡)组成,可以喷涂或刷涂在结构件上。溶剂挥发后形成层很薄的膜将表面原来吸附的水分置换出来并将表面重新覆盖。由于缺少腐蚀产生所必需的电解溶液,腐蚀就不会发生。已经开始的腐蚀也会由于缺少电解溶液导致腐蚀扩散速度大大降低(但无法阻止腐蚀的继续缓慢扩散)。所以水置换型防腐剂不仅可以防止腐蚀的发生,还可以延缓腐蚀的扩展速度。由于它具有低表面张力,能渗入极小孔洞或缝隙中,所以能排除缝隙中的水分,并能使表面液膜形成水珠排出,从而起到防腐作用,如图 6.20 所示。它是一种黏附性很强的材料,正常情况下不容易被清除掉。这类防腐剂形成的保护膜比较薄,对飞机重量增加较小。但是,这种防腐剂耐久性较差,并且固化后黏性较大,易吸附污物。单层水置换型防腐剂仅用于环境损伤敏感性指数较高的飞机区域。

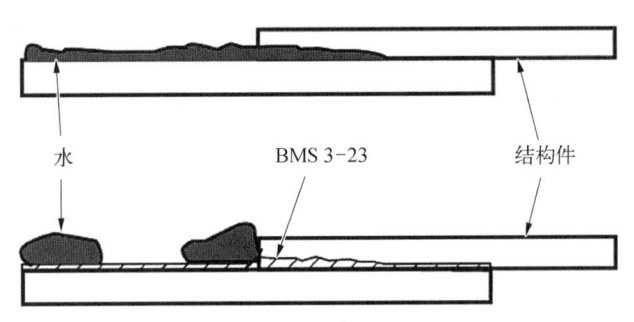

当喷涂BMS 3-23时,水集结成水珠并从结构表面置换

图 6.20 渗透排水型防腐剂的作用

BMS3－23 排水型防腐剂有两种类型:
(1) Ⅰ型,无色透明薄膜,只有在紫外线下才能看到它;
(2) Ⅱ型,有色薄膜,目视易看到。
符合 BMS3－23 要求的排水型防腐剂如表 6.7 所示。

表 6.7 符合 BMS3－23 要求的排水型防腐剂

类型	材料	供应商
Ⅰ	Boeshield T－9(无色) Boeshield T－9HF(无色)	Gibson Chemical, Ltd., VZoo33 Oxy Metal Industries, V45738
Ⅱ	Boeshield T－9(有色) Boeshield T－9HF(有色) LPS－3 Dinitrol AV8(可替代 AV5B－2)	Gibson Chemical, Ltd., VZoo33 Oxy Metal Industries, V45738 Holt Lloyd Corp., V66724 Dinol International, VS5611

AV8 是较为常用的 BMS3－23 型防腐剂,表 6.8 为 AV8 的性能参数。

表 6.8 AV8 性能参数

性能	参数
闪点	49℃
密度	865 kg/m³
标准膜厚	8 μm

续表

性　能	参　数
标准厚度的覆盖面积	43 m²/L
标准膜厚对应重量	8 g/m²
固化时间(不粘手)	40 min
耐高温性能(高温流动性)	4 h(100℃)

2. 浓缩型(重型)防腐剂(BMS3-26)

这种浓缩型防腐剂有Ⅰ型和Ⅱ型两种类型：Ⅰ型防腐剂，它能形成中等厚的薄膜；Ⅱ型防腐剂，能形成较厚的薄膜，并能取代防锈油 MIL-C-16173 Ⅰ型。这种浓缩型防腐剂是一种非渗透性的有机防腐剂，具有抗磨损特性，干后不剥落，耐久性好。它不能渗入到微小缝隙中，不具有渗透排水性。通常，把这种防腐剂涂在具有渗透排水作用的 BMS3-23 防腐剂之上，用作外层防腐剂，一般不单独使用。实践证明，在易腐蚀区域，例如机身底部和轮舱区域，联合使用这两种防腐剂，其防腐效果是相当好的。这种防腐剂也是一种挥发性液体，可以喷涂或涂刷到处理的表面上。当液体载体挥发后，留下沉积物覆盖在涂过的表面上。大约 24 h 后，涂膜彻底干燥，可以触摸。这类防腐剂单位面积较重，对飞机增重影响较大。BMS3-26 Ⅱ型防腐剂是透明的，进行结构检查时不需要清除它。

合格的Ⅰ型防腐剂有：Dinitrol AV25B 或 AV25B-2、LPS formula B997、Ardrox 3321。

合格的Ⅱ型防腐剂有：Dinitrol AV100D、LPS formula B1007、Ardrox 3322。

表 6.9 为 AV100D 的性能参数。

表 6.9 AV100D 性能参数

性　能	参　数
闪点	49℃
密度	970 kg/m³
标准膜厚	100 μm
标准厚度的覆盖面积	7 m²/L
标准膜厚对应重量	120 g/m²
固化时间(不粘手)	6 h
耐高温性能(高温流动性)	4 h(90℃)

3. 先进型防腐剂(BMS3-29)

这种防腐剂具有 BMS3-23 防腐剂的渗透排水性，又具有 BMS3-26 防腐剂的耐久性。因此，采用这种防腐剂只需要喷涂或刷涂一层即可。涂刷 3 h 后即干，24 h 后就不会剥落。在干铆处涂上 BMS3-29 防腐剂，它不会流到机身外部去。但涂 BMS3-23 防腐剂有时会流到机身外部去。机身外部流出 BMS3-23 并非表明铆钉一定松动。这种

BMS3-29 防腐剂与 BMS3-23 和 BMS3-26 防腐剂相容,可以直接涂在 BMS3-23 或 BMS3-26 防腐剂上。这样不仅大大减小了喷涂工作量,还避免了双层防腐剂体系对飞机增重过大的缺点。在所有波音公司制造的飞机中,均可使用 BMS3-29 防腐剂作为其他防腐剂的代用品。

满足 BMS3-29 规范的防腐剂有 AV30,它的性能参数如表 6.10 所示。

表 6.10 AV30 性能参数

性　　能	参　　数
闪点	50℃
密度	897 kg/m³
标准膜厚	30 μm
标准厚度的覆盖面积	17 m²/L
标准膜厚对应重量	30 g/m²
固化时间(不粘手)	1~3 h
耐高温性能(高温流动性)	4 h(100℃)

4. 最先进型防腐剂(BMS3-35)

BMS3-35 是用于代替 BMS3-29 的新型渗透排水型防腐剂。与 BMS3-29 相比,BMS3-35 具有更强的渗透能力以及更快的固化速度(不到 1 h)。满足 BMS3-35 规范的防腐剂有 AV15、COR-BAN35。

6.5.3 飞机不同区域的防腐剂体系

通常,在飞机结构的下列区域涂防腐剂:

(1) 操纵面动作时暴露在大气中的结构,例如机翼前缘和后缘翼舱中露出的部分;
(2) 可能积水又不易排掉的结构部位,例如机身舱底部内表面;
(3) 接触腐蚀性液体,易产生腐蚀的结构部位,例如厨房和厕所下面的结构;
(4) 干安装的紧固件处;
(5) 涂层或密封剂损伤区域的所有连接缝处;
(6) 紧固件周围漆膜已破坏处(防止产生丝状腐蚀);
(7) 发生过腐蚀的位置。

除维修计划文件(MPD)中腐蚀控制(corrosion protection, CP)工卡特别注明的腐蚀敏感区域,防腐体系一般由以下防腐剂组成:

(1) 单层水置换型防腐剂(如 BMS3-23);
(2) 单层水置换复合型防腐剂(如 BMS3-29、BMS3-35)。

对于 MPD 中 CP 工卡注明的腐蚀敏感区域或者经过腐蚀修理后重新进行防腐的区域,飞机的防腐体系最好由以下防腐剂组成:

(1) 一层水置换型防腐剂(如 BMS3-23)加上一层重型防腐剂(如 BMS3-26 Ⅱ);
(2) 单层水置换复合型防腐剂(如 BMS3-29、BMS3-35)。

图 6.21 标记的区域按 BAC5877 涂 BMS3-23 防腐剂，图 6.22 标记的区域按 BAC5877 在 BMS3-23 上面涂一层 BMS3-26 Ⅱ 型防腐剂。

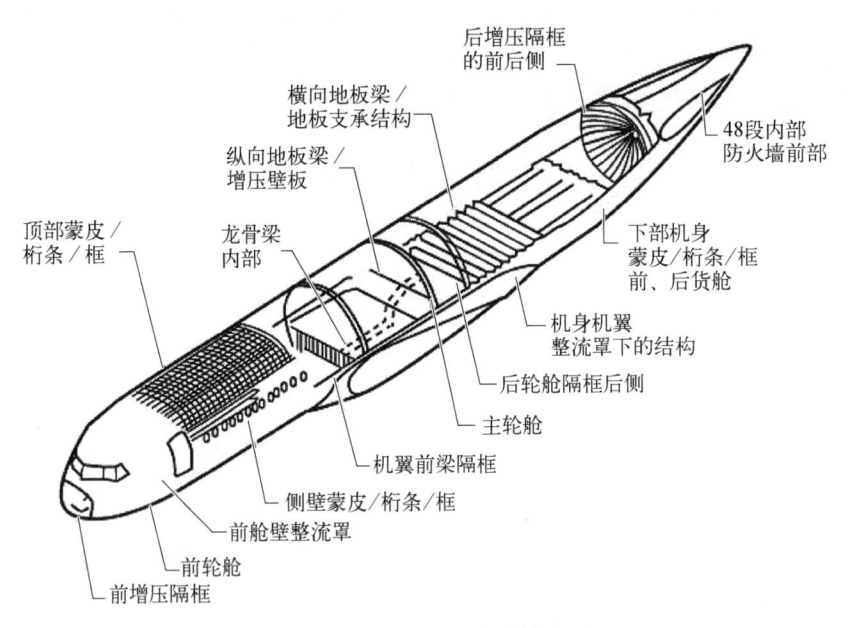

图 6.21 水置换型防腐剂的应用

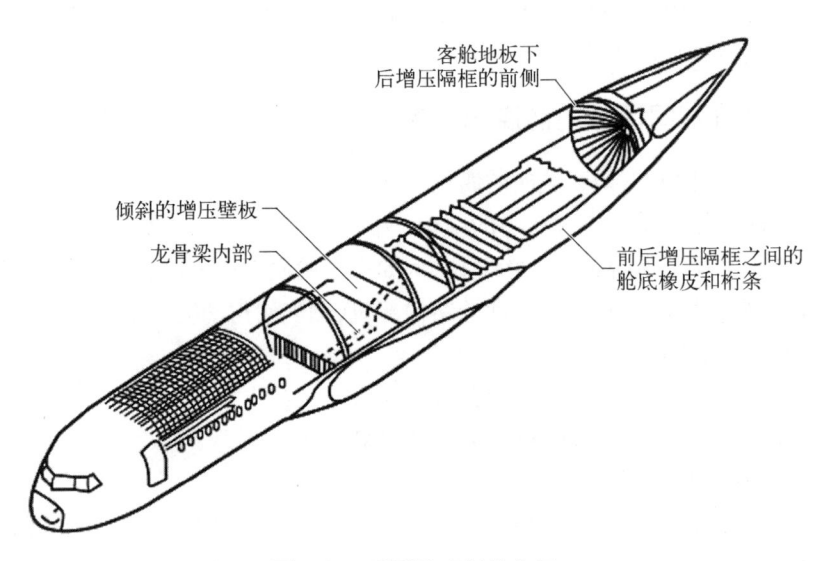

图 6.22 重型防腐剂的应用

有两种情况需要重新喷涂防腐剂。第一种情况是在执行 MPD 检查工卡发现腐蚀进行结构修理后，必须立即重新涂防腐剂。由于防腐剂有一定的耐久性，超过防腐剂的有效防腐期限之后，就必须对飞机的各个区域定期重新喷涂防腐剂。这就是需要重新喷涂防腐剂的第二种情况：在规定的时间期限按照 MPD 中的 CP 工卡重新涂防腐剂。

6.5.4 涂防腐剂的方式

涂防腐剂之前,表面可只进行一般清洁性工作。这里还应指出,绝不能在涂漆层和密封剂前涂防腐剂。排水防腐剂具有渗透到缝隙中的能力,可采用一般喷涂或刷涂(涂防腐剂的面积较小时)的方式涂到结构上,没有必要采用压力喷涂。对于浓缩型防腐剂,可考虑采用低压喷枪喷涂。一般来说,刷涂方式效率太低、涂层厚度不均匀,仅适用于结构修理后对修理区域或者有特殊要求的局部区域小面积防腐。对于大面积涂防腐剂,一般由经训练的防腐人员用专用防腐剂喷枪喷涂,这样不仅效率高,还可以保证所有需要防腐的区域都能够均匀地喷上一层防腐剂。手持自喷罐对于局部区域喷涂防腐剂比较方便,但自喷罐型防腐剂比较昂贵。防腐剂可以直接涂在原排水防腐剂涂层上。如果原排水防腐剂涂层已被灰尘或砂粒严重污染,则必须先清洁原防腐剂涂层,再涂新防腐剂。在 BMS-26 浓型防腐剂涂层上重涂防腐剂,应清除原防腐剂后再涂。清洗飞机时,可能会清除掉排水型防腐剂,需要定期重涂防腐剂。但 BMS-26 浓型防腐剂在清洗飞机时不易被冲掉。

6.5.5 防腐剂的厚度问题

防腐剂膜并不是越厚越好。首先是因为防腐剂越厚,飞机增加的重量就越多。第二个原因是防腐剂闪点较低。在温度稍高时,防腐剂会释放出可燃性气体。这种气体与空气混合达到一定比例后会发生爆炸,因此防腐剂太厚会降低飞机的防火性能。同时由于防腐剂的熔点较低、固化时间较长、黏性大,会吸附一些脏物及杂质。因此,防腐剂太厚会进一步增加飞机重量并降低其防火要求。

6.5.6 不能喷涂防腐剂的飞机区域

在使用防腐剂时,要注意不能将防腐剂喷涂到以下飞机区域:

(1) 飞机操纵钢索、滑轮、含特氟隆涂层的轴承,这是因为防腐剂在低温下会硬化,导致这些构件运动困难,降低它们的耐久性(特别是操纵钢索);

(2) 机上氧气系统,这是因为氧气系统发生渗漏时,防腐剂与氧气混合后可能会导致爆炸或者火灾事故;

(3) 油脂润滑过的运动机构、轴承密封件等,由于防腐剂会将润滑油置换掉或者稀释,降低构件的耐磨性以及防腐性能;

(4) 舱门、应急门封严条、系统管路、导线束的橡胶夹、液压油封严条等,防腐剂会使这些件膨胀失效;

(5) COSMOLINE 1058(MIL-C-16173 GRADE 1)上;

(6) 飞机隔离毯的自由边、孔附近,这样会降低隔离毯的阻燃性并会使水分无法从隔离毯中排出;

(7) 可能产生电弧的区域,这是因为防腐剂的闪点较低,电弧会引燃防腐剂导致火灾;

(8) 客舱以及货舱衬板等内部装饰材料上,防腐剂会改变这些材料的阻燃性;

(9) 发动机吊架内腔、APU 以及 APU 保护罩、整流板及其支撑杆等温度超过 300 ℉ 的表面区域,防腐剂会损坏这些区域的高温密封胶 BMS5－63,这些区域的温度也超过一般防腐剂允许的温度范围;

(10) 底漆或者面漆固化时间小于 8 h 的表面;

(11) 温度超过 220 ℉(104℃)的玻璃纤维管道,不能接触防腐剂;

(12) 在 MPD 中 CP 工卡明文规定禁止使用防腐剂的区域。

6.5.7 防腐剂的清除

在飞机结构修理中,修理前应清除掉防腐剂。清除防腐剂时,不推荐使用甲基乙基酮(MEK)或丙酮,可使用石脑油清除防腐剂。对于排水防腐剂也可以采用全氯乙烯、三氯乙烯或三氯乙烷等溶剂来清除。

需要指出,在采用渗透法检查构件损伤前,应清除防腐剂。

6.6 表面强化工艺

构件的失效和破坏大多发生在表面或从表面开始,如在构件表层引入一定的残余压应力,改善表层组织结构,就能显著地提高构件的疲劳强度和耐磨性,另外还可以提高构件的耐腐蚀性能。

6.6.1 抗剥层腐蚀的强化工艺

剥层腐蚀是一种沿着滚压、锻造或挤压的拉长晶粒方向上产生的腐蚀形式。构件边缘表面喷丸有利于防止产生剥层腐蚀。

腐蚀往往从结构件表面开始。去除结构损伤材料或者切割结构材料后,结构末端的晶粒通常会暴露出来,暴露的晶粒在腐蚀环境中就容易发生腐蚀。喷丸处理可以将结构末端暴露的晶粒细化并使其产生位错,从而防止/减少结构发生剥层腐蚀。另一方面,喷丸处理也可使表面层产生强烈的塑性变形,使表面产生残余压应力,可显著提高结构件的抗应力腐蚀能力。在飞机结构修理中,对于厚的蒙皮和挤压件,应采用端部喷丸处理工艺,但喷丸要在施加保护层前进行。

旋片喷丸技术是喷丸工艺的一个分支和新发展。美国波音公司已制定了通用工艺规范,并广泛应用于飞机制造和维修工作。旋片喷丸强化技术具有设备简单、操作方便、成本低廉、效率高等特点,而且可以对设备上的零件进行不解体的表面喷丸强化等突出优点,使得该项技术具有广泛的应用前景。旋片喷丸强化,是把弹丸通过特种胶黏剂使其牢固地黏着在旋片上,以高速旋转并反复撞击金属零件的表面,达到强化效应的目的。

在我国航空工业中也有许多重要应用,它已成为航空维修领域不可缺少的工艺手段,民航某维修基地目前已展开了不少应用。已用旋片喷丸强化的典型位置有:

(1) 飞机水平尾翼大梁表面及接头孔壁表面;

(2) 飞机扭力盒连接部位孔壁表面;

(3) 垂直尾翼前后接头表面和接头固定座表面;

(4) 主起落架横梁连接孔壁;

(5) 前起落架横梁轴和转弯卡环槽;

(6) 前起落架减震支柱内筒等。

旋片喷丸表面强化技术是一项新技术,它具有简便、灵活、迅速、经济等特点,适用于大型工件、不可拆卸件和内孔的现场施工,是航空维修的重要手段,应该大力推广应用。

6.6.2 孔挤压强化

凡承受高交变载荷与可能发生应力腐蚀的连接孔构件,均可进行孔挤压强化。图 6.23 为孔挤压强化应用实例。

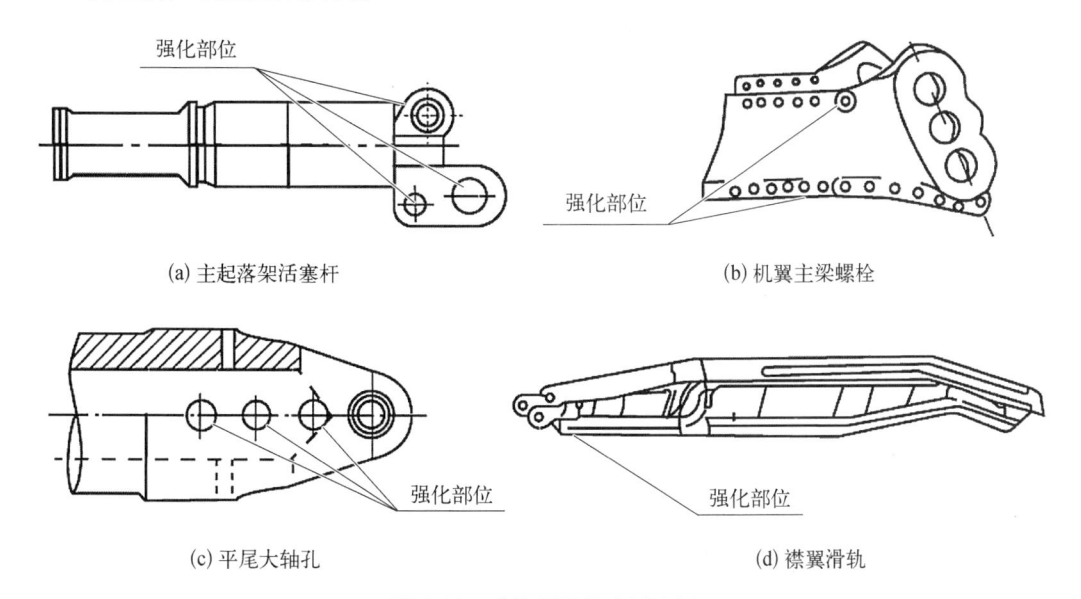

(a) 主起落架活塞杆

(b) 机翼主梁螺栓

(c) 平尾大轴孔

(d) 襟翼滑轨

图 6.23 孔挤压强化应用实例

习题和思考题

6.1 飞机上常用的密封剂和密封形式有哪些?

6.2 从排水设计角度考虑,登机门门槛排水结构设计成图 6.15 中哪种结构更合理?并分析原因。

6.3 采取哪些措施可以有效防止电偶腐蚀的发生?

6.4 简述铝合金表面保护层系统的构成。

6.5 飞机上常用的防腐剂有哪些?各自都有什么特点?

第 7 章
飞机航线防腐维护

飞机腐蚀的控制和防护是一项系统工程,其过程包括两个方面:补救性控制和预防性控制。补救性控制是指发现腐蚀后再设法消除它,这是一种被动的办法。预防性控制是指预先采取必要的措施防止或延缓腐蚀损伤扩展及失效的进程,尽量减少腐蚀损伤对飞行安全的威胁。腐蚀的预防性控制分为飞机设计阶段、飞机制造阶段和飞机使用维护阶段。因此,飞机腐蚀的预防性维护也是防止或减少飞机结构腐蚀的重要环节。

在飞机的使用和维护过程中,改善或消除飞机的腐蚀环境是飞机腐蚀预防与控制的关键,也是降低飞机维修费用的重要方面。因此,各航空公司应根据飞机机型的使用环境和运营情况以及维护经验,制定相应的防腐计划,对飞机的腐蚀进行预防与控制。本章主要介绍飞机的航线防腐维护知识。

7.1 飞机的清洗维护

7.1.1 飞机表面清洗的目的

飞机外表面保持清洁,不仅是外观和气动力的要求,更是防腐的要求。飞机在使用和维护中,不可避免地要黏上砂子、灰尘等污物;在飞越海洋、盐湖及工业区时,飞机表面还会受到腐蚀性气体的污染。砂子、金属屑和其他污染物如不及时清理,会划伤飞机表面,破坏其保护层;金属屑还可能使飞机结构产生电化学腐蚀;其他污染物可直接腐蚀飞机表面。例如,沉降在飞机上的氯离子是一种严重腐蚀介质,所以,必须经常清洗飞机表面,以便清除这些污物;另外,清洗飞机还有利于发现飞机上存在的腐蚀。

7.1.2 飞机的清洗周期

飞机的用户按照合理的清洗周期清洗飞机,将有助于飞机的腐蚀预防,延长飞机的寿命。通常清洗周期应由使用单位根据其飞机所处的使用环境和外观来确定。例如,在潮湿沿海地区使用的飞机清洗周期就要短一些。波音公司建议:良好地区——每 90 天;中等地区——每 45 天;恶劣地区——每 15 天。

如果飞机使用环境和停放环境处在严重的海洋大气环境中,例如,用于海上石油开发的直升机,通常要大大缩短清洗飞机的清洗周期,甚至每天航后都要进行清洗。

当飞机在使用除冰雪化学剂的跑道上滑行和滑跑时,除冰雪化学剂对飞机,特别是对起落架和起落架舱等形成严重的腐蚀环境,建议飞机用户对这种使用情况下的飞机要及时清洗。目前大部分寒冷地区机场冬季除冰雪不再使用除冰雪化学剂,改用吹除的方法吹除积雪。

在飞机的使用和维修过程中,要确保厕所排放活门正确关闭和封严。如果发现机身蒙皮出现蓝线消毒液的痕迹,要及时清洗掉,因为它有化学腐蚀作用。

对于没有涂层保护的表面,可以每 18 个月或 2 年用擦亮剂做一次光亮处理,这将会起到较好的防腐效果。

7.1.3 清洁剂

通常根据飞机表面的污染情况和污染的类型,确定所使用清洁剂的类型以及与水的混合比例。波音商用飞机公司在表 7.1、表 7.2 和表 7.3 中分别给出了不同类型清洁剂与水的混合比例。

表 7.1 水基碱性清洁剂

清洁剂	稀释比例(单位容积清洁剂应混合水的容积数,即水体积是清洁剂体积的倍数)		
	灰尘或污垢	滑油或沉积物	润滑脂或排气积碳
PACIFIC CHENICAL B-82	7	3	2
KELITEN 28	10	4	2
CEEBEE 280	10	4	2
OAKITE 204	10	4	2
TEC NO.1	10	4	2
METACLEAN AC	10	4	2
DUBOIS C-1102	10	4	3
CALLA 301	10	4	3
PENNWALT 2271A	10	3	2
TURCO JET CLEAN C	20	5	3

表 7.2 可乳化型溶液清洁剂

清洁剂	稀释比例(每单位容积清洁剂应加的水或清洁溶剂的容积数)	
	水	清洁溶剂
表 7.1 中任何清洁剂	2	5~6

表 7.3 润滑脂和排气积碳清洁剂

清洁剂	稀释比例(每单位容积清洁剂应加的水或清洁溶剂的容积数)	
	水	清洁溶剂
AIRSHOW W	5~15	—
NAVEE 427	3~5	—
GREASE SOLVE	—	6~12

7.1.4 清洗飞机的准备工作

通常按以下步骤对要清洗的飞机做清洗前的准备工作:
(1) 飞机要静电接地;
(2) 关闭全部客舱门、货舱门、应急出口以及检查口盖和舱盖;
(3) 用遮盖物盖住下列部位:
(a) 全静压管;
(b) 发动机进气道;
(c) 风扇排气口;
(d) 涡轮排气口;
(e) 刹车装置;
(f) 轮胎;
(4) 用防潮纸盖住下列开口,但不要封严:
(a) 油箱放泄口;
(b) APU 排气管的排气口;
(c) 设备冷却地面能源活门孔;
(d) 排烟活门孔;
(e) 冲压空气进气口和排气口的口盖;
(f) 放泄活门;
(5) 使用清洁剂溶液前,要进行检查,如果清洁剂溶液呈分层状态,要进行混合处理,1 h 后再检查一次,如果还呈现出分层状态,就不能再使用这种清洁剂。

7.1.5 清洗飞机

1. 清洗飞机表面的灰尘和污物、滑油和污垢以及润滑脂和排气积碳

清洗飞机上的灰尘和污物、滑油和污垢以及润滑脂和排气积碳,通常按如下大致相同的清洗程序进行清洗:
(1) 当清洗飞机上的灰尘和污物时,按表 7.1 配制水基碱性清洁液;当清洗飞机上的滑油和污垢时,按表 7.2 配制可乳化溶剂清洁液;当清洗飞机上的润滑脂和排气积碳时,按表 7.3 配制清洁液;
(2) 先用清水清洗要进行清洁处理的区域;
(3) 使用非雾化喷射设备、墩布或刷子对用清水洗过的区域涂刷清洁液;
(4) 当使用水基碱性清洁液进行清洁处理时,让清洁液浸湿大约 5 min,当需要保持表面湿润时,可再次涂清洁液;当使用可乳化溶剂清洁液进行清洁处理时,让清洁液浸湿 5~10 min,不要让清洁液干在表面上;当清除润滑脂和排气积碳物时,让清洁液浸湿最多 15 min;
(5) 用刷子擦洗表面,以便能更好地清除污物;
(6) 要用足够的清洁温水(最高温度 160 ℉)冲洗被清洁的表面,以防清洁液对飞机造成腐蚀;
(7) 用抹布擦干被清洗的表面或让其自然干燥。

2. 清洗液压油

泄漏或泼溅到飞机结构或附件上的液压油,能够破坏涂层,使涂层起泡,导致金属腐蚀。如果液压油泼溅或泄漏到高温(270℉)的钛合金结构或附件上时,会使液压油产生酸性物质,从而使钛合金产生化学腐蚀或氢脆。因此,当发现液压油泄漏或泼溅后,要按如下方法彻底清除干净,绝对不允许留下液压油痕迹。

(1)用抹布彻底清除泄漏或泼溅的液压油;

(2)使用 MIL-T-81553A 油渍清除液从热部件处清除液压油。

7.1.6　清洗飞机的注意事项

当使用清洁剂清洗飞机时,以下几方面的问题应引起足够重视,并采取相应措施:

(1)清洁液是易燃性物质,应使这种物质远离热源;要确保不使它接触电气设备和热部件;

(2)在清洗飞机的过程中,如果不清洗传动机构、电气件和液压件时,要用防渗透物品遮盖它们;如果要对它们进行清洁处理,不要使用高压喷射设备,以免清洁液进入到它们内部;清洁液会使这些部件产生腐蚀,飞行中结冰,并清除润滑剂;

(3)要确保清洁液不会接触到钢或石墨刹车吸热器,否则会损伤刹车装置,降低刹车性能;

(4)冲洗飞机所用的清洗剂为维护手册所指定,要严格掌握使用浓度;不要使用超过表 7.1 规定溶度的清洁液,否则会损伤丙烯酸有机玻璃窗,破坏金属表面涂层,造成金属腐蚀;当使用表 7.2 和表 7.3 的清洁液时,不能使它们接触丙烯酸有机玻璃窗和橡胶件;

(5)喷射设备的喷枪嘴距飞机表面要在 12 in 以上,否则会损伤飞机表面;

(6)用刷子涂刷清洁液时,使用前要把它浸入清洁液中,这样不会划伤飞机的清洁处理表面;

(7)所有经过清洁处理的轴承和连接处,必须重新涂润滑油;

(8)在无漆层的铝合金表面上过多地使用"光亮剂",最终会导致包铝层的破坏。使用"光亮剂"的间隔时间以 18 个月或 2 年一次是适宜的;

(9)清洗飞机后,过多地频繁使用上光蜡,将引起蒙皮漆层的损坏。

7.1.7　飞机客、货舱的清洁处理

为有效地改善客、货舱的腐蚀环境,保持清洁是关键。在飞机的航后维护中,必须彻底清除客、货舱。对于运输海鲜产品等带来的污物,更应在航后及时彻底清除。如果不及时清除,由于它们吸潮性很强,并含有大量氯离子等,很容易导致飞机腐蚀。

客、货舱门槛区域是容易积存污物和雨水的部位。在飞机的航后维护中,要仔细地清洁这些部位,特别是积存在沟槽、死角处的污物,更应彻底清除。客舱应急门的门缝处可能会长期积存污物,应进行周期清洁处理。

对于使用清洁剂的部位,要用清水冲洗或用抹布蘸清水擦洗。这是因为清洁剂本身具有腐蚀性,能破坏涂层系统导致腐蚀。另外,消毒剂、除臭剂也具有化学腐蚀作用,使用时应引起注意。

为了防止气氛环境,特别是运输海鲜产品后的环境对货舱结构产生腐蚀,每日航后要打开货舱门,清除货舱门内的腐蚀性气氛。

7.2 腐蚀性货物的航空运输

7.2.1 水产品的航空运输

1. 水产品的航空运输标准

在运输鲜活鱼与海鲜产品时,泼溅的水和鱼腥味会引起飞机结构的腐蚀。航空公司应该制定水产品空运标准,以便空运客户按包装标准包装水产品,从而起到对空运客户包装水产品的指导作用。

1) 制定水产品航空运输包装标准的意义

水产品,特别是海产品(例如鱼、蟹、贝类等)会含有大量盐分,也就是说含有大量氯离子。因此,当航空运输水产品时,如果水产品包装产生损伤,就会有水分或污物流入货舱中,对货舱底部结构形成严重的腐蚀环境。水分和污物中的氯离子使金属构件表面难以保持稳定的钝化态,对金属起到催化腐蚀的作用。另外,水产品的鱼腥味如果在航后不通风消除,也会对货舱结构起到腐蚀作用。

为了改善飞机运输水产品造成的腐蚀环境,航空公司应该制定水产品的航空运输标准或执行相应的水产品航空运输标准,要求空运客户按水产品航空运输标准包装水产品。

2) 水产品航空运输包装的基本要求

水产品航空运输包装的基本要求如下:

(1) 水产品航空运输的包装应做到不漏水、滴水、渗水和散发不良气味;

(2) 包装箱体应具有一定的抗压强度,保证正常运输过程中不会损坏;

(3) 每个水产品包装件的重量不超过 30 kg。

3) 水产品航空运输包装标准的基本内容

a. 材料

水产品航空运输的包装材料有瓦楞纸箱、泡沫塑料箱、聚氯乙烯贴布革水产品袋、聚氯乙烯塑料袋、胶带及其他辅助材料。下面给出各种包装材料的技术指标要求。

a) 瓦楞纸箱

瓦楞纸箱要用双瓦楞纸(厚度为 0.4 cm)制成。纸箱内外的两层纸板应采用重量不低于 250 g/m^2 并具有防水性能的牛皮纸,而中间应采用 180 g/m^2 的瓦楞纸。瓦楞纸箱应具有表 7.4 所示的机械性能。

表 7.4 瓦楞纸箱的机械性能

机械性能名称	单 位	性能指标
耐破强度	kPa	≥1.20×10^3
戳穿强度	J	≥7.4

续 表

机械性能名称	单 位	性能指标
边压强度	N/m	≥6.57×10³
抗压力	N	≥8.12×10³

b) 泡沫塑料箱

泡沫塑料箱用聚苯乙烯泡沫塑料制成。这种泡沫塑料应表面平整、无明显膨胀变形；熔结良好，无明显掉粒现象；无明显污渍和杂物。泡沫塑料箱的底部厚度应为 3 cm，侧壁及箱盖厚度应为 2.5 cm。泡沫塑料应具有表 7.5 所示的机械性能。

表 7.5 泡沫塑料的机械性能

机械性能名称	单 位	性能指标
密度	g/cm³	≥0.015
压缩强度	kg/cm²	≥0.7
抗胀强度	kg/cm²	≥2.8
水蒸气浸透率	g/(m²·h)	≤2.4

c) 聚氯乙烯贴布革水产品袋

聚氯乙烯贴布革水产品袋应满足的机械性能指标如表 7.6 所示。它的厚度应为 0.32~0.35 mm。

表 7.6 聚氯乙烯贴布革水产品袋的机械性能

机械性能名称	单 位	性能指标
拉断力（纵向）	N/30 mm	≥75.3
拉断力（横向）	N/30 mm	≥184.3
断裂伸长率（纵向）	%	≥14.0
断裂伸长率（横向）	%	≥15.6
戳穿强度	J	≥5.8
撕裂负荷（横向）	N	37.5
撕裂负荷（纵向）	N	18.4
气密性	在 20 kPa 压力下	无漏气
渗漏	储水 20 kg，静止放置 24 h	无渗漏

d) 聚氯乙烯塑料袋

聚氯乙烯塑料袋应具有表 7.7 所示的机械性能。它的厚度应为 0.005 mm。

表 7.7 聚氯乙烯塑料袋的机械性能

机械性能名称	单　位	性能指标
机械强度	N/15 mm	≥14.6
耐压强度	kN	≥2.35
撕裂强度(横向)	N/mm	≥137.3
撕裂强度(纵向)	N/mm	≥110.5
断裂伸长率(纵向)	%	≥431.1
断裂伸长率(横向)	%	≥450.1
拉伸强度(纵向)	N/mm^2	≥27.2
拉伸强度(横向)	N/mm^2	≥27.2
渗漏	储水 20 kg,静止放置 24 h	无渗漏

e) 密封胶带

用于密封泡沫塑料箱和瓦楞纸箱胶带的宽度应小于 40 mm。

b. 包装方法

a) 活鱼的包装方法

航空运输活鱼时,空运客户要用装有水和氧气的两层聚乙烯塑料袋装活鱼,并且捆扎完好,做到不漏气、漏水。然后将装鱼的塑料袋放入瓦楞纸箱或泡沫塑料箱内,并用密封胶带做密封包装。

b) 活虾和贝类的包装方法

航空运输活虾和贝类时空运客户要用两层聚乙烯塑料袋包装,然后放入瓦楞纸箱或泡沫塑料箱内,再用胶带做封严包装。

c) 螃蟹、甲鱼、蚌类的包装方法

航空运输螃蟹、甲鱼和蚌类水产品时,可以直接将它们放入泡沫塑料箱内,并且用胶带包装。为通空气,可以在侧壁距底部 100 mm 处,挖出直径为 30 mm 的通气孔。装运这些产品时,应将它装在网袋内,并在泡沫塑料箱内放入锯末等吸水性材料。

d) 泥鳅、黄鳝、鳗鱼类的包装方法

航空运输泥鳅、黄鳝、鳗鱼等水产品时,空运客户应将他们装入聚乙烯塑料袋内并捆扎,然后再放入泡沫塑料箱或瓦楞纸箱内,并用胶带包装。

e) 冷冻水产品的包装方法

对于这样的水产品,空运客户如果先将其冷冻,然后用两层聚乙烯塑料袋包装并捆扎,再放入泡沫箱或瓦楞纸箱内。如果箱内需要放冰块,应将冰块装入两层聚乙烯塑料袋内并进行捆扎。泡沫箱或瓦楞纸箱要用胶带做密封包装。

c. 包装标志

包装水产品的包装箱外表应有"小心轻放""禁用手钩""向上""鲜活""禁止翻滚"等标志。

2. 飞机航后防腐维护

运输水产品的飞机,航后要进行更严格的清洁处理,并通风除臭。当知道发生泼洒后应立即就地进行清除,包括用抹布擦干净渗漏液。受影响的部位应使用肥皂水擦洗,然后用抹布擦干。注意擦洗时,尽量少用水,以免过量的水渗入到地板中。

7.2.2 动物的航空运输

运输活牲畜可能会导致飞机机身结构的严重腐蚀有两方面原因,一是牲畜的粪便,二是牲畜比人产生的热量多,会使飞机内部温度升高,湿度增大,机内有更多的机会出现凝水。货舱中偶尔运输小动物,可以忽视。但大批地运输大动物时,应引起重视,并采取适当的防腐蚀措施。防护措施如下:

(1) 在运输之前让牲畜排粪尿,尽量减少污染物的产量;

(2) 大批地运输活动物前,应将它们安置在底部密封的围栏内,并在其上撒一层干净的木屑,以便容纳尿污、硬粪,这样做便于飞行后及时地清除和更换木屑层,如图 7.1 所示;

(3) 运输活动物的飞机应清洁和除臭;充分利用清洁和除臭的机会检查结构有无腐蚀的迹象;检查和确保所有的排水活门无堵塞和没有积存的液体;

(4) 注意:消毒药水中所含的化学成分对飞机结构都是有害的;氢氧化钠溶液、碳酸钠溶液、硅酸钠溶液以及漂白粉溶液都会腐蚀铝合金构件;甲苯及苯酚溶液会严重降低有机材料、密封材料和包括有机玻璃在内的各种塑料表面的光洁度;

(5) 当飞机用于运输动物时,应尽可能多地卸下内部装饰;如果允许的话,可卸下隔热毯;飞机经清洁和除臭后,在重新装回隔热毯和客舱衬里之前,应在蒙皮内表面和结构上涂排水防腐剂;

(6) 为了降低地面高温的影响,当飞机停在地面时,应该使用风扇促使舱内空气流通,以防过多的热量及湿气积累。

图 7.1 动物运输

7.3 强腐蚀剂的清除

在飞机的使用过程中,如果有酸性或碱性化学剂以及水银等强腐蚀剂泄漏或泼溅出来,会严重腐蚀飞机结构,甚至危及飞行安全。为此,这里将简单介绍各种强腐蚀剂的清除。

7.3.1 碱性溶液泼溅后的清除

碱性溶液泼溅源有:电瓶舱内的电瓶在充电或维护时可能溢出的强碱电解液、使用的强碱基腐蚀产物清除剂和清洗剂、溅洒的碱性货物溶液等。这些碱性溶液如果不能得到及时地彻底中和或清洗,将会对飞机结构造成严重的腐蚀损伤。建议将电瓶舱内的电瓶放在塑料盘上,以防电解液腐蚀结构。

溅洒的碱性溶液落在铝合金结构上,会出现白色的粉状沉淀物,这表示铝合金结构件受到腐蚀。

当碱性溶液溅洒后,可采用中和法进行清除。具体做法是:

(1) 用抹布擦去溅洒的液体;

(2) 用刷子或布蘸上浓度 5% 的醋酸溶液或酸度高的食用醋来中和要处理的地方,连续涂抹醋酸溶液,直到全部起化学反应,并再让醋酸溶液在表面上保持 15 min;在搭接面等处,应仔细地中和与擦拭;

(3) 用抹布或海绵清除中和后的混合液;

(4) 用清水冲洗并用软尼龙刷刷洗受影响的地方;

(5) 用石蕊试纸进行检查,判断是否中和彻底;

(6) 用干净抹布擦干;

(7) 如果涂层受到损伤,应在整个部位上重涂涂层和防腐剂。

7.3.2 酸性溶液泼溅后的清除

酸性溶液泼溅源有:电瓶舱内的电瓶在充电或维护时可能溢出的酸性电解液、使用的酸性基腐蚀清除剂和清洗剂、溅洒的酸性货物溶液等。这些酸性溶液如不及时彻底地中和与冲洗,将会对飞机结构造成严重的腐蚀损伤。

由酸性溶液所产生的产物为黑色、白色、黄色或棕色沉淀物,其具体颜色取决于酸性溶液和溅有酸性溶液的金属材料。

采用中和法清除泼溅的酸性溶液,其具体做法是:

(1) 用抹布擦去溅出的液体;

(2) 用 20% 的碳酸氢钠溶液中和酸性溶液污染区域,可用刷子或布蘸上中和溶液涂抹在受酸性溶液影响的表面,搭接面等处应仔细地进行中和涂抹;

(3) 连续涂抹中和溶液,直到没有泡沫,然后再让中和溶液在表面停留 5 min;

(4) 用抹布或海绵清除中和后的混合液;

(5) 用清水冲洗,并用软尼龙刷擦拭受影响的区域;

(6) 用石蕊试纸进行检查,判断是否中和彻底;

(7) 用干净布擦干;

(8) 如果涂层受到损伤,应在整个部位上涂涂层和防腐剂。

应当指出,在飞机使用和维护中,要特别注意到电瓶舱内的清洁和维护,防止该部位产生化学腐蚀。

7.3.3 水银泼洒后的清除

当水银泼洒后,应立即按如下方法清除。

(1) 用纸或纸板折成凹槽形状,舀起水银。
(2) 用粘胶纸将小的水银珠拾起来。
(3) 用医用带橡皮球头的吸管吸起小水银珠。
(4) 用带收集器的大功率吸尘器吸取。
(5) 用特制的镀镍碳纤维刷子拾起水银。
(6) 按下述步骤用细铜丝刷拾取水银:
(a) 将刷子浸入硝酸中以清洁铜丝;
(b) 再将刷子浸入水中以清除硝酸;
(c) 再将刷子浸入酒精中以清除水分;
(d) 用铜丝刷拾取水银,当水银粘在铜丝上形成汞齐化,将刷子放入一个适当的容器中抖掉,然后继续用铜丝刷拾取水银。
(7) 在目视可见的水银被清除以后,为确认隐藏区的水银已被清除,可用一种水银蒸气探测装置(它是一种电子装置,对水银蒸气很敏感)或更加灵敏的 X 射线照相来检查。
(8) 凡在接头处、连接处或在任何结构件之间发现积存有水银的迹象,都应该按需要将其分解以便彻底地清除水银。

7.4 飞机着火后的处理

飞机着火后被烧损的区域,如果不及时清洁会出现腐蚀问题。这是由于有机物燃烧时所产生的烟黑沉积物以及灭火时的残余干粉灭火剂等,都能引起金属件的腐蚀。

干粉灭火剂受热分解成二氧化碳,灭火是很有效的。但这些残余沉积物都是吸水的,当它吸收了潮湿空气中的水分或冲洗飞机的水分后,就形成碳酸钠、氢氧化钠等碱性物质,这些碱性物质将导致铝合金结构的腐蚀。

飞机着火后,如果面漆被烧掉或变为黑色,但底漆仍为原色,表面构件没有超温。如果底漆的颜色发生改变或被烧掉,表面结构受到热损伤,必须更换。如果怀疑结构存在其他损伤,可采用涡流检测法进行检查。

飞机着火后,应采取如下的处理措施:

(1) 拆除着火烧损的内部装置以便露出结构;
(2) 把没有受影响的区域遮盖或罩起来;
(3) 打开所有排水孔、舱口及门窗,以便放水和通风;
(4) 将烧伤、烧焦或起泡的漆层采用喷丸方法清除,检查结构有无受热损伤;
(5) 拆除并更换有明显损伤不能修复的结构件;
(6) 用热水(38℃较适宜,不要用超过50℃的热水)冲洗受影响的区域,可以使用三氯甲烷清洗剂,以便去除黑烟、残余灭火剂等;对于桁条与蒙皮和接合面等要用压力喷枪

清洗;使用pH试纸,检查冲洗的彻底程度;

(7) 用10%的重铬酸钠溶液清洗受影响的区域,以便清除掉残余的干粉灭火剂;

(8) 按修理规范进行修理;

(9) 在受到影响并已清洁过的地方,特别是蒙皮与桁条的结合面处,涂上一层BMS3‑23防腐剂,装回所有内部装饰,恢复到飞机的可用状态。

7.5 飞机的航线防腐措施

7.5.1 涂润滑剂和防腐剂

1. 涂润滑剂

在某些接头处、受磨损表面、轴承、操纵钢索等处涂润滑油是防腐和防磨损的必要措施。在高压冲洗或蒸气清洗后,必须重涂润滑油。飞机结构维修中经常使用各种牌号的润滑油,最常用的牌号是BMS3‑24。

在飞机的维护中,施加新的润滑脂取代原来的润滑脂是非常重要的。因为原来的润滑脂可能已变干,降低了润滑作用,使新的润滑脂难以达到最需要的地方。

飞机的操纵钢索用碳钢丝制成,使用油脂来防止其磨损和腐蚀,如果油脂被冲掉或擦掉,水分进入内部,就会产生腐蚀,因此应及时对钢索涂刷润滑油。另外,还要注意不要用带有油脂清除剂的布擦拭操纵钢索,否则会清除掉润滑油。

对于不锈钢钢索,波音公司不推荐使用润滑油润滑。试验表明,即使涂上润滑油,不锈钢钢索在丝头、滑轮及压力密封处会产生引起加速磨损的颗粒。波音公司建议用干净布擦拭不锈钢钢索。

这里还要再次指出,在使用润滑油的部位,不能涂防腐剂。

2. 涂防腐剂

在飞机的使用和维护过程中,对于腐蚀环境严重的部位,例如客舱地板、起落架舱、客、货舱门等部位,应根据防腐剂的实际状态重涂防腐剂。对经常运输海鲜的飞机,要适当缩短重涂防腐剂的周期。

在飞机的使用和维护过程中,如果发现构件之间的密封胶产生损伤或填平腻子与基体金属脱胶产生缝隙,应及时修复。如果在航线上,不具备修复密封胶的条件,应涂防腐剂,避免产生缝隙腐蚀或减缓腐蚀。在航线上,控制和减缓缝隙腐蚀的有效方法是使用防腐剂,它能排除水分,并阻止水分再次进入缝隙中。如果构件之间的密封胶产生损伤后,不采取相应的维修措施,缝隙内会积存污物,它的吸潮性极强;另外,污物中通常含有大量氯离子(Cl^-)、硫酸根离子(SO_4^{2-})等,非常容易使缝隙内产生缝隙腐蚀或其他类型的腐蚀。

在飞机的航线维护中如果发现紧固件头部的涂层破裂,或形成黑圈、尾迹等,为阻止或减缓紧固件或减缓紧固件孔的腐蚀,应及时涂防腐剂;如果发现其他部位产生轻微腐蚀,当时不具备清除腐蚀产物并恢复涂层的条件,则应涂防腐剂减缓腐蚀速度。如果发现涂层龟裂或脱落,也可以涂防腐剂作为一种临时性维护措施。

渗透排水防腐剂(BMS3-23)能够渗入小孔、缝隙中,并置换存在的水,已有的腐蚀扩展不能完全停止,但可大大地减缓。另外,非渗透的浓型防腐蚀剂用于更需要耐磨、更持久的防护区域,如机身底部、轮舱区。

当能适当地维护和补充的时候,防腐剂能构成很好的防腐系统,但必须细心使用。防腐剂必须与供氧系统部件及接头分隔开,因为当其与氧气(如漏气情况)混合时,它们可能会成为火灾或爆炸危险源。下列情况不能使用防腐剂:

(1) 供氧系统部件、接头;
(2) 使用过程中表面温度达到或超过 300 °F;
(3) 电接触器或触片;
(4) 带润滑的接头与表面;
(5) 操纵钢索与滑轮;
(6) 有特氟龙(Teflon)衬的轴承;
(7) 硅橡胶(舱门封严、轴承封严、O 型环、橡胶管夹子、老式橡胶瓣状排泄活门)。

7.5.2 疏通排水通道

在飞机的使用过程中,通水孔和排水活门可能被填平腻子、密封剂和其他污物阻塞。因此,要定期检查排水通道和排水活门是否处于良好状态。因为橡胶舌形活门易损坏,对于装这种排水活门的飞机更应注意检查。注意,桁条端头或肋的端头缝隙可能是用于排水的,这种排水通道在可能做到的情况下也要注意疏通。

7.5.3 清除微生物沉积物及控制微生物繁殖

1. 检查油箱内微生物情况

燃油箱内的微生物污染情况可以用 Boron 石油公司制造的 V8P482 微生物检测装置进行检测,这种装置有两个瓶子。使用注射器取一些燃油样品放进每个瓶子,一个瓶子中放入杀菌剂,另一个瓶子内不放杀菌剂。48 h 内,如果燃油被污染,则燃油会改变颜色。也可用试纸检查微生物的存在。当进入燃油内时,如果发现油箱水平面和管路表面呈现出褐色或者黑色的沉淀物,这说明燃油已经产生了污染。民用飞机推荐每 5 000 h,采用蒸气法清洗一次燃油箱,并用放大镜检查是否存在微生物腐蚀。

当发现燃油被微生物污染后,应尽快清除被污染的燃油,否则,会使油箱发生腐蚀的可能性提高。

2. 清除微生物沉积物

一般可使用尼龙刷子、海绵和清洁的温水将微生物沉积物清洗掉,其方法如下:

(1) 打开或卸下油箱排放活门,将燃油从油箱中排放出去;
(2) 清洗油箱,但不能使用清洁剂,因为这会促使微生物的繁殖;清洗过程中,应排气通风,以促使油箱干燥;
(3) 应确保所有的通水孔和排放管已清除掉松散的微生物菌块或其他外来异物;
(4) 检查油箱是否全部清除了松散的微生物菌块,并擦掉残留的物质;
(5) 清洗操作之后,应使用吸尘器彻底地吸掉或刷掉所有的残留外来物;

(6) 清除掉微生物菌块之后,如果油箱产生腐蚀,应清除腐蚀产物,然后喷涂漆层。

3. 控制微生物繁殖

为防止微生物腐蚀,除确保在潮湿气候条件下油箱排水畅通,每日排放积水外,还应在燃油储罐或直接在飞机燃油箱中加入杀菌剂,这将会减缓霉菌的繁殖。波音公司建议使用 Biobro JF 杀菌剂(美国 Bboax and Chemical 公司,B24611)。

1) 杀菌剂的用量

发动机制造厂商认可的处理航空燃油的 Biobro JF 杀菌剂浓度是:初次处理时的浓度为 270 ppm,也是杀菌剂的最大使用浓度,以后的杀菌处理浓度为 135~150 ppm。如果燃油的检测分析表明,燃油被霉菌污染,应将杀菌剂浓度再增加到 270 ppm。当杀菌剂浓度为 270 ppm 时,Biobor JF 杀菌剂用量(以 oz 为单位)为燃油量(以 lb 为单位)乘以 0.004;当杀菌剂浓度为 135 ppm 时,Biobor JF 杀菌剂用量为上述用量的一半。

2) 杀菌剂的施加时间间隔

杀菌剂的施加周期对于不同航空公司是不相同的,这取决于飞机的使用环境以及储油罐的所在地理环境。潮湿的环境条件会为微生物大量繁殖提供条件。有的维护手册推荐:在初次杀菌处理后的一个月,进行第二次杀菌处理;以后的施加时间间隔和杀菌剂浓度要根据油样分析结果,即燃油污染程度确定。

为了有效地控制微生物大量繁殖,杀菌剂 Biobor JF 的生产厂商建议:将燃油进行杀菌处理 72 h,再添加没有杀菌处理过的燃油。这个时间要求通常只有在飞机检修时才能得到满足。

3) 杀菌剂的施加方法

在往燃油中添加杀菌剂时,要避免由于局部杀菌剂浓度过大而导致硼酸盐沉淀。这种沉淀物不会再溶解到燃油中,最后沉淀到发动机过滤器上。添加 Biobor JF 杀菌剂最好是使用计量注射器向流动的燃油中添加。常用添加方法有如下几种:

(1) 把 Biobor JF 杀菌剂加到加油车中,但要确保混合均匀,并要确保飞机燃油箱和所加的燃油中无水分;

(2) 把飞机燃油箱至少加满一半的燃油,先在 10~20 gal 燃油中混合所需量的 Biobor JF 杀菌剂,然后在上翼面加油口把混合液加入油箱中,并在同一加油口处完成加油工作;使燃油在燃油箱中完成循环流动,以确保杀菌剂与燃油混合均匀;

(3) 将飞机燃油箱至少加满 60%燃油,并把所需量的 Biobor JF 杀菌剂直接加到燃油箱中;注意,在把未经稀释的 Biobor JF 杀菌剂加到油箱中去以前,要确保油箱中无水分;然后,通过上翼面加油口加满油,并启动增压泵使燃油循环流动,使燃油与杀菌剂彻底混合;要确保在添加 Biobor JF 杀菌剂之前,燃油箱中无水分。

4) 油箱排水

通常在每次加油前,放泄油箱中的水分。

7.5.4 密封胶损伤处的维护

当飞机结构件之间缝隙处的密封胶产生损伤,呈现裂纹或脱落后,污物就会进入到里边去,形成较严重的腐蚀环境,使构件产生腐蚀(比较容易产生缝隙腐蚀)。如果在飞机的航线维护中,发现密封胶产生了损伤,可使用鬃刷子蘸三氯乙烷进行清洗,并用干燥压缩空气清除缝内污物,然后用甲基乙基酮(MEK)进行清洁处理。经过清洁处理后,修补损伤密封胶。

7.6 飞机表面轻微腐蚀的防腐维护

飞机在航线上的使用和维护过程中,如果发现构件表面严重氧化、变色或产生了轻微的表面腐蚀,应及时采取临时性防腐措施,以防止腐蚀加重。通常采用砂纸打磨或化学方法清除腐蚀产物。这里简单介绍采用化学方法进行防腐维护的步骤。

1. 准备工作

(1) 当需要时,遮盖住起落架、轮胎、窗和风挡以及所有钢构件,以防受到不利影响;

(2) 用适用的碱性水基清洁剂清洗表面。

2. 施加氧化物除腐剂

(1) 将一份 Cee-Bee B-4(Cee-Bee Chemical CO. 9520E. Cee-Bee Dr., Downey. Calit)或等效清除剂与三份自来水混合(按容积);

(2) 用拖把、刷子或海绵把混合液施加到严重氧化物或腐蚀的表面处,清除氧化物或腐蚀产物;对于存在疤痕处,必须彻底擦洗,以便清除所有腐蚀迹象。

3. 施加 A-601 污物清除剂

(1) 在施加 B-4 除腐剂溶液后,要立刻施加 A-601(Cee-Bee Chemical CO. 9520E. Cee-Bee Dr., Downey. Calit);施加 A-601 污物清洁剂的目的是限制 B-4 的化学作用,以便减小蒙皮表面变色和出现条纹的可能性;

(2) 用水冲去 A-601 污物清除剂;

(3) 允许 B-4 或 A-601 溶剂干燥在蒙皮表面上;推荐自下而上地施加溶剂;另外,应一次处理一小块区域;因为热的天气可能会使化学剂气化,所以,应在遮阴处,凉爽的黄昏或夜晚(应具有良好的光线)进行以上维护操作。

4. 施加阿洛丁

施加透明的阿洛丁 1000 或 1500(Amchem Poducts, inc, Ambler, Pa):

(1) 当采用喷涂方法时,需将 1/10 oz 阿洛丁 1000(粉剂)与 1 gal 水混合;当刷涂时,需将 3/10 oz 阿洛丁 1000(粉剂)与 1 gal 水混合,让溶剂在表面上保留 1 min 以上,然后用水冲洗;

(2) 也可以采用 4% 的阿洛丁(液态)与水的混合液(按容积),进行喷涂和刷涂;让溶剂在表面上保留 2~5 min,然后用水冲洗。

透明阿洛丁的预防作用取决于飞行和大气环境状态以及所使用清洁材料的适用性。

习题和思考题

7.1 飞机表面为什么要清洗？如何清洗？
7.2 水产品航空运输包装标准是什么？
7.3 在航线上，可以采取哪些措施控制飞机的结构腐蚀？

第8章
飞机结构防腐技术

即使在飞机设计和制造阶段采取了腐蚀防护与控制措施,飞机在使用中还会产生腐蚀,因此必须采取有效的措施,及时修复飞机的腐蚀。

在飞机使用过程中采取有效的腐蚀损伤修复措施,可以大大减轻和延缓飞机结构腐蚀。使用维护阶段的腐蚀损伤修复是实现飞机全寿命期、保持和恢复飞机原设计效能、保证飞机在使用寿命期内安全的重要措施。

8.1 飞机腐蚀损伤修复

本节介绍飞机腐蚀损伤修复的原则和修复的工作程序。

8.1.1 飞机腐蚀损伤修复的原则

1. 飞机腐蚀损伤修复分类

飞机腐蚀损伤修复可分为以下两类。

1) 外场的腐蚀损伤修复

主要为保证外场飞机出现腐蚀后适时的检查、维护和修理,并采取外场可实施的相应技术方法。

2) 大修飞机时的检查、修理和腐蚀防护

在大修厂对飞机腐蚀损伤进行检查、修复和腐蚀防护,以使大修后的飞机在下一个翻修间隔内的腐蚀能够得到控制。

2. 飞机腐蚀损伤修复的要求

飞机腐蚀损伤修复的要求包括:

(1) 保持机体内外表面洁净和防护涂层完好;

(2) 确保飞机结构中不残留腐蚀产物;

(3) 使用维护和腐蚀修复时不应引起二次腐蚀;同时,去除裂纹时不应引起腐蚀,腐蚀修理时不应引发裂纹。

3. 腐蚀损伤修复准则和要求

进行飞机腐蚀损伤分析和修复设计时,在必须满足结构静强度要求基础上,对一些关键件、重要件,必须满足耐久性和损伤容限要求。一般准则和要求如下。

1) 等强度准则

基本思想是保持原构件静强度能力,即构件损伤部位经修复后,其静强度恢复到原设计的静强度水平。

2) 静强度要求

静强度要求是飞机结构修理最基本的要求,它并不要求结构修理后一定要恢复到原有强度水平,不一定"有伤必补"。但要求修理后的结构能够承受结构应承受的限制载荷和极限载荷。

3) 耐久性要求

腐蚀损伤修复和疲劳损伤修复是满足耐久性要求的重要内容。结构修理设计必须包括对这些损伤的预防措施,对结构修理件进行抗腐蚀、抗疲劳细节设计。

4) 损伤容限要求

在修理区域允许出现疲劳裂纹,但必须要求裂纹扩展到临界长度之前,能够通过可靠的检查发现结构损伤,及时给予适当修理,以满足结构修理区域的损伤容限要求。

5) 广布损伤(容限)要求

除上述外,在腐蚀损伤修复部位,可能发生广布疲劳小裂纹,必须保证任意两个裂纹连接之前,能通过适当的检查发现损伤,否则要给予阻止"连接"或其他形式的修理。

4. 飞机腐蚀损伤分类

根据上述各项准则和要求可以确定各类腐蚀损伤的修复容限和等级,按损伤程度可分为如下三类,并分别采取不同的修复方法进行修复。

1) 可允许损伤,简单维修

飞机结构件存在腐蚀损伤,但不超过容限值,可不需要做任何补强修理,仅进行简单防护处理。

2) 需补强修复损伤

飞机结构腐蚀损伤较严重,超过修复容限,需要进行补强修复。

3) 换件修复损伤

飞机结构腐蚀损伤严重,已不能局部补强修复,或者损伤在多处发生,进行多处局部补强修复在经济上不合算,需局部或整体更换损伤件,达到排除故障的目的。

5. 飞机腐蚀损伤修复设计

1) 修复设计应考虑的基本因素

飞机腐蚀损伤修复应综合考虑以下各方面设计因素:几何构型、材料、工作环境(包括载荷形式与大小、腐蚀环境)与腐蚀防护、耐久性和损伤容限品质、可检性、可修性、可生产性、重量、成本、周期等。

(1) 综合考虑各种影响因素,准确分析飞机结构腐蚀损伤原因,制定合理的修复技术方案;

(2) 外表面修复满足气动力性能要求;

(3) 满足静强度、刚度、耐久性和损伤容限要求;

(4) 满足腐蚀防护与控制要求;

(5) 腐蚀损伤修复后应不破坏原结构的可检性;

(6) 要考虑施工程序和可达性要求；

(7) 根据修复现场的条件和修理人员的技术水平与经验，考虑可生产性；

(8) 在满足上述要求的基础上，应充分考虑重量、成本、周期，采用修复周期短、经费少的方案。

2) 腐蚀损伤修复设计的主要步骤

(1) 确定修复部位的载荷环境和使用环境；

(2) 评估损伤，确定修复设计思想、要求和技术方案；

(3) 合理优选材料，应尽量使用原材料；

(4) 计算补件或更换件几何尺寸；

(5) 确定紧固件形式、大小、分布和数量，加强件要足够长；

(6) 重要结构细节的耐久性、损伤容限分析；

(7) 结构细节腐蚀防护与控制设计；

(8) 绘制修理图。

8.1.2 飞机腐蚀损伤修复的一般工作程序

当腐蚀区域确定后，应立即进行腐蚀区域的修复。通常腐蚀损伤修复的工艺流程包括：清洁腐蚀损伤修复区域、腐蚀损伤检测、去除腐蚀产物、测量腐蚀深度、损伤修复或换件、表面处理、施加涂层等。

1. 腐蚀损伤修复前的准备

在开始任何腐蚀修复工作之前，必须执行以下程序：

(1) 给飞机受腐蚀影响的区域提供一个能迅速冲洗的条件；

(2) 将飞机搭地线接地；

(3) 拆除或断开飞机蓄电池。

2. 清洁被处理区域

在去除腐蚀产物前，被处理的区域必须清洗、脱漆和去除污染物。

用溶剂类清洁剂，如甲基乙基酮、干洗溶剂汽油等去除掉所有的脂类油或其他污染物。如果底漆分层、剥落、软化或有腐蚀，则需脱去底漆。

3. 估计腐蚀损伤状况

建议使用无损检测设备、直尺、印痕材料、深度千分尺测量腐蚀损伤状况。

4. 去除腐蚀产物

采用机械法和化学法去除腐蚀产物，这在第 5 章中已经进行了介绍。在使用机械法和化学法去除腐蚀产物时，需对以下几点提出重视。

(1) 为便于去除腐蚀产物的工作，应将腐蚀区域附近的设施移走。

(2) 首先提倡采用手工打磨，对于严重的腐蚀再考虑机械打磨，慎用化学方法。由于去除腐蚀产物的化学试剂本身就是一种强腐蚀剂，应小心操作，防止进入腐蚀区域及附近的裂纹、裂缝、搭接接头和接缝及高应力钢零件上。

(3) 对于抗拉强度高于 220 ksi 的金属制件，慎用机械打磨。在不得不使用干研磨喷丸或手工操作动力工具去除严重的腐蚀产物的情况下，要注意在小的压力条件下操作，不要使表面过热回火。

（4）如果不能确定钢件的热处理值,我们应认定在 220 ksi 或以上,并且认定必须经过了适当的热处理。

（5）对于高强度钢,禁止使用酸性腐蚀去除剂,否则会增加氢脆的危害。

5. 修整区域的光顺和融合

在去除腐蚀后,所有的凹陷部位均应"光顺"并使之与周围金属表面"融合"(使应力集中减至最小)。"光顺"和"融合"工作应按以下步骤完成。

1）去除受损伤区域的所有腐蚀产物

在广泛去除腐蚀产物的基础上,应将所有残留的、松散的腐蚀生成物完全去除干净,参见图 8.1(a)。

2）光顺

打光粗糙边缘,凹陷处修整成平滑的碟形凹槽,参见图 8.1(b)。

3）融合

按照一定的比例和方向完成整形。图 8.1(c)为融合后的椭圆形凹坑,凹坑的四周均应光顺与其周围金属表面平滑过渡,使应力集中减至最小。

(a) 清除腐蚀产物后的受损区域　(b) 凹陷处进行修整　(c) 融合后的椭圆凹坑

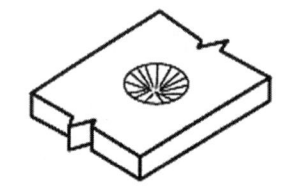

图 8.1　单个凹陷的修整

4）清洁表面

去除所有的表面污点,选择适当的磨料以获得期望的表面光度。

6. 腐蚀深度测量

在腐蚀产物彻底去除和将腐蚀区域光顺、融合之后,必须进行深度测量,以保证材料的去除量没有超过极限。可以使用深度千分尺或印痕材料获得所要求的测量数据。

7. 损伤修复或换件

根据腐蚀损伤情况,确定是否修复或换件。当飞机结构件存在腐蚀损伤,但不超过容限值,不需做任何补强修理,仅进行简单防护处理。但当飞机结构腐蚀损伤较严重,超过修复容限,需要进行补强修复。当飞机结构腐蚀损伤严重,已不能局部补强修复,或者损伤在多处发生,需局部或整体更换损伤件。

8. 表面处理

1）喷丸强化

喷丸是对零件表面进行机械加工,以减小残余应力或将残余拉应力转变为残余压应力,从而提高材料的抗疲劳性和抗应力腐蚀的性能。表面喷丸强化工艺广泛应用于高强钢和高强铝合金结构件,尤其是对锻件、挤压件、条、棒和板材制成的飞机零部件。

高强度铝合金阳极氧化之前的喷丸处理,可以弥补由于阳极氧化给材料带来的疲劳性能的损失。

飞机起落架机轮半轴的内孔壁、起落架外筒的内孔壁、压气机转子叶片榫头区域、各类活塞筒、柱塞泵体等的内孔壁都广泛使用喷丸强化手段。原则上凡在使用期内经常发生疲劳强度和抗应力腐蚀断裂性能下降的零部件均应采用喷丸强化处理。

2) 冷加工紧固件孔

除了介绍的喷丸强化紧固件孔外,经常还采用孔壁的冷加工强化工艺措施。

对于被铰过的紧固件孔或经热处理过的构件内孔(内孔表面脱碳),必须经过冷加工强化工艺以提高孔壁的疲劳强度和抗应力腐蚀的性能。其方法是利用由硬质合金制成的并经润滑过的锥形心轴挤压零部件的内孔壁使其产生塑性变形,从而在孔壁径向和环向产生残余压应力。同时,在挤压过程中还清除了表面的机械划伤、微裂纹等缺陷,这也有利于提高孔壁的疲劳强度。飞机框架、大梁、起落架和蒙皮上的螺栓孔及管状零件的内壁等都可采用此工艺。

9. 制件表面抛光、清洁并干燥

经上述处理的飞机结构件、零部件等在恢复原有表面涂镀层前,要进行表面抛光、清洁和干燥处理。

10. 恢复原有表面涂镀层

飞机腐蚀损伤修复的最后一步是恢复原有表面涂镀层,使修复后的部位具有与原来一样的防腐蚀性能。

1) 碳钢零部件

依热处理值的不同,可电镀镉、锌或镉钛镀层(对于没有拆卸下来的钢制件,可以刷镀上一层镉镀层,或迅速采用防护性底漆涂敷在裸露的碳钢制件上),之后是涂面漆,再进行密封剂和防腐剂处理。

2) 高合金钢零部件

高合金钢零部件必须钝化处理(如已镀镉或涂漆除外)。

3) 不锈钢(镍铬合金)零部件

在多数情况下,不锈钢(耐蚀钢)和镍铬合金都不需要表面涂装处理,只需钝化和电解抛光处理。

4) 钛合金零部件

一般情况下,钛合金不需要表面处理,直接施加原有的面层。

5) 铝合金零部件

阿洛丁处理或电化学阳极氧化处理。在大多数情况下,采用阿洛丁处理,可形成转化膜,成为金属整体的一部分,该膜耐腐蚀,并对底漆有极好的黏结力。

对从飞机上拆下来的零件,可用浸泡或手工涂敷方法进行处理。

用阿洛丁进行表面处理的基本程序如下:

(1) 用清洁干燥的粗布从被处理区域擦除掉铝基面的颗粒和残留物;

(2) 用甲基乙基酮沾湿的粗布擦抹,重复擦拭,直至粗布上没有明显残留物;

(3) 干燥最少 15 min;确定清洁度和使用水膜试验,在 25 s 内若没有突然的闪光而形

成镜面,说明该表面已顺利地通过了水膜试验;

(4) 遮盖住不同金属的嵌入件(但铬、镍、不锈钢或钛除外);

(5) 浸泡(或手工涂抹)涂敷,在阿洛丁溶液中浸泡 2~6 min;

(6) 用清水彻底清洗多余的阿洛丁溶液,在环境温度下干燥或用强风干燥;

(7) 施加原有的表面层;

(8) 进行密封剂处理和防腐剂处理;

(9) 去掉保护性遮盖物。

6) 镁合金零部件

为提高镁合金的抗蚀能力,通常采用化学氧化+喷涂环氧树脂,也可采用同铝合金的阿洛丁处理或用铬酐+硫酸钙溶液处理。

7) 镉镀层的修复

由于镉镀层的破裂导致基体金属的外露,因此需要对镉镀层进行修复,镀镉是基体金属的重新电镀。应采用低氢脆镀镉工艺,对于大面积的修复需剥去面层重新电镀,对于小面积的修复可施用局部电刷镀进行小面积的修复。

8.1.3 某飞机腐蚀损伤修复的工艺规程

1. 准备工作

在开始执行腐蚀修复工作之前,应接上飞机的搭地线,并按要求需要拆除或断开飞机电瓶。

2. 腐蚀的检验

对腐蚀的区域应做系统的检验并进行必要的处理。特别注意自攻螺钉、铆钉、角挡板、加强条等异金属接触的电偶腐蚀及同种金属或金属与非金属搭叠处缝隙腐蚀。另外对受损坏的表面、排泄孔的阻塞、潮湿部位等也应该进行检查。

目视和无损探伤检验均可用来检验腐蚀。

3. 去除腐蚀产物

经检验发现腐蚀的部位应保证全部去除掉了腐蚀。如果腐蚀残余物未被除尽,虽然这些腐蚀部位已经被挫削、打磨和进行了防腐蚀处理,但仍然会继续腐蚀,因此腐蚀部位在重新防腐处理之前要保证彻底清除腐蚀产物。去除腐蚀的方法有化学方法和机械方法,本规程采用机械方法去除腐蚀。

机械法去锈的步骤如下:

(1) 在要除锈部位的边缘用透明胶带进行保护;

(2) 轻微的腐蚀,首先用 280#或 320#纱布打磨清除腐蚀产物,然后再用 500#或 400#水砂纸(氧化铝砂纸)轻轻地打磨光滑;

(3) 严重的腐蚀可选用三角刮刀、锉刀、铰刀其中一种或几种工具去掉腐蚀产物,然后再用 500#或 400#水砂纸(氧化铝砂纸)打磨光滑;

(4) 全部锈蚀去除以后,用涡流探伤仪检查,若未发现裂纹,表面腐蚀产物去除干净后,再用 400#或 500#水砂纸(氧化铝砂纸)打磨基体金属,以保证彻底去除腐蚀产物;

(5) 修整和缓和修理过的区域,低凹区与其周围的表面应当修整缓和,即光顺和融合

处理,以便使应力集中减少到最小程度,并按下列要求完成修整:

(a) 从损坏区域去除全部腐蚀及粗糙的边缘,打磨的凹坑应呈现椭圆形;

(b) 将打磨过的凹坑修整成一个圆滑过渡的盘形凹坑,修整后盘形凹坑的深度与总宽度之比为 1∶5;如有几个坑点但彼此间隔很近的区域,这些坑点之间的材料应当去除掉,以减低表面的不规则或起伏不平的波状;

(c) 去除腐蚀后经过修整的凹处,如果不便修整成椭圆形状,则应把表面不规则的地方或起伏不平的波状修整到最小的程度。

4. 表面修整后无损检测

在腐蚀区域经过去除腐蚀修整之后,应用涡流探伤仪进行检测。若修整部位表面呈现裂纹则应继续去除腐蚀产物,直到表面无裂纹,并用 400# 或 500# 水砂纸(氧化铝砂纸)再打磨光滑至表面粗糙度为 $Ra1.6$。

5. 测量腐蚀深度

修整后必须测量腐蚀深度。在腐蚀区域内经过去除腐蚀、修整和无损检测后,必须用深度千分尺测量修整后的凹坑深度,以保证去除的基体材料没有超过所规定的极限厚度。

6. 化学氧化处理

1) 除油

除油是保证氧化膜层质量至关重要的工序,认真地除油是确保氧化膜层质量和提高漆层结合力的关键。

用细白布包裹脱脂棉,再用滴瓶将溶剂(丙酮或无水乙醇)滴加到白布上(决不允许用白布往溶剂里蘸)反复擦洗需氧化的表面,紧接着用化学纯氧化镁粉湿擦拭,最后必须用干细白布轻轻擦拭需氧化的全部表面。当细白布洁白无污时,则证明油污已彻底除干净。

2) 清洗

用脱脂棉蘸取去离子水或蒸馏水仔细擦洗已修整过的全部表面。当水膜均匀布满零件表面水膜不破并保持水膜连续达 80 s,证明油污彻底除干净。

3) 化学氧化

用不锈钢镊子夹紧细白布条或细白布裹着脱脂棉并蘸 Hy-4 氧化溶液或阿洛丁1200S 溶液轻轻地反复接触氧化部位,氧化时间 2~5 min,随温度高低缩短或延长氧化时间。

当氧化表面由白色转变为金黄色或彩虹色时,证明氧化膜已生成。

4) 清洗

用不锈钢镊子夹紧细白布条或用细白布裹着脱脂棉,用滴瓶滴加去离子水或蒸馏水,轻轻覆盖已氧化过的零件表面,然后用干白布条吸干水,反复几次。

5) 干燥

用电吹风烘烤氧化膜以提高膜层与基体的结合力和耐蚀能力。烘烤 5~10 min,控制零件表面温度不超过 60℃,再晾干 4 h。氧化过的零件表面不准用赤手触摸,不得沾污任何脏物或油污。

6）检验

按《铝镁合金结构件化学氧化膜层、漆层和密封剂质量检验标准》进行检验。

7. 涂漆和涂密封剂

1）涂漆准备

（1）涂漆前零件表面万一存在污秽或手印时,应及时用丙酮或 X-1 稀释剂清洗干净；

（2）涂漆前应将容器内的涂料进行充分的搅拌,直到涂料均匀为止；

（3）准备 H06-2 锌黄环氧酯底漆；

（4）用 X-7 稀释剂或二甲苯稀释到工作黏液,喷涂 16~24 s,刷涂 60~80 s；

（5）搅拌后并用 80~100 目铜丝网或 4~6 层纱布过滤。

2）涂漆和涂密封剂工艺

（1）涂漆的全部工作均在温度不低于 12℃,相对湿度在 50%~70% 的条件下进行；

（2）涂密封剂的全部工作均在温度不低于 15℃,相对湿度大于 50% 的条件下进行；

（3）对喷涂所用的压缩空气必须过滤,并保持清洁,不得有油、水、有害气体和固体颗粒；喷涂或刷涂第一层 H06-2 锌黄环氧酯底漆,漆膜厚度约 10~15 μm；喷涂完第一层 H06-2 锌黄环氧酯底漆之后,必须在室温下自干 4 h；在此期间要特别注意涂漆表面不要污染。

最后检验合格即可。

下面内容将介绍损伤修复过程中涉及的几种结构防腐技术。

8.2　表面清洁

飞机结构与零部件的清洁工作是一项极其重要的工作。积聚的灰尘和油脂一方面会使飞机增重,而且也可能掩盖结构上的损伤,导致漏检；同时,污物也可能引起结构与零部件的腐蚀。

清洁液应该严格按照规定配制。若需往溶液中加入固态及液态化学药品,一般应先加入固态药品。往溶液中加酸或碱时,一定要注意一边缓慢地加酸或加碱,一边不停地搅拌,以防止局部过热引起剧烈的沸腾使溶液溅出；在配制酸溶液时,应将酸加入水中,而不能将水倒入酸中。

8.2.1　铝合金的表面清洁处理

铝合金是飞机结构的主要材料,其清洁程度直接影响到飞机的安全与寿命。为了防止或减小飞机结构的腐蚀,必须按规定对铝合金进行清洁处理。

1. 零部件清洁处理时的托架方法

在清洁处理过程中,零件在托架上的放置要保证零件不能堆积,相互之间不能接触,防止在零件上形成接合面,以使清洁处理溶液能在零件之间自由流动,保证清洗干净。大块蒙皮清洗时要在边缘处支撑,以防止损伤蒙皮或在蒙皮上出现托架的痕迹。对于像蒙皮这样的大构件,建议和托架一起搬运,以最大程度减小搬运时对零件造成的损伤。放在托架上冲洗或喷射清洗的零件,要保证清洁剂能涂到所有表面上。

2. 零部件表面的清洁处理

不会夹带溶液的组合件可按照下面的方法进行清洁处理,但对于与其他金属共同组装的组合件,清洗时如果不能遮盖住其他金属,则不能采用碱性清洗剂清洗或酸洗。可能夹带溶液的组合件仅限于使用蒸气脱脂、溶剂清洗、水化物脱脂或机械清除。

在清洁处理过程中及完成后,应注意使用中性牛皮纸包裹零件或用其他适当的方法保持零件表面清洁。

1) 阳极化层的清除

a. 铬酸阳极化层的清除

铬酸阳极化层可采用以下方法清除。

a) 机械清除

用 140~270 号的玻璃弹丸或 150~320 号的氧化铝弹丸去除表面阳极化层。在喷丸半径区以 40~50 psi 的压力喷丸 1~10 s。对于小块的涂层,可使用抹布涂抛光剂打磨,或用铝丝绵、尼龙网垫或砂纸打磨,然后用抹布擦去清洗剂,再用抹布蘸水或溶剂抹干净。

b) 酸洗

该方法不能用于铸造铝合金。

首先清除零部件表面的油、油脂等表面污染物;再将部件放入由硝酸、铬酸和氢氟酸配制而成的酸洗液或三酸酸洗液(由硫酸、铬酸与氢氟酸配制而成)中浸泡去除阳极化层,然后再用温度为环境温度的水清洗,直到所清洗的零部件和清洗水都看不见黄色(铬酸盐)为止。要注意控制浸泡时间,以保证既去除了表面的阳极化层,而且又不会超出其公差允许的范围。如果一次没有清洗干净,在零件的公差允许的条件下,可以重新酸洗。酸洗液 10 min 可将每面去除约 0.000 3 in 厚的金属。对于厚度小于 0.063 in 的包铝件一次性腐蚀的时间不要超过 5 min,累积的腐蚀时间不能超过 10 min,一般外部包铝蒙皮不能使用该方法。若清除了阳极化层的部件要进行铬酸阳极化或涂转化涂层[CC(无色转化膜)或 MC(多色转化膜)],建议采用硝酸、铬酸和氢氟酸配制而成的酸洗液酸洗。

c) 阳极化层剥离

先用适当的方法从表面的阳极化层上清除所有的表面污染,然后将部件在阳极化层剥离剂(由铬酸和磷酸配制而成)中浸泡 5 min 或直到观察到阳极化层去除为止,再用水彻底清洗。最后通过检查表面的导电性判断表面的阳极化层是否完全清洗干净。

b. 硫酸阳极化层的清除

采用与清除铬酸阳极化层相同的阳极化层剥离法。

c. 强阳极化层的清除

对于强阳极化层,在外形与公差允许的情况下,用打磨法清除。或者,与清除铬酸阳极化层一样,采用阳极化层剥离法清除。

2) 化学转化涂层的清除

对于化学转化涂层可以与阳极化层一样,采用机械清除、硝酸+铬酸+氢氟酸混合酸洗液酸洗或三酸酸洗清除,也可以采用下面的硝酸酸洗清除。

先用适当的方法去除表面的油脂等污染物,然后把部件浸在硝酸酸洗液中[可对溶液加热以减小清洗时间,注意加热的溶液会去除刚涂上的转化涂层(CC 和 MC 涂层)],再将部件取出彻底清洗并使其干燥。

3) 抛光剂的清除

首先,按照操作规程用水化物脱脂,或采用蒸气脱脂法进行预清洗,也可采用溶剂进行预清洗。用抹布蘸上适航批准的溶剂清洗剂擦拭零件表面,清洗干净后将表面抹干。应特别注意,溶剂清洗剂极易燃烧,只有在防火部门允许时才可使用。

预清洗后采用碱性清洗剂清洗:将部件浸入非硅酸盐清洗剂、非硅非铬化碱性清洗剂或碱性清洗剂溶液中去除表面的抛光剂,然后继续进行后续的化学处理。如果不立即进行后续的化学处理,用水清洗部件并使其干燥(温度不超过 160°F)。应注意,如果后续工作液不允许被硅酸盐污染,应选用上述的非硅酸盐清洗剂或非硅非铬化碱性清洗剂,这三种清洗剂也是外部包铝蒙皮的专用清洗剂。采用这种清洗方法会损伤 CC 或 MC 涂层和阳极化层。如果清洗过程洗到了这些涂层,应清除,重新涂上相应的涂层。也可以按照相应操作规程进行喷碱清洗,喷碱清洗剂为碱性清洗剂及非硅非铬化碱性清洗剂。但喷碱清洗不能用于清洗外部包铝蒙皮,否则必须随之进行脱氧还原处理。

4) 清除灰尘和泥土

与抛光剂的清除方法一样,可以采用溶剂清洗或碱性清洗剂清洗去除,也可根据操作规程用水化合物脱脂法清洗。

5) 腐蚀产物、锈迹和变色的清除

a. 酸洗

与"阳极化层的清除"相同,采用硝酸+铬酸+氢氟酸配制的酸洗液或三酸酸洗液酸洗。

b. 机械清除

对于铸件或锻件表面的腐蚀产物、锈迹和变色进行喷丸处理,或者采用液态蒸气喷丸。喷丸最好在机械加工之后进行,否则应将不喷丸处理的机械加工表面遮盖好。可用 140~270 号的玻璃弹丸或 150~320 号的氧化铝弹丸喷丸(喷丸半径区用 40~50 psi 的压力喷 1~10 s)去除表面污染,但不能用这种喷丸法清除薄零件的坑洞内的污染物;对于小块的污染,可使用抹布蘸抛光剂擦拭,或用铝丝绵、尼龙网垫及砂纸打磨,然后用抹布擦去抛光剂,再用抹布蘸水或溶剂抹干净表面。

6) 金属污染物的去除

清除模具黏着的碎屑、铅、锌合金或钢及喷丸硬化产生的铁污染可采用硝酸酸洗液清洗:先用适当的方法去除表面的油、油脂等,把零件浸在硝酸溶液中(去除表面的金属污染,可对溶液进行加热,以减小浸泡时间),然后从硝酸溶液中取出后彻底清洗。根据需要可重复清洗,以保证彻底清除了金属污染物。

对于喷丸硬化产生的铁污染,还可以采用磷酸酒精酸洗液(抛光剂与水的比例为 1∶4)腐蚀法来清除。具体操作如下:将不需要清洗的表面遮盖好,用塑料喷瓶向所清洗表面喷清洗溶剂,然后用干净的抹布将表面抹干。重复以上操作,直到表面干净为止。用塑料喷瓶向表面喷磷酸酒精酸洗液,然后用干净抹布擦去,并用净水清洗,再用干净的抹布擦干。清洗后用下述方法测试表面是否还有铁:用塑料喷瓶将少量的铁测试溶液(10 g

铁氰化钾、5 g 氯化钠与 100 mL 水配制而成)喷到一干净的棉球(或棉签)上(注意不要蘸取,以免污染测试液),再用棉球(或棉签)擦拭喷丸表面,并用干净抹布将表面擦干;然后用水清洗表面,再用干净抹布擦干;最后用另一个带铁测试液的棉球(或棉签)擦拭表面,并进行观察,如果棉球(或棉签)或喷丸表面呈现蓝色,则说明所清洗的零件表面上仍有铁,则需重复用磷酸酒精溶液清洗,直到测试表明零件表面上的铁污染完全被清除。

7) 表面渗透检查的预处理

对于将进行渗透检查的表面,应将表面 0.000 2 in 厚的材料去除,可采用下面三种方法中任一种来实现。

a. 碱性清洗剂清洗

与碱性清洗剂清洗抛光剂相同。

b. 酸洗

先清除表面的油、油脂等表面污染物,然后将零件浸入由硝酸、铬酸和氢氟酸配制而成的酸洗液或三酸酸洗液(由硫酸、铬酸与氢氟酸配制而成)中浸泡,去除表面污染,然后再用温度为环境温度的水清洗,直到零件和清洗水都看不见黄色(铬酸盐)为止。注意,酸洗液 10 min 大约能清除掉表面 0.000 3 in 厚的材料。对于外部包铝蒙皮一般不使用该方法。

c. 化学研磨

按相应的操作规程,采用化学研磨法清除表面材料(不能用于外部包铝蒙皮)。

8) 油、油脂的清除

a. 汽油型的油或油脂

可用蒸气脱脂或用水化物脱脂清洗;也可采用溶剂清洗或采用碱性清洗剂清洗。

b. 水溶性的油或油脂

采用与清洗抛光剂一样的溶剂清洗,或采用喷碱清洗:即按相应操作规程向被清洗的表面喷射碱性清洗剂或非硅非铬化碱性清洗剂。清洗完毕后,立即用水清洗干净并使表面干燥。但应注意,不能使用上述三种溶液喷射清洗外部包铝蒙皮,否则必须随之进行脱氧操作。也可用水化物脱脂清洗。

9) 聚乙烯乙二醇塑料的清除

在炉子上、热水中或采用其他的加热方法将零件加热到不超过 225 ℉,将聚乙烯乙二醇熔化去除,然后再用 180~220 ℉ 的热水去除零件上残留的聚乙烯乙二醇的痕迹。注意用热水清洗时,一定要用清洗聚乙烯乙二醇的专用热水池。

10) 荧光或着色渗透剂及显像剂的清除

向零件表面喷水,按相应操作规程向被清洗的表面喷射碱性清洗剂或非硅非铬化碱性清洗剂,或采用前面所提到的浸入碱性清洗剂中清洗的方法。清洗完毕后,立即用水清洗干净并使表面干燥。

若渗透检查后不能在 48 h 内进行碱洗,则用高压水喷洗表面以去除表面的显像剂。

11) 照相乳胶的清除

把零件浸入碱性清洗剂中去除表面的照相乳胶,然后立即进行后续的化学处理,或者用水清洗并使其干燥。

12) 金属粘接的预处理

对于将进行粘接的金属零部件,用硫酸-重铬酸钠溶液酸洗。

13) 铬酸阳极化前零件的清洗

a. 一般方法

碱清洗及酸洗:先按照前述方法用碱性清洗剂清洗,然后利用硝酸+铬酸+氢氟酸配制的酸洗液或三酸酸洗液进行酸洗。

b. 不带接头配件的管子

采用上面的一般方法进行处理,但应注意对于托架方法不能将管内清洗液排出的管子必须进行特殊处理。按需要,可以冲洗或移动管子,将管内溶液清除干净,防止将管内带的清洗溶液或清洗用水带入后续处理槽液内。

c. 带接头配件的管子

移动松动的配件,对管子进行蒸气脱脂;然后将管子浸入干净的水中或用干净的水冲洗,去除蒸气脱脂溶剂,再按照适用的规范进行处理。

d. 点焊组合件

用干净的水润湿零件的各个面,按照适用的规范进行处理。采用溶剂清洗或蒸气脱脂清洗被灰尘或指纹污染的组合件,再用干净水润湿零件表面,并按适用的规范处理。

e. 可能夹带清洗液的熔焊及其他组合件

若组合件清洁,没有被污染,则将其各个面用干净水润湿,再用适用的规范处理。若组合件被污染,采用溶剂清洗的方法去除表面的指纹、油、油脂和墨迹;按适用的操作规程清除焊药:清除表面的锈迹和变色可使用抹布涂抛光剂(或用铝丝绵、尼龙网垫或砂纸打磨),然后用抹布擦去抛光剂,再用抹布蘸水或溶剂抹干净。

f. 不会夹带清洗液的熔焊及其他组合件

按一般方法清洗。

g. 导线孔及其他钎焊组合件

若组合件不会夹带清洗液,采用碱性清洗剂清洗。

若组合件可能夹带清洗液,先采用溶剂清洗或蒸气脱脂,然后再用干净水润湿表面,并按适用的操作规程进行处理。

h. 高硅合金

对于熔模铸造件和永久模铸造件采用碱性清洗剂清洗:按清洗抛光剂的方法进行。砂型铸件采用机械清除。按照相应规范使用干磨料喷丸清理,或者采用大小相同的液态喷丸磨料蒸气喷丸清理。喷丸最好在机械加工之前进行,否则应将不喷丸处理的表面遮盖好。在铸造车间里可以用磨料喷丸代替干磨料喷丸清理砂型铸件。喷丸之后,对零件可以采用碱性清洗剂清洗、蒸气脱脂及化学研磨(时间不超过 30 s),或进行液体磨料(玻璃珠)喷丸和硝酸酸洗。注意,喷丸所使用的磨料不应受其他金属,如铁、铅、锌等的污染。

14) 硫酸阳极化前零件的清洁处理

a. 抛光表面

零件表面先进行蒸气脱脂处理,然后用碱性清洗剂进行清洗。

b. 非抛光表面

与铬酸阳极化前零件清洗的一般方法相同：先用碱性清洗剂清洗,然后利用硝酸、铬酸、氢氟酸混合配制的酸洗液或三酸酸洗液进行酸洗。

15）强阳极化前零件的清洁处理

a. 珩磨表面

与抛光表面硫酸阳极化前的清洁处理方法相同。

b. 非珩磨表面

与非抛光表面硫酸阳极化前的清洁处理方法相同：

16）涂转化涂层前的清洁处理

a. 涂 CC 或 MC 涂层前的一般处理方法

与零件铬酸阳极化前处理的一般方法相同,先用碱性清洗剂清洗,再用硝酸+铬酸+氢氟酸配成的酸洗液或三酸酸洗液进行酸洗。

b. 外部包铝蒙皮涂 CC 涂层前处理的一般方法

（a）蒙皮无论在生产中热处理与否,只要满足相应的质量标准要求,而且蒙皮的外表面没有锈蚀、变色或污染,应按照下列方法进行处理：若有必要,利用蒸气脱脂、溶剂清洗或水化物脱脂进行预处理,但应注意若使用水溶性的金属拉丝润滑剂,不要使用蒸气脱脂。预处理后,用非硅酸盐清洗剂、非硅非铬化清洗剂或碱性清洗剂清洗零件,然后用去离子水清洗。对于固定翼前缘蒙皮和舱门的蒙皮,为了使其表面均匀,在涂 CC 涂层前可用脱氧还原剂进行酸洗。

（b）蒙皮在生产中热处理过,而且外表面不满足相应的质量标准要求或蒙皮的外表面存在锈蚀、变色或污染,按照下列方法进行处理。

第一步,用碱性清洗剂或非硅酸盐清洗剂进行清洗。

第二步,脱氧还原处理(蒙皮脱氧还原处理的次数不能超过一次)。零件浸入脱氧还原剂中用最少的时间去除锈蚀、变色或污染,浸泡时间不能超过 25 min；或者,浸入酸洗液中酸洗去除锈蚀、变色或污染,浸泡时间不能超过 5 min。零件的每个面上去除的金属厚度不能超过 0.000 1 in。

第三步,彻底清洗。有两种清洗方法可供选择：第一种,按照相应操作规范将零件的外表面抛光,然后用溶剂清洗法清洗,再用非硅酸盐清洗剂、非硅非铬化清洗剂或碱性清洗剂清洗,最后按照成品技术规范进行表面处理；第二种,按照成品技术规范进行表面处理,装配好后按相应规范抛光外表面,然后再进行溶剂清洗,最后用非硅酸盐清洗剂、非硅非铬化清洗剂或碱性清洗剂清洗,再按照相应操作说明涂上 CC 涂层。

清洁处理后的外部包铝蒙皮应满足相应的质量标准要求。

c. 对于不能浸入清洗液中的装配件的外表面按照下面的方法进行处理

遮盖不处理的表面,以防止清洁剂漏进蜂窝结构或粘接的装配件中。进行溶剂预清洗,然后向将涂 CC 涂层的表面喷或抹清洁剂,让清洁剂在表面润湿 3 min,然后喷射清洗或用蘸水的干净抹布擦拭表面。重复上述清洁处理步骤,直到形成水膜不破的表面。最后,按照适用规范向表面涂 CC 涂层。

d. 不带接头配件的管子

与铬酸阳极化前的处理方法一样。

e. 带接头配件的管子

与铬酸阳极化前的处理方法一样。

f. 点焊装配件

与铬酸阳极化前的处理方法一样。

g. 可能夹带溶液的熔焊及其他组合件

与铬酸阳极化前的处理方法一样。

h. 不会夹带溶液的熔焊及其他组合件

与铬酸阳极化前的处理方法一样。

i. 导线孔及其他钎焊组合件

与铬酸阳极化前的处理方法一样。

j. 铸造合金

铸造合金不能采用酸洗法清洗。

17）热处理前的清洁处理

a. 油或油脂材料

进行水化物脱脂或者进行溶剂清洗。

b. 每侧允许有 0.000 3 in 的金属去除量

先进行水化物脱脂或进行蒸气脱脂，然后用碱性清洗剂清洗，最后用硝酸+铬酸+氢氟酸配成的酸洗液或三酸酸洗液进行酸洗。

c. 存在有金属污染但不能使用硝酸+铬酸+氢氟酸配成的酸洗液酸洗

先进行水化物脱脂、蒸气脱脂或进行溶剂清洗，然后再用硝酸酸洗液进行酸洗。

d. 外部包铝蒙皮

进行蒸气脱脂，或者用非硅酸盐清洗剂、非硅非铬化清洗剂或碱性清洗剂清洗。

3. 零件的清洗

1）清洗的方法

（1）先用硅酸盐碱性清洗剂，然后用温水（最高温度150℉）清洗；

（2）先用非硅酸盐碱性清洗剂，然后用温水（最高温度140℉）或温度为环境温度的水清洗；

（3）用温度为环境温度的水清洗后，立即在酸洗液中酸洗，之后再立即用环境温度的水清洗。

2）清洗过程中的注意事项

建议用去离子水清洗，以消除零件表面的斑点和锈迹。在阳极化处理和涂 CC 或 MC 涂层后也建议用去离子水清洗零部件，最后可用热水清洗，这实际上也可使零件快干。建议用逆流复式清洗法。清洗时，将零件从水中提起、放下几次可加速清洗。不要在普通的浸泡清洗容器中清洗由碱性清洗剂清洗过或酸洗过的零件。应注意清洗用水的清洁度，如果不合要求，应倒掉。对于管子，必要时可用冲洗的方法来清洗。不要用其他清洗容器清洗带焊药等的零件，应采用喷射清洗法或用专用的容器。清洗中用慢速的吊起装置吊起大型零件时,若零件从热溶液中吊出,向零件喷射水雾,以防止零件变干和出现锈蚀。

4. 零件的干燥

零件在堆放、打包或运输之前一定要干燥,零件干燥的温度不能超过160℉,涂过MC涂层的零件干燥时温度不能超过130℉。

8.2.2 碳钢和低合金钢的表面清洁处理

在选用清洁处理方法时,要考虑以下几方面:零件或组合件的性质、污染物的污染程度和形式、零件的热处理状态、零件以前的使用情况、所需的后续处理、要求的清洁程度,公差与成品要求以及消除应力、喷丸、打磨、抛光等要求在清洁处理之前完成的操作。

采用化学方法清洗过的零件表面,不应出现氧化皮、腐蚀和污染。酸洗过的零件其尺寸公差不能超过图纸要求。机械方法或酸洗过的零件表面喷丸强化层的去除量,不应超过允许值。用酸处理的零件外表应较光滑,不应存在严重的腐蚀、晶间腐蚀或脆化。酸洗零件脱氢减脆处理,应在应力加工或机械加工(金属去除或表面变形)之前进行,但喷丸除外。

如果没有特殊要求,按照下面的顺序进行清洁处理:先清除油、油脂、防腐剂及其他油性材料,再去除有机涂层,最后去除氧化皮。

1. 油、油脂和污物的清除可选用以下几种清洗方法:

1)溶剂清洗

清洗前应遮盖塑料、橡胶、纤维织物等可能被清洗溶剂损坏的材料;零件表面涂上清洗剂溶液,再用刷子刷洗表面,直到将表面的污染物去除,用干净布擦干;再用干净溶剂擦拭零件表面,对零件表面做进一步清洁处理;最后用干净布擦干。

2)碱法除油

将零件在空气搅拌碱性清洗剂溶液或其他作用相同的清洁剂溶液中浸泡10~15 min(注意清洁剂溶液的工作温度为175~185℉),然后将零件从清洗剂溶液中取出;放入装有130~180℉水的溢流箱中,通过水的搅动进行清洗,接着进行后续的化学处理、干燥或进行防腐保护。当零件没有浸没在清洗液中或从容器中取出时,停止搅动,从清洁溶液中掠去油污。

3)蒸气清洗

向零件表面喷射蒸气清洁剂溶液,直到零件表面干净为止(注意清洁剂溶液的工作温度为200~212℉),然后用自来水清洗。按要求继续进行后续的化学处理、干燥或进行防腐保护。

4)浸泡清洗

将零件浸泡在碱性除锈剂溶液、电化清洁剂溶液或碱性清洗剂溶液中15~20 min(浸泡时间也可根据清洁要求改变)(溶液温度和浓度参见相应规范),然后用自来水清洗。按要求继续进行后续的化学处理、干燥,或进行防腐保护。

5)乳化物清洗

将零部件浸入乳化脱脂剂溶液中(工作温度140~150℉),直到零部件清洁为止,然后用自来水清洗,接着进行化学处理,风干,或用适当的方法进行防腐保护。

6) 电化清洗

以 75 A/ft² 的电流使零件在电化清洗剂溶液中阳极化处理 30 s~2 min,然后用冷的自来水清洗。

7) 水化物脱脂

按相应规范进行。

2. 轻度腐蚀与氧化物的去除

1) 酸洗除锈

将零件浸入酸性除锈剂溶液或没有稀释的酸性除锈剂中,直到零件表面干净为止,然后进行清洗,接着进行后续化学处理,风干,或用适当的方法进行防腐保护。

2) 磷酸酒精酸洗

将零件浸入磷酸酒精基的除锈剂中,或用这种除锈剂擦拭零件。待表面污染去除后,用水清洗并风干。

酸性除锈与磷酸酒精酸洗都不能用于可能夹带溶液的组合件。清洗时要注意遮盖可能被溶液损坏的塑料、橡胶、纤维织物等材料,而且不能用于热处理强度高于 200 ksi 的零件。

3) 机械清除

可采用喷丸(包括液态弹丸)方法,或使用钢丝刷、钢丝绵、砂纸或氧化铝砂纸打磨,清除锈蚀或氧化皮。

4) 碱法除锈

与清除油、油脂、污物的方法相同。

3. 严重腐蚀、热处理氧化皮、焊接氧化皮与铸皮的清除

与清除轻度腐蚀的方法相同,可采用酸洗除锈、磷酸酒精酸洗或机械清除的方法。

4. 磷酸盐保护膜(或磷化膜)的清除

与清除轻度腐蚀的方法相同,可采用酸洗、碱洗或液体磨料喷丸清除的方法。

5. 黑色氧化皮的清除

与清除轻度腐蚀的方法相同,可采用磷酸酒精酸洗或液体磨料喷丸清除的方法。

8.2.3 耐热镍基合金的清洁处理

如果耐热镍基合金零部件在热处理后出现氧化皮,而且氧化皮不均匀、不连续,表明在热处理前零件的清洁处理不正确,或有污染物存在。禁止对镍基合金,在时效状态下,用化学方法去氧化皮,因为这会产生晶间腐蚀。耐热镍基合金零部件进行表面清洁处理后,在处理和搬运时,要戴上干净的白棉手套并用中性牛皮纸包裹零部件来保持清洁。清洁处理过的零部件,若遇到了潮湿的储藏条件,应对零部件增加防潮及防水包裹材料。

在选用清洁方法时,要考虑各种清洁处理方法的适用性(所清洁处理零件或装配件的情况、所要达到的清洁程度、所清洗零部件的数量等),选择最简单、最有效的方法。

清洁处理过的零件应无坑洞、氧化皮、晶间腐蚀或凹凸不平的蚀痕。

因康合金 718(Inconel 718)、因康合金 625(Inconel 625)及所有其他耐热镍基合金零件,都应按下面的方法进行一般清洗,清除表面的铁、铅及表面污染物。

1. 热处理前的预处理

如果所清洗零部件不会残留清洗溶液,采用下述浸入法清洗。首先,用碱性清洗剂溶液进行清洗,将零件浸入碱性清洗剂溶液中最少浸泡 10 min,然后用水彻底清洗,目视检查其清洁度。如果仍存在有明显的污染,或零件表面不能形成连续的水膜,则重复用碱性清洗剂清洗。清洗后立即进行后续的化学处理,或使零件干燥(温度不超过 225℉)。然后进行钝化,将零件浸在符合适航要求的钝化液中浸泡规定的时间,用水彻底清洗,最后用去离子水至少清洗 10 min。零件热处理或焊接之前把蒸馏水直接淋、浇或喷到零件表面上,然后用干净布抹干。

若零件可能会残留清洗液时,不宜采用浸入法清洗,可采用溶剂清洗:在零件表面上涂上溶剂清洗剂后,用鬃毛刷、干净抹布或打磨网垫擦拭,然后抹干。重复上述过程,直到表面干净为止。若零件清洗后要进行热处理或焊接,则最后一次溶剂擦拭用蒸馏水清洗来代替。零件装配之前,应先用钝化的方法去除表面的铅和锌合金。

2. 渗透检查前的预处理(无氧化皮)

与热处理前的预处理方法一样,先用碱性清洗剂清洗,然后进行钝化。

3. 清除油、油脂、指纹、成形润滑剂、蜡和其他污物

溶剂清洗、蒸气脱脂或水化物脱脂。若零件不会夹带清洗液,可以用碱性清洗剂清洗。

4. 清除研磨痕迹

可选用下列三种方法。

1) 乳化清洗

将零件浸在热乳化清洗剂中最少 10 min,然后用水清洗,接着进行后续的化学处理,风干或在炉内使零件干燥。

2) 溶剂清洗

溶剂清洗剂清洗的方法与热处理与预处理的清洗操作方法相同。

3) 碱性清洗剂清洗

碱性洗方法与热处理前的预处理操作方法相同。

5. 氧化皮的清除

可采用化学的方法或机械方法清除氧化皮。

1) 氧化皮的化学清除法——科莱恩(Kolene)处理

该方法不能用于可能夹带溶液的零件。

第一步,按需要,用碱性清洗剂清洗、蒸气脱脂或水化物脱脂的方法清除表面的有机污染,然后将零件浸在 Kolene Alko-N 溶液中 1 h 或浸在 Kolene DGS 溶液中 15 min,零件取出后用水清洗干净并使其干燥。

第二步,酸洗。可选用下列方法之一进行:

(1) 完全将零件浸在钛合金酸洗液或硝酸酸洗液中 10 min,用自来水彻底清洗,然后进行第三步处理;

（2）只把零件要焊接部位及其周围大约 2 in 的区域浸在酸洗液中,放置零件要注意防止酸洗液进入零件内无法清洗干净的区域;每次只处理少量的零件,酸洗时间为 10 min,然后用自来水将酸洗液彻底清洗干净,继续进行第三步。

第三步,去除酸洗残渣。有四种方法可去除酸洗残渣:

（1）对于酸洗后未干的零件,可用高压空气-水蒸气吹除零件表面残渣,再用去离子水清洗或用干净压缩空气将零件吹干;

（2）用湿布擦去零件表面残渣,再用干净布把零件表面抹干;

（3）对于酸洗后干燥处理的零件,可以用湿的打磨垫或气动尼龙研磨轮打磨清除残渣,并用溶剂擦拭,清除表面松动的污物;

（4）采用先蒸气吹洗除渣,再钝化的方法,清除酸洗残渣。进行蒸气吹洗前,必须把零件可能残留溶液的部位遮盖好。以 80~100 psi 的压力,用体积比大约为 40% 的硅质风化岩石和水组成的悬浮液进行蒸气吹洗,然后清洗并使零件干燥。如果蒸气吹洗的零件随后要进行焊接,在蒸气吹洗后要进行钝化或酸洗。仅当用蒸气吹除酸洗残渣或时效产生的氧化皮时,可以采用钝化。若用蒸气吹洗清除厚氧化皮和前面涂层,则零件要进行 Kolene 处理和硝酸酸洗。

如果酸洗与去残渣后表面的氧化皮还没有清除干净,重复进行上述操作,或进行蒸气吹洗,然后再钝化。

2）氧化皮的机械清洗法

先用溶剂清洗的方法清洗零件,然后清除零件两面要焊接处周围 1 in 的区域内的氧化皮,所用工具为 80#~120# 氧化铝砂布,或外面包有氧化铝层的打磨棒。即将焊接之前,再用溶剂擦拭。

一般尽量不要使用此方法,只有在其他清除方法不能用时才选择使用。如清除管子中间孔周围的氧化皮,而管子可能夹带溶液,不能用浸泡清洗的方法清洗。为提高零件的可焊性,在清除氧化皮前,应尽量减小氧化皮的形成(即在真空或在惰性气体环境中进行热处理)。

6. 装配件的清洁处理

对于不会夹带溶液的装配件,再与清洗零件相同的方法进行清洁处理。

对于可能夹带溶液的装配件,不能采用浸泡清洗或钝化。可先用蒸气脱脂或溶剂清洗,然后用蒸馏水(或去离子水)清洗,清洁处理被油、渗透检查材料或指纹污染的可能夹带溶液的装配件。

若组成装配件的各零件在装配之前清洗过,组装焊接时使用了惰性气体保护,并且装配件受保护未被再次污染,则可能夹带溶液的装配件不需进行清洁处理。

8.3 表面处理

用化学预处理方法可以在铝合金表面上形成氧化层,其作用是提高金属表面的抗腐蚀能力和提高漆层对基体的附着力。

8.3.1 铝合金的磷酸阳极化处理

在配制磷酸阳极化处理槽的溶液之前,先安装空气过滤器及/或收集器,以去除来自空气管路用于搅动溶液的气体中夹带的灰尘、水分及油脂。向带有铅衬层的干净阳极化处理槽内注入大约 3/4 的去离子水,然后缓慢地加入磷酸,边加磷酸边搅动溶液。最后加去离子水使液面达到工作液面高度,并使溶液彻底混合均匀。阳极化处理槽内配好的溶液中,每 100 gal 溶液应含有 11 gal 磷酸。使用过程中,要注意按表 8.1 的要求维护处理液。

表 8.1 溶液的操作与保养

成分/操作	范 围	最 佳
85%的磷酸	13.0~16.0 wt. oz/gal 或 7.4~9.1 fl. oz/gal	14.5 wt. oz/gal 或 8.2 fl. oz/gal
温度	74~80 ℉	77 ℉
直流电压	14~16 V	15 V
阳极化处理时间	20~25 min	22.5 min

在对零件进行磷酸阳极化处理之前,先将零件进行蒸气脱脂或进行溶剂清洗,清除表面显著的污染物,然后将零件放在挂架装置上。

挂架装置要保证零件能良好地导电,对于阳极化处理区面积大于等于 1 ft^2 的零件。每 48 ft^2 的表面最少用两个 6 线铝束,对于阳极化面积小于 1 ft^2 的零件最少用一个 6 线铝束。

用适航批准的非硅酸盐清洗剂或非硅非铬化清洗剂浸泡清洗零件 10~15 min,再用干净的自来水喷洗最少 2 min,在溢流的自来水中浸泡清洗最少 5 min。此时,零件表面应没有残留的研磨痕迹及其他污染物。用硫酸-重铬酸钠酸洗或用硝酸、铬酸、氢氟酸配制的酸洗液酸洗 5~7 min,对零件进行脱氧处理,再在溢流的自来水中浸泡清洗最少 2 min,用干净的自来水喷洗最少 2 min,然后用去离子水喷洗。脱氧及清洗后,在零件沥干的过程中,零件表面应能形成完整的水膜,零件表面为均匀的酸洗痕迹,没有热处理的氧化皮或变色。清洗后,将零件浸在磷酸阳极化处理溶液中,1 min 内开始渐渐升高电压,从 0 开始,在 2~5 min 内步升到(15±1)V,保持(15±1)V 20~25 min。然后关断电流,或当电流自动关断后将零件从阳极化槽内取出,在 2 min 内放入流动的自来水中浸泡清洗 10~15 min,用去离子水至少喷洗 2 min,此时观察零件表面能形成完整的水膜。清洗后,零件表面没有污物、条纹、变色或残留物。零件清洗后,在温度不超过 175 ℉ 炉内彻底烤干。阳极化处理后的零件应没有烧伤的区域,除电接头处外没有阳极化处理不到的区域。

零件放入阳极化槽溶液中时要注意不要使槽壁遮盖住零件。在阳极化处理过程中,要注意使用过滤系统,过滤器的滤芯要定期更换或清洗,阳极化处理槽的溶液液面高度要保证撇沫器的正常工作。上述的碱性清洗剂清洗、脱氧、水清洗、阳极化处理等过程要连续进行,零件从处理槽内取出到清洗前不要干燥。

用水银灯或荧光灯照亮阳极化处理后的零件表面,按图 8.2 的方法进行检查,零件表面应出现"干涉"光颜色。同样条件下阳极化处理后的零件会出现不同的"干涉"光颜色,原因是合金成分与冶金条件有所不同。最常见的颜色为紫色、黄色和蓝绿色。在观察阳极化处理的粘接零件表面时,偏振滤光镜要旋转 90°,若观察到颜色变为"互补"色,则证明阳极化涂层可以接受。旋转偏振滤光镜的原因是因为有些浅黄或浅绿色与白色非常接近,若不旋转偏振滤光镜,可能错误地认为没有阳极化的颜色。图 8.3 中,样本色轮内相对的即为"互补"色,如紫色的"互补"色为绿色。

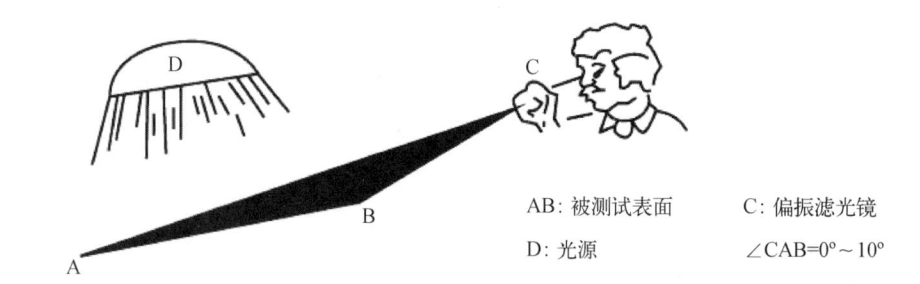

AB:被测试表面　　C:偏振滤光镜
D:光源　　　　　∠CAB=0°~10°

图 8.2　磷酸阳极化表面的测试

图 8.3　样本色轮

阳极化处理零件的所有粘接表面都应出现上述的色彩变化。若出现在诸如指纹或擦伤等处,局部区域色彩突然变为与底色不同(电接头处除外)的情况是不允许的。

阳极化处理后的零件在涂底漆之前不能用碱性清洗剂清洗、脱氧、蒸气脱脂或用溶剂清洗。所有的零件干燥后,应立即涂底漆。干燥与涂底漆之间的间隔不能超过 24 h。

磷酸阳极化处理后并且底漆已干的粘接零件,在粘接之前最多不能贮存 12 个月。涂过底漆后的零件应用中性牛皮纸包裹,并在包装外注明件号及涂底漆的日期。然后将其贮存在封闭的箱子内,防止紫外线和潮气。所贮存的粘接零件使用时要遵循"先进先出"的原则。

8.3.2　铝合金的硫酸阳极化处理

带有接头或可能残留阳极化处理溶液的零件或装配件不能按以下方法进行阳极化处理。

首先,配制硫酸阳极化处理溶液:在容器中加入大约一半自来水或去离子水;然后按表 8.2 配制硫酸阳极化溶液的要求,加入规定量的化学药品;搅动溶液,使药品溶解;然后加水到工作面,边加边搅动,使溶液成均匀混合液。阳极化处理时按表 8.2 保持溶液温度和浓度。

表 8.2 溶液的配制与保养

溶液名称	成分(每 100 gal 溶液)	保 养	温度/°F	容器的衬（建议）
硫酸阳极化溶液	9.5 gal 硫酸 其余为自来水或去离子水	稀硫酸：165~200 gal/L 铝土：20 gal/L 氯化物(NaCl)：0.2 gal/L②	68~74	铅
阳极化层密封液 No.1	42 lb 重铬酸钾或 42 lb 重铬酸钠 其余为去离子水①	5.4~8 oz/gal pH 为 5~6③⑤	195~205	不锈钢
阳极化层密封液 No.2(稀铬酸)	18 g 铬酸，约 55 ppm，其余为去离子水 TDS：最多 10 ppm 硅土：最多 3 ppm④	六价铬离子(Cr^{6+}最少 30 ppm) pH 为 4.1~5.5 硅土：最多 7 ppm③④⑤	195~205	不锈钢

注：① 去离子水应满足：pH 为 4~7，总固体浓度多为 100 ppm，硅土最多为 1.0 ppm，氯化物最多 3 ppm，电阻最小为 100 000 Ω；
② 锂的含量不超过 80 ppm，如果不处理铝锂合金件，则无需对锂含量进行分析；
③ 如果在重量百分比为 50%时，加入氢氧化钠，pH 提高；加入铬酸，pH 降低；
④ 配制与补充溶液时，用去离子水(溶解固体浓度最多为 10 ppm)；
⑤ 密封溶液应没有漂浮物、可见沉淀物和油。

在对零件进行硫酸阳极化处理之前，应完成所有的热处理、焊接、成形、机械加工等其他机械操作。在零件的清洗和阳极化处理过程中，都应用 5 块非包铝 7050-T7×××或 2024-T3,3 in×10 in×0.032 in 或更厚的测试板作同样的处理。首先，零件表面在阳极化处理之前应进行清洁处理，直到表面能形成一个完整不破的水膜为止。不进行阳极化处理的表面应按要求用防护装置保护或用电镀保护带包好。再用钛合金或铝合金挂架，或用铝线吊挂清洗好的零件。应使触点尽量少，并且保证零件能良好导电。然后，降低零件高度，使零件浸入到阳极化处理液中；缓慢升高电压至阳极化处理要求的电压，按表 8.3 规定的时间保持该电压值。阳极化处理后，在去离子水中清洗零件。吊挂零件时，触点应设置在不明显的表面上，如要涂漆的表面或者在凹陷处或内孔的不可见区。注意，松动或在处理时变松动的触点会妨碍阳极化处理，引起电弧而损坏零件。

表 8.3 硫酸阳极化处理的电压及保持时间

铝合金	电压/V	时间/min①
2×××系 356,357(铸造)	18~20	10~15
6×××系 7×××系 所有的包铝铝合金	16~18	8~12
铝镁 35 214 220	10~12	8~12
2090 Al-Li 合金②	18~20	10~15

注：① 表中所给时间只是大致的时间，实际所需的时间与合金种类及所要求的涂层厚度有关；
② Al-Li 合金不应与其他铝合金同时进行阳极化处理。

检查硫酸阳极化处理后零件的外观：从外表上看，阳极化层应当是均匀连续、无裂纹和划痕、非粉状的，能使漆黏附的一层完整保护膜。而且，电接头痕迹的数量尽可能少，面积要尽可能小。非铸造零件，若外观不连续（变色），应以其硬度来检查材料的状态。焊接组合件，若没有残渣或变黑的区域，在焊接区和热影响区，外观不均匀是允许的。

硫酸阳极化层应采用下列方法进行密封：将零件浸在按表 8.2 要求，由重铬酸钾或重铬酸钠配制成的阳极化层密封液（每 100 gal 溶液中含有 42 lb 重铬酸钾或重铬酸钠）中 8~12 min，然后用去离子水彻底清洗；或将零件浸在由铬酸配成的阳极化层密封液（每 100 gal 溶液中含有 18 g 铬酸）中 8~12 min。零件从密封液中取出后无需清洗。密封处理后，零件可风干，压缩空气吹干或在 225℉以下的烘箱中烘干。

为保证硫酸阳极化层的质量满足要求，应至少每月进行一次耐腐蚀性测试、阳极化层的厚度、重量及漆层黏附力的测试。测试方法如下：

1. 耐腐蚀性的测试

在整个阳极化处理过程中，对测试板作同样的处理。如果重要表面与垂直面倾斜不足 6°，用经硫酸阳极化处理并经重铬酸盐或稀铬酸密封的测试板，按 ASTM B117 进行连续 336 h 5%的盐雾试验。试验后在正常的实验室光线条件下，用肉眼或用没有放大作用的透镜观察，每块测试板上，除挂架痕迹处或标记处及边、角、孔附近 0.064 in 的区域，不能有多于 5 个独立的腐蚀坑洞，而且腐蚀坑洞的直径不能大于 0.032 in。

2. 阳极化层厚度检查

应按 ASTM B244 检查每次生产中的代表性零件或测试板的阳极化层厚度，硫酸阳极层的厚度应为 0.000 1~0.000 2 in。

3. 阳极化层重量检查

上述的阳极化测试板，若按 ASTM B137 进行测试时，每平方英尺的阳极化层重量最小为 600 mg。注意，阳极化层重量的测定适用于除 Al－Li 合金之外的 2×××系或 7×××系铝合金。

4. 漆层黏附力测试

应使用与产品所用环氧底漆相同厂家和成分的漆进行漆层黏附力试验。将符合要求的环氧底漆涂到三块阳极化处理的 3 in×6 in×0.040 in 或更厚的包铝 7075－T6 测试板上，涂底漆后在试验规定的时间，进行划伤湿黏附试验。

上述的阳极化处理方法不能用于带有接头或凹陷处等可能残留阳极化处理液的零件或组合件。带有非铝合金配件的装配件不应进行硫酸阳极化处理。经重铬酸盐溶液或稀铬酸密封后的硫酸阳极化层应当是无色的。阳极化处理槽内放不下的零件一般不能分两次浸入进行阳极化处理。

8.3.3 铝合金的转化膜

在铝合金表面生成转化膜，可以提高零件的耐腐蚀性；同时，转化膜也可作为漆层的基体。本节所说的转化膜包括两种，即无色转化膜与多色转化膜。一般来说，如果没有指定转化膜的类型，可使用多色转化膜。无色转化膜是无色的，呈典型的金属铝外观；多色转化膜是未经染色的产品本色，依合金种类、处理液的温度及处理时间的不同，转化膜的颜色可以是从金黄色到浅褐色的各种不同颜色。

在全部清洁及转化膜生成液的施加过程中,都应对测试板做同样的处理。但是,用刷涂的方法在零件表面形成无色或多色转化膜,或者用无色或多色转化膜进行修补时,不要求用测试板来确定膜层的粉化性、耐腐蚀性、漆层的黏附性以及表面的清洁程度。

在零件表面形成转化膜前,首先对零件表面进行清洁处理;并用适当的保护装置或用电镀保护带将不形成转化膜的表面保护起来。操作中所需配制的溶液如表8.4所示,表中也给出了溶液的浓度、温度与保养方法。

表8.4 溶液的配制与保养

溶 液	药品与规定浓度	保 养	温度/℉	处理槽的衬
喷涂用 阿洛丁1500 ①③⑦⑩	阿洛丁1500 1.28 fl. oz/gal	1.1~1.5 fl. oz/gal pH 小于等于4.0 若高于4.5,将溶液倒掉	环境温度 或 130~160⑥	密闭的聚乙烯、橡胶或不锈钢容器
浸涂用 阿洛丁1500 ①③④	阿洛丁1500 1.28 fl. oz/gal	1.1~1.5 fl. oz/gal pH 小于等于4.0⑧ 若高于4.5,将溶液倒掉	130~160	聚乙烯、低碳钢或不锈钢(最好用316不锈钢)
刷涂用 阿洛丁1500 ③⑦⑩	阿洛丁1500 4~6 fl. oz/gal	用后将溶液倒掉⑫	环境温度	聚乙烯、橡胶或不锈钢容器
预混刷涂用 阿洛丁1500 ③⑦⑩	成品,直接使用	用后将溶液倒掉⑫	环境温度	聚乙烯、橡胶或不锈钢容器
喷涂用 阿洛丁1200S ①②③⑦⑩⑪	阿洛丁1200S 1 oz/gal Activol 1357 1/8 fl. oz/gal	用后将溶液倒掉⑫	环境温度	密闭的聚乙烯、橡胶或不锈钢容器
浸涂用 阿洛丁1200S ①②③④⑪	阿洛丁1200S 1 oz/gal	1~3 oz/gal pH 为1.3~1.8⑤	60~100	聚氯乙烯、聚乙烯或不锈钢(最好用316不锈钢)
刷涂用 阿洛丁1200S ③⑧⑩⑪	阿洛丁1200S 2 oz/gal Activol 1357 1/8 fl. oz/gal	用后将溶液倒掉⑫	环境温度	密闭的聚乙烯、橡胶或不锈钢容器
预混喷涂用 阿洛丁1200S ③⑦⑪	成品,直接使用	用后将溶液倒掉⑫	环境温度	密闭的聚乙烯、橡胶或不锈钢容器
预混喷涂用 Ardrox2104-H ③⑦⑪	成品,直接使用	用后将溶液倒掉⑫	环境温度	密闭的聚乙烯、橡胶或不锈钢容器
预混刷涂用 阿洛丁600 ③⑦⑪	成品,直接使用	用后将溶液倒掉⑫	环境温度	密闭的聚乙烯、橡胶或不锈钢容器
预混刷涂用 Ardrox2105-H	成品,直接使用	用后将溶液倒掉⑫	环境温度	密闭的聚乙烯、橡胶或不锈钢容器

续 表

溶 液	药品与规定浓度	保 养	温度/°F	处理槽的衬
预混刷涂用多色转化膜笔	成品,直接使用	用后丢弃⑫	环境温度	不适用
预混刷涂用阿洛丁1200S③⑦⑪	成品,直接使用	用后将溶液倒掉⑫	环境温度	密闭的聚乙烯、橡胶或不锈钢容器
预混喷涂直接可用的阿洛丁1000③⑦⑪	成品,直接使用	用后将溶液倒掉⑫	环境温度	密闭的聚乙烯、橡胶或不锈钢容器
阿洛丁1 132笔	成品,直接使用	到贮存期后丢弃	环境温度	不适用
酸性清洗液	阿洛丁1200 0.01 oz/gal	0.01~0.08 oz/gal pH为5.0~6.5⑨	130~140	聚氯乙烯、聚乙烯或不锈钢(最好用316不锈钢)
酸性清洗液	铬酸晶片 0.01 oz/gal	0.01~0.08 oz/gal pH为5.0~6.5⑨	140~150	聚乙烯或低碳不锈钢(最好用316不锈钢)
混合试剂	按表后注⑬进行配制	配后8 h倒掉	环境温度	聚氯乙烯或密闭的聚乙烯

注:① 配制和使用溶剂的过程、安全规范以及正确地粘贴危险物品标签,参见材料安全数据单等;
② 先将药品在聚氯乙烯、聚乙烯、橡胶或不锈钢容器中溶解,再加入处理槽中;尽管有少量的药品没有溶解,但都要加入槽中,不允许向槽中加粉状的药品;
③ 不要吸入粉尘或溶液蒸汽,如果化学药品沾在皮肤上或进入眼中,立即用清水冲洗;
④ 建议处理槽通风;
⑤ 通过控制阿洛丁1200S的添加量或使每2~4 lb阿洛丁1200S中硝酸的浓度为8 fl.oz/gal来控制pH;
⑥ 为增加零件的耐腐蚀性,在温度为130~160 °F时处理零件;
⑦ 没有用过的多色转化膜溶液、清洗装置的水、第一次清洗的水和操作中被污染的物品(如混合容器、刷子等)都视为有害物品,应按照有关的"有害废弃物处理方法"进行处理;
⑧ 为增加零件的耐腐蚀性,pH在2.5~3.0时处理零件;
⑨ 建议用去离子水配制这些清洗;
⑩ 混合得阿洛丁溶液在其原来的容器中可以存放一年;
⑪ 阿洛丁1200S、阿洛丁1200、阿洛丁1000、阿洛丁600、Ardrox 2105－H是不相容的,不能将它们混合在一起;
⑫ 将用过的物品放回或丢弃之前要用水彻底清洗;没有用过的阿洛丁溶液、清洗装置的水和被污染的物品(如容器、刷子等)都视为有害物品,应按照有关的"有害废弃物处理方法"进行处理;
⑬ 混合试剂的配制方法:将1 g 1,5二苯基碳酰肼溶解在100 mL丙酮中,配制成丙酮-二苯基液;20 mL丙酮-二苯基液、10 mL DPM951磷酸和10 mL蒸馏水或去离子水混合配成混合试剂。

配制溶液和清洗用的去离子水应满足表8.5要求。

表8.5 对去离子水的要求

用 途	以氯化钠表示的可电离固体
配制溶液 喷洗或手洗	最大为10 ppm
浸泡清洗	最大为100 ppm

1. 形成无色转化膜的方法

要在零件表面形成无色转化膜,可以采用喷涂、浸涂或刷涂的方法。

1）喷涂

按照下列方法进行无色转化膜的喷涂。

（1）清洁零件表面，不形成化学转化膜的部位用保护带遮挡好。

（2）用符合表 8.3～表 8.5 要求的去离子水，按照表 8.4 规定的浓度，在压力罐中配制喷涂用阿洛丁 1500。彻底摇动，使溶液混合均匀；也可以直接向压力罐注入预混喷涂直接可用的阿洛丁 1000，不加水混合。

（3）在第二个压力罐中加满去离子水。

（4）在清洁的零件表面上，以 35～45 psi 的压力，喷阿洛丁 1000 溶液 30～90 s 或按表 8.4 规定的温度喷阿洛丁 1500 溶液 15～30 s。每次只喷涂当时可以喷到的面积（大约为 6～10 ft^2 的平面）。若溶液温度为环境温度，喷涂后保持表面润湿 2～5 min。喷涂时，注意不要将溶液喷溅到其他表面或人员身上。

（5）用第二个压力罐中的去离子水喷洗涂阿洛丁的表面，也可用自来水清洗，但最后应用去离子水。如果条件允许，清洗用水可以加热到 190 ℉。如果无法进行喷洗，可以用蘸去离子水的干净抹布擦洗。

（6）使处理表面风干，用过滤的清洁空气吹干或用干净抹布轻轻地揩干。

2）浸涂

用去离子水配制阿洛丁 1500 溶液，搅动溶液，使其彻底混合均匀。在浸涂过程中应不停地搅动溶液。吊挂零件，注意吊挂方法要有利于溶液的循环和零件的沥干。用铝线或其他合适的器材来固定零件，以防止零件相互接触。不要用吸水材料，如纤维板、木材、绳子等固定零件。吊挂方法应避免在蒙皮零件的外表面产生痕迹和污染。用浸涂法涂阿洛丁之前，对零件进行清洁处理，用自来水（建议用去离子水）进行清洗；再将零件浸在阿洛丁 1500 溶液中 2～3 min，取出零件并使其沥干；用自来水清洗，最后用温度不超过 140 ℉的去离子水进行清洗；用过滤的空气吹干夹带溶液的地方，允许零件自然风干，继续用空气吹干或放在不超过 130 ℉的循环空气中吹干。

3）刷涂

刷涂的方法只适用于不能进行浸涂与喷涂的工件，或者用于修补损坏的或不完整的转化膜。

用去离子水配制阿洛丁 1500 溶液，彻底搅动使溶液混合均匀。将适量的配制好的阿洛丁溶液倒入另一个合适的容器中。注意，所有的工作都要在室内或有遮盖的干净处进行，以保证零件表面不要太热，以便于刷涂。

对涂阿洛丁后不涂漆的包铝蒙皮或零件，按照下列方法进行清洁处理：用适当的方法或用保护带将不形成转化膜的表面保护起来；先用适航批准的适用溶剂进行预清洗，再向要生成无色转化膜的表面上喷或抹相应的清洗剂，保持表面用清洁剂润湿 3 min 用干净的蘸水抹布擦拭或用水喷洗零件表面；上述溶剂清洗及其后的清洗过程可以重复进行，直到表面可以形成完整的水膜。

对涂阿洛丁后涂漆的零件或不外露的零件，按下列方法处理：用适当的方法或用保护带将不形成转化膜的表面保护起来；用适航批准的适用溶剂对表面进行预清洗，再用研磨尼龙网垫蘸水彻底擦拭表面，直到表面可以形成一个完整的水膜，清洗并擦净表面的磨屑。

用耐酸刷、合成纤维素海绵、干净的抹布、棉签或用其他的适用工具在干净的零件表面上涂预混刷涂用阿洛丁1500或配好的阿洛丁1500溶液,并用溶液使零件表面保持润湿2~5 min;然后用水清洗处理区,最后用去离子水进行清洗。去离子水可以是温的,但温度不能超过140℉,若无法清洗,可用蘸去离子水的干净抹布进行擦拭,然后进行风干,用过滤的清洁空气吹干或用干净抹布轻轻地擦干。

2. 形成多色转化膜的方法

1) 浸涂

配制阿洛丁1200S溶液,建议用去离子水配制。配制溶液时,边加药品边搅动溶液,使其混合均匀。在浸涂过程中,溶液也应该进行搅动。吊挂零件,注意吊挂方法要有利于溶液的循环和零件的沥干,用铝线或其他合适的材料来固定零件,防止零件互相接触。不要用吸水材料,如纤维板、木材、绳子等固定零件。吊挂方法应避免在蒙皮零件的外表面产生痕迹和污染(为保证质量,接触点要在不显著的表面上,即在涂漆表面、凹槽和孔的不可见表面,或在后处理之后还需要再次涂阿洛丁的地方)。用自来水(建议用去离子水)对零件进行清洗,再将零件浸在多色转化膜生成溶液(浸涂用阿洛丁1200S溶液)中1~3 min,取出零件并使其沥干;用自来水清洗,建议最后用去离子水进行清洗。如果条件允许,用配好的酸洗液进行清洗。用过滤空气吹干夹带溶液的地方,允许零件自然风干,或继续用空气吹干,或放在不超过130℉的循环空气中使零件尽快干燥。

下列一种或多种原因可能导致多色转化膜的粉化:

(1) 碱洗、脱氧及清洗操作不充分,在浸涂阿洛丁之前每个处理阶段都必须保证表面可以形成连续的水膜,即使在流水槽内进行浸洗也应该经常进行检查;

(2) 多色转化膜生成溶液中反应产物过多或被前面操作带入的残渣污染,会引起转化膜粉化;铝合金的反应产物、氯化物、磷化物、铬化物、硅化物及硫化物等都是导致转化膜粉化的物质;即使每一种的浓度都很低,但共同作用也会导致溶液不符合要求;

(3) 多色转化膜生成溶液浓度太高;加入大量药品后应彻底搅拌溶液,而且前几次处理零件的浸泡时间要短些;一般来说,有规律地经常少量地加入药品比一次加入很多药品要好;溶液浓度太高,可以将溶液进行稀释;

(4) 多色转化膜生成溶液的pH没有在规定的范围,必须按要求进行调整;因为用硝酸调整可能导致粉化,因此经常少量地加比一次加入很多要好,调整好后的溶液头几次的浸泡时间要短;

(5) 在多色转化膜生成溶液中浸泡的时间太长,即使没有出现粉化,出现深褐色的条纹也是不允许的;

(6) 多色转化膜生成溶液温度没有在规定的范围内,溶液过冷或过热都会导致粉化;

(7) 酸性清洗液的pH太低;

(8) 以前的转化膜没有彻底清除干净。

下列一种或多种原因可能导致多色转化膜无色:

(1) 在多色转化膜生成溶液中的浸泡时间太短;

(2) 多色转化膜生成溶液的浓度太低;

(3) 多色转化膜生成溶液的pH不在规定的范围内;

(4) 多色转化膜生成溶液温度不在规定的范围内;
(5) 涂过转化膜生成溶液的零件在热水中浸泡的时间太长;
(6) 将涂过转化膜生成溶液的零件浸在了碱性清洗剂或其他碱性溶液中;
(7) 表面有先前残留的转化膜或氧化膜。

2) 刷涂

刷涂生成多色转化膜的方法有以下限制:

(1) 在不喷漆的飞机外表面,不能刷涂生成多色转化膜;

(2) 未经正式工程批准,不得在未生成转化膜或转化膜受损坏的表面,用刷涂法生成多色转化膜;

(3) 包铝板材的边缘、紧固件、排水孔、管接头里面的管子、已生成了转化膜的管子及其扩口端和弯曲处以及有孤立的小划伤(除非包铝层已划透)表面均不要求生成多色转化膜;

(4) 对于不能用浸涂或喷涂方法在零件表面涂阿洛丁,或因改装、后处理、焊接等操作去除了原表面处理层,以及转化膜局部损坏的情况,可用刷涂法生成转化膜。

在零件表面生成多色转化膜,可采用下述方法。

一种方法是用耐酸刷或棉签,蘸上直接可用的多色转化膜涂料(成品)或蘸上按表8.4配制的阿洛丁1200S溶液,涂刷到清洁好的表面;另一种方法是利用预混刷涂用多色转化膜笔或阿洛丁1132笔,向清洁好的表面涂抹转化膜生成溶液。转化膜生成液涂到零件表面上,要保持表面湿润,直到形成一个明显无粉末的金黄色到浅褐色的膜。表面颜色不一定均匀;然后用去离子水彻底清洗表面或用蘸水的干净抹布轻拍表面,从而去掉表面的阿洛丁溶液,但注意不要在表面上摩擦,因为刚形成的多色转化膜很软,易擦坏;最后使零件自然风干,用热空气(不超过150°F)吹干或用干抹布拍干(涂阿洛丁1132的表面除外)。涂了阿洛丁1132的表面,不要用水清洗、拍干或擦干,否则会降低表面耐蚀性和漆层黏附性,应采用空气中晾干,热空气(不超过130°F)吹干方法使零件干燥。为保证质量,当用阿洛丁1132笔涂刷时,应在第一遍转化膜干燥后,按上述方法重涂一遍,方向与上次交叉。

3) 喷涂

按照下列方法进行多色转化膜的喷涂。

在压力罐中,用去离子水按表8.4配制所需量的阿洛丁1200S溶液。彻底搅动,使溶液混合均匀;或用预混喷涂阿洛丁1200S(见表8.4)溶液加满压力罐,不要用水稀释溶液;在第二个压力罐中装满去离子水;对表面进行清洁处理;以35~40 psi的压力,在表8.4规定的温度下,向清洁的表面喷配制的阿洛丁1200S溶液或预混喷涂阿洛丁1200S溶液,时间为20~45 s。每次只喷涂当时可以喷到的面积(大约为6~10 ft^{2}的平面)。喷涂时,注意不要将溶液喷溅到其他人或表面上;然后用第二个压力罐中的去离子水喷洗涂阿洛丁的表面,也可用自来水清洗,但最后应用去离子水;然后让处理过的表面风干,用过滤的清洁空气吹干,或用干净抹布轻轻地擦干。

3. 转化膜的质量

1) 外观

转化膜应该连续、与表面粘接在一起,而且没有划痕等损坏现象。

a. 无色转化膜

无色转化膜应是无色的,而且应该不起粉末。对于预处理方法一样的零件,表面是否涂无色转化膜是不能用目视的方法进行区分的。应该至少每月一次,或配制新槽液后,用试验板进行下面的转化膜粉化测试。

取两块 7075-T6 包铝板(3 in×10 in×0.040 in),或两块与要涂阿洛丁的零件相同材料及同样热处理的板作为试验板。在零件做生成转化膜处理的同时,对试验板进行同样的处理。处理之后,试验板应在环境温度下最少放置 1 h,然后再进行擦拭试验。用干净的抹布擦试验板,其外观应没有变化,擦拭区也没有雾状痕迹。

含有 Cr^{6+} 的转化膜,不论其是否可见,包括各种金属上的铬转化膜,都应进行铬膜斑点测试:

准备两块同材料的铝合金试件,一块涂含 Cr^{6+} 无色转化膜,一块未涂。试件表面应没有油和/或其他有机涂层。向试件表面滴 1~5 滴表 8.4 中所述的混合试剂,如果表面出现介于红色和紫色之间的颜色,则说明存在有 Cr^{6+}(即阿洛丁 1000)。但经过一段时间后(如干燥时),出现的颜色变化,不予考虑。

注意,装铬膜斑点测试试剂的容器应标明试剂配制的日期与时间,试剂配后 8 h 内有效。

b. 多色转化膜

多色转化膜应当颜色非常鲜明,表面均匀,允许转化膜颜色有所变化(刷涂或修补的表面转化膜颜色可以不均匀);转化膜应完整,不起粉末。判断表面是否起粉,可用下列方法进行测试:

取两块 7075-T6,3 in×10 in×0.040 in 的包铝板或用两块与零件材料及热处理状态相同的铝合金板作为测试件,这两块板与零件同时进行处理、涂转化膜。擦拭试验前,测试板在环境温度下最少放置 1 h;然后用干净的抹布擦拭,观察,多色转化膜应当仍旧黏附在零件表面,而且颜色鲜明。允许抹布有轻微的变色。

2)耐腐蚀性

a. 无色转化膜

在对零件进行转化膜生成处理的同时,应对五块没有包铝的 6061-T6,3 in×10 in×0.040 in 或更厚的测试板进行同样处理。之后,测试板放在环境温度下至少 24 h。然后用测试板按照 ASTM B117 进行连续 168 h 的 5%盐雾试验(如果使用中零件的主要表面与垂直方向夹角大于 6°,则可不做)。试验后,用肉眼或借助没有放大作用的镜子观察,五块测试板 150 in^2 的总面积上,孤立的腐蚀坑洞不能超过 15 个,而且最大直径不能超过 0.032 in。每块测试板 30 in^2 的总面积上,孤立的腐蚀坑洞不能超过 5 个,而且直径不能超过 0.032 in,但在距边、角、洞 0.064 in 内的区域内及吊挂标记及打标记区除外。

该试验至少每月进行一次,而且新配制转化膜溶液后也应该进行试验。

b. 多色转化膜

在对零件进行转化膜生成处理的同时,应对五块未包铝的 2024-T3,3 in×10 in×0.040 in 或更厚的测试板进行同样处理。之后,测试板放在环境温度下至少 24 h。然后用测试板按照 ASTM B117 进行连续 168 h 的 5%盐雾试验(如果使用中零件的主要表面与垂直方向夹角大于 6°,则可不做)。试验后,用肉眼或借助没有放大作用的镜子观察,五块测试板 150 in² 的总面积上,孤立的腐蚀坑洞不能超过 15 个,而且直径不能大于 0.032 in;每块测试板 30 in² 的总面积上,孤立的腐蚀坑洞不能超过 5 个,而且直径不能超过 0.032 in,但在距边、角、洞 0.064 in 内的区域内及吊挂标记及打标记区除外。

该试验至少每月进行一次,而且新配制转化膜溶液后也应该进行试验。

3)漆层的黏附性

a. 无色转化膜

给三块 3 in×6 in×0.040 in 非包铝但涂过无色转化膜的 6061‐T6 板和三块同尺寸包铝并涂过无色转化膜的 7075‐T6 板涂上符合要求的环氧底漆。7075‐T6 板上固化的涂层应能通过规定的冲击试验;非包铝的 6061‐T6 板上漆层涂后,在规定试验时间,进行划伤湿黏附试验,应无涂层分离、起皱。

该试验至少每月进行一次,而且新配制转化膜溶液后也应该进行试验。

b. 多色转化膜

给三块 3 in×6 in×0.040 in 非包铝但涂过多色转化膜的 2024‐T3 板涂上符合要求的环氧底漆。涂底漆后在规定试验时间,进行划伤湿黏附试验,应无涂层分离、起皱。

该试验至少每月进行一次,而且新配制转化膜溶液后也应该进行试验。

4)表面的水膜完整性试验

浸涂的多色转化膜按照以下方法进行试验,表面应能形成完整的水膜。

两块 3 in×10 in×0.040 in 的 7075‐T6 未包铝测试板与零件同时进行生成转化膜的处理。然后将测试板在环境温度下放置至少 1 h,测试板应倾斜 60°放置,在距表面约 6 in 处用喷雾器向其表面喷蒸馏水,观察表面水膜是否连续。

该试验应至少每月进行一次,或每次新配制溶液后进行。

8.3.4 不锈钢的表面处理

不锈钢表面处理溶液的配制方法如下。

将自来水或去离子水加到容器的一半(所有的热酸溶液建议用去离子水)。按表 8.6 的规定加入适量的化学药品,搅拌,使药品溶解;再把溶液液面加到工作液面水平,搅拌,使溶液混合均匀。处理过程中保持溶液温度和浓度符合表 8.6 的要求。

表 8.6 溶液的配制与保养

溶液名称	溶 剂	工作温度/°F	成分(每 100 gal 溶液)	控 制
1. 钝化液①	硝酸	120~130	44~45 gal	保持酸的浓度在规定范围内;金属氧化物的浓度超过 5 g/L 时,溶液报废
2. 钝化液	硝酸	环境温度	50~70 gal	
3. 钝化液	硝酸	135~145	20~24 gal	
4. 钝化液	硝酸	环境温度	20~24 gal	

续　表

溶液名称	溶　剂	工作温度/℉	成分(每100 gal溶液)	控　制
5. 硝酸酸洗液	硝酸 氢氟酸(70%) 氢氟酸(48%)	环境温度	21 gal 4 gal 5.8 gal	②
	硝酸 双氟化钠(DPM1016)	135~145	21 gal 40 lb	②
6. 硝酸酸洗液	硝酸 氢氟酸(70%) 氢氟酸(48%)	135~145	16 gal 4 gal 5.8 gal	②
	硝酸 双氟化钠	135~145	16 gal 40 lb	②
7. 碱性清洗液	电镀清洗剂	160~200 (最好180~200)	50 lb	8~10 oz/gal; 无效时报废
8. 酸性清洗液——强洗溶液	Turco HTC	175~185	50 lb	6~8 oz/gal; 无效时报废
9. 乳化清洗剂溶液	Turco 3878 Turco 4215 添加剂	140~180	15 gal 6 gal	无效时报废
10. 除锈剂溶液	氢氧化钠 高锰酸钾	180~200	125 lb	12%~16%氢氧化钠
			40 lb	3%~5%高锰酸钾
11. 除锈剂溶液	Kelite Process DSL	200~220	400 lb	2~4 lb/gal; 无效时报废
	Turco 4008(DPM3161)	240~250	100 gal	
12. 除锈剂溶液	Kolene DGS	700~725	1 640 lb,不要加水	保持热;清除残渣;只加 Kolene DGS③;无效时报废

注：① 钝化溶液中可加入2%的重铬酸钠；
　　② 除非另有说明,成分控制在±5%内；在硝酸-氢氟酸溶液中,硝与氟的比例不应小于成分的比例；
　　③ 应避免加入湿盐,以免引起溶液的飞溅。

不锈钢要保持表面清洁才能有最大的耐腐蚀性能,在对零件进行所有的加热操作之前,要保持其表面没有污染。

1. AISI300系、21-6-9及19-9DL奥氏体不锈钢的表面处理

(1) 如果零件表面被灰尘、油脂等污染,则在所有的热加工(焊接、消除应力、退火)之前,需进行一般清洗。按照需要,可用下面的一种或几种方法去除油脂、灰尘、墨迹或其他污染物。

(a) 蒸气脱脂或水化物脱脂。按适用的操作规程进行蒸气脱脂或水化物脱脂。当仅存在油及油脂时,才能单纯采用蒸气脱脂或水化物脱脂。

(b) 溶剂清洗。用清洁的刷子或干净抹布,蘸上适航批准的溶剂或三氯乙烷擦拭表面,直到污物松动,然后擦干。重复以上操作,直到表面清洁为止。

(c) 碱性清洗剂清洗。将零件浸在表 8.6 的溶液 7 中,最少 10 min。重复清洗,直到表面干净,然后在水中彻底清洗并风干(最高 225 ℉)。如果接着进行化学处理,则可不风干。

(d) 乳化清洗。将零件浸在表 8.6 的溶液 8 中,最少 10 min。重复清洗,直到表面干净,然后在水中彻底清洗并风干(最高 225 ℉)。如果接着进行化学处理,则可不风干。

(2) 锻压或模压成型、机械加工或打磨去毛刺后,在热加工之前应对表面进行钝化处理,但下列情况除外:

(a) 组合件可能夹带溶液;

(b) 已做过表面氮化处理、渗氮或其他表面硬化处理的零件;

(c) 电镀零件(镀铬件除外);

(d) 含有软焊或钎焊接头的组合件,一般也不要钝化处理。因为钝化处理过程中,可能会去掉金属焊料。

钝化处理过程如下:首先对零件表面做一般清洗,去除油脂、灰尘、墨迹或其他污染物。再将零件浸入表 8.6 的溶液 1 或 3 中,最少 20 min;或浸在溶液 2 或 4 中,最少 1h。然后用水彻底清洗,将零件风干或用空气吹干。不能在室温下彻底干燥的带有凹陷区的零件,可以在温度不超过 225 ℉ 的炉内烘干。保持随后要进行热处理的零件表面清洁。零件钝化处理后,应在表面标明"钝化 PASSIVATE"字样。

(3) 如果零件表面有先前热处理产生的氧化皮,在机械加工、成型、电阻焊或熔焊之前应先进行硝酸酸洗或磨料喷砂,然后进行钝化处理。但电镀、钎焊、软焊的零件,已做过表面氮化处理或采用其他方法表面硬化的零件,以及沉淀强化的合金零件,不要用硝酸酸洗。

(a) 硝酸酸洗。在进行硝酸酸洗之前,先采用一般清洁处理方法去除表面的油脂、蜡、颜料及其他污染物。将零件(焊接的 19-9D 除外)浸在表 8.6 中的溶液 5 中,溶液温度为室温,浸没时间最多 30 min;或浸在温度为 (140±5) ℉ 的溶液 6 中,最多 10 min。尽量少地重复进行上述酸洗,将表面可见的氧化皮去除;然后用水彻底清洗,在空气中风干。不能在室温下彻底干燥或不能用空气吹干的带有凹陷区的零件,可以在温度不超过 225 ℉ 的炉内烘干。酸洗后的零件应标明"酸洗(NITROPICKLED)"或"NIPI"字样。酸洗后,要保持零件热处理前不被污染。按需要,在钢进行压力加工或者机械加工(金属去除或者表面变形)前,完成消除脆性的处理。

(b) 喷砂(湿或干磨料)。先用一般清洁处理方法去除表面的油脂及其他可能对喷砂有影响的表面污染物。用 150 号或更细的氧化铝或者金刚砂研磨剂作一般的清理或者最后打磨;用 80 号或更细的氧化铝或者金刚砂研磨剂去除厚氧化皮或者难于去除的污垢。当对薄材料干喷砂时,为使变形最小,空气压力不要超过 30 psi,并使喷嘴移动,以避免金属过热;湿喷砂采用液体研磨剂或者氧化铝作为磨料。干喷砂后,用干净的压缩空气,吹除任何残留的研磨剂。如果不立即进行湿喷砂或后续处理,就要用清水清洗并风干,或在温度不超过 225 ℉ 的炉内烘干。

(4) 如果表面有焊接变色、焊药或熔模铸造带入的杂质,在 X 射线检测或最终表面处理之前,应采用喷砂或用金属刷刷除方法,清除表面污染物。

金属刷刷除表面污染物的方法是:先用一般清洗方法,去除零件表面的灰尘、油脂等污染物。再用耐腐蚀的金属刷,从零件表面将焊药、变色及污染物去除。注意,只能用耐腐蚀的金属刷,用于其他材料的刷子不能用于耐腐蚀钢。

(5) 化学研磨后立即进行钝化处理。

(6) 机械加工、用砂轮打磨、用砂纸打磨、抛光、精加工、修边、锻压或模压以及敲击成型后的表面应钝化处理或电解抛光。

电解抛光的方法是:先用喷砂、打磨、抛光或硝酸酸洗的方法去除表面氧化皮;再按适用的工艺规程,进行电解抛光,对不能电解抛光处理的孔及凹陷处进行钝化处理。电解抛光不能明显提高零件表面的光洁度,但能使所有的表面不规则处都得到圆整;最后在处理完的零件表面上,印上缩写字母"EO"。

(7) 磨料喷砂处理后的表面,应做钝化处理。

(8) 机械加工、成型或焊接后表面产生氧化皮,或热加工后表面变色,应进行硝酸酸洗或喷砂,再钝化处理。用金属刷刷除表面污染物。

(9) 表面有铅笔印,可用橡皮擦去。

(10) 不同材料的装配件、电阻焊焊接件及可能夹带化学溶液的装配件,只要不夹带溶液,可以采用清洗零件的方法进行清洁。对于可能夹带溶液的装配件,只能采用蒸气脱脂和溶剂清洗的方法。如果存在有下列任何一种情况,而且零件在装配之前,进行了最后的表面处理,则不需对装配件进行最后处理:

(a) 表面零件(即最终其表面裸露为外蒙皮,或作为客舱、驾驶舱内表面的零件)热加工变色,用不锈钢丝刷刷除,刷后在表面涂上薄薄一层防腐剂;

(b) 会被化学溶液腐蚀或夹带化学溶液的电阻焊接件或装配件;

(c) 带有软焊、钎焊焊点,或带有不同金属的装配件。

(11) 其他表面。以下情况的表面不需进行任何表面处理:

(a) 表面有划线、钻孔、切割或加工成型,但不污染原打磨表面;

(b) 成型或扩口管;

(c) 在耐腐蚀钢模上成型的铰链轴,而此模具只用于成型耐腐蚀钢件;

(d) 零件表面热加工变色,但该零件不是表面零件。

2. 可沉淀硬化的合金 17-4PH、17-7PH、A-286、AM350、AM355、PH13-8Mo、PH15-7Mo、15-5PH 及 PH14-8Mo 的表面处理

(1) 如果零件表面被灰尘、油脂、墨迹污染,在进行任何热加工(退火、消除应力、焊接)之前,应采用一般的清洗方法进行清洗:按照需要,可选用蒸气脱脂或水化物脱脂、溶剂清洗、碱性清洗剂清洗和乳化清洗,去除油脂、灰尘、墨迹或其他污染物。

(2) 落锤、锌模、铅锤或钢锤成型,机械加工或去毛刺后,任何热加工(热处理、退火、消除应力)之前,应对零件做钝化处理。

(3) 如果零件表面有先前热处理或焊接产生的氧化皮,在机械加工、成型、电阻焊或熔焊之前,要进行喷砂,然后接着进行钝化处理。

(4) 化学研磨后立即进行钝化处理。

(5) 如果表面有焊接变色、焊药或熔模铸造带入的分型剂,在做 X 射线检测之前,采用喷砂或用金属刷刷除的方法清除污染物。

(6) 中间退火后的 17-7PH 和 15-7Mo,采用喷砂处理。

（7）孔、凹陷处及螺纹处带有氧化皮，但不能用标准工序进行处理时，可采用以下除氧化皮的方法进行处理。

（a）硝酸法。用一般的清洁处理方法对零件进行清洁处理。用表 8.6 中的溶液 10 处理零件最少 15 min，用水清洗；再用溶液 9 处理零件最少 15 min，用水清洗；然后按钝化处理的方法，将零件放到溶液 1 或 2 中 3~6 min，用水清洗。重复进行以上步骤，直到表面的氧化皮去除为止。

（b）硝酸酸洗法。用一般的清洁处理方法对零件进行清洁处理。将零件浸在表 8.6 中的溶液 10 中 15 min，用水清洗；再在溶液 9 中浸 15 min，用水清洗；然后进行硝酸酸洗。

（8）磁粉检测材料的去除，采用一般的清洁处理方法进行。

（9）机械加工、用砂轮或砂纸打磨、抛光、精加工、修边、锻压、模锻或敲击成型后的表面应该用砂轮或砂纸打磨到表面光洁度为 $Ra63$，然后进行钝化，或只进行电解抛光。

砂轮或砂纸打磨的方法是：使用不锈钢专用的砂轮和不锈钢打磨膏，磨光金属表面或去除热变色污点；也可用 180 号或更细的砂纸打磨表面或去除热变色污点。为了清除严重污染表面，磨光没有达到表面光洁度要求的机加工表面，可先用 100 号或更细的砂纸打磨，去除严重污染物；然后用 180 号或更细的砂纸去除粗砂纸打磨留下的划痕，使表面满足光洁度要求。

（10）锻压或铸件表面，采用电解抛光的方法进行处理。

（11）喷砂表面（除锻造或铸造表面），用砂轮或砂纸打磨到表面为 $Ra63$，然后进行钝化，或只进行电解抛光。

（12）表面有热处理产生的氧化皮和/或有机加、成型或焊接后的变色，用砂轮或砂纸打磨到表面光洁度为 $Ra63$，然后进行钝化，或只进行电解抛光。

（13）轧制表面，用砂轮或砂纸打磨到表面光洁度为 $Ra63$，然后进行钝化，或只进行电解抛光。

（14）表面有铅笔印，用橡皮擦除。

（15）不同材料的装配件、电阻焊装配件及可能夹带有溶液的装配件，只要不夹带溶液，可以采用清洗零件的方法进行清洁；对于可能夹带溶液装配件只能采用蒸气脱脂和溶剂清洗的方法；如果存在有下列任何一种情况，而且零件在装配之前进行了最后的表面处理，则不需对装配件进行最后处理：

（a）表面零件的热加工变色可以用不锈钢丝刷刷除，刷后在表面涂上薄薄一层防腐剂，以防止表面氧化；

（b）电阻焊接件会被化学溶液腐蚀或夹带化学溶液；

（c）带有软焊、钎焊焊点，或由不同金属组成的装配件。

（16）最终表面处理后，若检查到表面有磁粉，应做钝化处理。

3. 马氏体不锈钢（410、416、420、422、431 与 440C）和超高强度不锈钢（12-9-2）的表面处理

（1）如果表面被污物、油、油脂等污染，在消除应力或焊接等加热操作之前，应用适当的清洗方法进行清洗。

(2) 毛坯的表面(如热处理之前的锻造和铸造表面),应做喷砂和钝化处理,或者仅采用电解抛光的方法处理。但退火或未硬化的440C合金不能钝化处理。

(3) 热处理前的零件,采用钝化的方法进行处理。

(4) 在有原坯料表面的零件上做紧公差磨光加工之前,或在精加工零件表面进行磨光去毛刺之前,应做电解抛光处理。若零件有些表面已加工到最终尺寸,但表面没有达到光洁度 $Ra63$ 的要求,也应做电解抛光处理。

(5) 化学打磨后,应做钝化处理。

(6) 带有先前热处理或焊接留在表面的垢层,在进行机械加工、成型、电阻焊或熔焊之前,采用喷砂或者用金属刷刷除的方法清除污垢,然后,进行钝化处理。

(7) 表面上有焊接变色、焊药或熔模铸造的材料时,在进行 X 射线检查或最后表面处理之前,进行喷砂或用金属刷刷除污染物的处理。

(8) 锻造或铸造表面、去毛刺表面、金属刷刷过的或喷砂过的表面(锻造或铸造表面除外)、机加工后做了控制环境热处理的零件表面、热处理后机械加工至表面粗糙度粗于 $Ra63$ 的表面等,应先打磨抛光到表面光洁度 $Ra63$,再钝化处理;加热操作引起的表面变色、热处理后进行机械加工使表面光洁度达到 $Ra63$ 或更光滑的表面、相配合的液压件最后搭接前,进行电解抛光。

(9) 带有不能按标准工艺处理的热处理氧化皮的小孔、凹槽和螺纹,采用除氧化皮的方法进行处理。

(10) 表面的铅笔印,可用橡皮擦除。

(11) 含有不同材料的装配件、电阻焊装配件和可能夹带溶液的装配件,只要不夹带溶液,可以采用清洗零件的方法进行清洁;对于可能夹带溶液的装配件,只能采用蒸气脱脂和溶剂清洗的方法;如果存在有下列任何一种情况,而且零件在装配之前,进行了最后的表面处理,则不需对装配件进行最后的表面处理:

(a) 表面零件热加工变色可以用不锈钢丝刷刷涂,刷后在表面涂上薄薄一层防腐蚀剂,以防止表面氧化;

(b) 电阻焊接件会被化学溶液腐蚀或夹带化学溶液;

(c) 带有软焊、钎焊焊点,或带有不同的金属的装配线。

(12) 最终表面处理后,检测到表面有磁粉,应采用钝化处理。

8.4 施加涂层的方法与技术

飞机结构或附件表面施加涂层是预防和控制飞机腐蚀的重要措施,它是防止飞机结构或附件产生腐蚀的最主要防线。涂层的质量将直接影响结构或附件的防腐效果。为了使涂层质量得到保障,施加涂层操作人员应经过相应培训,并取得施加涂层的操作资格。

8.4.1 基料与催化剂的混合

1. 混合操作

所有底漆和面漆都是以双组分形式(基料和催化剂)从供应商处购买的。使用前,将基料和催化剂混合在一起。在向基料中加入催化剂前,应充分搅动基料。在向基料中添加催化剂时,要不停地搅拌基料。双组分涂料混合后,要静置规定的时间(例如面漆通常静置 30 min),以便基料与催化剂产生化学反应。在涂料的使用过程中,要不断地缓慢地搅动涂料。使用一种帽枪就可以达到充分搅拌的目的。帽枪就是在帽盖里边放置一个 1 in 直径的不锈钢球,并使它旋转。

2. 混合与稀释比率

混合基料和催化剂时,最好将整桶的基料与整桶的催化剂混合,这样可以确保得到正确的混合比率。当不能用整桶的基料与整桶的催化剂混合时,要严格按规定的混合比进行混合。

当用稀释剂稀释某些混合液时,要按规定进行稀释,稀释后的混合液黏性应在规定的范围内。如果稀释后,混合液的黏性不满足要求,应报废这种混合液。

8.4.2 喷涂设备

1. 喷涂设备分类

用于施加表面涂层的设备可根据不同的施工场所和环境进行分类,即

(1) 涂层维护或外场涂漆设备;

(2) 用于生产线的喷涂设备;

(3) 局部修饰或小零构件涂漆设备。

1) 涂层维护或外场涂漆设备

这种涂漆设备是一种便携式设备,可在喷漆间以外的环境下使用。这种设备包括便携式空气压缩机、储压罐或涂料泵、压力喷枪、用于空气和涂料控制的压力调节器和输送空气或涂料的软管等。

2) 用于生产线的喷涂设备

这种喷涂设备具有很高的生产效率。这种喷涂设备包括:具有干燥过滤装置的喷漆间、清洁干燥的压缩空气源、储压罐、压力喷枪、压力调节器和仪表、空气和涂料的过滤装置以及输送空气或液体的软管等。

3) 局部修饰或小零构件涂漆设备

这种涂漆设备用于喷涂特殊涂层,易于调整和清洁,适合频繁地改变涂料。这种设备包括:具有过滤装置的喷涂间、清洁干燥的压缩空气源、涂料瓶、抽吸式或压力式喷枪、空气压力调节装置和仪表、输送空气的软管和输送涂料的软管。

2. 涂料输送设备

漆工在选取喷枪之前,应当决定选择哪种最合适的涂料输送系统。通常,存在有三种可选择的涂料输送系统:储压罐、涂料泵和涂料瓶。

1) 储压罐

作为压力容器的储压罐是封闭式的金属容器,它有 2.5 gal 和 10 gal 两种系列,储压罐能提供均匀压力。在均匀压力下,喷枪能提供恒定流量的涂料。为了改变涂料的流动速率,必须增大或减小储压罐中的空气压力。大多数储压罐的压力可以调到 100 psi。

2）涂料泵

涂料泵是一种柱塞泵,它由空气驱动,可以给涂料加很高的压力。这取决于泵的涂料压力与空气压力比。例如,一个 30∶1 的 Bulldog 泵被连接到 100 psi 的压缩空气管路中,可以使涂料压力达到 3 000 psi。当压力达到这个值时,柱塞泵就停止工作。一旦管路中的压力低于这个值,涂料泵又重新启动。为了改变系统中的涂料压力,需要改变压缩空气源到泵中的压力。例如,上边的例子中,如果空气压力降低为 20 psi,则涂料压力就降低为 600 psi。

通过选择不同的涂料泵,例如 1∶1 的 HUSKY 泵,可以得到低的涂料压力。对于这种泵,20 psi 的空气压力只能得到 20 psi 的涂料压力。

从以上两个例子可以看出,不同的涂料可以给出不同的涂料压力。选择合适的涂料泵对喷漆工作是至关重要的。标准涂料泵的涂料压力与空气压力比分别为:1∶1、2∶1、5∶1、10∶1、20∶1、30∶1 和 45∶1。

涂料泵有三种:便携式涂料泵、安装在鼓轮上的涂料泵和安装在墙上的涂料泵。

涂料泵的可选部分包括液体过滤装置、搅拌器和涂料加热器。加热器可降低涂料的黏性,提高涂料的可喷性。另外,涂料加热后喷射更快,能够得到厚而无陷穴的涂层。应当指出,涂料加热器只能用在循环式涂料供应系统中。还应指出,高比率涂料泵会产生很高压力,要确信所有系统部件或附件可以承受住最大液压。绝不能在涂料泵运转中,更换喷涂系统组件。

3）涂料瓶

当喷涂小块的表面时,使用这种连接到喷枪上的涂料瓶,如图 8.4 所示。由于安装涂料瓶的喷涂系统便于安装、拆卸和清洗,所以它具有较高的实用价值。

涂料瓶有两种形式:抽吸式和压力式。抽吸式涂料瓶是一个通气的容器。容器中的涂料会受到空气流过喷枪液压头而形成的抽吸作用。对于这种形式的涂料输送系统,喷枪必须安装抽吸式液压头。压力式涂料输送系统比抽吸式涂料输送系统对涂料黏性有较大的适用范围。

3. 喷枪

图 8.5 给出了常规喷枪的构造示意图,常规喷枪是最常用的喷涂设备。这种常规喷枪有两种类型:抽吸式喷枪和压力式喷枪。

图 8.4 连接到喷枪上的涂料瓶

1）抽吸式喷枪

在抽吸式喷枪中,压缩空气在涂料出口产生真空效果。这种真空效果会把涂料抽吸到液压头。在液压头中,涂料与空气混合并雾化。抽吸式喷枪的液压头伸出气帽,可以通过这一点识别它。抽吸式喷枪通常连接到涂料瓶上。它便于清洗,主要用于涂层修饰和小零构件喷涂。

2）压力式喷枪

对于压力式喷枪,不能在涂料通道内产生真空效果。涂料在压力作用下流到喷枪并产生雾化离开液压头。压力式喷枪一般与储压罐、压力瓶、涂料泵一起使用,并且主要用于生产线上的涂层喷涂。

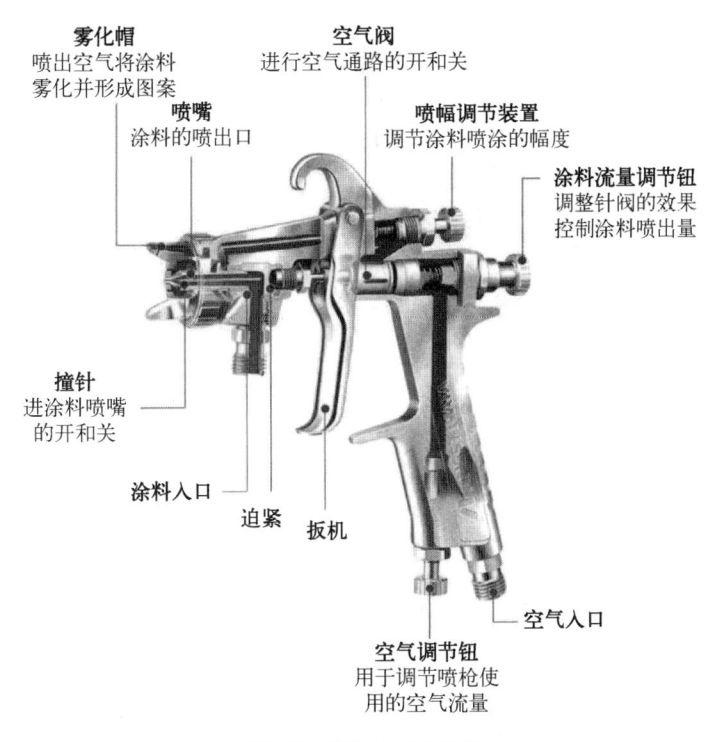

图 8.5 喷枪构造示意图

要注意保持和测量喷枪中的空气压力。在空气软管与喷枪连接处，安装一个临时性空气压力表，并扳动喷枪扳机，就可指示出空气压力。通过调节主管路的空气压力来补偿因软管长度增加所造成的空气压力下降。

4. 软管

液压软管应为耐溶剂作用的软管。这种软管内径最小为 3/8 in，长度不超过 50 in。

空气软管内径最小为 5/16 in，对用于局部修饰的喷枪，空气软管内径可以为 1/4 in，空气软管长度尽可能不超过 50 in。当需要时，如果使用的空气软管内径最小为 7/16 in，从主空气管路到调节器的软管长度可增长到最长 150 in。

8.4.3 喷涂技术

当使用喷枪进行喷涂操作时，要使喷枪垂直于被喷涂表面。图 8.6 所示的喷枪与被喷涂表面构成的夹角是不正确的。

当使用压力喷枪时，喷枪嘴与被涂表面之间的距离保持在 6~10 in；当使用抽吸式喷枪时，喷枪嘴与被涂表面之间的距离为 12~16 in。图 8.7 给出喷枪与被涂表面之间正确喷涂距离的示意图。图中张开手指所给出的距离就在 6~12 in。对于压力喷枪来说，喷枪与被涂表面之间的距离少于 6 in，会造成涂料雾化不良，形成橘皮状的涂层；大于 10 in 的距离，会形成喷涂粉尘，并导致干喷。

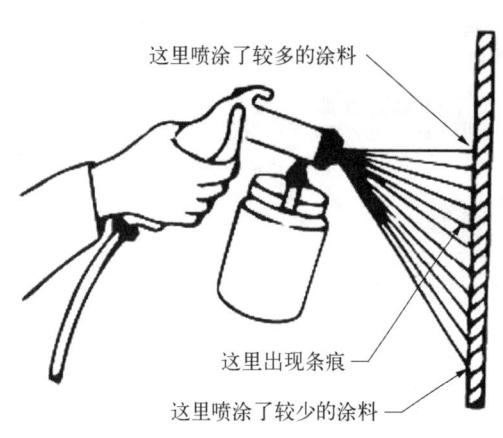

图 8.6 不正确的喷涂　　　　　　图 8.7 喷枪到被涂表面的距离

当使用喷枪进行喷涂时,喷枪应沿平行于待涂表面的直线做直线移动(图 8.8 的上图所示),不能使喷枪做弧线移动(图 8.8 的下图)。在喷涂过程中,不要过多地重复喷涂,否则会导致涂层膜过厚。一旦开始喷涂,不要中间停下来。在构件拐角处,应采用图 8.9 的左图所示方法进行喷涂。

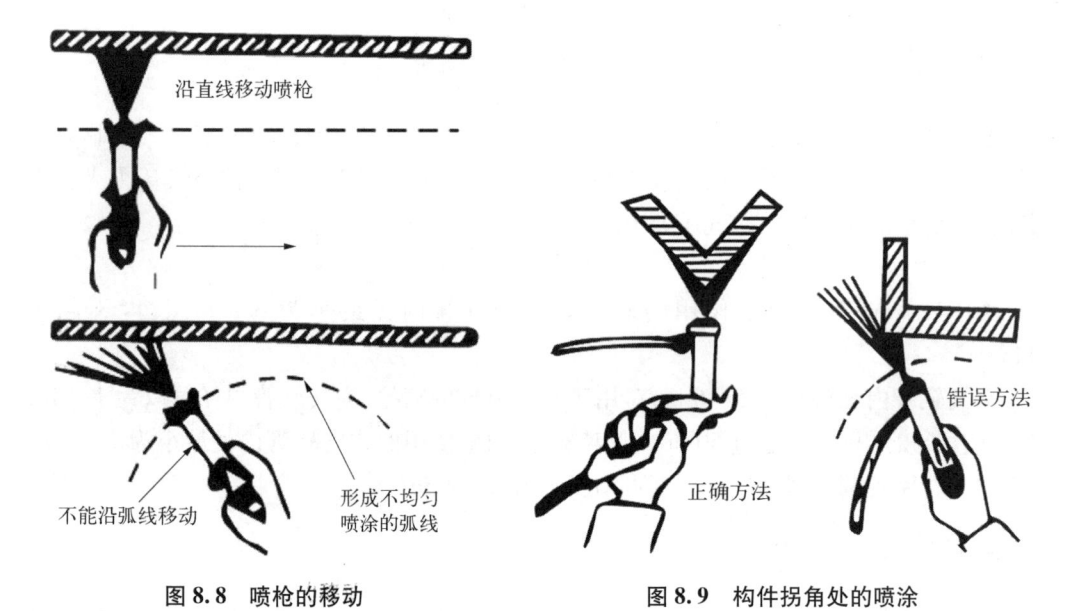

图 8.8 喷枪的移动　　　　　　图 8.9 构件拐角处的喷涂

8.4.4 喷枪故障与修理

1. 涂料渗漏

液压针密封螺帽松动、密封衬垫磨损或过干等原因可能会引起涂料渗漏。用几滴润滑油润滑密封衬垫和(或)拧紧螺帽就可能排除这种故障。但是,拧紧螺帽时不能拧得太紧,以防约束液压针头。如果密封衬垫磨损,应更换它。

喷枪前部渗漏涂料是由于液压针头密封不当造成的。参考图 8.10 有助于识别喷枪构造和找出故障原因。

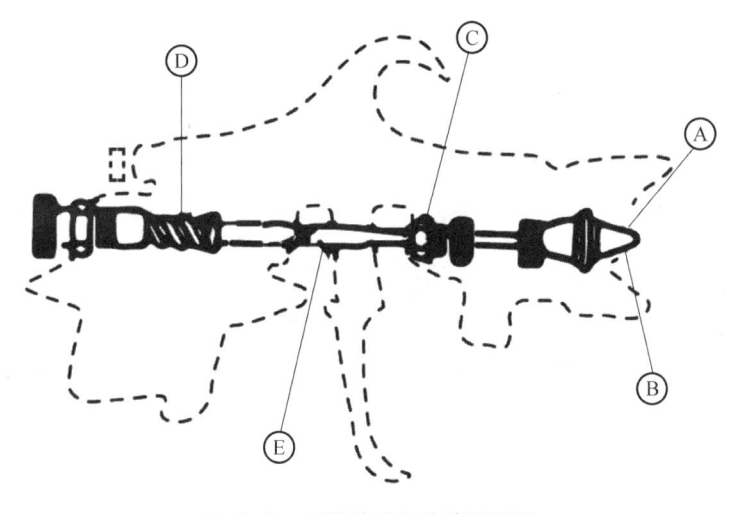

图 8.10 可能的液压头渗漏原因
A. 液压头或针磨损；B. 液压头处存在污物；C. 密封螺帽太紧；
D. 液压针弹簧损坏；E. 液压针尺寸不对

2. 漏气

喷枪漏气的原因列在图 8.11 中，参考图 8.11 有助于找出喷枪的漏气原因。

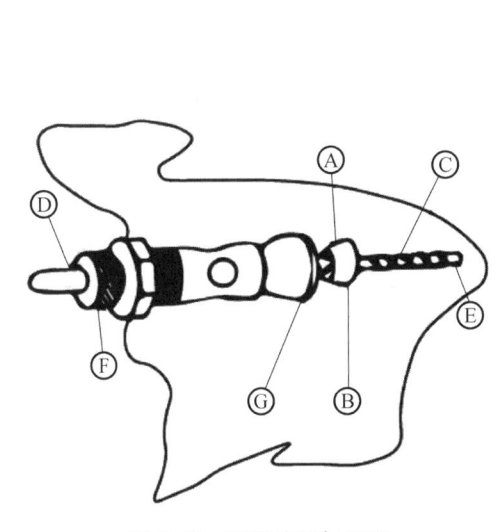

图 8.11 可能的漏气原因

A. 活门或基座上存在外来物；B. 活门或基座磨损或有其他损伤；C. 空气活门弹簧损坏；D. 由于缺少润滑，活门杆黏附；E. 活门杆弯曲；F. 填密螺帽太紧；G. 衬垫损伤或没有安装衬垫

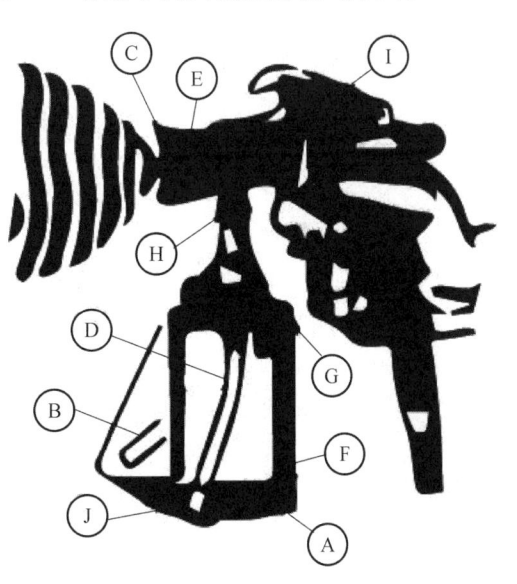

图 8.12 脉动喷涂的可能原因

压力式或抽吸式系统：A. 瓶内涂料不足；B. 涂料瓶倾斜角度过大；C. 涂料通道被阻塞；D. 涂料容器内料管松动或开裂；E. 液压头松动或液压座损伤；抽吸式系统：F. 抽吸的涂料太重；G. 瓶盖上的空气通道被阻塞；H. 连接螺帽或瓶盖松动、污染或损伤；I. 衬垫干燥或液压针密封螺帽松动；J. 涂料管顶在瓶底上

3. 脉动喷涂

脉动喷涂是由于空气进入到涂料输送管路中造成的。参考图 8.12 有助于判别产生这种故障的原因。

4. 不良的喷涂式样及排除

1) 不良的喷涂式样

图 8.13 给出了几种不良的喷涂式样。有关产生不良喷涂式样的原因如下。

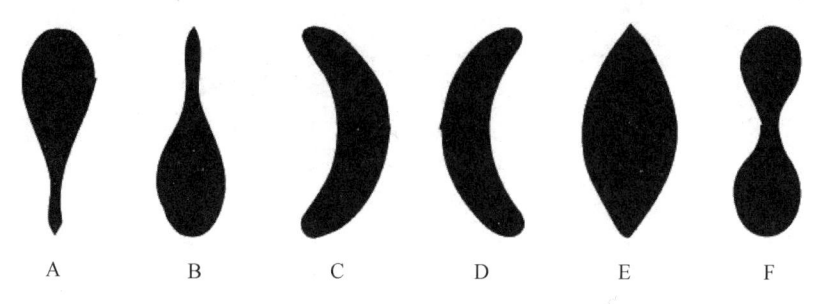

图 8.13 不良的喷涂式样

a. 不良喷涂式样 A 或 B 的产生原因

（a）气帽上的管子部分堵塞；

（b）液压头端部堵塞；

（c）在液压头或气帽底座上有碎屑。

b. 不良喷涂式样 C 或 D 的产生原因

（a）气帽上管子的左右侧部分堵塞；

（b）液压头左右侧有碎屑。

c. 不良喷涂式样 E 的产生原因

（a）雾化空气压力太低；

（b）分配器调节阀太紧；

（c）液压太高；

（d）液压头太大。

d. 不良喷涂式样 F 的产生原因

（a）空气压力和液体压力不匹配；

（b）分配器调节阀开度太大；

（c）液压太低；

（d）液压头太小。

2) 不良喷涂式样现象的排除

对于图 8.13 中的不良式样 A~D，可以按这样的方法排除：先喷涂一个图 8.14 左图所示的喷涂式样，然后旋转气帽半圈，再喷涂出一个式样。如果如图 8.14 右图所示那样，喷涂式样倒转过来，则说明液压头被堵塞，如果不良喷涂式样重复出现，则说明液压头被阻塞。

对于图 8.13 中的不良喷涂式样 E 和 F，首先要确定液压头是否经过测定。如果没有

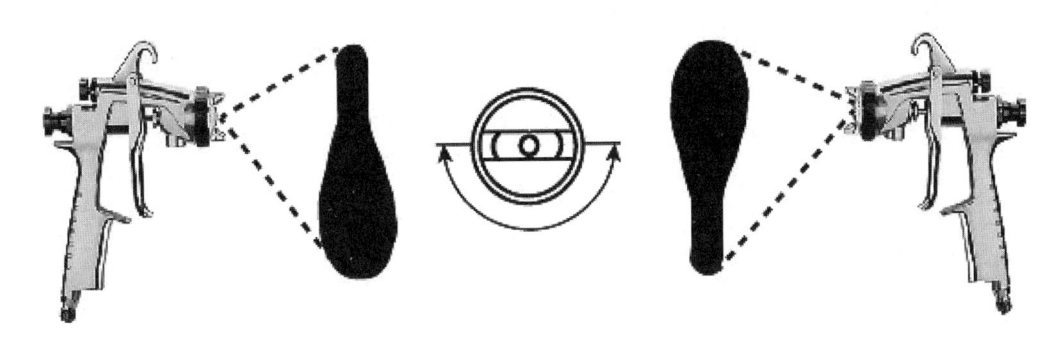

图 8.14 不良喷涂式样故障现象的诊断

做,则关闭涂料控制螺钉,然后回转 2.5 圈;再关闭喷涂宽度调节螺钉,并拧松它直到刚好看到螺纹。参考图 8.15 说明喷枪的调节过程。通过经常调节和清洁喷枪来得到正确喷涂式样。

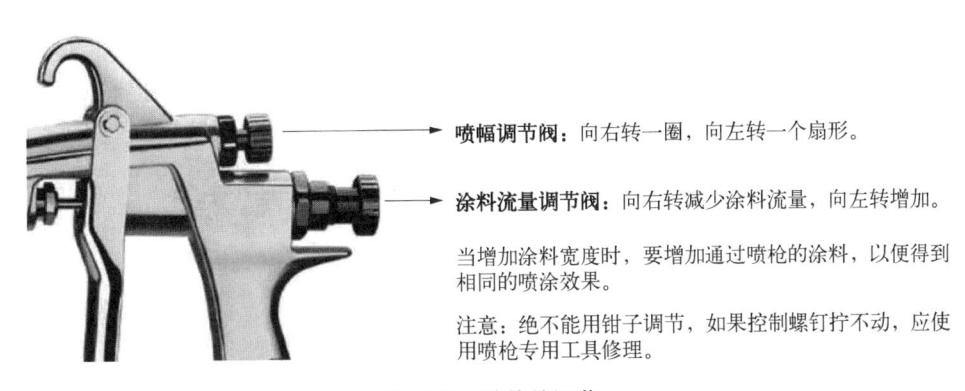

喷幅调节阀:向右转一圈,向左转一个扇形。

涂料流量调节阀:向右转减少涂料流量,向左转增加。

当增加涂料宽度时,要增加通过喷枪的涂料,以便得到相同的喷涂效果。

注意:绝不能用钳子调节,如果控制螺钉拧不动,应使用喷枪专用工具修理。

图 8.15 喷枪的调节

8.4.5 涂层的质量要求和常见的涂层缺陷

1. 涂层的基本质量要求

1) 涂层的厚度要求

环氧树脂底漆干膜厚度的最佳值是 0.8~1.3 thou(0.000 8~0.001 3 in)。涂层的厚度与构件形状和涂层施加方法有关。如果构件的安装和功能不受涂层厚度的影响,在构件的某些部位(例如:端头、边缘和凹进部分),底漆厚度允许为 0.6~2.0 thou(0.000 6~0.002 in)。在有特殊要求的情况下,环氧树脂底漆涂层的厚度为 0.5~0.7 thou(0.000 5~0.000 7 in)。

环氧树脂面漆的干膜厚度必须为 1.2~1.7 thou(0.001 2~0.001 7 in)。

2) 涂层外观

当构件表面只涂底漆不涂面漆时,底漆应没有空穴和不连续的现象。对于具有底漆和面漆的完整涂层系统,涂层应均匀,充分遮盖,并且无瑕疵,例如陷穴、小泡和暴露底漆或基体的划伤等。但是,经过修饰的区域可能会存在过度喷涂痕迹、刷痕等。要确保由于钻孔而造成的孔边涂层碎裂损伤得到修饰。在难于涂刷涂层的部位,如果装配和其他功能不受影响,出现局部流淌和隐穴是可以接受的;只要涂层薄膜是连续的,涂层出现橘皮状是可以接受的。

涂层对基体金属或转化膜、包铝层应该有良好的附着力。通过涂层附着力试验证明涂层具有良好的附着力。

2. 常见的涂层缺陷

1)附着力差

正确地涂在彻底清洁表面上的涂层对被涂的表面将有满意的附着能力,并且当涂层彻底干燥后,不能很容易地把它清除掉,甚至用指甲划伤它都是不可能的。弱附着能力可能由于下列原因之一引起：① 清洗和预处理不彻底;② 涂料搅拌不彻底;③ 相继涂层之间的时间间隔不合适;④ 在不利的条件下涂漆;⑤ 涂料涂得不好。

2)喷涂粉尘

喷涂粉尘是由于涂料喷到被喷涂表面之前,雾化颗粒变干,从而不能形成一个连续膜所造成的。常见的原因是空气压力用得不合适或喷枪与表面之间的距离不合适。

3)漂移和流动

这是由于涂料过多,从而引起潮湿漆膜在重力作用下流动和飘移。通常的原因是涂层黏度、空气压力不合适以及喷枪操作不适当。表面处理不彻底也是原因之一。

4)喷涂斑点

喷涂斑点有时被称作"橘皮"或"疙瘩状",喷涂斑点产生的原因通常是涂料黏度、空气压力、喷枪调节或喷枪工作距离不合适。

5)混浊膜

混浊膜是最常见的毛病之一,表现为漆膜有"云状花纹"或"起霜"。产生混浊膜的原因是空气供给线路中有水分,相对湿度大、存在流动空气及温度急剧变化等。

习题和思考题

8.1 飞机腐蚀损伤修复准则有哪些?

8.2 叙述飞机结构腐蚀损伤修复的一般工作程序。

8.3 简介铝合金的磷酸阳极化处理工艺。

8.4 铝合金表面转化膜的形成方式有哪些?转化膜的耐腐蚀性、对漆层的黏附性能是如何评价的?

8.5 进行喷涂操作时要注意哪些事项?

8.6 常见的涂层缺陷有哪些?

第9章
铝合金腐蚀损伤演化和评估

机体结构腐蚀损伤是影响老龄飞机疲劳寿命的主要因素。现场调研发现,在老龄飞机结构上,主要存在剥蚀和坑蚀两种腐蚀形式。其中,坑蚀一般表现为由金属表面向厚度方向深入发展的一种局部破坏形式。这种腐蚀危害性大,部位一般难以预测,易形成腐蚀疲劳裂纹源,成为降低飞机结构剩余强度的一个主要因素。腐蚀损伤会引起机体结构材料的断裂韧性降低,加快裂纹的形成与扩展,从而严重降低飞机结构的剩余强度和寿命,甚至产生无预兆的突然断裂,严重威胁飞机及机组人员的安全。如何来评估飞机结构的腐蚀损伤,如何评价腐蚀损伤对飞机结构剩余强度及寿命的影响具有非常重要的现实意义。

9.1 腐蚀坑引起结构失效过程

腐蚀坑是飞机结构常遇到的腐蚀破坏形态。飞机机体结构上存在的蚀坑往往是疲劳裂纹最容易成核的地方,蚀坑的存在使得疲劳裂纹提前产生,从而降低了整个机体结构的寿命。由腐蚀坑引起的结构失效可以分为7个过程,即腐蚀坑成核、腐蚀坑扩展、裂纹成核、小裂纹的扩展、小裂纹到长裂纹的转变、长裂纹的扩展和最终的断裂。

9.1.1 腐蚀坑成核

腐蚀坑的产生与腐蚀介质中的活性阴离子(氯离子)密切相关,腐蚀坑的发生是由离子和氧竞争吸附而造成的,当金属表面上氧的吸附点被氯离子取代时蚀坑就形成了。这是因为氯离子选择性吸附在氧化膜表面阴离子晶格周围,置换了水分子,氯离子就有一定的机会和氧化膜中的阳离子形成络合物(可溶性氯化物),促使金属离子溶入溶液中,在新露出的金属特定点上生成小腐蚀坑成为蚀核。蚀核可以在光滑的钝化金属表面上任意位置形成,更易在钝化膜缺陷、夹杂物和晶间沉积处优先形成。在孔内浓盐溶液电阻低,导电性强,腐蚀不断扩展。由于孔内浓盐溶液中氧的溶解度很低,又加上扩散困难,使闭塞电池局部供氧受限,从而阻碍金属的再纯化,使孔内金属处于活化状态。腐蚀孔口形成的腐蚀产物沉积层阻碍了扩散对流,使孔内溶液得不到稀释,造成上述电池效应。

铝合金发生腐蚀所涉及的化学反应包下面几个过程:

$$Al \longrightarrow Al^{3+} + 3e^-$$

$$Al^{3+} + H_2O \longrightarrow AlOH^{2+} + H^+$$

$$H^+ + e^- \longrightarrow H$$

$$2H_2O + 2e^- \longrightarrow H_2(g) + 2OH^-$$

$$O_2 + 4H^+ + 4e^- \longrightarrow 2H_2O$$

最终形成的腐蚀产物是 $Al(OH)_3$ 和 $Al_2O_3 \cdot 3H_2O$。

对铝合金来说,加速腐蚀产生的坑深度与时间的立方根成比例,但是在一定的加速腐蚀暴露时间后会有一个稳定的损伤水平。最大蚀坑深度为

$$\text{depth}_{\max} = Ct^{1/3} \tag{9.1}$$

式中,C 是与材料和环境有关的参数,并非常数,它和温度、环境、材料、晶体方向、载荷、加工水平、表面完整性和表面积有关。

腐蚀坑形成时的平均深度和腐蚀作用时间的经验公式(对某种试验环境下的 2024-T3 铝合金来说)有

$$u_d = 0.084 t^{0.823} \qquad \text{(非线性模型)} \tag{9.2}$$

$$u = 0.076 + 0.038 t^3 \qquad \text{(线性模型)} \tag{9.3}$$

$$u = 0.226 t^{0.5} - 0.0903 \qquad \text{(现象模型)} \tag{9.4}$$

9.1.2 腐蚀坑的扩展

腐蚀溶液中的铝合金蚀坑扩展是一个电化学过程不断进行的过程。腐蚀坑的扩展受腐蚀液成分、腐蚀液温度的影响很大,而形成的腐蚀坑的几何尺寸及形状则决定着受腐蚀损伤构件的剩余强度和寿命。有研究表明腐蚀坑是由于铝合金母体和组成微粒的电耦合作用而产生的。这些坑便是导致早期裂纹形成的核,这些腐蚀坑减少了结构的疲劳寿命。这里介绍蚀坑增长的一个简单的模型。

此模型假设腐蚀坑是一个半球,半径为 a,半球体积 $v = \frac{2}{3}\pi a^3$,则

$$\frac{da}{dt} = \frac{da}{dV}\frac{dV}{dt} = \frac{1}{2\pi a^2}\frac{dV}{dt} \tag{9.5}$$

由法拉第定律,则可以推出:

$$\frac{da}{dt} = \frac{MI_P}{2\pi n\rho F}\frac{1}{a^2} \tag{9.6}$$

式中,M 为相对原子质量;I_P 为电流强度;ρ 为密度;F 为法拉第常数。

则腐蚀坑由 a_0 尺寸开始,经历时间 t 后,其深度扩展为 a:

$$a = \left[\frac{3MI_P}{2\pi n\rho F}t + a_0^3\right]^{1/3} \tag{9.7}$$

$$t = \frac{2\pi n\rho F}{3MI_\mathrm{P}}(a^3 - a_0^3) \tag{9.8}$$

式中，$I_\mathrm{P} = i_\mathrm{co}(2\pi a_0^2)$，$i_\mathrm{co}$ 为腐蚀电流密度（单位为 $\mathrm{A/m^2}$）；$2\pi a_0^2$ 为腐蚀坑表面积的一半。

这样就可以用腐蚀损伤暴露在外的表面积来描述坑的增长过程。腐蚀坑形成对疲劳寿命的影响如下：腐蚀坑的存在使试件寿命减少，在初始的寿命减少之后，继续的腐蚀暴露使疲劳寿命减少程度下降。此影响趋势同样得到了试验的证实。研究人员研究发现 2024-T3 经 4 h 的盐雾作用（相当于坑深度 25 μm）使寿命下降 30%；8 h 的盐雾作用（相当于坑深度 50 μm）使寿命下降 20%；32 d 的盐雾作用（相当于坑深度 250 μm）使寿命下降 10%。

9.1.3 腐蚀坑到裂纹的转变（裂纹成核）

大量试验结果表明，短裂纹并非总是从最深腐蚀坑处开始形成和扩展的，这表明腐蚀坑对裂纹成核的影响并非使局部应力增大，而是以其他方式影响的。

西北工业大学的吕胜利等（吕胜利等，2009）认为，蚀坑形成处的颗粒不像其旁边的颗粒方位正好是形成 I 型裂纹的，这样由于坑蚀而产生的应力集中就不是很重要了，反而降低了局部区域的延性，使蚀坑附近形成裂纹成核的颗粒处产生高的局部氢集中。短裂纹形成的一个很重要的原因是氢脆，氢的存在严重降低了腐蚀坑处局部危险剪切应力，抗剪能力的降低伴随着由于氢溶解而产生的原子结合层间能量的减少，使得裂纹扩展速率增大。

海军航空工程学院卞贵学等（卞贵学等，2018）对 2A12 铝合金试件疲劳断口的分析结果表明，疲劳裂纹起源于第二相粒子处，且表现为：① 裂纹起源于第二相粒子的自身断裂处；② 裂纹起源于第二相粒子与基体脱黏形成微裂纹处；③ 棱角处有较大第二相粒子或者棱角处的加工制造的缺陷。这些导致并形成疲劳裂纹起源的微观粒子称为裂纹成核粒子（crack nucleation particle, CNP）。疲劳裂纹一般形成于靠近试验件第二相粒子或棱角缺陷，无论是第二相粒子自身断裂后诱发的疲劳裂纹还是第二相粒子与基体脱黏后形成的裂纹，都能根据疲劳断口分析出的裂纹成核源找出导致疲劳裂纹萌生的裂纹成核粒子。

如何判断成核过程结束呢？区分成核终止和裂纹扩展开始的最简单的方法是利用特征裂纹尺寸。相关学者于 1981 年定义：当侵入 4 μm 深度时或者当有可检测的裂纹出现时，可以看作裂纹成核的终止。裂纹成核的结果就是产生大量小裂纹，小裂纹的数目取决于材料、载荷和循环数。首先，开始的时候小裂纹数目增长，之后一些继续增长，一些则停止。接着，小裂纹的数目保持恒定（无接合）或者由于裂纹接合数目降低。大量的裂纹会在腐蚀损伤表面接合并很快形成更大的裂纹，直到最后形成一条单独的主裂纹。

9.1.4 小裂纹的扩展

因为并非所有的小疲劳裂纹都是表面裂纹，即使是表面裂纹，也大多并非是沿厚度方向的，因此研究短疲劳裂纹非常复杂。现今已有的一些数学模型大部分是基于试验数据拟合获得。下面就有关小裂纹的一些相关数学模型进行简单描述。

（1）小裂纹扩展过程考虑了应力水平影响因素，得到弹塑性应力强度因子增量为

$$\Delta K_P = \Delta \sigma F \sqrt{\frac{\pi}{Q}(a + \gamma \rho)} \tag{9.9}$$

式中，F、γ 为修正因子；a 为裂纹长度；Q 为形状因子；ρ 为循环塑性区尺寸。

（2）利用弹塑性断裂力学的观点，小裂纹扩展公式为

$$\frac{da}{dN} = B(\Delta \varepsilon_P)^2 a \tag{9.10}$$

式中，B 为材料常数；a 为裂纹尺寸；N 为寿命；$\Delta \varepsilon_P$ 为缺口附近材料塑性应变范围。

（3）试验拟合公式为

$$\frac{da}{dN} = C_1 + C_2 \Delta K (\pm 95\% \text{ 置信区间平均值}) \tag{9.11}$$

有关学者提出了一个公式：

$$\frac{c}{a} = 0.9 - 0.25 \left(\frac{a}{t}\right)^2 \tag{9.12}$$

式中，c 为裂纹深度；a 为表面裂纹长度；t 为试件的厚度。用此公式来描述裂纹形状及试件尺寸之间的数学关系，并利用试验数据进行了验证。

有文献指出，小裂纹是小于 1~3 mm 的裂纹，也有人定义为小于 0.5 mm 的裂纹，典型的小裂纹是指应力集中水平小于裂纹扩展门槛值 ΔK_{th} 下的短裂纹成核及扩展，短裂纹的扩展占到总寿命的 50%~90%。

9.1.5　短裂纹到长裂纹的转变

由短裂纹转化为长裂纹的临界尺寸是很不确定的，一般取 1 mm 为佳。根据大量试验结果可知，短裂纹到长裂纹的转折点是 0.032 7 ft。

9.1.6　长裂纹的扩展

在考虑腐蚀损伤存在的情况时，选用修正的 Forman 公式，Forman 公式的基本形式为

$$\frac{da}{dN} = \frac{C(\Delta K)^n}{(1-R)K_C - \Delta K} \tag{9.13}$$

式中，C 和 n 是材料/环境联合作用的曲线拟合参数，由试验数据拟合得到；K_C 是材料的断裂韧性；R 是应力比；ΔK 是应力强度因子范围。

9.1.7　最终的疲劳断裂

当长裂纹扩展到一定阶段的时候，试件会发生突然的断裂破坏，这通常用临界裂纹尺寸来表示。

9.2 铝合金腐蚀疲劳损伤试验分析

要准确评定腐蚀条件下航空主体结构的腐蚀损伤和使用寿命,必须开展大量的腐蚀环境影响飞机结构寿命情况的试验研究,以测定不同地面停放时间腐蚀后的疲劳寿命,研究剩余寿命与腐蚀损伤之间的相关规律。然而,由于飞机停放年限较长,最长可达 30 年以上,实际服役环境和载荷的作用长期而缓慢,真实地模拟服役环境并进行长期的环境试验是经济和时间所不允许的,因此通过实验室加速模拟试验再现飞机结构在服役过程中的腐蚀损伤模式,对飞机结构件剩余寿命的评估具有重要的现实意义。

9.2.1 试验材料及设备

1. 试验材料及尺寸

腐蚀试验件采用 2024-T3 铝合金,由于其良好的综合性能,在飞机蒙皮、骨架等诸多零件结构上都有广泛应用。其化学成分(质量分数%)为 0.50% Si、0.50% Fe、3.8%~4.9% Cu、0.30%~0.9% Mn、1.2%~1.8% Mg、0.10% Cr、0.25% Zn、0.05% Ti、0.15%其他及余量的铝,成分如表 9.1 所示。

表 9.1 2024-T3 铝合金化成分含量表(质量分数)

Si	Fe	Cu	Mn	Mg	Cr	Zn	Ti	其他	Al
0.5%	0.5%	4.0%	0.5%	1.8%	0.10%	0.25%	0.05%	0.15%	余量

根据金属材料疲劳试验标准 GB/T 6398-2017,采用标准紧凑型拉伸试样,沿 2024-T3 铝合金板材轧制方向截取狗骨头状试样,尺寸设计如图 9.1 所示。

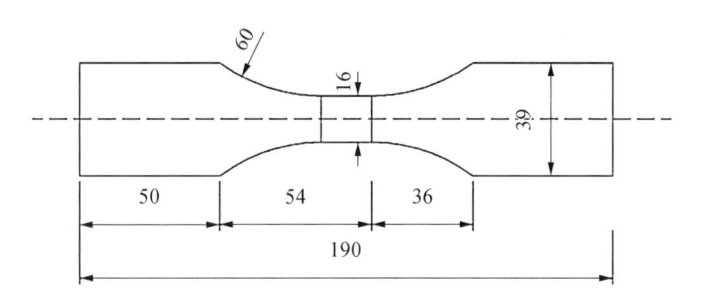

图 9.1 2024-T3 铝合金疲劳试样尺寸(单位:mm)

2. 腐蚀环境箱

试验选用数字显示三用恒温水箱,其为"水浴锅""水温箱"和"沸煮消毒箱"的组合,可稳定地用于蒸馏、干燥、浓缩和恒温加热实验药品。水箱由浸入水中的"U"形电加热管加热,温度由数字发光二极管(light emitting diode,LED)屏显示,读数直观,可以在工作范围内自由控制,是目前实验室主流的一种恒温控制仪器,如图 9.2 所示。

图 9.2　腐蚀环境恒温水箱

3. 腐蚀形貌分析设备

利用光学显微镜和扫描电子显微镜(scanning electron microscope，SEM)对腐蚀后试样的微观形貌进行观察和分析。

采用德国蔡司 Axio Lab Al 金相显微镜采集铝合金材料的微观组织形貌图像，对显微组织进行观察和分析，设备如图 9.3 所示。试验过程中，将制备好的 1 cm×1 cm 金属试样置于载物台进行显微图像采集。光学显微镜因为光的干涉与衍射作用，分辨率只能局限于 0.2~0.5 μm，属于微米级分析。

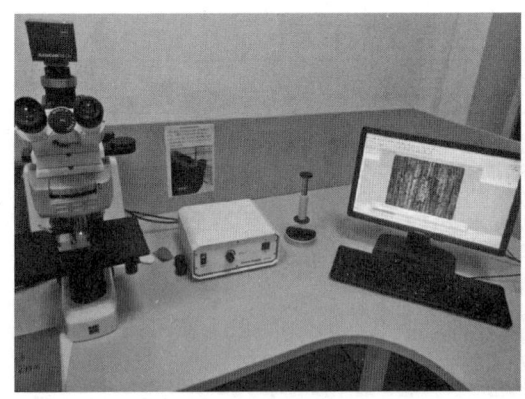

图 9.3　Axio Lab Al 金相显微镜 　　　　图 9.4　HitachiS-3400N 扫描电镜

扫描电子显微镜(SEM)是一种用于高分辨率微区形貌分析仪器，采用电子束作为光源，其分辨率可达到 1~3 nm，扫描电子显微镜的组织观测属于纳米级分析。扫描电镜由真空系统、电子束系统等构成，通过对微观形貌进行行扫描及帧扫描的方式全方位采集数据，按照一定时间规律及空间顺序进行排列组合在镜体外显像管成像。采用型号为 HitachiS-3400N 的扫描电镜，如图 9.4 所示。

4. 力学性能测试系统

利用万能试验机进行航空铝合金的宏观拉伸试验，测量其弹性模量、抗拉强度及屈服强度；一定应力水平下铝合金的疲劳试验，测量在此应力水平下的疲劳寿命；腐蚀后的试样再进行疲劳试验，进行腐蚀/疲劳交替试验，直至试样断裂，得到腐蚀环境作用下试样的力学性能以及腐蚀疲劳寿命。试验采用通用型立式 Landmark MTS 793 疲劳试验机,如图 9.5 所示。

9.2.2 腐蚀疲劳试验设计

1. 预腐蚀疲劳试验

预腐蚀疲劳试验是指先将铝合金试样置于腐蚀溶液中浸泡一定时间,再对预腐蚀试样施加一定应力水平的荷载,直至发生疲劳断裂,研究 2024-T3 铝合金在腐蚀环境作用后其剩余疲劳寿命的变化情况。首先,根据剥落腐蚀试验规范配制 EXCO 标准腐蚀溶液,腐蚀溶液所需溶剂为去离子水,溶质为 NaCl、KNO_3。接着,将处理好的试件浸泡于腐蚀溶液中进行不同时间的预腐蚀处理;最后,试样腐蚀一定时间后从腐蚀溶液中取出,将腐蚀区域残留的腐蚀介质冲洗干净、吹干。处理完毕后,在 MTS 793 万能试验机进行疲劳试验。

图 9.5 MTS 793 万能试验机

2. 交替腐蚀/疲劳试验

飞机在服役期间,在地面停放时主要受到腐蚀介质的损伤作用,而在空中飞行时受到疲劳载荷。因此,腐蚀疲劳交替作用更接近于飞机的实际使用情况。基于航空器"地面腐蚀+空中疲劳"的交替形式,研究"腐蚀/疲劳"交替模式下铝合金力学性能退化与损伤累积规律及抗疲劳性能评估,这对于确定飞机结构件的检查维修间隔非常重要。对 2024-T3 铝合金进行"腐蚀—疲劳"的周期浸润加载试验,试验过程中保证每级交替试验的腐蚀试样腐蚀区域一致,每个试样的腐蚀区域面积相等,尽可能保证每级腐蚀与每级疲劳的作用尽可能一致,减小试验误差对整体交替腐蚀/疲劳寿命试验结果的影响。

9.2.3 腐蚀疲劳试验结果分析

1. 腐蚀损伤形貌分析

对试件的腐蚀损伤形貌和疲劳试验断口利用光学显微镜和扫描电镜进行观测,研究铝合金的腐蚀损伤演化规律。

将试样浸泡于腐蚀溶液 3 h、6 h 和 9 h 后取出,在腐蚀区域截取长宽为 1 cm×1 cm 大小的检测试样。将试样放置于蔡司 Axio Lab A1 金相显微镜实验台上观测其腐蚀形貌。图 9.6 显示了相同放大倍数下不同腐蚀时间铝合金试样的腐蚀损伤演化过程。

铝合金试样在腐蚀前,表面比较平整光滑,但随着腐蚀时间的增加,蚀坑慢慢出现,蚀坑大小、密度发生变化。在腐蚀 3 h 后试样表面产生大量微小蚀坑,但分布稀疏,形状类似圆形。腐蚀 6 h 后,试样产生较为严重的腐蚀损伤,密度增加、长度宽度增加,蚀坑甚至

(a) 0 h   (b) 3 h

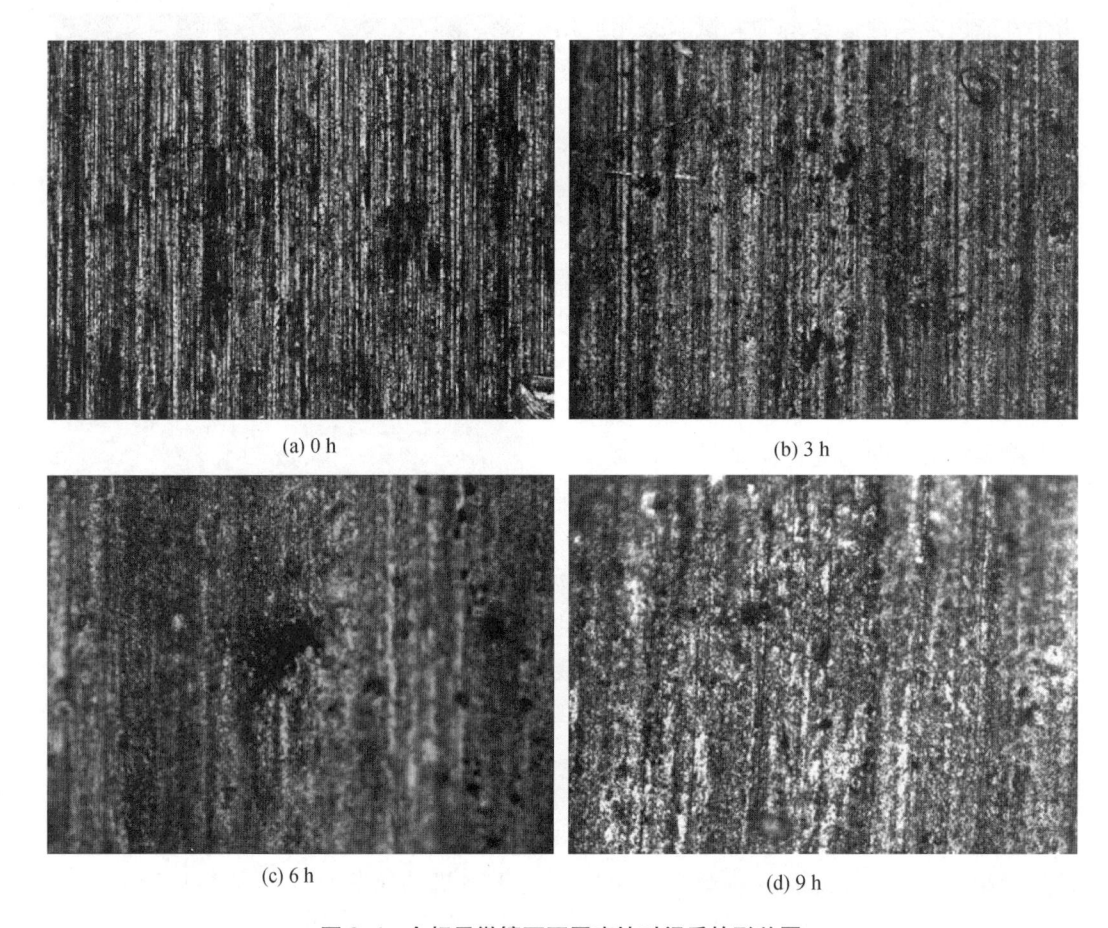

(c) 6 h   (d) 9 h

图 9.6　金相显微镜下不同腐蚀时间后的形貌图

发生联结,呈现椭圆状。腐蚀 9 h 后,蚀坑分布于整个试样表面,相互联结,单一表面无法看到完整的试样表面,产生剥蚀现象。

为了清晰起见,将上述试样置于 HitachiS - 3400 扫描电镜中观测其腐蚀形貌。放大倍数达到 1 000 倍时,不同腐蚀时间后试样的形貌图如图 9.7 所示。

浸泡 3 h 后,在扫描电镜视野里可以观察到小的蚀坑。浸泡 6 h 后,这些微小蚀坑出现扩展连接成片,有轻微的剥落腐蚀现象。蚀坑深度增加,在蚀坑之间能观察到未被腐蚀的金属。浸泡腐蚀 9 h,样品表面腐蚀连接成片。并且腐蚀深度开始增加,呈现层叠状样貌,腐蚀坑沿试样表面方向扩展。腐蚀坑中间区域完全腐蚀,腐蚀产物发生脱落。可见,此时铝合金试样产生了严重的腐蚀破坏。

2. 疲劳寿命分析

1)预腐蚀疲劳试验

试件在腐蚀溶液中浸泡一定时间,对试件进行冲洗、擦拭、吹干处理后,将试件施加一定应力水平的荷载,在疲劳试验机上进行疲劳性能测试,直至试件发生疲劳断裂。疲劳试验参数如表 9.2 所示。

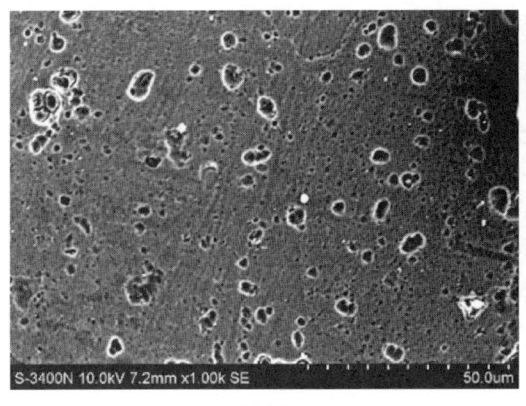

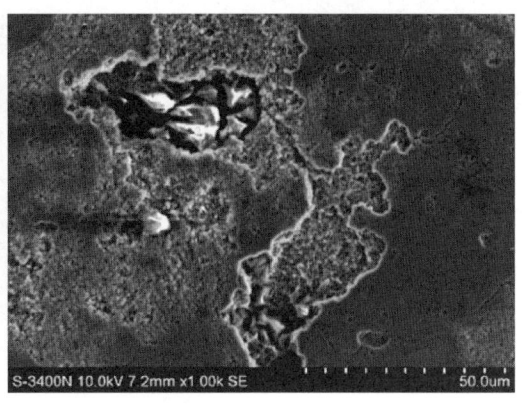

(a) 3 h

(b) 6 h

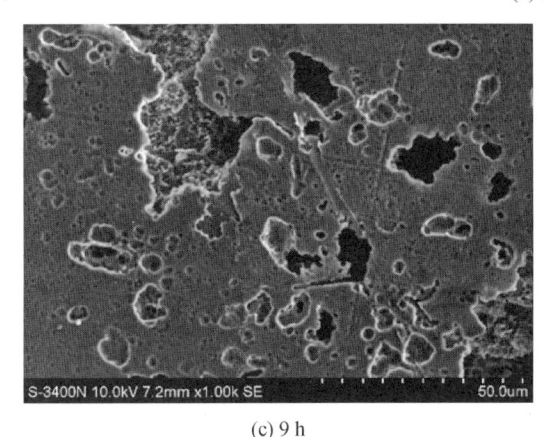

(c) 9 h

图 9.7　扫描电镜下不同腐蚀时间后的形貌图

表 9.2　2024-T3 铝合金预腐蚀疲劳试验参数

材　料	加载波形	施加载荷 σ_b/MPa	加载频率 f/Hz	试验环境
2024-T3	正弦波	300	60	室温 25℃

选取腐蚀时间分别为 0 h、0.5 h、1.0 h、1.5 h、2.0 h、2.5 h，得到各组试样的疲劳寿命数据如表 9.3。根据式(9.14)，通过对数求和幂次转化得到试样的预腐蚀疲劳寿命(预腐蚀中值疲劳寿命)如表 9.3 所示，腐蚀时间为 0 h、0.5 h、1.0 h、1.5 h、2.0 h、2.5 h 试样的中值疲劳寿命分别为 826 871 次、512 834 次、380 668 次、285 413 次、91 623 次、72 045 次。

$$N_{50}(t) = 10^{\frac{1}{n_t}\sum_{i=1}^{n_t}\lg N_i(t)} \tag{9.14}$$

式中，n_t 为第 t 组试样的个数；$N_{50}(t)$ 为试样的中值疲劳寿命；$N_i(t)$ 为第 t 组第 i 件试样的疲劳寿命。

由表 9.3 中数据可以得出，铝合金材料 2024-T3 疲劳寿命与预腐蚀时间呈反向关系，即腐蚀时间不断增加，材料疲劳寿命不断降低，且变化幅度持续减小。根据试验结果，

图 9.8 显示了不同预腐蚀时间下 2024-T3 铝合金试样中值疲劳寿命,从图中可以看出,增加腐蚀作用时间,大大降低材料疲劳寿命,腐蚀环境严重影响金属抗疲劳性能。

表 9.3 不同腐蚀时间试样的预腐蚀疲劳寿命

预腐蚀时间/h	预腐蚀疲劳寿命/次数	预腐蚀中值疲劳寿命/次数	离差/%
0	864 992 837 826 780 097	826 871	17.32
0.5	516 256 536 940 486 564	512 834	14.24
1.0	386 495 380 432 375 163	380 668	10.4
1.5	285 887 267 544 303 971	285 413	8.16
2.0	87 727 91 652 95 663	91 623	6.51
2.5	70 052 69 980 76 281	72 045	4.85
3.0	40 235 38 527 36 721	38 467	1.5

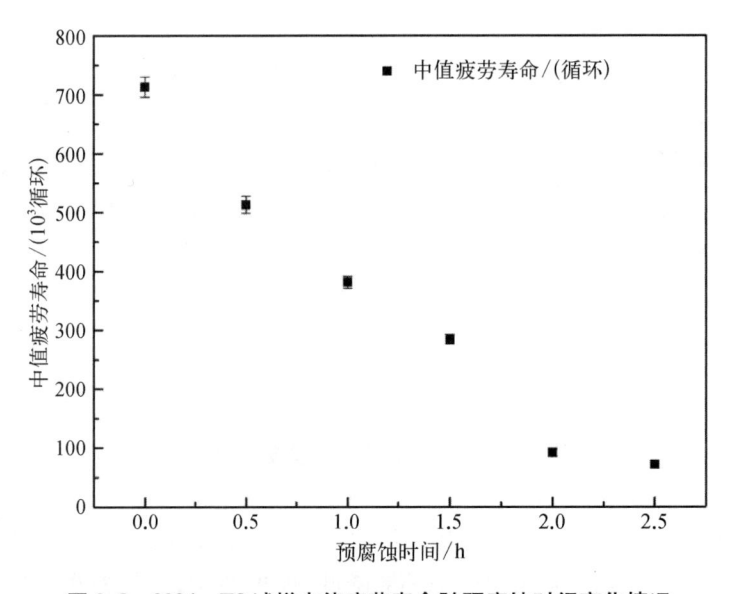

图 9.8 2024-T3 试样中值疲劳寿命随预腐蚀时间变化情况

利用最小二乘法对数据进行拟合,确定预腐蚀时间 t 与铝合金试样剩余疲劳寿命的关系如 9.15 所示,拟合优度为 0.976,拟合效果良好。

$$N(t) = (707.74 - 377.9t + 46.9t^2) \times 10^3 \tag{9.15}$$

式中,t 为腐蚀作用时间;$N(t)$ 为预腐蚀中值疲劳寿命。

2) 交替腐蚀/疲劳试验

为了研究交替腐蚀疲劳作用下航空铝合金的损伤累积及对疲劳寿命的影响,按照一定顺序对试样实行交替的腐蚀和疲劳作用,直至试样发生断裂失效。进行疲劳试验时,试验机加载频率 f 为 60 Hz,应力比 R 为 0.6,施加载荷为 300 MPa。

图 9.9 为总腐蚀时间相同情况下,铝合金预腐蚀试验疲劳寿命和腐蚀/疲劳交替试验疲劳寿命的对比。从图中可以看出,随着腐蚀总作用时间增加,铝合金疲劳剩余寿命在不断减少,这符合腐蚀对金属材料抗疲劳性能影响的变化规律。从图中也可以看出,铝合金的腐蚀/疲劳交替试验疲劳寿命要高于预腐蚀试验疲劳寿命。腐蚀/疲劳交替试验中,腐蚀前后的疲劳加载为同级加载(即疲劳荷载参数相同)。但金属经过腐蚀后,力学性能退化及抗疲劳性能降低,实际上后级加载相对于前级加载载荷水平更高,在这样的腐蚀疲劳交替作用下,金属材料损伤变化为"低-高"载荷下的规律叠加。诸多文献研究表明,先低载后高载加载过程中,因为低载荷存在"锻炼效应",导致材料在后续载荷作用下,裂纹萌生及扩展发生"滞后",剩余疲劳寿命相对增加,这就是交替试验疲劳寿命大于预腐蚀试验疲劳寿命的主要原因。

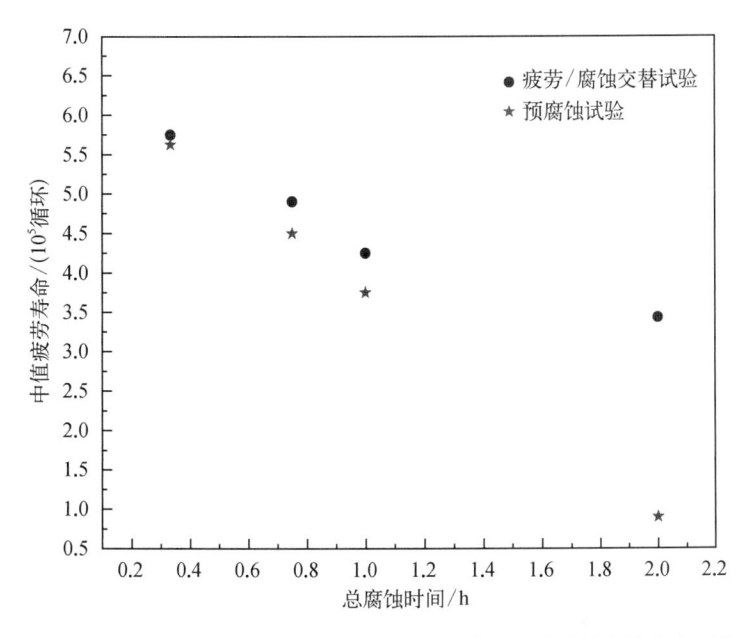

图 9.9 相同腐蚀时间下预腐蚀与"疲劳/腐蚀"交替试验的疲劳寿命对比

采用同样的试验方法,可以研究腐蚀/疲劳交替作用模式下单级载荷循环次数和腐蚀时间对疲劳寿命的影响,这对于研究腐蚀疲劳寿命变化规律及科学合理地确定维修间隔具有重要意义。

3. 疲劳断口形貌分析

试样腐蚀疲劳交替作用断裂后在其疲劳断口处切割下 1 cm×1 cm 的断口试样，利用扫描电镜对其断口形貌进行观察。图 9.10 是腐蚀/疲劳交替作用下损伤断口形貌，每级疲劳载荷次数是 20 万次，每级腐蚀时间是 30 min。

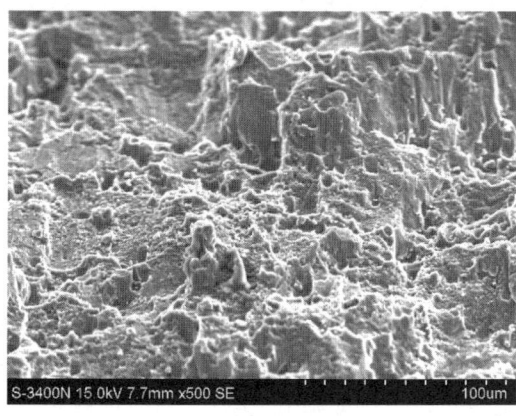

(a) 130倍　　(b) 500倍

图 9.10 "疲劳/腐蚀"交替作用下断口形貌

从图中明显看到在疲劳断口处，试样表面产生了大量蚀坑，裂纹多起源于金属试件裸露处产生的蚀坑。由于腐蚀坑处产生应力集中，疲劳载荷加载下，蚀坑位置容易产生微裂纹。在疲劳扩展区出现了清晰的疲劳条带，并且附近存在较大范围的韧窝和微孔聚集。

9.3 铝合金腐蚀损伤及疲劳寿命的有限元分析

9.3.1 元胞自动机

元胞自动机（cellular automata，CA）是定义在一个由具有离散、有限状态的元胞组成的元胞空间上，并按照一定局部规则，在离散的时间维上演化的动力学系统。构成元胞自动机的部件被称为"元胞"，每个元胞具有一个状态，这个状态只取某个有限状态集中的一个，例如或"生"或"死"，或者是 256 种颜色中的一种等。这些元胞规则地排列在被称为"元胞空间"的空间格网上，它们各自的状态随着时间变化，且根据一个局部规则来进行更新，也就是说，一个元胞在某时刻的状态取决于而且仅取决于上一时刻该元胞的状态以及该元胞的所有邻居元胞的状态。元胞空间内的元胞依照这样的局部规则进行同步的状态更新，整个元胞空间则表现为在离散的时间维上的变化。元胞自动机最基本的组成包括元胞、元胞空间、邻居及规则四部分，如图 9.11。简单来说，元胞自动机可以视为由一个元胞空间和定义该空间的变换函数所组成。

1. 元胞

元胞又可称为单元或基元，是元胞自动机的最基本的组成部分。元胞分布在离散的一维、二维或多维欧几里得空间的晶格点上。

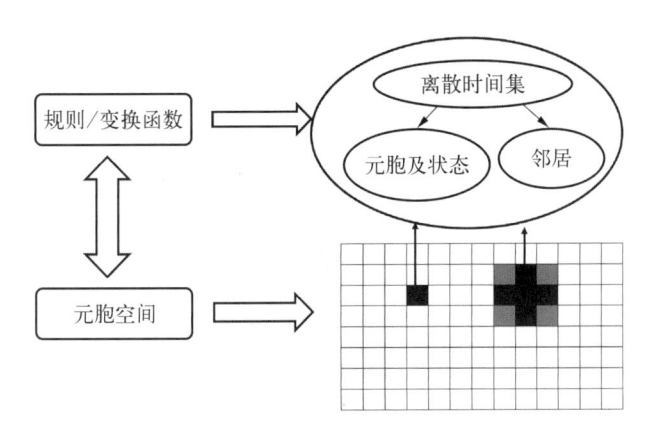

图 9.11 元胞自动机的构成

2. 状态

状态可以是 $\{0,1\}$ 的二进制形式,或是 $\{s_0, s_1, \cdots, s_i, \cdots, s_k\}$ 整数形式的离散集。每个元胞可以拥有多个状态变量。

3. 元胞空间

元胞在空间网点的集合就是元胞空间。

1) 元胞空间的几何划分

理论上,它可以是任意维数的欧几里得空间规则划分。目前研究多集中在一维和二维元胞自动机上。对于一维元胞自动机,元胞空间的划分只有一种,而高维的元胞自动机元胞空间的划分则可能有多种形式。对于二维元胞自动机,二维元胞空间通常可按三角、四方或六边三种网格排列,如图 9.12 所示。

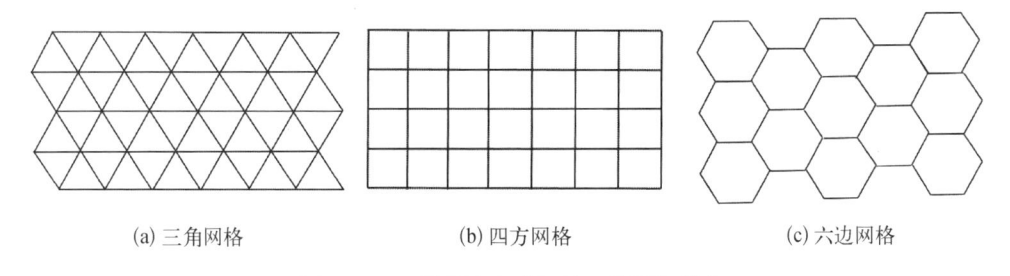

(a) 三角网格　　(b) 四方网格　　(c) 六边网格

图 9.12 二维元胞自动机的三种网格划分

2) 边界条件

在理论上,元胞空间通常是在各维向上是无限延展的,这有利于在理论上的推理和研究。但在实际应用中,无法在计算机上实现,因此需要定义不同的边界条件。边界条件主要有3种类型:周期型、反射型和定值型。有时,在应用中为更加客观、自然地模拟实际现象,还有可能采用随机型,即在边界实时产生随机值。

周期型是指相对边界连接起来的元胞空间。对于一维空间,元胞空间表现为一个首尾相接的"圈"。对于二维空间,上下相接,左右相接而形成一个拓扑圆环面。周期型空间与无限空间最为接近。反射型是指在边界外邻居的元胞状态是以边界为轴的镜面反射。定值型是指所有边界外元胞均取某一固定常量,如0、1等。这3种边界类型在实际应用中,尤其是当二维或更高维数的构模时,可以相互结合。如在二维空间中,上下边界采用反射型,左右边界可采用周期型。

3) 构形

构形是在某个时刻,在元胞空间上所有元胞状态的空间分布组合。在数学上,它可以表示为一个多维的整数矩阵。

4. 邻居

元胞及元胞空间只表示了系统的静态成分,为将"动态"引入系统,必须加入演化规则。在元胞自动机中,规则是定义在空间局部范围内的,即一个元胞下一时刻的状态决定于本身状态和它的邻居元胞的状态。因而,在指定规则之前,必须定义一定的邻居规则,明确哪些元胞属于该元胞的邻居。在一维元胞自动机中,通常以半径来确定邻居,距离一个半径内的所有元胞均被认为是该元胞的邻居。二维元胞自动机的邻居定义较为复杂,但通常有如图9.13所示的3种形式。图9.13中黑色元胞为中心元胞,灰色元胞为其邻居,用它们的状态来计算中心元胞在下一时刻的状态。

(a) 冯诺依曼　　　　　　(b) 摩尔型　　　　　　(c) 扩展的摩尔型

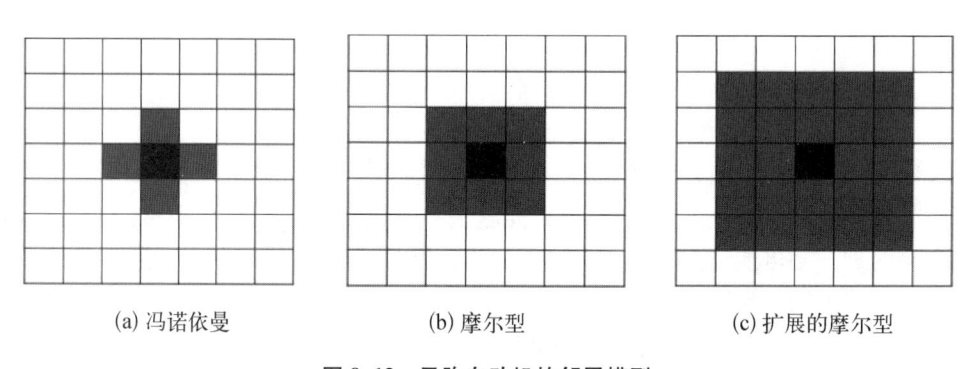

图9.13　元胞自动机的邻居模型

1) 冯诺依曼(Von. Neumann)型

一个元胞的上、下、左、右相邻4个元胞为该元胞的邻居。邻居半径r为1,相当于图像处理中的四邻域、四方向。

2) 摩尔(Moore)型

一个元胞的上、下、左、右、左上、右上、右下、左下相邻8个元胞为该元胞的邻居。邻居半径r同样为1,相当于图像处理中的八邻域、八方向。

3) 扩展的摩尔(Moore)型

将以上的邻居半径r扩展为2或者更大,即得到扩展的Moore型邻居。

4) 马格勒斯(Margolus)型

这是一种同以上邻居模型迥然不同的邻居类型,它是每次将一个2×2的元胞块做统一处理,而上述前3种邻居模型中,每个元胞是分别处理的。这种元胞自动机邻居由于格子的成功应用而受到人们关注。

5. 规则

规则根据元胞当前状态及其邻居状况确定下一时刻该元胞状态的动力学函数,从而获得下一时刻所有元胞的状态。

6. 时间

元胞自动机是一个动态系统,它在时间维上的变化是离散的,即时间 t 是一个整数值,而且连续等间距。

元胞自动机技术在复杂情况建模方面更优于其他传统的计算方法。目前,CA 模型已成功应用在层流运动的建模、交通运输系统的建模、森林火灾的建模及水滴扩散运动的建模等方面,基于 CA 模型进行建模的另一个优点是它能有效用于实际情况对物理系统的不同影响水平进行建模。微观水平或介观水平下进行的建模,其累计影响将会反映宏观的性能。CA 模型的特性使得它是对腐蚀损伤生长过程进行建模的一种理想的计算方法。

9.3.2 金属腐蚀的物理模型

金属腐蚀是指金属与环境之间的物理化学相互作用,腐蚀的产生会导致金属的性能发生变化,使得金属、环境或是由它们作组成部分的结构体系的功能受到损伤。考虑腐蚀过程中发生的基本化学和电化学反应,金属在腐蚀过程中会发生电化学溶解或钝化。若不区分阴极、阳极区,则在水溶液中金属溶解的反应通式为

$$Me+H_2O \longrightarrow MeOH_{aq}+(1/2)H_2 \tag{9.16}$$

其中,$MeOH_{aq}$ 为反应过后进入溶液中的物质,不予以考虑。钝化的反应通式为

$$Me+H_2O \longrightarrow MeOH_{solid}+(1/2)H_2 \tag{9.17}$$

该反应产生了腐蚀产物 $MeOH_{solid}$,附着在表面,形成阻碍溶解发生的钝化膜。假定反应(9.16)和反应(9.17)不会改变该区域内溶液的酸碱性。

9.3.3 金属腐蚀的元胞自动机模型

研究金属/膜/电解液系统中的金属/电解液的交界面,当金属与酸性溶液接触可能发生化学反应,使得金属产生溶解或是钝化。假定该腐蚀体系为扩散控制的金属腐蚀体系,且腐蚀过程只发生在金属/电解液的交界面上,则元胞的状态、边界条件、邻居及局部规则定义如下:

元胞的状态包含了 M、C、N 及 F 四种元胞类型:M 为金属元胞;C 为溶液中具腐蚀性的元胞,能溶解掉金属元胞;N 为溶液中不具有腐蚀性的元胞,与金属元胞不会发生化学反应,但通过改变 C/N 可以改变电解液的浓度;F 为钝化膜元胞。由于 C 和 N 元胞执行扩散过程,因此仅有 C 和 N 元胞有方向。图 9.14 给出了蚀坑生长系统的元胞

图 9.14 蚀坑生长系统的元胞自动机模型示意图

O 为空白,C 为腐蚀性元胞,N 为非腐蚀性元胞,M 为金属元胞,F 为钝化膜元胞;C 和 N 均为电解液元胞,且有方向

自动机模型示意图。

元胞自动机中的边界条件取决于被模拟系统的特殊的物理特性,通常无限空间为相对边界连接起来的空间,边界为周期型边界,这里就选择了扩散过程中常用的周期型边界,可以保证在元胞自动机空间中的电解液部分的浓度比 $c=C/N$ 固定。

模型中采用的邻居是一组 12 个最近的元胞,即冯诺伊曼(四邻居元胞)型和摩尔(八邻居元胞)型的组合。

空间中元胞的演化由一组规则来给定,以模拟与反应(9.16)和反应(9.17)相关的随机过程。在 CA 模型中,用下列转换公式替换金属溶解反应(9.16):

$$M + C \longrightarrow C + C \tag{9.18}$$

钝化反应(9.17)表示为

$$M + C \longrightarrow F + C \tag{9.19}$$

过程(9.18)与过程(9.19)发生的概率分别为 P_d 和 P_p。其中所包含的反应规律如下:

(1)当金属元胞 M 遇到腐蚀性元胞 C 时,M 以一个固定的溶解概率 P_d 溶解,其格位的状态变为空缺,或以一个固定的钝化概率 P_p 钝化,其格位的状态变为钝化元胞 F;

(2)当金属元胞 M 的邻居元胞为钝化膜元胞 F 或是金属元胞时,保持元胞状态不变;

(3)当金属元胞 M 的邻居元胞为腐蚀性元胞 C(其方向不朝该 M),或者是不具腐蚀性元胞时,保持元胞状态不变;

(4)钝化膜元胞 F 状态保持不变。

对于电解液系统中的扩散过程,在每一个时间步长内,所有的腐蚀性元胞 C 和非腐蚀性元胞 N 同时随机选择性地跳向邻居格位。当一个元胞试图跳向它朝向的最近的邻居格位时,有以下 3 种情况:

(1)邻居格位被其他一个粒子占据,则粒子保持位置不变,并随机选择一个目标方向;

(2)邻居格位为空,但有一个或多个粒子也以该邻居格位为目标,则粒子仍然在原位,并随机选择一个目标方向;

(3)邻居格位为空,且没有其他粒子以该邻居格位为目标,则粒子放弃现有的格位跳向该邻居格位,并随机选择一个目标方向。

在每一步模拟过程中,可以确定蚀坑的形貌,认为溶解的金属蚀坑的数目 N_{cor} 是时间的函数,表征溶解电流;同时记录每一个时间步长内元胞自动机网格中每一列溶解掉的元胞 N_d,最大的 N_d 是时间的函数,用以表征蚀坑的深度。由于考虑到所用的元胞自动机的本质,所有参数均无量纲。模拟过程中,应特别注意以下几个参数的作用:

(1)电解液浓度 c:具有腐蚀性的元胞和非腐蚀性元胞随机分布在自动机的电解液

中,通过改变其比值改变电解液浓度;

(2) 溶解概率 P_d:其值为 0~1,用于确定金属溶解速率,溶解掉的元胞数目可计算出来当作溶解的金属量,即溶解电流大小;

(3) 钝化概率 P_p:在新生金属表面的溶解过程中引进一个阻碍概率,用以限定金属表面活性/钝化比率,其值为 0~1,用以控制钝化过程。

9.3.4 基于元胞自动机的铝合金腐蚀及疲劳寿命分析

本节介绍基于元胞自动机法模拟铝合金腐蚀过程,从而得到符合铝合金实际腐蚀特征形貌图,将腐蚀形貌图进行处理后导入 ANSYS 有限元软件中,采用 ANSYS 软件对铝合金腐蚀后的疲劳寿命进行分析。

基于铝合金电化学反应过程建立元胞自动机腐蚀模型,并简化为二维情况。在模型中可以设置元胞类型(如铝合金元胞、与溶液接触的铝合金元胞等),一个元胞的邻居元胞中 A、B 元胞(设 A 代表酸性元胞,B 代表碱性元胞)的个数可以用来表示该元胞的酸碱度。当 A 元胞个数多于 B 元胞的个数时,该元胞为酸性,反之为碱性,而两种元胞个数相等时为中性。然后分别定义阳极反应和阴极反应,进行腐蚀模拟,直到所有的腐蚀模拟步都结束。通过 MATLAB 编程,可以得到不同腐蚀模拟步下腐蚀形貌图,如图 9.15 所示。

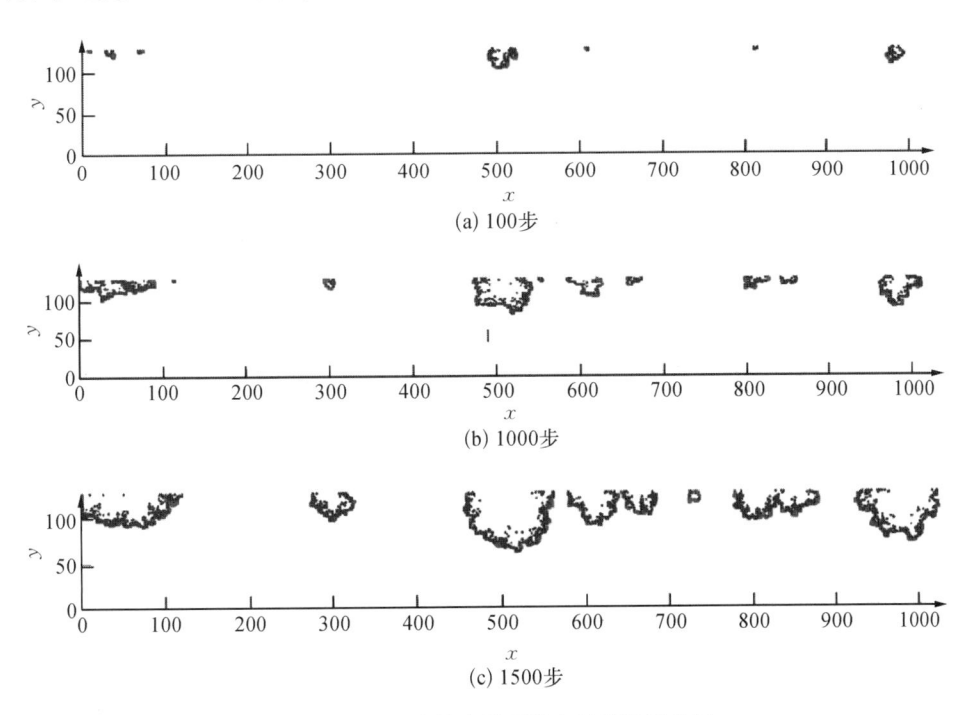

图 9.15 不同腐蚀步数下的多坑腐蚀形貌图

为了分析铝合金腐蚀后疲劳寿命,需要将铝合金腐蚀形貌图导入到有限元软件 ANSYS 中进行分析。由于 ANSYS 无法自动识别腐蚀形貌图,可以采用软件 R2V 将腐蚀边界信息提取出来,然后将结果导入 AutoCAD 中。以图 9.15(b)中的 1 000 步的腐蚀形貌图为例,得到边界图,如图 9.16 所示。在 AutoCAD 中可以调整边界尺寸,通过设置每个元胞的边长,可以得到整个模型的尺寸。

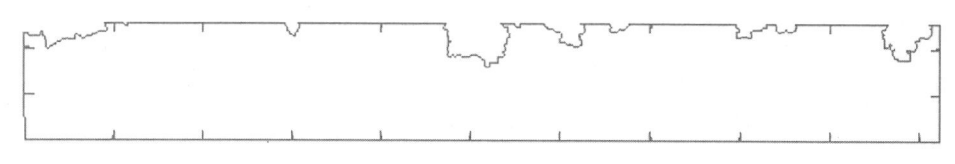

图 9.16　AutoCAD 中的蚀坑边界图

将 Auto CAD 中得到的图形保存后可以导入 ANSYS 软件中进行受力分析。在 ANSYS 软件中,通过设置铝合金材料的杨氏模量、泊松比、约束方式和施加的载荷,可以得到腐蚀后的铝合金的应力云图,如图 9.17 所示。

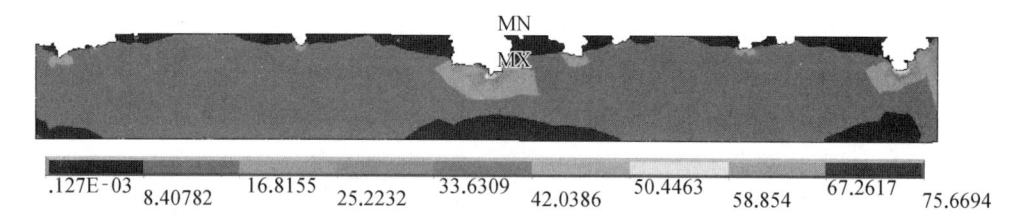

图 9.17　x 方向米塞斯(Mises)应力云图

由于应力集中是影响铝合金疲劳寿命的主要因素,因此通过分析腐蚀后的铝合金的应力云图可以得到铝合金腐蚀后应力集中分布位置。然后基于计算得到的应力,可以进一步计算铝合金腐蚀后的剩余疲劳寿命。基于 ANSYS 软件中疲劳分析模块,以模型的最大 Mises 应力作为疲劳分析的最大应力,以 0 作为最小应力计算疲劳寿命,其中参数由试验数据进行拟合得到。通过改变腐蚀步数,可以得到不同腐蚀步数下的腐蚀形貌图,将腐蚀形貌图依次导入 ANSYS 软件,可以得到随腐蚀步数增加铝合金疲劳寿命变化情况,如图 9.18 所示。可以看到,随着腐蚀步数增加,疲劳寿命逐渐减少,这与试验数据获得的变化趋势基本一致。

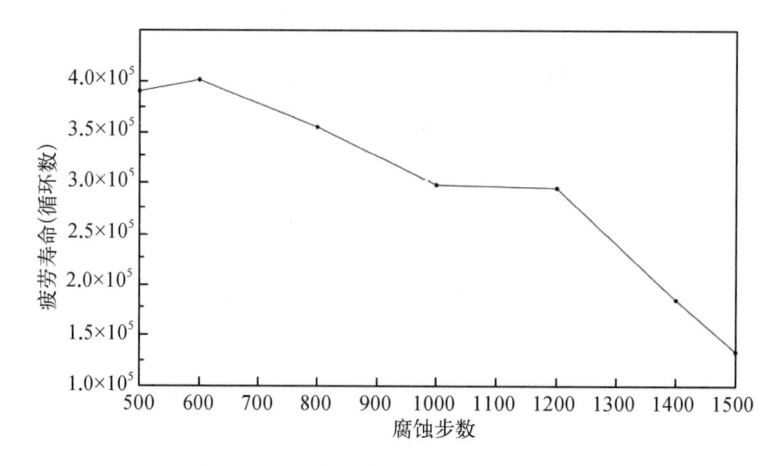

图 9.18　疲劳寿命随腐蚀步数变化曲线

习题和思考题

9.1 由腐蚀坑引起的飞机结构失效过程可以分为哪几个阶段?
9.2 利用什么方法和技术对试样腐蚀后的微观形貌进行观察和分析?
9.3 如何分析铝合金的疲劳寿命?
9.4 元胞自动机最基本的组成部分有哪几个?
9.5 二维元胞空间划分形式有哪几种?
9.6 元胞自动机的邻居模型常见有哪几种?

参考文献

白杰,田秀云,2003.飞机故障诊断与监控技术.北京:兵器工业出版社.
卞贵学,陈跃良,张勇,等,2018.飞机用铝合金腐蚀行为和腐蚀预测研究现状及问题分析.装备环境工程,15(5):48-55.
陈海英,张玉萍,段小雪,2018.航空工程材料.第2版.北京:北京航空航天大学出版社.
陈群志,王逾涯,崔常京,等,2014.老龄飞机结构的腐蚀问题与对策.装备环境工程,11(6):1-9.
程秀全,刘晓婷,2015.航空工程材料.第2版.北京:国防工业出版社.
崔占全,孙振国,2017.工程材料.第3版.北京:机械工业出版社.
国防科技工业无损检测人员资格鉴定与认证培训教材编审委员会,2004.磁粉检测.北京:机械工业出版社.
国防科技工业无损检测人员资格鉴定与认证培训教材编审委员会,2004.射线检测.北京:机械工业出版社.
国防科技工业无损检测人员资格鉴定与认证培训教材编审委员会,2004.渗透检测.北京:机械工业出版社.
国防科技工业无损检测人员资格鉴定与认证培训教材编审委员会,2005.超声检测.北京:机械工业出版社.
国防科技工业无损检测人员资格鉴定与认证培训教材编审委员会,2005.全息和散斑检测.北京:机械工业出版社.
郝红武,梁毅辰,2018.航空航天概论.北京:北京航空航天大学出版社.
何业东,齐慧滨,2005.材料腐蚀与防护概论.北京:机械工业出版社.
华磊,刘雪峰,常冬梅,2021.基于元胞自动机的铝合金多坑腐蚀及疲劳寿命研究.航空科学技术,32(9):63-67.
黄昌龙,2001.波音飞机金属结构修理实用技术.北京:航空工业出版社.
黄小光,2013.腐蚀疲劳点蚀演化与裂纹扩展机理研究.上海:上海交通大学.
梁文萍,王少刚,2016.航空航天工程材料.北京:北京航空航天大学出版社.
蒋祖国,刘文宾,吕国志,等,1992.飞机结构腐蚀疲劳.北京:航空工业出版社.
廖灵洪,2005.老龄飞机腐蚀预防和控制.全面腐蚀控制,19(1):20-23.
刘标,2011.飞机结构的腐蚀与维护.科技信息(32):368-369.
刘贵民,马丽丽,2010.无损检测技术.北京:国防工业出版社.
刘文珽,贺小帆,2010.飞机结构腐蚀/老化控制与日历延寿技术.北京:国防工业出版社.
李成功,傅恒志,于翘,2002.航空航天材料.北京:国防工业出版社.
李旭东,刘元海,刘志国,等,2017.预腐蚀7A09铝合金腐蚀坑处萌生疲劳裂纹扩展深度的估算.机械工程材料,41(1):25-29.
李旭东,刘治国,穆志韬,2013.基于短裂纹的LD10CZ铝合金预腐蚀疲劳裂纹扩展.海军航空工程学院学报,28(1):47-52.
吕胜利,张有宏,吕国志,2009.铝合金结构腐蚀损伤研究与评价.西安:西北工业大学出版社.
马增兵,2019.关于对航空器结构腐蚀等级定义的探讨.航空维修与工程(11):57-59.
穆志韬,李旭东,刘治国,2014.飞机结构材料环境腐蚀与疲劳分析.北京:国防工业出版社.
欧阳绍修,廖圣智,2019a.海军特种飞机结构腐蚀维护和修理指南.北京:航空工业出版社.
欧阳绍修,廖圣智,2019b.海军特种飞机结构腐蚀防护与控制设计指南.北京:航空工业出版社.
塞缪尔·贝纳维德斯,2014.航空航天腐蚀控制.杨智,雍兴跃,张小明,译.北京:化学工业出版社.
邵荣宽,隆小庆,2000.民用飞机的腐蚀与控制.北京:海潮出版社.
孙世磊,2021.腐蚀/疲劳作用下航空铝合金累积损伤及寿命预测研究.天津:中国民航大学.
谭娜,郝鹏,卢翔,等,2022.航空材料与工艺.北京:科学出版社.
唐文浩,2023.民用飞机结构的防腐蚀设计研究.中国设备工程(10):98-100.
田东奎,2019.飞机结构腐蚀问题及防护技术方案研究.中国设备工程(12):45-46.
肖纪美,曹楚南,2002.材料腐蚀学原理.北京:化学工业出版社.
谢小荣,杨小林,2006.飞机损伤检测.北京:航空工业出版社.
徐海蓉,黄昌龙,2019.运输类飞机结构腐蚀位置和腐蚀型式研究.中国民航飞行学院学报,30(3):15-17.
汪定江,潘庆军,夏成宝,2006.军用飞机的腐蚀与防护.北京:航空工业出版社.
王安顺,2016.波音飞机腐蚀防护要点分析.中国新通信,18(9):41-42.
王周让,2010.航空工程材料.北京:北京航空航天大学出版社.
曾荣昌,韩恩厚,等,2006.材料的腐蚀与防护.北京:化学工业出版社.
张吉琴,2015.飞机腐蚀的类型及其防护措施.中国高新技术企业(21):114-115.
张耀良,韩广才,2002.航空材料学.哈尔滨:哈尔滨工程大学出版社.
张有宏,吕国志,李仲,等,2007.铝合金结构腐蚀疲劳裂纹扩展与剩余强度研究.航空学报(2):332-335.
中国民用航空学院,中国北方航空公司维修基地,2002.航空器腐蚀预防与控制.北京:中国科学文化出版社.
中国民用航空总局,2005.航空器结构持续完整性大纲:AC-121-65.北京:中国民用航空总局.
中国民用航空总局,2005.腐蚀预防与控制大纲:AC-121-65附件.北京:中国民用航空总局.
中国特种飞行器研究所,2005.海军飞机结构腐蚀控制设计指南.北京:航空工业出版社.
周松,谢里阳,回丽,等,2016.航空铝合金预腐蚀疲劳寿命退化规律.东北大学学报(自然科学版),37(7):969-973.
朱祖芳,2010.铝合金阳极氧化与表面处理技术.北京:化学工业出版社.
朱祖芳,2012.铝合金表面处理膜层性能及测试.北京:化学工业出版社.
Airbus Company, 2020. A321 structure repair manual.
Boeing Commercail Airplane Group. Corrosion prevention manual.
Maintenance Training Boeing Commercail Airplane Company, 1994. Corrosion prevention and control.